国家级一流本科课程配套教材

工业药剂学学习指导

（供药物制剂、制药工程专业用）

吴正红　祁小乐　主编

·北京·

内容简介

《工业药剂学学习指导》作为《工业药剂学》（吴正红、周建平主编）的配套学习指导，全书共二十章，每章分别由本章学习要求、学习导图、习题及参考答案四个部分组成，覆盖工业药剂学课程的全部章节内容，紧跟理论教材的学习进度和教学环节，理清知识脉络，便于学生系统掌握工业药剂学基础理论，熟悉常见剂型与新剂型的制备技术等核心内容，在学中练、练中学，启发学生结合具体制剂案例在学习中提出问题、解决问题。

《工业药剂学学习指导》可用于药物制剂、制药工程等药学类院校各本科专业的药剂学或工业药剂学的学习指导用书，也可作为药物制剂相关专业研究生入学考试的参考书籍。

图书在版编目（CIP）数据

工业药剂学学习指导/吴正红，祁小乐主编．—北京：化学工业出版社，2023.8

国家级一流本科课程配套教材

ISBN 978-7-122-43459-3

Ⅰ.①工… Ⅱ.①吴…②祁… Ⅲ.①制药工业-药剂学-高等学校-教材 Ⅳ.①TQ460.1

中国国家版本馆CIP数据核字（2023）第081962号

责任编辑：褚红喜　宋林青　孙钦炜　　文字编辑：朱　允

责任校对：李雨晴　　装帧设计：关　飞

出版发行：化学工业出版社（北京市东城区青年湖南街13号　邮政编码100011）

印　　装：大厂聚鑫印刷有限责任公司

889mm×1194mm　1/16　印张17½　字数580千字　2023年9月北京第1版第1次印刷

购书咨询：010-64518888　　售后服务：010-64518899

网　　址：http://www.cip.com.cn

凡购买本书，如有缺损质量问题，本社销售中心负责调换。

定　　价：49.80元

《工业药剂学学习指导》编写组

主　编

吴正红　祁小乐

副主编

彭剑青　黄海琴

编　者

（按姓氏笔画排列）

丑晓华　主雪华　祁小乐　杨　晨

吴正红　陈　艺　陈娇娇　陈海燕

季　鹏　钦佳怡　黄海琴　彭剑青

前言

工业药剂学是一门理、工、医兼容，实践性强的综合应用性学科。在教与学的过程中常常会遭遇3个痛点：①课程内涵理、工、医兼备，交叉综合性强，系统性差；②课程内容抽象、较难理解；③课程实践性强。

针对以上痛点，本书紧跟教材学习进度和教学环节，理清知识脉络，以便学生正确理解和掌握本课程的核心内容，在学中练、练中学，启发学生结合制剂案例在学习中提出问题、解决问题。

此外，工业药剂学是目前药物制剂专业和制药工程专业的本科生必修的核心课程，亦是工业药学专业学位硕士研究生入学初试和药剂学专业学术学位硕士研究生入学复试的必考科目。2023年4月，由中国药科大学作为主要建设单位的“工业药剂学”课程被评选为第二批国家级一流（线上线下混合式）本科课程。由此，本书的编写对加强学生对工业药剂学知识内容的理解和掌握具有重要的现实需求和指导意义。本书亦可作为药物制剂、制药工程等药学类院校各本科专业的药剂学或工业药剂学的学习指导用书。

本书的主要内容与化学工业出版社2021年出版的《工业药剂学》（吴正红、周建平主编）相配套，覆盖其全部章节内容，每章分别由本章学习要求、学习导图、习题及参考答案四个部分组成。另外，本书添加了两个附录，其中附录1为综合练习题及参考答案；附录2为工业药剂学期末考试样卷及评分细则。

本书各章中“习题及参考答案”部分编写分工为：丑晓华（第一章和第二章）、杨晨（第三章和第四章）、陈海燕（第五章和第六章）、彭剑青（第七章和第八章）、黄海琴（第九章和第十章）、季鹏（第十一章和第十二章）、陈娇娇（第十三章和第十四章）、陈艺（第十五章和第十六章）、主雪华（第十七章和第十八章）、钦佳怡（第十九章和第二十章）。各章中“学习导图”由祁小乐负责；各章中“学习要求”以及附录1和附录2由吴正红负责。

本书编者由长期从事工业药剂学教学与科研的一线专业技术人员组成，他们为本书编写付出了艰辛努力，在此深表感谢。同时，在本书编写过程中，米粒、孙鹏、方欣宁、刘明、许玲、来腾飞、林倩倩、赵辰、茹鑫蓉、蔡宁、廖雨莎等研究生，积极参与校对工作，在此深表谢意。

全体编委竭尽全力，在做好新冠疫情防控的同时，不辞辛苦地完成了编写工作。但因编者水平及时间所限，书中难免有不足之处，诚请读者批评指正。

编者

2023年4月

目 录

第一篇　工业药剂学的基础知识　/　001

第二篇　常规剂型及其理论与技术　/　050

第三篇　新型制剂与制备技术　/　173

附录　/　251

工业药剂学的基础知识

第一章 绪　论

一、本章学习要求

1. **掌握**　工业药剂学、制剂与剂型、药典等常用术语的基本定义；制剂与剂型分类、作用与意义等。

2. **熟悉**　工业药剂学研究核心和主要任务；药典与药品标准；药品注册的意义和分类标准；处方及非处方药等。

3. **了解**　药剂学发展历程；工业药剂学的相关学科及它们之间的联系；药品注册相关规定；药品生产管理有关规定及其对制药行业的影响等。

二、学习导图

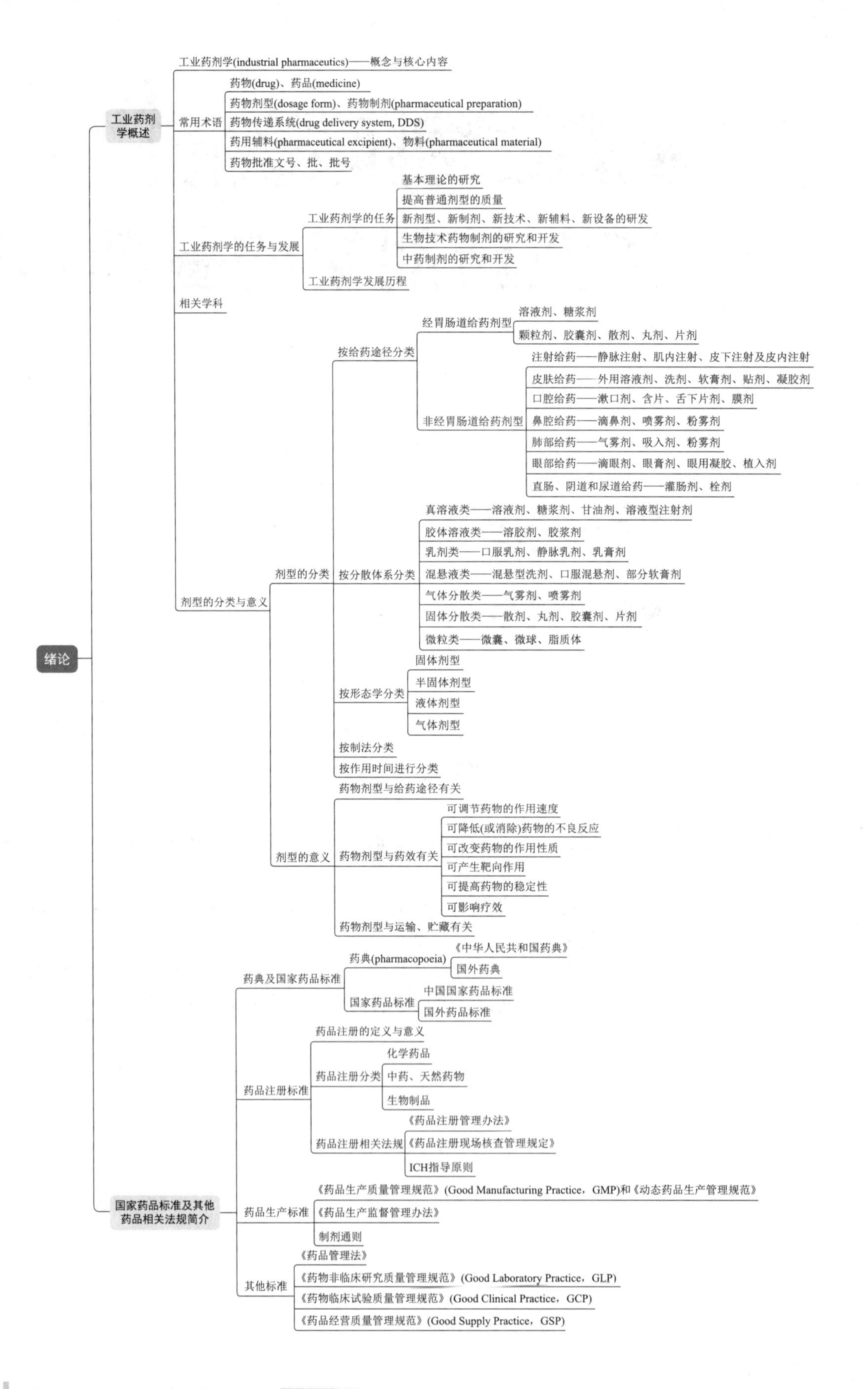
绪论
工业药剂学概述
工业药剂学(industrial pharmaceutics)——概念与核心内容
常用术语
药物(drug)、药品(medicine)
药物剂型(dosage form)、药物制剂(pharmaceutical preparation)
药物传递系统(drug delivery system, DDS)
药用辅料(pharmaceutical excipient)、物料(pharmaceutical material)
药物批准文号、批、批号
工业药剂学的任务与发展
工业药剂学的任务
基本理论的研究
提高普通剂型的质量
新剂型、新制剂、新技术、新辅料、新设备的研发
生物技术药物制剂的研究和开发
中药制剂的研究和开发
工业药剂学发展历程
相关学科
剂型的分类与意义
剂型的分类
按给药途径分类
经胃肠道给药剂型
溶液剂、糖浆剂
颗粒剂、胶囊剂、散剂、丸剂、片剂
非经胃肠道给药剂型
注射给药——静脉注射、肌内注射、皮下注射及皮内注射
皮肤给药——外用溶液剂、洗剂、软膏剂、贴剂、凝胶剂
口腔给药——漱口剂、含片、舌下片剂、膜剂
鼻腔给药——滴鼻剂、喷雾剂、粉雾剂
肺部给药——气雾剂、吸入剂、粉雾剂
眼部给药——滴眼剂、眼膏剂、眼用凝胶、植入剂
直肠、阴道和尿道给药——灌肠剂、栓剂
按分散体系分类
真溶液类——溶液剂、糖浆剂、甘油剂、溶液型注射剂
胶体溶液类——溶胶剂、胶浆剂
乳剂类——口服乳剂、静脉乳剂、乳膏剂
混悬液类——混悬型洗剂、口服混悬剂、部分软膏剂
气体分散类——气雾剂、喷雾剂
固体分散类——散剂、丸剂、胶囊剂、片剂
微粒类——微囊、微球、脂质体
按形态学分类
固体剂型
半固体剂型
液体剂型
气体剂型
按制法分类
按作用时间进行分类
剂型的意义
药物剂型与给药途径有关
药物剂型与药效有关
可调节药物的作用速度
可降低(或消除)药物的不良反应
可改变药物的作用性质
可产生靶向作用
可提高药物的稳定性
可影响疗效
药物剂型与运输、贮藏有关
国家药品标准及其他药品相关法规简介
药典及国家药品标准
药典(pharmacopoeia)
《中华人民共和国药典》
国外药典
国家药品标准
中国国家药品标准
国外药品标准
药品注册标准
药品注册的定义与意义
药品注册分类
化学药品
中药、天然药物
生物制品
药品注册相关法规
《药品注册管理办法》
《药品注册现场核查管理规定》
ICH指导原则
药品生产标准
《药品生产质量管理规范》(Good Manufacturing Practice，GMP)和《动态药品生产管理规范》
《药品生产监督管理办法》
制剂通则
其他标准
《药品管理法》
《药物非临床研究质量管理规范》(Good Laboratory Practice，GLP)
《药物临床试验质量管理规范》(Good Clinical Practice，GCP)
《药品经营质量管理规范》(Good Supply Practice，GSP)

三、习题

（一）名词解释（中英文）

1. industrial pharmaceutics；2. dosage form；3. 药物制剂；4. drug delivery system；5. pharmacopoeia；6. 处方；7. 处方药

（二）单项选择题

1. 必须凭执业医师或执业助理医师处方才可调配、购买，并在医生指导下使用的药品是（　　）。

A. 柜台发售药品　B. 处方药　C. 非处方药　D. OTC

2. 将原料药物按照某种剂型制成一定规格并具有一定质量标准的具体品种称为（　　）。

A. 药品　B. 剂型　C. 制剂　D. 药物

3. 研究制剂制备工艺和理论的科学，称为（　　）。

A. 调剂学　B. 制剂学　C. 药剂学　D. 方剂学

4. 研究剂型及制剂生产的基本理论、工艺技术、生产设备和质量管理的科学称为（　　）。

A. 生物药剂学　B. 工业药剂学　C. 现代药剂学　D. 物理药剂学

5. 研究药物因素、剂型因素和生理因素与药效之间关系的科学称为（　　）。

A. 临床药剂学　B. 物理药剂学　C. 药用高分子材料学　D. 生物药剂学

6. 根据药物的性质、用药目的和给药途径，将原料药加工制成适合于医疗或预防应用的形式，称为（　　）。

A. 成药　B. 汤剂　C. 制剂　D. 剂型

7. 药物制剂中除主药或前体以外的一切其他成分的总称，是生产制剂和调配处方时所添加的赋形剂和附加剂，是制剂生产中必不可少的组成部分，称为（　　）。

A. 药品　B. 物料　C. 辅料　D. 高分子材料

8. 经国家药品监督管理部门批准，不同厂家生产的同一种药物制剂可以有不同的名称，具有专有性，不可仿用药品的（　　）。

A. 通用名　B. 商品名　C. 国际非专有名　D. 批号

9. 固体或高分子药物分散在分散介质中所形成的液体制剂称为胶体溶液，其分散相的直径通常为（　　）。

A. <1 nm　B. 1～100 nm　C. 0.1～50 μm　D. 0.1～1 μm

10. 剂型分类方法不包括（　　）。

A. 按形态分类　B. 按分散体系分类　C. 按治疗作用分类　D. 按给药途径分类

11. 难溶性药物以固体小粒子分散在液体分散介质中组成非均相分散系统的液体制剂，是按分散体系对药物剂型进行分类中的（　　）。

A. 微粒类　B. 混悬液类　C. 固体分散类　D. 乳剂类

12. 1%依沙吖啶注射液可用于中期引产，而0.1%～0.2%依沙吖啶溶液局部涂敷有杀菌作用，体现了药物剂型可以（　　）。

A. 改变药物作用速度　B. 降低或消除药物的不良反应

C. 改变药物的疗效　D. 改变药物的作用性质

13. 《中华人民共和国药典》最早颁布于（　　）。

A. 1930 年　B. 1950 年　C. 1949 年　D. 1953 年

14. 《美国药典》的英文缩写是（　　）。

A. BP　B. USP　C. JP　D. AP

15. 以下关于药典的叙述不正确的是（　　）。

A. 国家药典由国家药典委员会组织编纂、出版

B. 收载的是疗效确切、副作用小、质量较稳定的常用药物及其制剂
C. 是药品生产、检验、供应与使用的依据
D. 药典的增补本不具有法律约束力

16. 药品生产、供应、检验、使用的依据是（　　）。
A. 药典　B. GMP　C. GLP　D. GSP

17. 下列各部药典无法律约束力的是（　　）。
A.《国际药典》　B.《中国药典》　C.《英国药典》　D.《美国药典》

18. 规定国家对药品实行处方药与非处方药分类管理的法律是（　　）。
A.《中国药典》　B.《药品管理法》
C.《药品生产质量管理规范》　D.《药品注册管理办法》

19. GMP 是下列英文（　　）的简写。
A. Good Manufacturing Practice　B. Good Manufacturing Practise
C. Good Manufacture Practise　D. Good Manufacture Practice

20. 国家对药品质量规格、检验方法所作的技术规定及药品生产、供应、使用、检验和管理部门共同遵循的法定依据是（　　）。
A. 药品标准　B. 成方制剂　C. 成药处方集　D. 药剂规范

21. 制剂生产过程中所用的原料、辅料和包装材料等物品的总称为（　　）。
A. 制剂　B. 剂型　C. 物料　D. 药用辅料

22. 固体药物是以聚集体状态与辅料混合成固态的制剂，是按分散体系对药物剂型进行分类中的（　　）。
A. 微粒类　B. 胶体溶液类　C. 固体分散类　D. 混悬液类

（三）多项选择题

1. 工业药剂学研究药物制剂和剂型的（　　）。
A. 工程理论　B. 生产技术　C. 质量控制　D. 合理使用　E. 临床应用

2. 工业药剂学的核心内容包括（　　）。
A. 设计药物制剂和剂型的处方工艺
B. 研究工业化生产理论、技术和质量控制
C. 融合药物化学、药物分析、物理化学、化工原理、药用高分子辅料等多门学科
D. 研究药物的疗效与不良反应的关系
E. 研究药物的临床应用及推广

3. 药剂学研究药物剂型和制剂的（　　）。
A. 处方设计　B. 配制理论　C. 生产工艺　D. 合理应用　E. 质量控制

4. 工业药剂学的任务包括（　　）。
A. 基本理论的研究
B. 提高普通剂型的质量
C. 新剂型、新制剂、新技术、新辅料、新设备的研发
D. 生物技术药物制剂的研究和开发
E. 中药制剂的研究和开发

5. 药剂学的任务有（　　）。
A. 新剂型的研究和开发　B. 新辅料的研究和开发
C. 中药新剂型的研究和开发　D. 生物技术药物制剂的研究和开发
E. 医药新技术的研究和开发

6. 下列关于制剂表述正确的是（　　）。
A. 制剂是指根据药典或药政管理部门批准的标准、为适应治疗或预防的需要而制备的不同给药形式

B. 药物制剂实际是根据药典或药政管理部门批准的标准、为适应治疗和预防的需要而制备的不同给药形式的具体品种
C. 同一种制剂可以有不同的药物
D. 制剂是药剂学所研究的对象
E. 红霉素片、对乙酰氨基酚片、红霉素粉针剂等均是药物制剂

7. 药物制剂的重要性包括（　　）。
A. 药剂可改变药物的作用性质
B. 剂型能改变药物的作用速度
C. 改变剂型可降低或消除药物的毒副作用
D. 剂型可产生靶向作用
E. 剂型可影响疗效

8. 现代药剂学的分支学科包括（　　）。
A. 中药药剂学　B. 物理药剂学　C. 生物药剂学　D. 药物动力学　E. 工业药剂学

9. 按分散相在分散介质中的分散特性将剂型分为（　　）。
A. 混悬液型　B. 无菌溶液型　C. 胶体溶液型
D. 真溶液型　E. 乳浊液型

10. 按形态学分类可以将药物剂型分为（　　）。
A. 固体剂型　B. 半固体剂型　C. 液体剂型　D. 气体剂型　E. 胶囊剂

11. 关于药典的正确描述是（　　）。
A. 一个国家记载药品标准、规格的法典
B. 由国家药典委员会组织编纂、出版，并由政府颁布发行，具有法律约束力
C. 药典收载的品种是疗效确切、副作用小、质量稳定的常用药品及其制剂
D. 《国际药典》不具有法律约束力
E. 1953 年颁布了第一部《中国药典》

12. 关于《中国药典》的说法正确的是（　　）。
A. 现行使用的为《中国药典》(2020 年版)
B. 凡例是使用《中国药典》的总说明，包括《中国药典》中各种计量单位、符号、术语等的含义及其在使用时的有关规定
C. 正文是《中国药典》的主要内容，阐述《中国药典》收载的所有药物和制剂，以及药用辅料
D. 通则是收载《中国药典》所采用的检验方法、制剂通则、指导原则、标准品、标准物质、试液、试药等
E. 索引中包括中文、汉语拼音、拉丁文和拉丁学名索引

13. 关于处方药的表述，正确的是（　　）。
A. 必须凭执业医师或执业助理医师的处方才可调配、购买、使用
B. 英文缩写为 OTC，患者可根据自己的情况自行购买、使用
C. 执业药师或药师必须对医师处方进行审核后才可调配、销售药品
D. 处方药须经过国家药品监督管理部门批准
E. 在药品的包装上，必须印有国家指定的处方药专有标识

14. 以下关于处方药的表述，正确的是（　　）。
A. 只针对医师等专业人员做适当的宣传介绍的药品
B. 必须凭执业医师处方才可调配、购买，并在医生指导下使用的药品
C. 无须凭执业医师处方，消费者可自行判断、购买和使用的药品
D. 可经医生诊断后处方配给，也可由患者直接自行购用的药品
E. 必须凭执业助理医师处方才可调配、购买的药品

15. 药品注册申请分为（　　）。
A. 新药申请　B. 仿制药申请　C. 进口药品申请

D. 补充申请　　　　　　　　E. 再注册

16. 下列生物制品可以申请治疗用生物制品2类新药的情况有（　　）。

A. 对制剂水平的结构、剂型、处方工艺进行改造

B. 增加制剂新的适应证

C. 首次采用DNA重组技术制备的制品

D. 与境内外已上市制品制备方法不同

E. 境外上市、境内未上市的生物制品

17. ICH指导原则分为四个类别，分别是（　　）。

A. 安全性指导原则　　　　B. 有效性原则　　　　C. 质量指导原则

D. 多学科指导原则　　　　E. 真实性指导原则

（四）配对选择题

【1～5】

A. 药物　　B. 药品　　C. 药物剂型　　D. 药物制剂　　E. 生物药剂学

1. 用以预防、治疗和诊断人的疾病所用的活性物质，包括化学合成药物、生物技术药物和天然药物等的是（　　）。

2. 由药物制成的各种药物制品，可直接用于患者服用的制剂，并规定有适应证、用法用量的是（　　）。

3. 根据不同给药方式和不同给药部位等需求，为适应诊断、治疗或预防而制备的药物应用形式是指（　　）。

4. 将原料药物按照某种剂型制成一定规格并具有一定质量标准的具体品种是指（　　）。

5. 研究药物及其剂型在体内的吸收、分布、代谢与排泄的机制及过程的是（　　）。

【6～9】

A. 凡例　　B. 正文　　C. 通则　　D. 索引　　E. 目录

6.（　　）是使用药典的总说明，包括药典中各种计量单位、符号、术语等的含义及其在使用时的有关规定。

7.（　　）包括中文、汉语拼音、拉丁文和拉丁学名索引，以便查阅。

8.（　　）收载药典所采用的检验方法、制剂通则、指导原则、标准品、标准物质、试液、试药等。

9.（　　）是药典的主要内容，阐述药典收载的所有药物和制剂，以及药用辅料。

【10～13】

A. 一部　　B. 二部　　C. 三部　　D. 四部　　E. 增补本

关于《中国药典》(2020年版）的收录内容：

10. 通则和药用辅料收录于（　　）。

11. 中药收录于（　　）。

12. 生物制品收录于（　　）。

13. 化学药收录于（　　）。

【14～17】

A. 医疗必需、疗效确切、毒副作用小、质量稳定的常用药物及其制剂

B. 国家对药品质量、规格及检验方法所作的技术规定，是药品生产、供应、使用、检验和管理部门共同遵循的法定依据

C. 质量标准、制备要求、鉴别、杂质检查、含量测定、功能主治及用法用量等

D. 一个国家记载药品标准、规格的法典

E. 能反应该国家药物生产、医疗和科技的水平，能保证人民用药有效安全

14. 药典中收载了（　　）。

15. 药典中规定了（　　）。

16. 药典的作用是（　　）。

17. 国家药品标准是（　　）。

【18～21】

A. GCP　B. GLP　C. GMP　D. GAP　E. GSP

18.《药品生产质量管理规范》英文缩写为（　　）。

19.《药物非临床研究质量管理规范》英文缩写为（　　）。

20.《药物临床试验质量管理规范》英文缩写为（　　）。

21.《药品经营质量管理规范》英文缩写为（　　）。

【22～26】

A. 1类　B. 2类　C. 3类　D. 4类　E. 5类

22. 境内外均未上市的改良型新药应申报的新药类别是（　　）。

23. 境内申请人仿制已在境内上市原研药品的药品，应申报的新药类别是（　　）。

24. 境外上市的药品申请在境内上市，应申报的新药类别是（　　）。

25. 境内外均未上市的创新药，应申报的新药类别是（　　）。

26. 境内申请人仿制境外上市但境内未上市原研药品的药品，应申报的新药类别是（　　）。

（五）填空题

1. 工业药剂学是研究药物制剂和剂型的__________、__________、__________和__________等内容的一门综合应用性学科，是药剂学的重要分支学科。

2. 工业药剂学的基本任务是将药物研制成适宜的__________，为临床提供__________、__________、__________和便于__________的质量优良的制剂。

3. 工业药剂学的核心内容是设计药物制剂和剂型的__________，研究__________、__________和__________等，融合药物化学、药物分析、物理化学、化工原理、药用高分子辅料等多门学科，是__________和__________专业的核心课程。

4. 药剂学系指研究药物剂型和制剂的__________、__________、__________、__________与__________等内容的一门综合性技术学科。

5. 按给药途径分类，可将剂型分为__________及__________。

6. 根据作用速度快慢可将剂型分为__________、__________和__________等。

7.《中国药典》（2020年版）由凡例、__________、__________、__________四部分组成。

8. 药品注册申请分为__________、__________、__________、__________、__________。

9. 药品批准文号格式为：__________+__________+__________。

10. 美国食品药品管理局的BCS评价指南主要包括三方面：药物的__________、药物的__________、制剂的__________。

（六）是非题

1. 工业药剂学的基本任务是将药物研制成适宜的剂型，为临床提供安全、有效、稳定和便于使用的质量优良的制剂。（　　）

2. 药物制剂中除主药或前体以外的一切其他成分总称为物料。（　　）

3. 同一处方或同一品种的药品使用相同的药品通用名称。（　　）

4. 按给药途径分类可以将药物剂型分为溶液剂、混悬剂、片剂等。（　　）

5. 溶液剂、糖浆剂、甘油剂、溶液型注射剂按分散系统分类均为真溶液。（　　）

6. 将药物设计成不同的药物剂型可以改变药物的作用性质。（　　）

7. 一种药物可制成何种剂型除了由药物的性质、临床应用的需要决定外，还需要考虑运输、贮藏等方面的要求。（　　）

8.《中国药典》（2020年版）由一部、二部、三部、四部及增补本组成。一部收载中药，二部收载化学药，三部收载生物制品，四部收载通则和药用辅料。（　　）

9. 处方药可以在国务院卫生行政部门和药品监督管理部门共同指定的医学、药学专业刊物上介绍，

但不得在大众传播媒介上发布广告宣传。（　　）

10. 非处方药不可在大众传播媒介上进行广告宣传。（　　）

11. 处方药、非处方药应当分柜摆放，并不得采用有奖销售、附赠药品或礼品销售等方式。（　　）

12. 批的规定限度为同一次投料、同一生产工艺过程、同一生产容器中制得的产品。（　　）

13. 生物药剂学分类系统中，Ⅱ类药物为高溶解性和低渗透性。（　　）

14. 剂型按制法分类，可分为浸出制剂和无菌制剂。（　　）

15. 处方包括法定处方、医师处方和协定处方。（　　）

（七）问答题

1. 简述工业药剂学的主要任务。
2. 简述剂型的意义。
3. 举例说明剂型如何降低（或消除）药物的不良反应。

四、参考答案

（一）名词解释（中英文）

1. industrial pharmaceutics：工业药剂学，系指研究药物制剂和剂型的工程理论、生产技术、质量控制和临床应用等内容的一门综合应用性学科。

2. dosage form：药物剂型，简称剂型，系指根据不同给药方式和不同给药部位等需求，为适应诊断、治疗或预防而制备的药物应用形式，如片剂、注射剂、栓剂等。

3. 药物制剂：简称制剂，系指将原料药物按照某种剂型制成一定规格并具有一定质量标准的具体品种。

4. drug delivery system：药物传递系统，缩写为 DDS，系将药物在必要的时间，以必要的药量递送至必要的部位，以达到最大的疗效和最小的毒副作用的给药体系。

5. pharmacopoeia：药典，是一个国家记载药品规格和标准的法典，一般由国家药典委员会组织编纂、出版，并由政府颁布发行，具有法律约束力。

6. 处方：医疗和生产部门用于药剂调制、制剂制备的一种重要书面文件。处方包括法定处方、医师处方、协定处方。

7. 处方药：是必须凭执业医师或执业助理医师的处方才可调配、购买，并在医生指导下使用的药品。

（二）单项选择题

1. B　2. C　3. B　4. B　5. D　6. D　7. C　8. B　9. B　10. C　11. B　12. D　13. D　14. B　15. D　16. A　17. A　18. B　19. A　20. A　21. C　22. C

（三）多项选择题

1. ABCE　2. ABC　3. ABCDE　4. ABCDE　5. ABCDE　6. BDE　7. ABCDE　8. BCDE　9. ACDE　10. ABCD　11. ABCDE　12. ABCDE　13. ACD　14. ABE　15. ABCDE　16. ABCD　17. ABCD

（四）配对选择题

1. A　2. B　3. C　4. D　5. E　6. A　7. D　8. C　9. B　10. D　11. A　12. C　13. B　14. A　15. C　16. E　17. B　18. C　19. B　20A　21. E　22. B　23. D　24. E　25. A　26. C

（五）填空题

1. 工程理论，生产技术，质量控制，临床应用
2. 剂型，安全，有效，稳定，使用

3. 处方工艺，工业化生产理论，技术，质量控制，药物制剂，制药工程
4. 配制理论，处方设计，生产工艺，质量控制，合理应用
5. 经胃肠道给药剂型，非经胃肠道给药剂型
6. 速释，普通，缓控释制剂
7. 正文，通则，索引
8. 新药申请，仿制药申请，进口药品申请，补充申请，再注册
9. 国药准字，1 位字母，8 位数字
10. 生物渗透能力，溶解能力，快速溶出能力

（六）是非题

1. √　2. ×　3. √　4. ×　5. √　6. √　7. √　8. √　9. √　10. ×　11. √　12. √　13. ×　14. √　15. √

（七）问答题

1. 答：工业药剂学的总体任务是研究具备安全性、有效性、稳定性、可控性、顺应性的药物制剂，以满足医疗与预防的需要。其主要任务包括：①基本理论的研究；②提高普通剂型的质量；③新剂型、新制剂、新技术、新辅料、新设备的研发；④生物技术药物制剂的研究和开发；⑤中药制剂的研究和开发。

2. 答：药物不能以原料药形式用于临床，须根据药物性质和治疗目的，以合适剂型通过合理的途径输送至体内才能发挥效果。

（1）药物剂型与给药途径有关。

（2）药物剂型与药效有关，具体体现在：①可调节药物的作用速度；②可降低（或消除）药物的不良反应；③可改变药物的作用性质；④可产生靶向作用；⑤可提高药物的稳定性；⑥可影响疗效。

（3）药物剂型与运输、贮藏有关。

3. 答：氨茶碱临床用于治疗哮喘病，但具有心动过速的副反应，设计为栓剂剂型可有效减少氨茶碱在心脏部位的分布，从而消除这种不良反应。尼莫地平临床用于治疗蛛网膜下腔出血，但具有降低血压的副反应，易导致休克或心肌梗死，缓释片能够缓慢释放尼莫地平，维持其有效血药浓度，减少血液内尼莫地平的暴露量，从而减少不良反应的发生。

第二章 药物制剂的设计与质量控制

一、本章学习要求

1. 掌握 药物制剂设计的目标、基本原则；药剂学的基本理论和方法以及常用剂型的设计、制备工艺等；药物理化性质的定义及相关测定方法；影响制剂稳定性的因素及提高稳定性的方法；药物体内吸收的过程及相关参数的测定方法；处方及工艺的优化思路以及常用方法；工艺验证的内容及意义。

2. 熟悉 质量源于设计（QbD）理念在药物制剂设计中的应用。

3. 了解 风险管理的一般流程；质量评价的关键要素。

二、学习导图

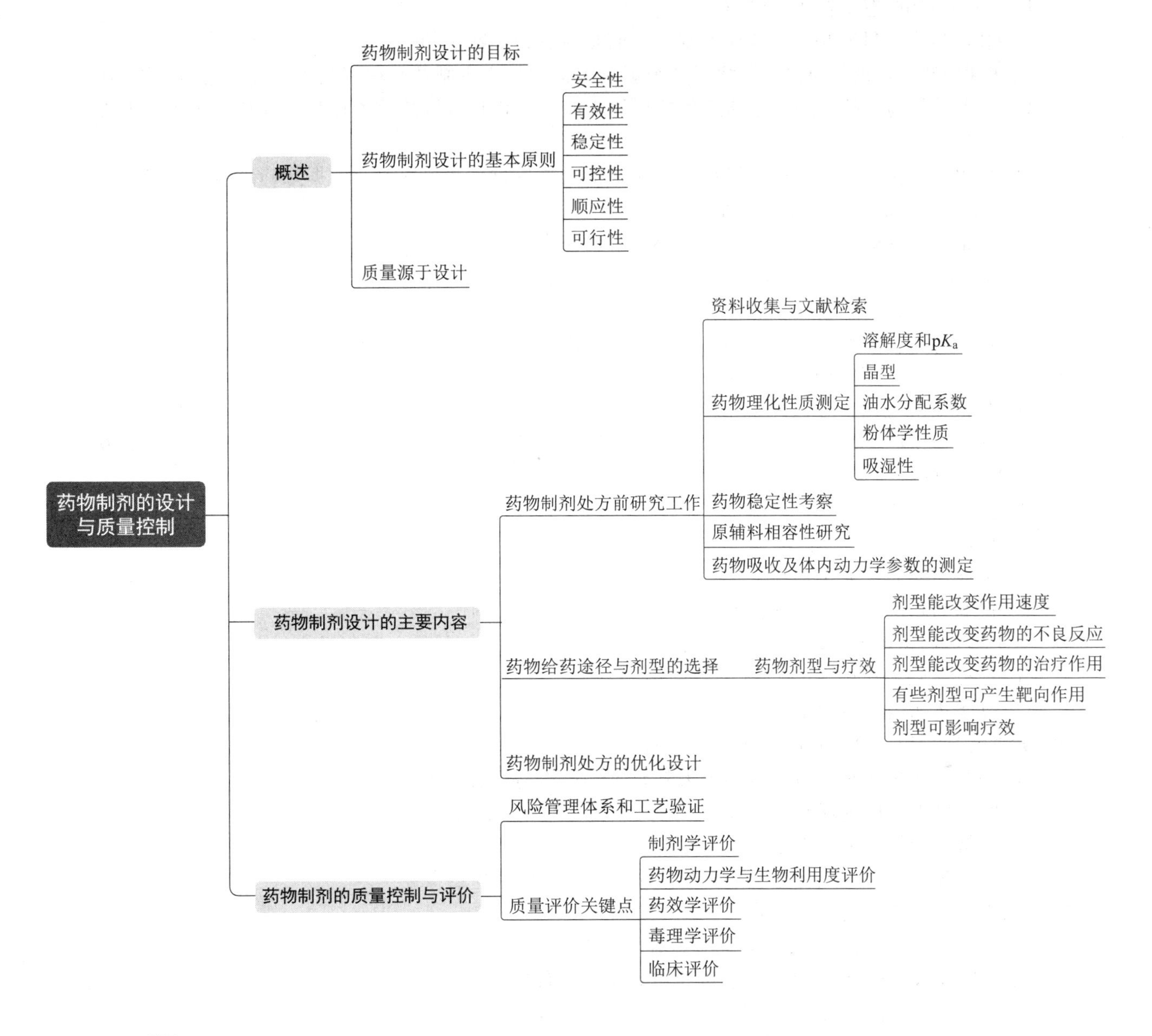

三、习题

（一）名词解释（中英文）

1. 粉体学；2. solubility；3. intrinsic solubility；4. polymorphism；5. hygroscopicity；6. absorption；7. biological half life；8. AUC

（二）单项选择题

1. 药物制剂的（　　）是药品开发的前提，也是制剂设计的核心与基础。

A. 有效性　　B. 安全性　　C. 可控性　　D. 稳定性

2. 贯穿药物原料的合成、产品更新、新产品开发、制剂设计及制剂生产等过程中的重要内容是药物制剂（　　）的研究。

A. 有效性　　B. 安全性　　C. 可行性　　D. 稳定性

3. 基于 QbD 理念，制剂开发确立目标产品特征，需要首先分析（　　）。

A. 临床需要　　B. 药品价格　　C. 药品稳定性　　D. 患者顺应性

4. 以下关于 QbD 理念叙述错误的是（　　）。

A. QbD 是指质量不是通过检验实现的，而是通过设计赋予的

B. 根据 QbD 理论，研究者需要对各个影响因素的作用机制及其相互关系开展深入和系统的研究

C. 其主旨是药品的制剂处方和工艺参数的合理设计是其质量的根本保障，而成品的测试只是质量的验证

D. 常用单变量的实验数据来优化处方和制备工艺参数，并根据实验数据来确定质量标准

5. 关于稳定型结晶的描述正确的是（　　）。

A. 熵值最小、熔点最高、溶解度最小、溶出速率最慢

B. 熵值最大、熔点最低、溶解度最大、溶出速率最快

C. 熵值最小、熔点最高、溶解度最大、溶出速率最快

D. 熵值最大、熔点最低、溶解度最小、溶出速率最慢

6. 口服制剂的生物利用度高低顺序是（　　）。

A. 片剂＞混悬剂＞颗粒剂＞胶囊剂＞溶液剂　　B. 溶液剂＞混悬剂＞颗粒剂＞胶囊剂＞片剂

C. 颗粒剂＞混悬剂＞溶液剂＞胶囊剂＞片剂　　D. 片剂＞胶囊剂＞颗粒剂＞混悬剂＞溶液剂

7. 关于 $t_{1/2}$ 的描述不正确的是（　　）。

A. 药物在体内的量或血药浓度下降一半所需要的时间

B. 它是衡量药物从体内消除快慢的指标

C. 缓释片的 $t_{1/2}$ 大于片剂

D. 根据药物的 $t_{1/2}$，有助于制定用药方案

8. 关于辅料的作用不正确的是（　　）。

A. 改变药物的作用速度　　B. 改变药物的作用方式

C. 改变药物的药理作用　　D. 改变药物的给药途径

9. 关于药品质量风险管理的描述不正确的是（　　）。

A. 质量风险的评估应以科学知识为基础，并最终与患者保护相联系

B. 质量风险管理过程的工作水平、形式和文件应与风险水平相适应

C. 质量风险管理可以避免药品出现质量问题

D. 质量风险管理可以优化决策，给处理潜在风险能力提供保证

10. 以下不是口服给药的特点的是（　　）。

A. 口服给药自然、方便、安全、患者的顺应性好

B. 起效慢，药物吸收易受食物以及患者生理条件的影响

C. 生产成本高，生物利用度高

D. 口服给药后药物一般通过胃肠道吸收进入体循环，可作用于全身

11. 处方前研究工作包括（　　）。

A. 处方与制备工艺研究　　B. 制剂药理、毒理研究

C. 申报工作　　D. 获取新药的相关理化参数

12. 以下关于油水分配系数的叙述正确的是（　　）。

A. 一般采用 $\lg P$ 作为参数，$\lg P$ 值越低，说明药物的亲脂性越强

B. 测定时最常用的是水和正己烷体系

C. 通常采用摇瓶法测定药物的分配系数

D. 测定油水分配系数时，药物浓度均是指解离型药物的浓度

13. 药物理化性质测定属于制剂设计中的（　　）。

A. 初步毒理学及分析方法的研究　　B. 处方前研究工作

C. 临床研究　　D. 处方与制备工艺研究

14. 以下有关于溶解度和解离度的说法正确的是（　　）。
A. 改变给药途径，可以使溶解度很低的药物被吸收
B. 药物必须处于溶解状态才能被吸收
C. 解离型药物能很好地通过生物膜被吸收
D. 非解离型药物可有效地通过类脂性生物膜

15. 一个固体化合物的溶出速率通常不受以下（　　）因素的影响。
A. 固体表面积　B. 介质 pH 值　C. 固体粒度　D. pK_a

16. 极易吸湿是指药物在 25 ℃、80％的相对湿度下放置 24 h，吸水量大于（　　）。
A. 2％　B. 5％　C. 10％　D. 15％

17. 口服制剂设计一般不要求（　　）。
A. 药物在胃肠道内吸收良好
B. 避免药物对胃肠道的刺激作用
C. 药物吸收迅速，能作用于急救
D. 制剂易于吞咽

18. 多数药物被设计成口服剂型，这主要是因为（　　）。
A. 工艺简单
B. 给药方便、安全，易被患者接受
C. 口服给药成本低
D. 药效迅速、可靠

19. 对药物制剂设计影响最大的药物理化性质是（　　）。
A. 色泽、熔点
B. 密度、黏度
C. 溶解度和稳定性
D. 多晶型、流动性

20. 测定药物油水分配系数时最常用的有机溶剂是（　　）。
A. 氯仿　B. 正辛醇　C. 乙酸乙酯　D. 苯

21. 不属于处方前研究工作的主要任务是（　　）。
A. 获取新药的相关理化参数
B. 测定其动力学特征
C. 新药的临床评价
D. 测定与处方有关的物理性质

（三）多项选择题

1. 药物制剂的设计内容包括（　　）。
A. 对药物理化性质、稳定性、药动学有一个较全面的认识
B. 根据药物的理化性质和治疗需要，结合各项临床前研究工作，确定给药的最佳途径，并选择合适的剂型
C. 选择合适的辅料或添加剂，通过各种测定方法考察制剂的各项指标
D. 采用实验设计优化法对处方和制备工艺进行优选
E. 对制剂进行生物等效性研究

2. 影响药物制剂设计的因素包括（　　）。
A. 疾病的性质　B. 药物的理化性质　C. 给药途径
D. 临床需要　E. 环境保护的需要

3. 影响药物制剂设计的理化性质包括（　　）。
A. 溶解度　B. 稳定性　C. 流动性　D. 口服吸收性　E. 药理活性

4. 制剂设计的基本原则是要考虑到药物的（　　）。
A. 有效性　B. 安全性　C. 可控性　D. 稳定性　E. 顺应性

5. 药物制剂设计应达到的目标是（　　）。
A. 保证药物迅速到达作用部位
B. 避免或减少药物在体内转运过程中被破坏
C. 提高药物的生物利用度
D. 降低或消除药物的刺激性与毒副作用
E. 提高药物的稳定性

6. 处方前研究的理化性质包括（　　）。
A. 溶解度　B. 油水分配系数　C. 药物动力学
D. 吸湿性　E. 生物利用度

7. 药物的粉体学性质的主要研究内容包括（　　）。

A. 粒径分布　B. 粒径大小　C. 粉体密度　D. 稳定性　E. 多晶型

8. 药物设计的目的是（　　）。

A. 根据临床用药的要求、药物的理化性质及药理作用，确定适当的给药途径和给药剂型

B. 选择合适的辅料及制备工艺

C. 筛选处方、工艺条件及包装

D. 便于药物上市后的销售

E. 设计出适合临床应用及工业化生产的制剂

9. 影响药物在体内的作用效果的因素包括（　　）。

A. 药物本身　B. 剂型　C. 剂量

D. 给药途径　E. 患者自身情况

10. 药物制剂的处方前研究工作包括（　　）。

A. 药物的理化性质研究　B. 药物相关资料的收集与文献检索

C. 药物的临床疗效研究　D. 药物的稳定性研究

E. 原辅料相容性研究

11. 影响药物制剂稳定性的处方因素包括（　　）。

A. 化学结构　B. 广义酸碱催化　C. 金属离子

D. 离子强度　E. 制备工艺

12. 下列关于药物的吸收描述正确的是（　　）。

A. 口服给药的药物透过胃肠道上皮而被吸收

B. 口服药物容易被胃肠道降解而影响吸收

C. 口服给药起效迅速，顺应性好，更容易被患者所接受

D. 注射给药无吸收过程

E. 口服剂型的吸收快慢顺序为：溶液剂＞混悬剂＞颗粒剂＞胶囊剂＞片剂

13. 关于药物剂型设计的表述正确的是（　　）。

A. 剂型设计受多方面因素的影响，如临床需要、药物的理化性质、药动学数据和现行生产工艺条件等

B. 剂型设计时应充分发挥各剂型的特点，尽可能选用新剂型

C. 抢救危重、急症或昏迷患者，应选择速效剂型和非口服剂型

D. 药物作用需要持久的可制成缓释控释制剂或经皮递药系统

E. 通过剂型设计，尽量减少药物的分解破坏，保证药品在有效期内的稳定性

14. 关于药物制剂的制备叙述正确的是（　　）。

A. 药物处方能够进行大规模生产　B. 产品具有可重现性

C. 药品具有可预测的治疗效果　D. 可加入适当的防腐剂避免微生物污染

E. 为保证制剂的安全性不可加入防腐剂

15. 关于药品质量工艺验证的描述正确的是（　　）。

A. 工艺验证包括工艺设计、工艺评价和持续工艺确证三个阶段

B. 工艺验证环节可以及时发现质量控制过程中出现的问题和薄弱环节，及时纠正和完善质量体系，确保生产出合格的药品

C. 工艺验证涉及药品生命周期及生产中所开展的一系列内容

D. 工艺设计的目标是设计一个能够始终如一地生产出满足其关键质量属性的药品

E. 工艺评价可保证生产工艺在大规模生产中的可控性，一般需有一个或多个系统用于探测工艺的偏离性

16. 药物制剂的质量评价包括（　　）。

A. 制剂学评价　B. 药物动力学与生物利用度评价

C. 药效学评价　D. 毒理学评价　E. 临床评价

17. 以下给药途径可以发挥全身治疗作用的是（　　）。

A. 口服给药　　B. 肺部给药　　C. 鼻腔给药　　D. 口腔黏膜给药　　E. 直肠给药

（四）配对选择题

【1～4】

A. 安全性　B. 有效性　C. 稳定性　D. 顺应性　E. 可控性

1. 药品开发的前提是药物制剂的（　　）。
2. 药品制剂设计应保证药物具有最优的（　　）。
3. 药物制剂设计首先应考虑用药的（　　）。
4. 药物制剂在设计时应遵循的原则是（　　）。

【5～8】

A. 溶解　B. 极易溶解　C. 微溶　D. 极微溶　E. 略溶

5. （　　）是指 1 g（mL）溶质能在 100～1000 mL 溶剂中溶解。
6. （　　）是指 1 g（mL）溶质能在不到 1 mL 溶剂中溶解。
7. （　　）是指 1 g（mL）溶质能在 30～100 mL 溶剂中溶解。
8. （　　）是指 1 g（mL）溶质能在 10～30 mL 溶剂中溶解。

【9～12】

A. $t_{1/2}$　B. V　C. CL　D. AUC　E. k

9. （　　）是单位时间内从体内消除的药物的表观分布容积。
10. （　　）是药物在体内的量或血药浓度下降一半所需要的时间。
11. （　　）是体内的药物按血浆药物浓度分布时所需要体液的体积。
12. （　　）是评价制剂生物利用度和生物等效性的重要参数。

【13～16】

A. 口服剂型　B. 注射剂型　C. 透皮给药剂型　D. 黏膜给药　E. 直肠给药

13. 使用方便，可随时中断给药的是（　　）。
14. 经胃肠道吸收，可起全身治疗作用的是（　　）。
15. 一般起效快，常用于临床急救的是（　　）。
16. 包括栓剂和灌肠剂，可发挥局部或全身作用的是（　　）。

（五）填空题

1. 不同的________、________、________、________等因素不仅影响制剂的理化性质，还会影响药物的体内________和________。

2. 在水溶液中不稳定的药物，一般可考虑将其制成________。

3. 药物在体内的作用效果，不仅与活性药物成分有关，还往往受其________、________、________及患者生理病理状况的影响。

4. 药物制剂的安全性不仅与药物本身________有关，还与________、________等药物制剂的设计过程有关。

5. 药物制剂的稳定性包括________、________和________的稳定性，是制剂________和________的基础和重要保证。

6. 在________℃、________的相对湿度下放置 24 h，吸水量小于________时为微吸湿，大于________时为极易吸湿。

7. 辅料是药物剂型存在的物质基础，具有________、________、方便使用与________的作用。

8. 在剂型设计时应遵循________的原则，考虑采用最便捷的________，减少________，并在处方设计中尽量避免用药时可能给患者带来不适或痛苦。

9. 药品质量是决定其________与________的重要保证，因此，制剂设计必须保证质量____________。

10. 基于QbD理念，药物制剂产品开发的第一步是确定____________以及相关的____________。

11. 根据药物在溶剂中溶解难易程度可分为____________、____________、____________、____________、____________、____________、____________七类。

12. 称取研成细粉的供试品或量取液体供试品，置于____________℃±2℃一定容量的溶剂中，每隔____________min强力振摇____________s；观察____________min内的溶解情况，如无目视可见的溶质颗粒或液滴，即视为完全溶解。

13. 药物制剂设计的基本原则中，可控性主要体现在制剂质量的________与________。

14. 当药物在水相和油相中均是非解离型时，油相中的药物浓度与水相中的药物浓度之比称为________，如果该药物在水相中发生解离，直接根据药物在水相中的浓度计算得到的油水分配系数称为________。

15. 常用的实验设计和优化方法有________、________、________、________和________。

（六）是非题

1. 理想的制剂设计应在保证疗效的基础上使用最低的剂量，并保证药物在作用后能迅速从体内清除而无残留，从而在最大限度上避免刺激性和毒副作用。（　　）

2. 治疗指数较低的药物，可以设计成控释制剂，减少血药浓度的峰谷波动，从而降低产生毒副作用的概率。（　　）

3. 药物制剂的安全性是药品开发的前提，也是制剂设计的核心与基础。（　　）

4. 药物在体内的作用效果，不仅与活性药物成分有关，还往往受其给药途径、剂型、剂量及患者生理病理状况的影响。（　　）

5. 药物制剂的稳定性包括物理、化学和微生物学的稳定性，是制剂安全性和有效性的基础和重要保证。（　　）

6. 口服给药的药物透过胃肠道上皮细胞进入血液或淋巴液中，并随着体循环分布到各组织器官从而发挥药效。（　　）

7. 口服给药的优势在于给药简单、起效迅速、患者顺应性好。（　　）

8. 肺部给药可以避免肝脏的首过效应。（　　）

9. 同种药物的相同剂型其疗效与毒副作用无差别。（　　）

10. 针对全身作用的药物，如果希望患者自行用药，一般应考虑研制口服制剂。（　　）

11. 如果需要治疗的疾病的常见症状是恶心、呕吐，应该避免口服，可采用注射、经皮或栓剂等给药形式。（　　）

12. 如果患者用药时神志不清，不能自主吞咽或者是急救用药，应该考虑使用注射制剂。（　　）

13. 不同晶型的药物，其熔点、溶解度与溶出速率、稳定性不同，其药理活性也不同。（　　）

14. 对于口服给药在胃肠道易被破坏或具有肝首过效应的药物，如蛋白质和多肽类药物，肺部给药可显著提高生物利用度。（　　）

15. 凡在水溶液中不稳定的药物，一般可考虑将其制成固体制剂，若是口服制剂可制成片剂、胶囊剂、颗粒剂等，注射制剂则可制成注射用无菌粉末，均可提高稳定性。（　　）

16. 无定形药物溶解时无须克服晶格能，溶出速率最高，因此，制剂时优先选择无定形。（　　）

17. 药物及制剂均应在相对湿度低于50%的环境中储存，并选择适宜的包装材料。（　　）

18. 在开展处方前研究工作时，必需首先了解药物的溶解度、pK_a、油水分配系数等理化性质。（　　）

19. 对期望产生全身作用的口腔黏膜给药制剂可制备成舌下片、黏附片、贴剂等。（　　）

20. 辅料是药物剂型存在的物质基础，具有赋形、填充、方便使用与储存的作用。（　　）

21. 单纯的仿制药不要求进行临床试验，但要求进行新制剂与参比制剂之间的生物等效性试验。（　　）

22. 对于全身用药的大输液，需进行刺激性试验，无须进行过敏试验、溶血试验与热原检查。（　　）

23. 制剂的设计和优化仅对创新药物研究具有重要作用，对于已上市药品则不重要。(　　)

24. 药物制剂的设计是决定药品的安全性、有效性、可控性、稳定性和顺应性的重要环节。(　　)

25. 影响药物制剂设计的因素除受设计目的、给药途径、QbD 理念等的影响外，还应考虑成本、知识产权以及节能环保等因素。(　　)

26. QbD 的思想就是指质量不是通过设计实现的，而是通过检验赋予的。(　　)

27. 注射给药特别适合用于急救病人、失去知觉或不能吞咽的病人。对于在胃肠道中容易降解以及口服吸收非常困难的药物也首选注射给药制剂，其具有作用迅速、生物利用度高、顺应性好等特点。(　　)

28. 多晶型药物的化学成分相同，晶型结构不同，某些物理性质，如密度、熔点、溶解度、溶出速率也不同。(　　)

29. 药物制剂设计的目的是便于药物上市后的销售。(　　)

30. 药物以解离型或非解离型存在不影响药物通过生物膜被吸收。(　　)

31. 通常药物在 25 ℃、80%的相对湿度下放置 24 h，吸水量小于 2%为微吸湿；大于 15%为极易吸湿。(　　)

32. 风险管理体系是有效的质量管理方式，对风险偏差进行分类分级，制定合理的处理方案，可以最大程度上降低药品研发和生产的风险。(　　)

33. 工艺验证可以及时发现质量控制过程中出现的问题和薄弱环节，及时纠正和完善质量体系，确保生产出合格的药品。(　　)

34. 药物的稳定性研究是贯穿药物原料的合成、产品更新、新产品开发、制剂设计及制剂生产等过程中的重要内容。(　　)

35. 对于溶解度小的难溶性药物，溶出是其吸收的限速步骤，是影响生物利用度的最主要因素。(　　)

36. 在测定药物溶解度时不易排除溶剂、其他成分的影响，故一般情况下我们所测定的溶解度成为特性溶解度。(　　)

（七）问答题

1. 简述药物制剂设计的目的。
2. 简述药物制剂设计的主要内容。
3. 简述药物制剂设计的目标。
4. 药物制剂设计的基本原则包括哪些?
5. 影响药物制剂稳定性的因素有哪些?

四、参考答案

（一）名词解释（中英文）

1. 粉体学：系指研究粉体所表现的基本性质及其应用的科学，包括形状、粒子大小及分布、密度、表面积、空隙率、流动性、可压性、附着性、吸湿性等。

2. solubility：溶解度，系指在一定温度（气体在一定压力）下，在一定量溶剂中达饱和时溶解药物的最大量。

3. intrinsic solubility：特性溶解度，是指药物不含任何杂质，在溶剂中不发生解离、缔合，不与溶剂中的其他物质发生相互作用时所形成的饱和溶液的浓度。

4. polymorphism：多晶型，化学结构相同的药物，由于结晶条件不同，可得到多种晶格排列不同的晶型，这种现象称为多晶型。

5. hygroscopicity：吸湿性，固体表面吸附水分的现象称为吸湿性。

6. absorption：吸收，是指药物从给药部位向体循环转运的过程。

7. biological half life：生物半衰期，是指药物在体内的量或血药浓度下降一半所需要的时间，以 $t_{1/2}$ 表示。

8. AUC：药物进入体内后血药浓度随时间发生变化，以血药浓度为纵坐标，以时间为横坐标绘制的曲线称为血药浓度-时间曲线。由该曲线和横轴围成的面积称为血药浓度-时间曲线下面积（area under curve，AUC）。

（二）单项选择题

1. A 2. D 3. A 4. D 5. A 6. B 7. C 8. C 9. C 10. C 11. D 12. C 13. B 14. B 15. D 16. D 17. C 18. B 19. C 20. B 21. C

（三）多项选择题

1. ABCD 2. ABCDE 3. ABC 4. ABCDE 5. ABCDE 6. ABD 7. ABC 8. ABCE 9. ABCDE 10. ABDE 11. ABD 12. ABE 13. ABCDE 14. ABCD 15. ABCD 16. ABCDE 17. ABCDE

（四）配对选择题

1. B 2. C 3. A 4. D 5. C 6. B 7. E 8. A 9. C 10. A 11. B 12. D 13. C 14. A 15. B 16. E

（五）填空题

1. 给药途径，剂型，处方，工艺，药动学，药效学
2. 固体制剂
3. 给药途径，剂型，剂量
4. 理化性质，辅料种类，制剂工艺
5. 物理，化学，微生物学，安全性，有效性
6. 25，80%，2%，15%
7. 赋形，填充，贮存
8. 顺应性，给药途径，给药次数
9. 有效性，安全性，可控性
10. 目标产品特征，目标产品质量特征
11. 极易溶解，易溶，溶解，略溶，微溶，极微溶，几乎不溶或不溶
12. 25，5，30，30
13. 可预知性，重现性
14. 油水分配系数，表观分配系数（或分布系数）
15. 正交设计法，均匀设计法，单纯形优化法，效应面优化法，拉氏优化法

（六）是非题

1. √ 2. √ 3. × 4. √ 5. √ 6. √ 7. × 8. √ 9. × 10. √ 11. √ 12. √ 13. √ 14. √ 15. √ 16. × 17. √ 18. √ 19. √ 20. √ 21. √ 22. × 23. × 24. √ 25. √ 26. × 27. × 28. √ 29. × 30. × 31. √ 32. √ 33. √ 34. √ 35. √ 36. ×

（七）问答题

1. 答：药物制剂设计的目的就是根据疾病的性质、临床用药的需要以及药物的理化性质和生物学特性，确定适宜的给药途径和剂型，选择合适的辅料、制备工艺，筛选制剂的最佳处方和工艺条件，确定包装，最终形成适合生产和临床应用的制剂产品。

2. 答：①处方前的全面研究工作，包括查阅有关药物的理化性质、药理学、药动学、专利情况等，若某些参数检索不到而又是剂型设计必需的，可通过试验获得数据后再进行剂型和处方设计。

②综合各方面的因素，如药物的理化性质、临床前研究、临床需要，确定最佳给药途径，选择合适的剂型。

③根据确定的剂型，选择合适的辅料或添加剂，通过各种测定方法考察制剂的各项指标，采用实验设计优化法对处方和制备工艺进行优选。

④确定包材，形成适合生产和临床应用的制剂产品。

3. 答：①保证药物迅速到达作用部位，从而保持有效浓度，提高生物利用度。

②通过了解药物在体内是否存在首过效应以及是否能被生物膜和体液环境中的 pH 或酶所破坏，从而进行制剂设计来避免或减少药物在体内转运过程中的破坏。

③降低或消除药物的刺激性与毒副作用。

④保证药物的稳定性。

4. 答：①药物制剂设计首先应考虑用药安全性。

②药物制剂的有效性是药品开发的前提，也是制剂设计的核心与基础。

③药物制剂的设计应保证药物具有最优的稳定性。

④药品质量是决定其有效性与安全性的重要保证，因此，制剂设计必须保证质量可控性。

⑤在剂型设计时应遵循顺应性的原则，考虑采用最便捷的给药途径，减少给药次数，并在处方设计中尽量避免用药时可能给患者带来不适或痛苦。

⑥在进行药物制剂设计的前期应展开全面的调查，分析该项目的可行性。

5. 答：①处方因素：主要有化学结构、溶液 pH、广义的酸碱催化、溶剂、离子强度、药物间相互作用、赋形剂与附加剂等。

②外界因素：主要有温度、空气（氧）、湿度和水分、金属离子、光线、制备工艺和包装材料等。

第三章 药用辅料与应用

一、本章学习要求

1. **掌握** 药用辅料的应用原则；药用高分子材料的定义、主要品种、在药剂学中的应用；预混与共处理药用辅料的定义、特点和在药剂学中的应用。

2. **熟悉** 药用辅料的作用；药用高分子材料的特点及在药剂学的应用；预混与共处理药用辅料的主要品种及在药剂学中的应用；现行药用辅料管理办法相关法规。

3. **了解** 药用高分子材料的特点及其在药剂学中的应用（难点）；药用辅料相关法规的发展历程及现行药用辅料管理办法。

二、学习导图

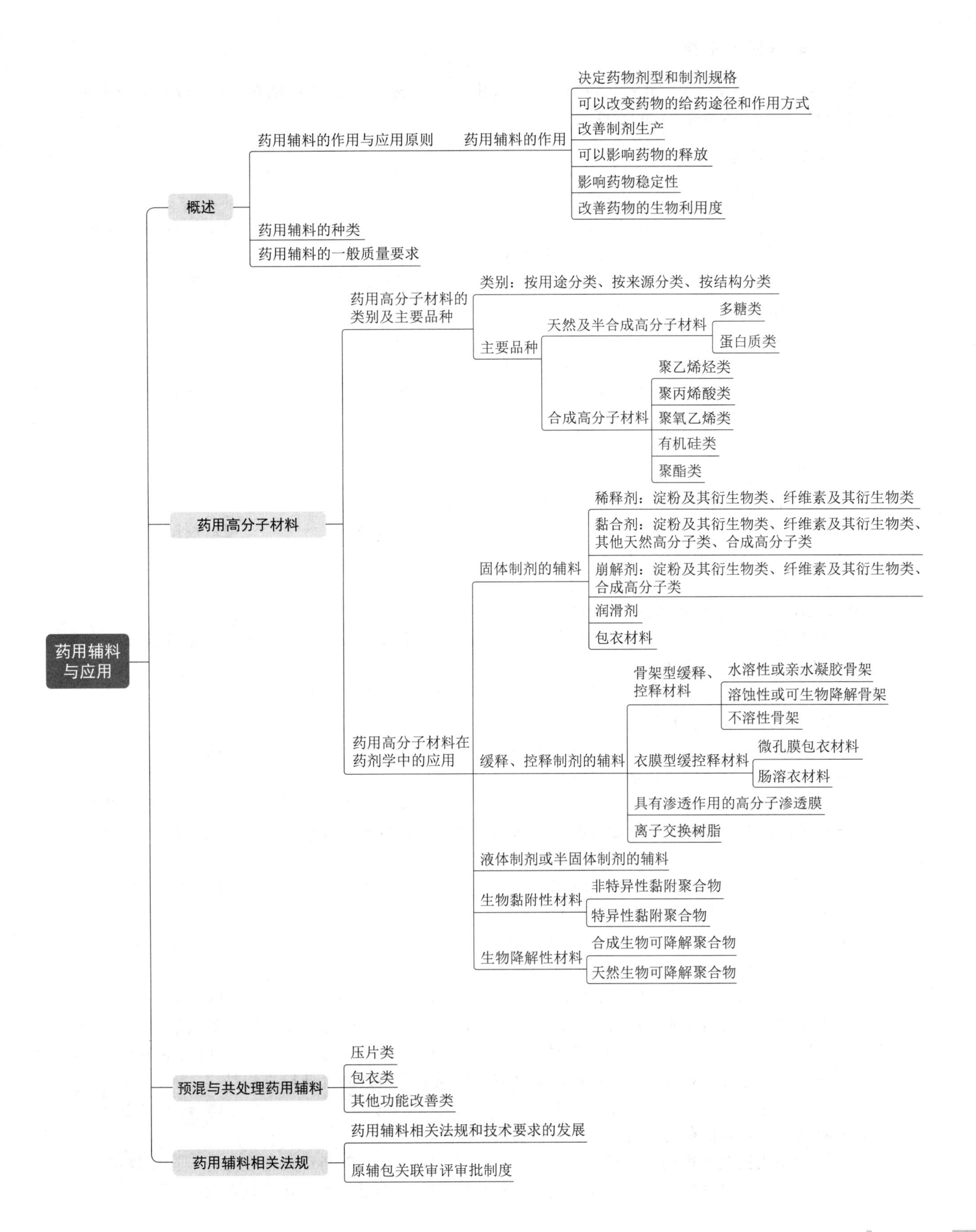
药用辅料与应用
概述
药用辅料的作用与应用原则
药用辅料的作用
决定药物剂型和制剂规格
可以改变药物的给药途径和作用方式
改善制剂生产
可以影响药物的释放
影响药物稳定性
改善药物的生物利用度
药用辅料的种类
药用辅料的一般质量要求
药用高分子材料
药用高分子材料的类别及主要品种
类别：按用途分类、按来源分类、按结构分类
主要品种
天然及半合成高分子材料
多糖类
蛋白质类
合成高分子材料
聚乙烯烃类
聚丙烯酸类
聚氧乙烯类
有机硅类
聚酯类
药用高分子材料在药剂学中的应用
固体制剂的辅料
稀释剂：淀粉及其衍生物类、纤维素及其衍生物类
黏合剂：淀粉及其衍生物类、纤维素及其衍生物类、其他天然高分子类、合成高分子类
崩解剂：淀粉及其衍生物类、纤维素及其衍生物类、合成高分子类
润滑剂
包衣材料
缓释、控释制剂的辅料
骨架型缓释、控释材料
水溶性或亲水凝胶骨架
溶蚀性或可生物降解骨架
不溶性骨架
衣膜型缓控释材料
微孔膜包衣材料
肠溶衣材料
具有渗透作用的高分子渗透膜
离子交换树脂
液体制剂或半固体制剂的辅料
生物黏附性材料
非特异性黏附聚合物
特异性黏附聚合物
生物降解性材料
合成生物可降解聚合物
天然生物可降解聚合物
预混与共处理药用辅料
压片类
包衣类
其他功能改善类
药用辅料相关法规
药用辅料相关法规和技术要求的发展
原辅包关联审评审批制度

三、习题

（一）名词解释（中英文）

1. 药用辅料（pharmaceutical excipient）；2. 药用高分子材料；3. 预混辅料（pre-mixed excipient）；4. 共处理辅料（co-processed excipient）

（二）单项选择题

1. 以下药用辅料中，属于半合成物质的是（　　）。
A. 蛋黄卵磷脂　　B. 胆固醇　　C. 聚乙二醇　　D. 羟丙甲纤维素
2. 以下药用高分子材料，不属于天然及半合成高分子材料的是（　　）。
A. 羧甲基淀粉钠　　B. 泊洛沙姆　　C. 阿拉伯胶　　D. 明胶
3. 羧甲基淀粉钠现广泛用于片剂和胶囊剂的（　　）辅料。
A. 崩解剂　　B. 黏合剂　　C. 助悬剂　　D. 润滑剂
4. 片剂辅料中，既能作填充剂，又能作黏合剂和崩解剂的是（　　）。
A. 糖粉　　B. 乳糖　　C. 淀粉浆　　D. 淀粉
5. 均可作为片剂崩解剂的是（　　）。
A. 淀粉、L-HPC、CMC-Na　　B. HPMC、PVP、L-HPC
C. PVPP、HPC、CMS-Na　　D. CC-Na、PVPP、CMS-Na
6. 片剂的辅料低取代羟丙基纤维素（L-HPC）可用作（　　）。
A. 填充剂　　B. 黏合剂　　C. 润滑剂　　D. 崩解剂
7. 作为片剂的辅料，聚维酮（PVP）可用作（　　）。
A. 填充剂　　B. 黏合剂　　C. 崩解剂　　D. 润滑剂
8. 片剂的辅料羧甲基纤维素钠（CMC-Na）的作用是（　　）。
A. 填充剂　　B. 润滑剂　　C. 黏合剂　　D. 崩解剂
9. 不属于肠溶衣包衣材料的是（　　）。
A. 丙烯酸树脂Ⅱ　　B. 丙烯酸树脂Ⅲ　　C. 丙烯酸树脂Ⅳ　　D. CAP
10. 不属于胃溶型包衣材料的是（　　）。
A. HPMC　　B. 丙烯酸树脂Ⅳ　　C. PVP　　D. PVPP
11. 可作为微孔膜材料的致孔剂的是（　　）。
A. 乙基纤维素　　B. 醋酸纤维素　　C. 聚乙二醇　　D. 丙烯酸树脂类
12. 能特异性识别在多种恶性肿瘤细胞上表达的异常糖链，从而介导生物黏附性聚合物到达治疗部位的是（　　）。
A. 卡波姆　　B. 大豆凝集素　　C. 瓜尔胶　　D. 聚乙二醇
13. 属于肠溶包衣预混辅料的是（　　）。
A. Opadry　　B. Aquacoato CPD　　C. Cellactose 80　　D. Surelease
14. 可以改善片剂可压性的预混与共处理辅料是（　　）。
A. Cellactose 80　　B. Surelease　　C. Aquacoat　　D. Opaglos 2
15. 负责要求药品制剂注册申请人或原辅包登记人进行补充原辅包登记平台研究资料的是（　　）。
A. 国家药监局　　B. 省药监局　　C. 国务院　　D. 药审中心
16. 负责根据登记信息对药用辅料和药包材供应商加强监督检查和延伸检查的是（　　）。
A. 国家药监局　　B. 省药监局　　C. 国务院　　D. 药审中心
17. 下面（　　）不是有关药用高分子材料的法规。
A.《中华人民共和国药品管理法》　　B.《关于新药审批管理的若干补充规定》
C.《药品包装用材料、容器管理办法（暂行）》　　D.《药品生产质量管理办法》

18. 下面（　　）不是片剂中润滑剂的作用。
A. 增加颗粒流动性　　B. 促进片剂在胃中湿润
C. 防止颗粒黏冲　　D. 减少对冲头的磨损

（三）多项选择题

1. 以下属于药用辅料的应用原则的是（　　）。
A. 最有效原则　　B. 经济最大化原则　　C. 最低用量原则
D. 无不良影响原则　　E. 最方便原则
2. 以下属于药用辅料的作用的是（　　）。
A. 改善制剂生产　　B. 影响药物稳定性　　C. 改善药物生物利用度
D. 影响药物的释放　　E. 改变药物的给药途径和作用方式
3. 以下属于药用辅料在制剂中的作用的是（　　）。
A. 溶剂　　B. 稳定剂　　C. 主药
D. 包衣剂　　E. 表面活性剂
4. 以下属于药用高分子材料的特点的是（　　）。
A. 无毒、无抗原性　　B. 具有良好的生物相容性
C. 黏度较小　　D. 具有适宜的载药与释药性能
E. 分子量具有多分散性
5. 与单一辅料相比，预混与共处理辅料具有的特点是（　　）。
A. 多种功能的集合　　B. 由多种辅料混合制得
C. 由特定的配方组成　　D. 成本提高　　E. 节约时间
6. 属于压片类预混和共处理辅料的是（　　）。
A. Cellactose 80　　B. Surelease　　C. Ludipress　　D. Avicel HFE　　E. Aquacoat
7.《关于进一步完善药品关联审评审批和监管工作有关事宜的公告》适用于在中华人民共和国境内研制、生产、进口和使用的（　　）。
A. 制剂　　B. 药用辅料　　C. 原料药　　D. 商品名　　E. 药包材
8. 崩解剂促进崩解的机制是（　　）。
A. 产气作用　　B. 毛细管作用　　C. 吸水膨胀作用
D. 水分渗入，产生润湿热　　E. 薄层绝缘作用
9. 常用的渗透压调节剂有（　　）。
A. 氯化钠　　B. 山梨酸　　C. 苯甲醇　　D. 葡萄糖　　E. 微粉硅胶

（四）配对选择题

【1～4】
A. 聚乙二醇　　B. 羟丙甲纤维素　　C. 羟丙甲纤维素酞酸酯　　D. 乙基纤维素
1. 可作为水溶性或亲水凝胶骨架材料的是（　　）。
2. 可作为溶蚀性或可生物降解骨架材料的是（　　）。
3. 可作为微孔膜包衣材料的是（　　）。
4. 可作为肠溶衣材料的是（　　）。

【5～8】
A. 聚乙二醇　　B. 羧甲基淀粉钠　　C. 微晶纤维素　　D. 羧甲基纤维素钠
5. 用作稀释剂的是（　　）。
6. 用作崩解剂的是（　　）。
7. 用作润滑剂的是（　　）。
8. 用作黏合剂的是（　　）。

（五）填空题

1. 按来源分类，药用辅料可分为____________、____________和____________。

2. 生物黏附性材料可分为____________和____________。

3. 由两种或两种以上的药用辅料经过特定的物理加工工艺处理制得的，具有特定功能的混合辅料是____________。

4. 由两种或两种以上的药用辅料通过简单的物理混合制成的、具有一定功能且表观均一的混合辅料是____________。

5. ____________是指由国家制定或认可，并由国家强制力保证实施，具有普遍效力和严格程序的行为规范体系，是调整与药事活动（如研发、生产、销售、使用）相关的行为和社会关系的法律规范的总和。

6. ____________年，国家药品监督管理局发布《关于进一步完善药品关联审评审批和监管工作有关事宜的公告》，该公告明确了原辅包与药品制剂关联审评审批的具体要求，提高了关联审评审批的效率，进一步完善了关联审评审批制度。

（六）是非题

1. 依据给药途径不同，药用辅料可分为酸类、碱类、盐类、醇类、酚类、酯类、醚类、纤维素类及糖类等。（　　）

2. 羟丙甲纤维素的英文缩写为 L-HPC，是一种常用的崩解剂。（　　）

3. 预混辅料中单一成分化学结构有所改变。（　　）

4. 共处理辅料无法通过简单的物理混合方式制备。（　　）

5. 我国现行的药事法规体系主要由基本法《中华人民共和国药品管理法》贯穿药事活动各个环节。（　　）

6. 药审中心负责登记资料技术要求的更新、发布。（　　）

（七）问答题

1. 简述何谓药用辅料，有何作用，其应用原则是什么，质量要求有哪些。

2. 简述何谓药用高分子材料，有何特点，举例说明药用高分子材料在药剂学中的应用。

四、参考答案

（一）名词解释（中英文）

1. 药用辅料：系指生产药品和调配处方时所用的赋形剂和附加剂。

2. 药用高分子材料：系指具有生物相容性，且经过安全性评价的应用于药物制剂的一类高分子辅料，包括高分子药物、药用高分子辅料以及高分子包装材料。

3. 预混辅料：是指两种或两种以上的药用辅料通过简单的物理混合制成的、具有一定功能且表观均一的混合辅料。

4. 共处理辅料：是指由两种或两种以上的药用辅料经过特定的物理加工工艺处理制得的，具有特定功能的混合辅料。

（二）单项选择题

1. D　2. B　3. A　4. D　5. D　6. D　7. B　8. C　9. C　10. D　11. C　12. B　13. B　14. A　15. D　16. B　17. D　18. B

（三）多项选择题

1. CD 2. ABCDE 3. ABDE 4. ABDE 5. ABCE 6. ACD 7. BCE 8. ABCD 9. AD

（四）配对选择题

1. B 2. A 3. D 4. C 5. C 6. B 7. A 8. D

（五）填空题

1. 天然物质，半合成物质，全合成物质
2. 非特异性黏附聚合物，特异性黏附聚合物
3. 共处理辅料
4. 预混辅料
5. 药事法
6. 2019

（六）是非题

1. × 2. × 3. × 4. √ 5. √ 6. √

（七）问答题

1. 答：（1）药用辅料指生产药品和调配处方时所用的赋形剂和附加剂，是除活性成分或前体以外，在安全性方面已进行合理评估，一般包含在药物制剂中的物质。

（2）药用辅料的作用：①药用辅料决定药物剂型和制剂规格；②药用辅料可以改变药物的给药途径和作用方式；③药用辅料改善制剂生产；④药用辅料可以影响药物的释放；⑤药用辅料影响药物稳定性；⑥药用辅料可以改善药物的生物利用度。

（3）应用原则：①满足制剂成型、有效、稳定、安全、方便要求的最低用量原则；②无不良影响原则。

（4）质量要求：①生产药品所用的辅料必须符合药用要求；②药用辅料应经过充分的安全性评估，对人体无害，化学性质稳定，不与主药及其他辅料发生作用，不影响制剂质量检验；③药用辅料影响制剂生产、质量、安全性和有效性的性质，应符合要求；④根据剂型和工艺特点以及临床使用的风险等级，所需的药用辅料需达到相应的质量标准。

2. 答：（1）药用高分子材料系指具有生物相容性，且经过安全性评价的应用于药物制剂的一类高分子辅料。

（2）特点：①具有分子量大、黏度高、难溶解等高分子化合物的共同特性；②无毒、无抗原性且经过安全性评价；③具有良好的生物相容性和物理化学性能；④具有适宜的载药与释药性能。

（3）举例：①固体制剂的辅料：a. 稀释剂，如淀粉、糊精、微晶纤维素；b. 黏合剂，如羧甲基淀粉钠、羟丙甲纤维素；c. 崩解剂，如交联羧甲基纤维素、低取代羟丙纤维素；d. 润滑剂，如聚乙二醇；e. 包衣材料，如羟丙甲纤维素、丙烯酸树脂类。②缓释、控释制剂的辅料：a. 骨架型缓释、控释材料，如卡波姆、乙基纤维素、聚乙二醇；b. 衣膜型缓控释材料，如醋酸纤维素、聚乙二醇、羟丙甲纤维素酞酸酯。③液体制剂或半固体制剂的辅料：如纤维素醚类、泊洛沙姆等。④生物黏附性材料：如聚丙烯酸、大豆凝集素。⑤生物降解性材料：如甲壳素、壳聚糖、聚乳酸-羟基乙酸共聚物。

第四章 药物制剂的稳定性

一、本章学习要求

1. 掌握 药物制剂稳定性的意义、化学动力学的基本概念；影响药物制剂降解的各种因素及解决药物制剂稳定性的各种方法；药物制剂的实验方法，特别是加速试验法等。

2. 熟悉 制剂中药物化学降解途径与稳定性试验的方法等。

3. 了解 新药开发中稳定性试验设计的要点与主要内容等。

二、学习导图

药物制剂的稳定性
概述
制剂稳定性研究的目的、意义和任务
药物制剂稳定性的化学动力学基础
反应级数
零级反应
一级反应
二级反应
温度对反应速率的影响与药物稳定性预测
经典恒温法——阿伦尼乌斯(Arrhenius)方程
药物制剂稳定性变化分类及降解途径
药物制剂稳定性变化分类
化学不稳定性
物理不稳定性
生物学不稳定性
药物和药物制剂的降解途径与稳定性变化
制剂中药物的化学稳定性变化
水解：酯类、酰胺类、盐类、其他类
氧化：酚类、烯醇类、其他类
光降解
其他：异构化、聚合、脱羧、脱水、与其他药物或辅料作用
药物与制剂的物理稳定性变化
溶液剂和糖浆剂：沉降
混悬剂：粒度分布、沉降速率
乳剂：分层、破裂、转型
片剂：硬度、脆碎度、崩解时限变化
栓剂：融变时间延长
药物制剂的生物学稳定性变化
影响药物制剂稳定性的因素及稳定化方法
影响药物制剂稳定性的因素
处方因素对药物制剂稳定性的影响
pH
广义酸碱催化
溶剂
离子强度
表面活性剂
处方中基质或赋形剂
外界因素对药物制剂稳定性的影响
温度
光线
空气(氧)
金属离子
湿度和水分
包装材料
微生物
药物制剂稳定化方法
消除处方因素
改进剂型或生产工艺
制成固体制剂
制成微囊或包合物
采用直接压片或包衣工艺
制备稳定的衍生物
调节pH
改变溶剂或控制水分及湿度
加入抗氧剂或金属离子络合剂
加入干燥剂或防腐剂
消除外界因素
控制温度
避光
除氧
包装设计
药物制剂稳定性试验方法
长期试验
影响因素试验
高温试验
高湿度试验
强光照射试验
加速试验
新药开发过程中药物稳定性研究
新药稳定性研究设计要点
新药稳定性研究内容

三、习题

（一）名词解释（中英文）

1. 化学动力学；2. 长期试验；3. 影响因素试验；4. 加速试验；5. 半衰期；6. pH_m

（二）单项选择题

1. 盐酸普鲁卡因的主要降解途径是（　　）。
   A. 水解　B. 光学异构化　C. 氧化　D. 脱羧
2. 维生素C的主要降解途径是（　　）。
   A. 水解　B. 氧化　C. 光学异构化　D. 脱羧
3. 酚类药物降解的主要途径是（　　）。
   A. 水解　B. 脱羧　C. 氧化　D. 聚合
4. 酯类药物降解的主要途径是（　　）。
   A. 脱羧　B. 聚合　C. 氧化　D. 水解
5. 下列关于药物稳定性的叙述中，错误的是（　　）。
   A. 通常将反应物消耗一半所需的时间称为半衰期
   B. 大多数药物的降解反应可用零级、一级反应进行处理
   C. 若药物降解的反应是一级反应，则药物有效期与反应浓度有关
   D. 对于大多数反应来说，温度对反应速率的影响比浓度更为显著
6. 既能影响易水解药物的稳定性，又与药物氧化反应有密切关系的是（　　）。
   A. pH　B. 广义的酸碱催化　C. 溶剂　D. 离子强度
7. 某药按一级反应速率降解，反应速率常数为 k(25 ℃)$=4.0\times10^{-6}h^{-1}$，该药的有效期为（　　）。
   A. 2年　B. 3天　C. 1.5年　D. 3年
8. 一级反应的半衰期公式为（　　）。
   A. $t_{1/2}=0.1054/k$　B. $t_{1/2}=0.693/k$　C. $t_{1/2}=C_0/2k$　D. $t_{1/2}=0.693k$
9. 易氧化的药物通常结构中含有（　　）。
   A. 酯键　B. 饱和键　C. 双键　D. 酰胺键
10. 易发生水解的药物为（　　）。
    A. 烯醇类　B. 多糖类　C. 酚类　D. 酰胺类
11. 下列药物中，容易发生氧化降解的是（　　）。
    A. 乙酰水杨酸　B. 维生素C　C. 盐酸丁卡因　D. 氯霉素
12. 影响药物制剂稳定性的制剂因素不包括（　　）。
    A. 溶剂　B. 广义酸碱　C. 离子强度　D. 温度
13. 影响药物稳定性的环境因素不包括（　　）。
    A. 温度　B. pH　C. 空气湿度　D. 空气中的氧
14. 以下各因素中，不属于影响药物制剂稳定性的处方因素的是（　　）。
    A. 安瓿的理化性质　B. 药液的pH　C. 药液的离子强度　D. 溶剂的极性
15. 下列关于药物稳定性的正确说法为（　　）。
    A. 酯类、酰胺类药物易发生氧化反应
    B. 专属性酸（H^+）与碱（OH^-）仅催化水解反应
    C. 药物的水解速率常数与溶剂的介电常数无关
    D. HPO_4^{2-} 对青霉素钾盐的水解有催化作用
16. 荷正电药物水解受 OH^- 催化，介质的离子强度增加时，水解速率常数的 k 值（　　）。

A. 不变　　B. 增大　　C. 下降　　D. 先增大、后减小

17. 与药物带相同电荷的离子催化其降解反应时，如果降低溶剂介电常数，则反应速率常数 k 值（　　）。

A. 增大　　B. 先减小、后增大　　C. 下降　　D. 先增大、后减小

18. Arrhenius 方程定量描述（　　）。

A. 湿度对反应速率的影响　　B. 光线对反应速率的影响

C. pH 值对反应速率的影响　　D. 温度对反应速率的影响

19. 药物离子带负电，受 OH^- 催化时药物的水解速率常数 k 随离子强度 μ 增大而（　　）。

A. 增大　　B. 减小　　C. 不变　　D. 发生不规则变化

20. 对于易降解的药物，通常加入乙醇、丙二醇增加稳定性，其重要原因是（　　）。

A. 介电常数较小　　B. 介电常数较大　　C. 酸性较大　　D. 酸性较小

21. 对一级反应来说，如果以 $\lg C$ 对 t 作图，反应速率常数为（　　）。

A. $\lg C$ 值　　B. t 值　　C. 直线斜率×2.0303　　D. 温度

22. 对伪一级反应来说，如果以 $\ln C$ 对 t 作图，将得到（　　）。

A. 渐近线　　B. 折线　　C. 直线　　D. 双曲线

23. 若测得某药物在 25 ℃，k 为 0.0527 h^{-1}，其降解为一级反应，则 $t_{1/2}$ 是（　　）。

A. 3.5 h　　B. 3 h　　C. 13.1 h　　D. 1.5 h

24. 关于药物稳定性叙述错误的是（　　）。

A. 通常将反应物消耗一半所需的时间称为半衰期

B. 大多数药物的降解反应可用零级、一级（伪一级）反应进行处理

C. 如果药物降解反应是一级反应，那么药物有效期与反应物浓度有关

D. 温度升高时，绝大多数化学反应速率增大

25. 在 pH-速率曲线图最低点所对应的横坐标，即为（　　）。

A. 最稳定 pH　　B. 最不稳定 pH

C. pH 催化点　　D. 反应速率最高点

26. 关于药物稳定性的酸碱催化叙述错误的是（　　）。

A. 许多酯类、酰胺类药物常受 H^+ 或 OH^- 催化水解，称为广义酸碱催化

B. 在 pH 很低时，主要是酸催化

C. 在 pH 很高时，主要是碱催化

D. 在 pH-速率曲线图最低点所对应的横坐标，即为最稳定 pH

（三）多项选择题

1. 下列关于药物稳定性加速试验的叙述中，正确的是（　　）。

A. 试验温度为 40 ℃± 2 ℃　　B. 进行加速试验的供试品要求三批，且为市售包装

C. 试验时间为 6 个月　　D. 试验相对湿度为 75%±5%

2. 主要降解途径是水解的药物有（　　）。

A. 酯类　　B. 酚类　　C. 烯醇类　　D. 芳胺类　　E. 酰胺类

3. 药物降解主要途径是氧化的有（　　）。

A. 酯类　　B. 酚类　　C. 烯醇类　　D. 酰胺类　　E. 芳胺类

4. 影响药物制剂降解的处方因素有（　　）。

A. pH 值　　B. 溶剂　　C. 温度　　D. 离子强度　　E. 光线

5. 防止药物氧化的措施有（　　）。

A. 驱氧　　B. 制成液体制剂　　C. 加入抗氧剂

D. 加金属离子络合剂　　E. 选择适宜的包装材料

6. 稳定性影响因素试验包括（　　）。

A. 高温试验　　B. 高湿度试验　　C. 强光照射试验

D. 在 40 ℃、RH75%条件下试验　　E. 长期试验

7. 以下对于药物稳定性的叙述中，错误的是（　　）。

A. 易水解的药物，加入表面活性剂都能增加稳定性

B. 在制剂处方中，加入电解质或盐所带入的离子，均可增加药物的水解速率

C. 需通过试验，正确选用表面活性剂，使药物稳定

D. 聚乙二醇能促进氢化可的松药物的分解

E. 滑石粉可使乙酰水杨酸分解速率加快

8. 在药物稳定性试验中，有关加速试验的叙述中正确的是（　　）。

A. 为新药申报临床与生产提供必要的资料

B. 原料药需要进行此项试验，制剂不需要进行此项试验

C. 供试品可以用一批产品进行试验

D. 供试品按市售包装进行试验

E. 在温度 40 ℃±2 ℃，相对湿度 75%±5%的条件下放置三个月

9. 防止药物水解的方法有（　　）。

A. 改变溶剂　　B. 调节溶液 pH 值　　C. 将药物制成难溶性盐

D. 制成包合物　　E. 改善包装

10. 以下各项中，可反应药物稳定性好坏的有（　　）。

A. 半衰期　　B. 有效期　　C. 反应速率常数

D. 反应级数　　E. 药物浓度

11. 药物制剂稳定性研究的范围包括（　　）。

A. 化学稳定性　　B. 物理稳定性　　C. 生物稳定性

D. 体内稳定性　　E. 生物利用度稳定性

12. 影响固体药物氧化的因素有（　　）。

A. pH 值　　B. 光线　　C. 离子强度　　D. 温度　　E. 溶剂

13. 根据 Arrhenius 方程，有关药物降解反应活化能的说法正确的是（　　）。

A. 活化能小的药物稳定性好　　B. 由 ln$C$ 对 t 作图直线斜率即为活化能

C. 由 lg$C$ 对 t 作图直线斜率即为活化能　　D. 在一定温度范围内活化能为一定值

E. 活化能具有能量单位

14. 关于药物氧化降解反应的说法错误的是（　　）。

A. 氧化降解反应速率与温度无关　　B. 维生素 C 的氧化降解仅与 pH 值有关

C. 金属离子可催化氧化反应　　D. 含有酚羟基结构的药物不易氧化降解

E. 药物的氧化反应可以防止

15. 关于固体制剂稳定性的说法错误的是（　　）。

A. 环境的相对湿度（RH）大大影响固体制剂的稳定性

B. 固体制剂相对液体制剂有较好的稳定性

C. 固体药物与辅料间的相互作用不影响制备稳定性

D. 晶型的转变属于药物的化学稳定性

E. 温度可加速固体制剂中药物的降解

16. 属于药物制剂稳定性试验的有（　　）。

A. 高温试验法　　B. 加速试验法　　C. 鲎试验法

D. 家兔发热试验法　　E. 转篮法

17. 提高易氧化药物注射剂的稳定性的方法是（　　）。

A. 处方中加入适宜的抗氧剂　　B. 处方设计时选择适宜的 pH

C. 制备时冲入 CO_2 等惰性气体　　D. 加入金属离子络合剂作辅助抗氧剂

E. 生产和存放时避免高温

（四）配对选择题

【1～4】

下列稳定性试验：

A. 高温试验　B. 高湿度试验　C. 长期试验　D. 加速试验

1.（　）是将三批供试品，按市售包装，在温度 40 ℃±2 ℃，相对湿度 75%±5%的条件下放置六个月。

2.（　）是将在接近药品的实际贮存条件 25 ℃±2 ℃下进行，其目的是为制订药物的有效期提供依据。

3.（　）是将供试品开口置于适宜的洁净容器中，在温度 60 ℃的条件下放置 10 天。

4.（　）是将供试品开口置于恒湿密闭容器中，在相对湿度 75%±5%及 90%±5%的条件下放置 10 天。

【5～8】

下列与稳定性有关的参数：

A. $t_{0.9}$　B. k　C. pH_m　D. $t_{1/2}$

5.（　）是药物制剂的最稳定 pH。

6.（　）是药物的有效期。

7.（　）是药物半衰期。

8.（　）是药物降解的速率常数。

【9～11】

A. 处方中加入 EDTA-2Na　B. 采用棕色瓶密封包装　C. 制备过程中充入氮气　D. 产品冷藏保存

9. 光照射可加速药物氧化，为提高药物稳定性可采用（　）。

10. 氧气存在可加速药物降解，为提高药物稳定性可采用（　）。

11. 所制备的药物溶液对热极为敏感，为提高药物稳定性可采用（　）。

【12～15】

A. 维生素 C　B. 毛果芸香碱　C. 青霉素 G 钾盐　D. 硝普钠

12. 易发生氧化降解的是（　）。

13. 易发生水解降解的是（　）。

14. 易发生差向异构化的是（　）。

15. 易发生光化降解的是（　）。

（五）填空题

1. 药物稳定性试验的目的是考察原料药或药物制剂在________、________、________的影响下随时间变化的规律。

2. 稳定性试验包括________、________和________。

3. 药物的稳定性一般包括________、________和________三个方面。

4. 药物降解的两个主要途径为________和________。

5. Arrhenius 指数定律定量地描述了________与________之间的关系。

6. 影响药物制剂稳定性的外界因素有________、________、________、________、________和________等。

7. 新药稳定性研究在新药研发周期一般分为：________、________、________、________、________五阶段。

（六）是非题

1. 酯类药物不但能水解，而且也很易氧化。（　）

2. 药物的水解反应可受 H^+ 和 OH^- 的催化。（　　）
3. 对于零级反应，药物降解的半衰期与初浓度无关。（　　）
4. 包装材料对药物制剂的稳定性没有影响。（　　）
5. 光照可引发药物的氧化、水解、聚合等反应。（　　）
6. 水分的存在不仅可引起药物的水解，也可加速药物氧化。（　　）

（七）问答题

1. 制剂中药物降解的化学途径主要有哪些？
2. 影响药物制剂降解的因素有哪些？
3. 简述药物制剂稳定化方法。
4. 简述延缓药物制剂中有效成分氧化的方法。
5. 请写出 Arrhenius 方程，说明各参数的意义，并叙述如何利用该方程预测药物稳定性。

四、参考答案

（一）名词解释（中英文）

1. 化学动力学：是研究化学反应在一定条件下的速率规律、反应条件（浓度、压力、温度等）对反应速率与方向的影响以及化学反应的机制等。

2. 长期试验：是在接近药品的实际贮存条件下进行的药物制剂稳定性试验方法，其目的是为制订药品的有效期提供依据。

3. 影响因素试验：是在比加速试验更激烈的条件下进行的药物制剂稳定性试验方法。

4. 加速试验：是在加速的条件下进行的药物制剂稳定性试验方法。

5. 半衰期：将反应物消耗一半所需时间称为半衰期。

6. pH_m：最稳定 pH，在 pH-药物降解速率曲线图最低点所对应的横坐标，即为 pH_m。

（二）单项选择题

1. A　2. B　3. C　4. D　5. C　6. A　7. D　8. B　9. C　10. D　11. B　12. D　13. B　14. A　15. D　16. C　17. C　18. D　19. A　20. A　21. C　22. C　23. C　24. C　25. A　26. A

（三）多项选择题

1. ABCD　2. AE　3. BCE　4. ABD　5. ACDE　6. ABC　7. ABE　8. AD　9. ABCD　10. ABC　11. ABC　12. BD　13. DE　14. ABD　15. CD　16. AB　17. ABCDE

（四）配对选择题

1. D　2. C　3. A　4. B　5. C　6. A　7. D　8. B　9. B　10. C　11. D　12. A　13. C　14. B　15. D

（五）填空题

1. 温度，湿度，光线
2. 影响因素试验，加速试验，长期试验
3. 物理稳定性，化学稳定性，生物学稳定性
4. 水解，氧化
5. 速率常数，温度
6. 温度，光线，空气，金属离子，湿度，包装材料
7. 制剂前研究，制剂研究，加速和长期研究，药物申请期，稳定性追随期

（六）是非题

1. × 2. √ 3. × 4. × 5. √ 6. √

（七）问答题

1. 答：药物的化学降解途径：水解和氧化是药物降解的两个主要途径。

①水解：主要有酯类（包括内酯）、酰胺类（包括内酰胺），如青霉素类分子中存在不稳定的 β-内酰胺环，在 H^+ 或 OH^- 影响下，很易裂环失效。

②氧化：酚类、烯醇类、芳胺类、吡唑酮类、噻嗪类药物较易氧化，如肾上腺素氧化后先生成肾上腺素红，后变成棕红色聚合物或黑色素。

③异构化：如左旋肾上腺素，发生外消旋化作用；毛果芸香碱，发生差向异构作用；维生素 A，发生几何异构化。

④脱羧：如对氨基水杨酸钠在光、热、水分存在的条件下很易脱羧，生成间氨基酚。

⑤聚合：氨苄西林浓的水溶液在贮存过程中可发生聚合反应，形成二聚物，此过程可继续下去形成高聚物。

2. 答：(1) 处方对药物制剂稳定性的影响因素主要有：pH 值、广义的酸碱催化、溶剂、离子强度、表面活性剂以及处方中基质或赋形剂。

(2) 外界环境对药物制剂稳定性的影响因素主要有：温度、光线、空气、湿度和水分、金属离子及包装材料等。

3. 答：(1) 消除处方因素：①改进剂型或生产工艺，例如制成固体制剂、制成微囊或包合物、采用直接压片或包衣工艺；②制成稳定的衍生物；③调节 pH；④改变溶剂或控制水分及湿度；⑤加入抗氧剂或金属离子络合剂；⑥加入干燥剂或防腐剂。

(2) 消除外界因素：①控制温度；②避光；③除氧；④包装设计。

4. 答：延缓药物制剂中有效成分氧化的方法有：①降低温度；②避免光线；③驱逐氧气；④添加抗氧剂；⑤控制微量金属离子。

5. 答：(1) Arrhenius 方程：$\lg k = -E/2.303RT + \lg A$。式中，$k$ 为反应速率常数，E 为活化能，R 为气体常数，T 为热力学温度，A 为频率因子。Arrhenius 方程是经典恒温法的理论依据。

(2) 药物稳定性的预测：根据预实验，设计实验温度与取样时间。按实验设计将样品放入各种不同温度的恒温水浴中，定时取样检测。求出各温度下随时间变化的药物浓度。以药物浓度 C（或浓度的函数）对时间 t 作图，以判断反应级数。若以 $\lg C$ 对 t 作图得一条直线，则为一级反应，由直线斜率求出各温度下的降解反应速率常数，然后按 Arrhenius 方程求出活化能 E 和 $t_{0.9}$。

第五章 制剂车间设计概述

一、本章学习要求

1. **掌握** 制剂车间设计要点。
2. **熟悉** 制剂车间的组成及工艺布置。
3. **了解** 制剂车间总体布置、基本建设程序，以及洁净区分级。

二、学习导图

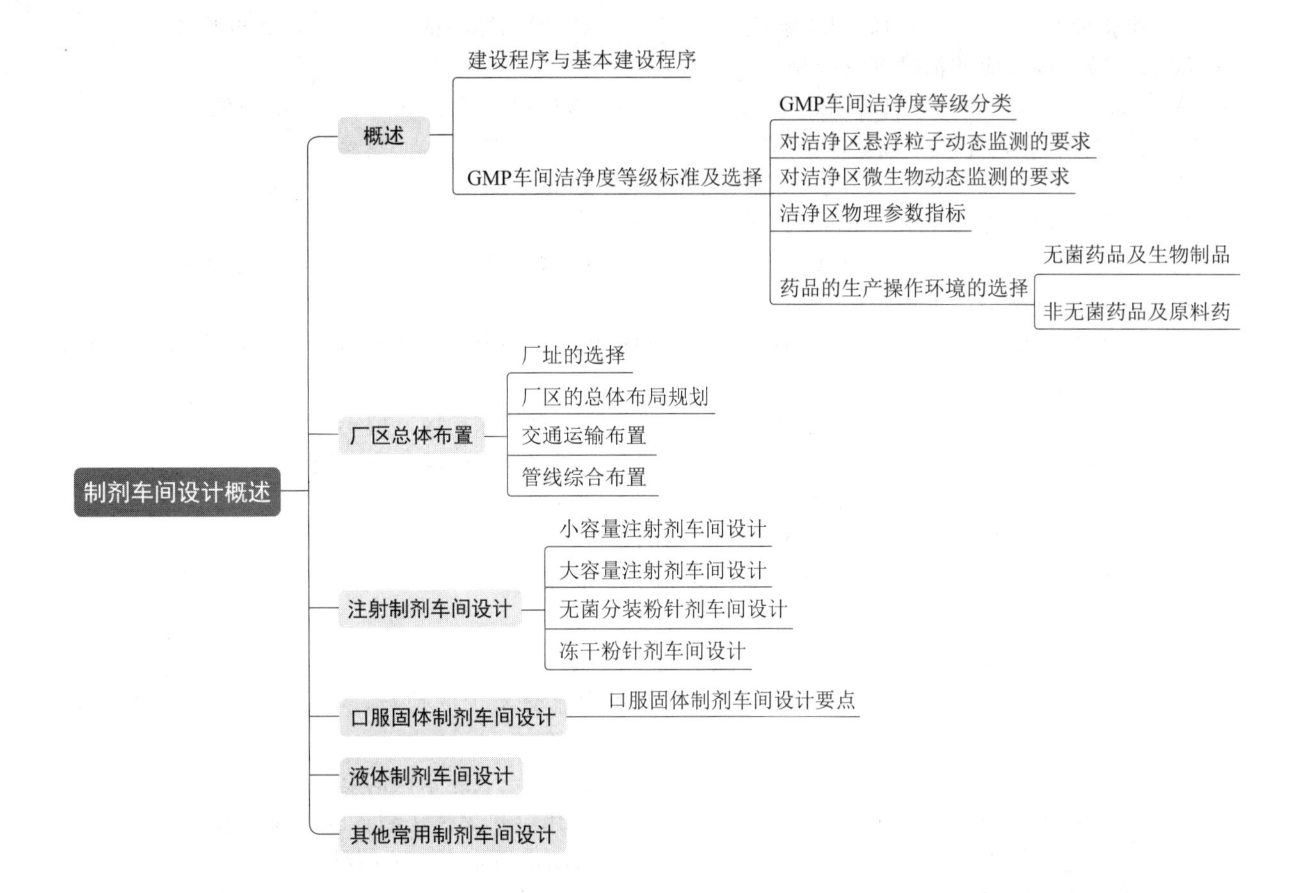

三、习题

（一）名词解释（中英文）

1. 车间设计（workshop design）；2. 可行性研究（feasibility study）；3. 验证（validation）；4. GMP车间（GMP workshop）

（二）单项选择题

1. 一般新建的基本建设项目已普遍把（　　）作为基本建设的第一道程序。

A. 项目建议书　　B. 可行性研究报告　　C. 设计任务书　　D. 设计施工图

2. 基本建设项目可行性研究的步骤为（　　）。

①调查研究、收集资料；②对收集的资料进行分析研究，提出方案；③方案比选；④编制可行性研究报告

A. ④②③①　　B. ①②③④　　C. ①②④③　　D. ④①②③

3. 前验证是指（　　）。

A. 一项工艺、一个过程、一台设备或一种材料经过验证并在使用一个阶段以后进行的，旨在证实已验证状态没有发生漂移而进行的验证

B. 生产中在某项工艺运行的同时进行的验证

C. 以历史数据的统计分析为基础的，旨在证实正式生产的工艺条件适用性的验证

D. 一项工艺、一个过程、一个设备或一种材料在正式投入使用前按照设定的验证方案进行的试验

4. 生产需求量很小而不常生产的产品，如“孤儿药物”适用的验证方法是（　　）。

A. 前验证　　B. 同步验证　　C. 回顾性验证　　D. 再验证

5. 旨在证实已验证状态没有发生漂移而进行的验证是（　　）。

A. 前验证　　B. 同步验证　　C. 回顾性验证　　D. 再验证

6. 高风险操作区对应的洁净度等级是（　　）。

A. A 级　　B. B 级　　C. C 级　　D. D 级

7. D 级洁净操作区的空气温度要求为（　　）。

A. 20～24 ℃　　B. 18～24 ℃　　C. 20～26 ℃　　D. 18～26 ℃

8. 洁净厂房最好建在城市最大频率风向的（　　）。

A. 上风侧　　B. 左风侧　　C. 右风侧　　D. 下风侧

9. 以下关于厂址选择的说法正确的是（　　）。

A. 厂址选择得当，有利于建设，有利于生产和使用，还有利于促进所在地区的经济繁荣和城镇面貌的改善

B. 药厂因要求洁净的环境，应尽量靠近风景游览区和自然保护区，但不污染水源

C. 为了减少经常运输的费用，制药厂应尽量不要远离车站、铁路等交通要道

D. 药厂因要求洁净的环境，应当放在工业区的下风位置

10. 以下对制剂厂区总平面布置原则的表述错误的是（　　）。

A. 厂区进出口及主要道路应贯彻人流与物流分开的原则

B. 行政、生活区应位于厂后区

C. 洁净厂房周围应绿化，尽量减少厂区的露土面积

D. 洁净厂房应布置在厂区内环境清洁、人流和物流交叉少的地方，并位于最大频率风向的上风侧

11. 以下关于最终可灭菌小容量注射剂（水针）车间设计要点表述错误的是（　　）。

A. 最终可灭菌小容量注射剂指装量小于 50 mL，采用湿热灭菌法制备的灭菌注射剂

B. 按工艺设备的不同形式可分为单机生产工艺和联动机组生产工艺两种

C. 原料的配制和粗滤、安瓿的粗洗和精洗在一般生产区

D. 原料液的精滤，安瓿的干燥灭菌、冷却、灌装、封口，位于 B 级洁净区

12. 下列关于水针剂车间生产洁净区域划分的表述正确的是（　　）。

A. 注射用水的制备在一般生产区　　B. 检漏灭菌在 C 级洁净区

C. 原料液的精滤在 C 级洁净区　　D. 安瓿的干燥灭菌在 C 级洁净区

13. 以下关于大容量注射剂车间设计要点表述错误的是（　　）。

A. 输液剂为灭菌注射剂，每瓶规格多为 250 mL、500 mL

B. 输液容器有瓶形与袋形两种

C. 生产过程一般包括原辅料的准备、浓配、稀配、包材处理、灌封、灭菌、灯检、包装等工序

D. 大输液生产过程中原辅料称配、浓配、瓶粗洗、轧盖等工序应处于一般生产区

14. 下列关于大容量注射剂车间生产洁净区域划分的表述错误的是（　　）。

A. 瓶外洗、粒子处理、灭菌、灯检、包装在一般生产区

B. 原辅料称配、浓配、瓶粗洗、轧盖在 D 级洁净区

C. 瓶精洗、稀配、灌封在 B 级洁净区

D. 瓶精洗后到灌封工序的暴露部分需 A 级层流保护

15. 以下关于无菌分装粉针剂车间设计要点表述错误的是（　　）。

A. 无菌分装粉针剂车间各工序均需安装紫外线灯灭菌

B. 若无特殊工艺要求，控制区温度为 18～26 ℃，相对湿度为 45%～60%

C. 级别不同的洁净区之间保持 10 Pa 的正压差

D. 粉针剂的车间设计要做到人流、物流分开的原则

16. 以下关于无菌分装粉针剂车间设计要点表述错误的是（　　）。

A. 注射用无菌粉末的生产必须在无菌室内进行，可采用层流洁净装置，保证无菌无尘

B. 洗瓶区隧道烘箱灭菌间、洗胶塞铝盖间等需要排热、排湿的工序

C. 进入车间的人员必须经过不同程度的更衣分别进入C级和B级洁净区

D. 生产青霉素或其他高致敏性药品，分装室应保持相对正压

17. 以下关于冻干粉针剂车间设计要点表述错误的是（　　）。

A. 进入A级区的人员必须穿戴无菌工作服，洗涤灭菌后的无菌工作服在A级层流保护下整理

B. 无菌作业区的气压要高于其他区域，有利于空气从气压较高的房间流向较低的房间

C. 为保证制剂质量，非无菌工艺作业的岗位也可布置在无菌作业区内

D. 应尽量把无菌作业区布置在车间的中心区域

18. 以下关于冻干粉针剂车间设计要点表述错误的是（　　）。

A. 若无特殊工艺要求，洁净区洁净级别为D级

B. 级别不同的区域之间保持10 Pa的压差

C. 若用缓冲间，则缓冲间应是双门联锁

D. 控制区温度为20～24 ℃，相对湿度为45％～60％

19. 以下关于固体制剂综合车间布置的表述错误的是（　　）。

A. 平面布置时尽可能按生产工段分块布置

B. 固体制剂车间为同一个空调净化系统（HVAC），一套人流净化措施

C. 制粒间的制浆间、包衣间需除尘

D. 固体制剂综合生产车间洁净级别为D级

20. 以下关于口服液体制剂车间设计要点表述错误的是（　　）。

A. 口服液体制剂药厂周围水源要充足且清洁

B. 不能热压灭菌的口服液体制剂的配制、过滤、灌封应控制在C级

C. 关键工位如配液间、灭菌间需排热、排湿

D. 人流与物流最好按相同方向布置

21. 以下关于制剂车间设计要点表述错误的是（　　）。

A. 软胶囊剂车间控制区一般为D级以下

B. 软胶囊剂车间一般来说温度为18～26 ℃，相对湿度为45％～60％

C. 软膏剂生产工艺可分为制管、配料、包装三部分

D. 有洁净度要求的净化车间门应朝洁净度低的方向开启

（三）多项选择题

1. 车间设计的目标是（　　）。

A. 设计新的制药工厂　　B. 设计生产与辅助车间和设施

C. 对已有的制药工厂进行扩建　　D. 对已有生产与辅助车间进行扩建

E. 对已有生产和辅助车间进行技术改造

2. 基本建设项目按照项目性质可划分为（　　）。

A. 新建项目　　B. 扩建项目　　C. 改建项目　　D. 恢复项目　　E. 迁建项目

3. 制剂工程设计的全过程一般包括（　　）等阶段。

A. 设计任务书　　B. 厂址选择　　C. 初步设计　　D. 施工图设计　　E. 回顾性验证

4. 验证工作是《药品生产质量管理规范》的重要组成部分，可以把验证分为（　　）。

A. 前验证　　B. 同步验证　　C. 回顾性验证　　D. 后验证　　E. 再验证

5. 同步性验证方法适用于（　　）。

A. 由于需求很小而不常生产的产品，如“孤儿药物”

B. 生产量很小的产品，如放射性药品

C. 关键设备大修或更换时

D. 已有的、已经验证的工艺过程发生较小的改变时

E. 从前未经验证的遗留工艺过程（没有重大改变的情况下）

6. 以下情况需要进行再验证的是（　　）。

A. 关键设备大修或更换　　B. 批次量数量级的变更

C. 趋势分析中发现有系统性偏差　　D. 生产作业有关的变更

E. 系统经过一定时间的运行后

7. 以下关于验证的说法正确的是（　　）。

A. 关键的工艺在设备规程没有更改的情况下也要定期再验证

B. 公用工程验证以工艺用水系统和空调净化系统的验证为重点

C. 前验证的成功是实现新工艺从开发部门向生产部门转移的必要条件

D. 已有的、已经验证的工艺过程发生较小的改变时也应进行再验证

E. 前验证是一个新品种开发计划的终点，也是常规生产的起点

8. 厂址选择是基本建设的一个重要环节，选择的好坏对（　　）以及环境保护等方面具有重大影响。

A. 建设进度　　B. 投资数量　　C. 产品质量　　D. 经济效益　　E. 城镇面貌

9. 对药厂进行厂区区域划分并在总图上布局时按功能可划分为（　　）。

A. 生产区　　B. 辅助区　　C. 动力区　　D. 仓库区　　E. 厂前区

（四）配对选择题

【1～4】

A. 以历史数据的统计分析为基础，以证实正式生产的工艺条件适用性而进行验证

B. 根据工艺实际运行过程中获得的数据来确定文件的依据，以证明某项工艺达到预定要求而进行的验证

C. 一项工艺经过验证并在使用一个阶段后进行的，以证实已验证状态没有发生漂移而进行的验证

D. 一项工艺、一个过程、一个设备或一种材料在正式投入使用前按照设定的方案进行的验证

1. 同步性验证是指（　　）。

2. 回顾性验证是指（　　）。

3. 再验证是指（　　）。

4. 前验证是指（　　）。

【5～8】

A. 制剂生产区的下风侧

B. 厂区主导风向的下风侧

C. 厂前区，并处于全年主导风向的上风侧或全年最小频率风向的下风侧

D. 厂区内环境清洁、人流和物流交叉少的地方，并位于最大频率风向的上风侧

5. 洁净厂房应布置在（　　）。

6. 锅炉房、冷冻站、机修、水站、配电间等动力区应布置在（　　）。

7. 办公、质检、食堂、仓库等行政、生活辅助区应布置在（　　）。

8. 为了防止交叉感染，原料药生产区应布置在（　　）。

（五）填空题

1. 车间设计是一项政策性强、技术性强的综合性工作，由________和________所组成。

2. 项目发展周期被分为________、________和________。

3. ________是《药品生产质量管理规范》(GMP) 的重要组成部分，是生产质量管理治本的必要基础和产品质量保证的一种重要手段。

4. GMP 中明确规定了不同药品生产环境的洁净度标准，主要是针对防止异物污染而采取的措施。它主要包括两个方面，一是针对________对药品的污染；二是针对________对药品的污染和对人体的危害。

5. 对洁净区悬浮粒子的监测要求中规定生产操作全部结束、操作人员撤出生产现场并经

__________分钟自净后，洁净区的悬浮粒子应当达到“静态”标准。

6. 根据GMP规定，一般厂区若按区域划分是以__________为中心，分别对生产、公用系统、生产辅助、管理及生活设施划区布局。

7. 工业区一般设在城市的下风位置，而药厂因要求洁净的环境，应当放在工业区的__________。

8. 在制剂工程上，根据注射剂制备工艺的特点将注射制剂分为__________、__________、__________、__________四种类型。

9. 按照GMP规定，大输液生产车间按照洁净度级别分为__________、__________、__________及__________。

10. 空气洁净级别不同的相邻房间之间的静压差应大于__________，其中D级洁净区的温度控制在__________，相对湿度控制在__________。

（六）是非题

1. 在洁净室中最大的污染源是生产设备。（　　）

2. A级层流区一般使用的是非单向流，通过稀释环境的空气达到净化的目的。（　　）

3. 关键的工艺在设备规程没有更改的情况下也要求定期再验证。（　　）

4. 工业区一般设在城市的下风位置，而药厂因要求洁净的环境，应当放在工业区的上风位置。（　　）

5. 一般制剂厂的绿化面积在30%以上，可铺植草坪，也可种花。（　　）

6. 药厂在选择运输方式时应以运价低、服务优、快捷方便为基本原则。（　　）

7. 生产青霉素或其他高致敏性药品的车间，分装室应保持相对正压。（　　）

8. 冻干粉针剂车间应尽量把无菌作业区布置在车间的中心位置。（　　）

9. 完美的取样计划、经过验证的检验方法、对所有验证的产品或工艺已有相当的经验和把握，是采用同步验证的先决条件。（　　）

10. 一般在厂区中心布置主要生产区，而将辅助车间布置在离它较远的地方。（　　）

11. 为了防止交叉感染，原料药生产区布置在制剂生产区的上风侧。（　　）

12. 办公、质检、食堂、仓库等行政、生活辅助区布置在厂前区，并处于全年主导风向的下风侧或全年最小频率风向的上风侧。（　　）

（七）问答题

1. 请简述基本建设项目从建设前期工作到建设、投产一般要经历哪几个阶段。

2. 请简述制剂厂房和设备验证的分类。

3. 请简述药厂厂区区域的划分。

4. 请简述在进行制剂厂区总平面布置时应考虑哪些原则。

5. 请简述固体制剂综合车间布置的要点。

四、参考答案

（一）名词解释（中英文）

1. 车间设计（workshop design）：它是一项政策性强、技术性强的综合性工作，由工艺设计和非工艺设计（包括土建、设备、安装、采暖通风、电气、给排水、动力、自控、概预算、经济分析等专业）所组成。

2. 可行性研究（feasibility study）：它是一门运用多种科学成果保证实现工程建设最佳经济效果的综合性科学。

3. 验证（validation）：它是指能证实任何程序、生产过程、设备、物料、活动或系统确实能导致预期结果的有文件证明的一系列活动。

4. GMP车间（GMP workshop）：它是指符合GMP质量安全管理体系要求的车间。

（二）单项选择题

1. A 2. B 3. D 4. B 5. D 6. A 7. D 8. A 9. A 10. B 11. C 12. A 13. D 14. B 15. B 16. D 17. C 18. A 19. C 20. D 21. D

（三）多项选择题

1. ABCDE 2. ABCDE 3. ABCD 4. ABCE 5. ABDE 6. ABCDE 7. ABCE 8. ABCDE 9. ABCDE

（四）配对选择题

1. B 2. A 3. C 4. D 5. D 6. B 7. C 8. A

（五）填空题

1. 工艺设计，非工艺设计
2. 设计前期，设计时期，生产时期
3. 验证工作
4. 微生物，尘埃
5. 15～20
6. 主体车间
7. 上风位置
8. 最终可灭菌小容量注射剂，最终可灭菌大容量注射剂，无菌分装注射剂，冻干粉针剂
9. 一般生产区，C级洁净区，B级洁净区，局部A级洁净区
10. 10 Pa，18～26 ℃，45%～60%

（六）是非题

1. × 2. × 3. √ 4. √ 5. × 6. √ 7. × 8. √ 9. √ 10. × 11. × 12. ×

（七）问答题

1. 答：按现行规定，基本建设项目从建设前期工作到建设、投产一般要经历以下几个阶段的工作程序：①项目建议书阶段；②可行性研究报告阶段；③初步设计文件阶段；④施工图设计阶段；⑤建设准备阶段；⑥建设实施阶段；⑦竣工验收阶段；⑧后评价阶段。以上程序可由项目审批主管部门视项目建设条件、投资规模作适当合并。

2. 答：验证分成四种类型：前验证、同步验证、回顾性验证、再验证。

①前验证系指一项工艺、一个过程、一个设备或一种材料在正式投入使用前按照设定的验证方案进行的试验。②同步验证系指为生产中在某项工艺运行的同时进行的验证，即根据工艺实际运行过程中获得的数据来确立文件的依据，以证明某项工艺达到预定要求的活动。③回顾性验证系指以历史数据的统计分析为基础的，旨在证实正式生产的工艺条件适用性的验证。④再验证系指一项工艺、一个过程、一台设备或一种材料经过验证并在使用一个阶段以后进行的，旨在证实已验证状态没有发生漂移而进行的验证。

3. 答：根据GMP规定，一般厂区若按区域划分是以主体车间为中心，分别对生产、公用系统、生产辅助、管理及生活设施划区布局；若按功能可划分为生产区、辅助区、动力区、仓库区、厂前区等。

4. 答：在进行制剂厂区总平面布置时应考虑以下原则：①厂区规划要符合本地总体规划要求；②厂区进出口及主要道路应贯彻人流与物流分开的原则，选用整体性好、发尘少的材料；③厂区按行政、生产、辅助和生活等划区布局；④行政、生活区应位于厂前区，并处于夏季最小频率风向的下风侧；⑤厂区中心布置主要生产区，而将辅助车间布置在它的附近，生产性质相类似或工艺流程相联系的车间要靠近或集中布置；⑥洁净厂房应布置在厂区内环境清洁、人流和物流交叉少的地方，并位于最大频率风向的上风

侧，与市政主干道距离不宜少于50 m，原料药生产区应置于制剂生产区的下风侧，青霉素类生产厂房的设置应考虑防止与其他产品的交叉污染；⑦运输量大的车间、仓库、堆场等布置在货运出入口及主干道附近，避免人流、货流交叉污染；⑧动力设施应接近负荷量大的车间，“三废”处理、锅炉房等严重污染的区域应置于厂区的最大频率风向的下风侧，变电所的位置考虑电力线引入厂区的便利；⑨危险品库应设于厂区安全位置，并有防冻、降温、消防措施，麻醉药品和剧毒药品应设专用仓库，并有防盗措施；⑩动物房应设于僻静处，并有专用的排污与空调设施；⑪洁净厂房周围应绿化，尽量减少厂区的露土面积，一般制剂厂的绿化面积在30%以上，铺植草坪，不宜种花；⑫厂区应设消防通道，医药洁净厂房宜设置环形消防车道，如有困难可沿厂房的两个长边设置消防车道。

5. 答：固体制剂综合车间，主要生产片剂、胶囊剂和颗粒剂3种剂型的产品。由于片剂、胶囊剂和颗粒剂这3种剂型按GMP规定其生产洁净级别同为D级，且其前段制颗粒工序相同，可集中共用。在同一洁净区内布置片剂、胶囊剂、颗粒剂三条生产线，在平面布置时尽可能按生产工段分块布置，可减少各工段的相互干扰，同时也有利于空调净化系统合理布置。物流出入口与人流出入口完全分开，固体制剂车间为同一个空调净化系统（HVAC），一套人流净化措施。对于关键工位，如制粒间的制浆间、包衣间需防爆；压片间、混合间、整粒总混间、胶囊充填、粉碎筛粉需除尘。固体制剂综合生产车间洁净级别为D级，按GMP的要求，洁净区控制温度为18～26 ℃，相对湿度为45%～60%。

第六章 药品包装

一、本章学习要求

1. 掌握 药品包装的定义、分类及其作用。

2. 熟悉 常用药包材的种类及其质量要求；铝塑泡罩包装、复合膜条形包装和输液软袋包装等药品软包装的应用特点。

3. 了解 药品包装的相关法规。

二、学习导图

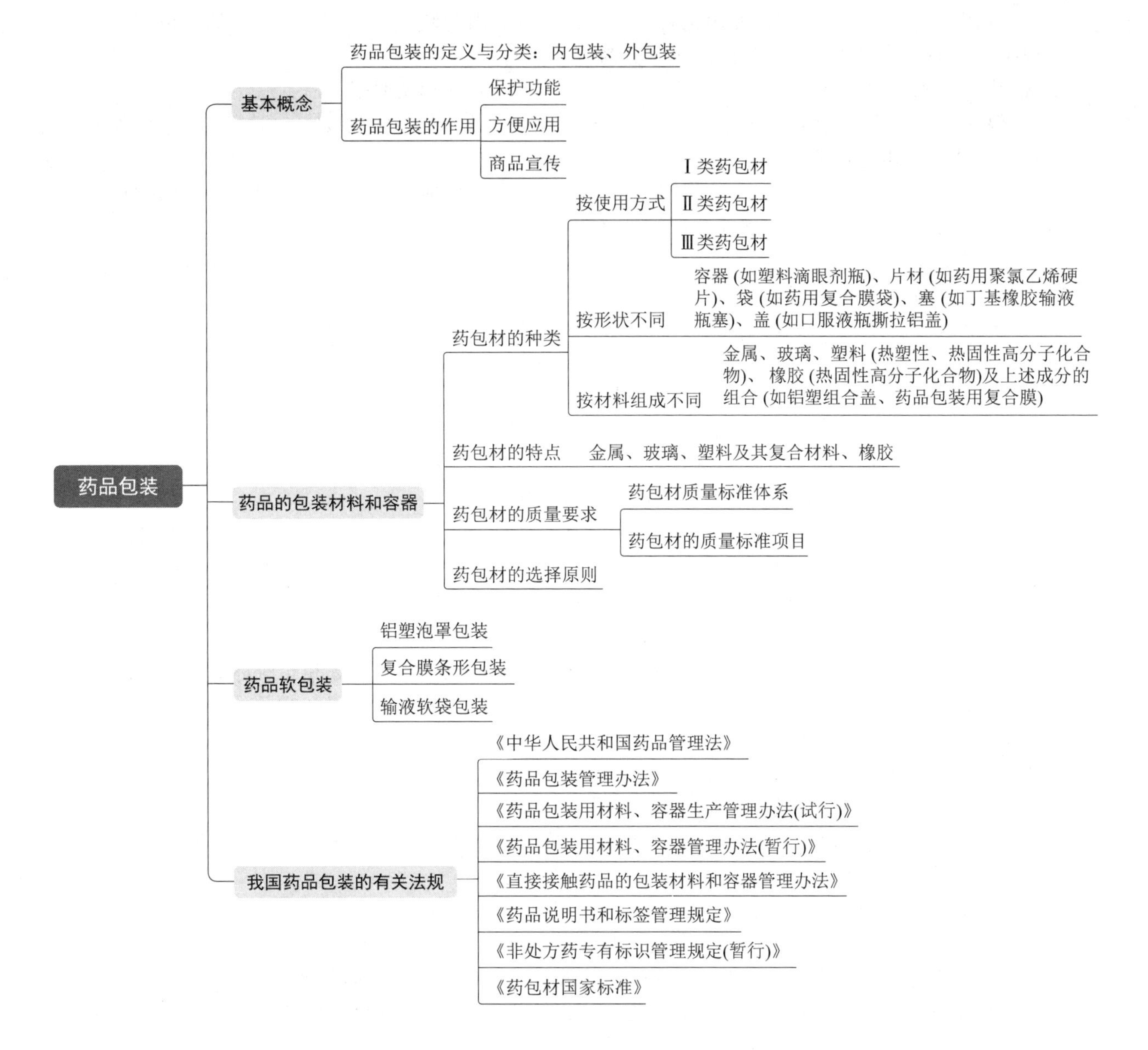

三、习题

（一）名词解释（中英文）

1. 药品包装（drug package）；2. 药包材（pharmaceutical packaging material）；3. 铝塑泡罩包装（press through packaging，PTP）；4. 条形包装（strip packaging，SP）

（二）单项选择题

1. 以下关于包装的表述错误的是（　　）。

A. 包装按用途可分为通用包装和专用包装

B. 药品包装属于专用包装

C. 药品包装具有包装的所有属性，不具有特殊性

D. 各国对药品包装都是以安全、有效为重心，同时兼顾药品的保护功能及携带、使用的便利性

2. 药包材是用于包装特殊商品——药品的包装材料，不仅具有包装的所有属性，还有特殊性。因此按用途分，它属于（　　）。

A. 通用包装　　B. 专用包装　　C. 内包装　　D. 储运包装

3. 根据在流通领域中的作用可将药品包装分为（　　）。

A. 内包装和外包装　　B. 商标和说明书

C. 保护包装和外观包装　　D. 纸质包装和瓶装

4. 药品包装的作用不包括（　　）。

A. 阻隔作用　　B. 缓冲作用　　C. 方便应用　　D. 增强药物疗效

5. 下列关于药品包装的作用，表述错误的是（　　）。

A. 保护功能　　B. 方便应用　　C. 商品宣传　　D. 经济便宜

6. 以下关于药品包装的表述，错误的是（　　）。

A. 药品包装按其在流通领域中的作用可分为两大类：内包装与外包装

B. 内包装系指直接与药品接触的包装（如安瓿、注射剂瓶、铝箔等）

C. 内包装按由里向外分为中包装和大包装

D. 更改药品内包装材料、容器需做稳定性试验，考察药包材与药品的相容性

7. 关于药品包装的说法，错误的是（　　）。

A. 直接接触药品的包装材料和容器，应当符合药用要求

B. 国家药品监督管理部门要求制定注册药包材产品目录，并对目录中的产品实行注册管理

C. 每件包装上，应当注明品名、产地、日期、供货单位，并附有质量合格的标志，中药材除外

D. 药品的每个最小销售单元的包装必须按照规定印有或贴有标签并附有说明书

8. 药品包装必须（　　）。

A. 按规定印有或贴有标签并附说明书　　B. 按规定印有标签和相应标识

C. 按规定贴有标签和附有相应标识　　D. 按规定附说明书和相关的标识

9. 以下对有效期标注格式的表述错误的是（　　）。

A. 标注格式为“有效期至××××年××月”

B. 标注格式为“有效期至××××年××月××日”

C. 标注格式为“有效期至××××.××.”或者“有效期至××××/××/××”

D. 标注格式为“有效期至××/××/××××”

10. 特殊药品必须在包装上印有规定的标志，以下属于特殊药品的是（　　）。

A. 麻醉药品、精神药品、医疗用毒性药品、放射性药品、妇儿药品和非处方药

B. 麻醉药品、精神药品、医疗用毒性药品、放射性药品、外用药品和处方药

C. 麻醉药品、精神药品、医疗用毒性药品、放射性药品、口服药品和非处方药

D. 麻醉药品、精神药品、医疗用毒性药品、放射性药品、外用药品和非处方药

11. 按使用方式，可将药品的包装材料分为（　　）。

A. 容器、片材、袋、塞、盖等　　B. 金属、玻璃、塑料等

C. Ⅰ、Ⅱ、Ⅲ三类　　D. 液体和固体

12. 直接接触药品，便于清洗、消毒灭菌的药品包装材料属于（　　）。

A. Ⅰ类药包材　　B. Ⅱ类药包材　　C. Ⅲ类药包材　　D. Ⅳ类药包材

13. 直接接触药品且直接使用的药品包装用材料、容器属于（　　）。

A. Ⅰ类药包材　　B. Ⅱ类药包材　　C. Ⅲ类药包材　　D. Ⅳ类药包材

14. 以下对金属在制剂包装材料中发挥的作用，表述错误的是（　　）。

A. 内服制品宜用铅制容器

B. 铝箔具有良好的包装加工性和保护、使用性能

C. 锡片上包铝既能增进成品外观又能抵御氧化

D. 铝制品可制成刚性、半刚性或柔软的容器

15. 关于玻璃药包材的特点表述错误的是（　　）。
A. 化学稳定性高，耐蚀性，与药物相容性较好
B. 表面光滑易于清洗
C. 质轻，密度小
D. 具有良好的耐热性和高熔点
16. 下列关于药品包装材料的性质表述错误的是（　　）。
A. 药物中含有的成分如能被铁催化就不宜使用棕色玻璃容器
B. 非Ⅰ、非Ⅱ型玻璃仅适用于制造一次性使用的输液瓶
C. 降低玻璃中钠离子含量能使玻璃具有抗化学性
D. 需要避光的药物可选用棕色玻璃容器
17. 仅适用于制造一次性使用输液瓶的玻璃为（　　）。
A. Ⅰ型玻璃　　B. Ⅱ型玻璃
C. 钠-钙玻璃　　D. 含氧化硼2%左右的非Ⅰ、非Ⅱ型玻璃
18. 以下关于塑料及其复合材料表述错误的是（　　）。
A. 塑料包装材料仅可生产柔软容器，无法生产刚性容器
B. 塑料可分为热塑性塑料和热固性塑料
C. PVC片材被大量用作片剂、胶囊剂的铝塑泡罩包装的泡罩材料
D. PEN是目前唯一能取代玻璃容器并可用工业方法蒸煮消毒的刚性塑料包装材料
19. 当前药用瓶塞最理想的材料是（　　）。
A. 天然橡胶　　B. 乙丙橡胶　　C. 丁腈橡胶　　D. 卤化丁基橡胶
20. 铝塑泡罩包装常用的覆盖材料是（　　）。
A. 塑料　　B. PVC　　C. 铝箔　　D. 橡胶
21. 以下关于药品包装顺序的表述正确的是（　　）。
①塑料硬片泡罩成型；②塑料硬片与铝箔热压封合；③填装药片或胶囊；④按所设计的尺寸裁切成板块
A. ④②③①　　B. ①③②④　　C. ①②④③　　D. ④①②③
22. 大输液包装材质的发展方向是（　　）。
A. 玻璃瓶　　B. 聚丙烯塑料瓶
C. PVC软袋　　D. 非PVC多层共挤膜输液袋
23. 由于单体、增塑剂毒性以及有机氯对环境的污染，而限用的塑料药包材是（　　）。
A. PE　　B. PET　　C. PVC　　D. PVDC
24. 我国药包材质量标准体系形式上与（　　）的质量标准体系相同。
A. 药典体系　　B. 中国工业标准体系　　C. 美国工业标准体系　　D. ISO标准体系

（三）多项选择题

1. 药品包装的作用包括（　　）。
A. 保护功能　　B. 方便应用　　C. 商品宣传
D. 便于量取和分剂量　　E. 帮助医生和患者科学、安全用药
2. 药包材分类的方式有（　　）。
A. 按使用方式分类　　B. 按形状分类　　C. 按材料组成分类
D. 按材料价格分类　　E. 按计量方式分类
3. 以下有关药品包装的表述不正确的是（　　）。
A. 内包装系指直接与药品接触的包装
B. 外包装宜选用不易破损的包装，保证药品在运输、储存、使用过程中的质量
C. 非处方药药品标签上必须印有非处方药专有标识
D. Ⅱ类药包材指直接接触药品且直接使用的药品包装用材料、容器

E. Ⅰ类药包材指直接接触药品，但便于清洗，并可以消毒灭菌的药品包装用材料、容器

4. 按形状不同，药包材可分为（　　）。

A. 容器　　B. 片材　　C. 袋　　D. 塞　　E. 盖

5. 在制剂包装材料中应用较多的金属有（　　）。

A. 锡　　B. 铝　　C. 镁　　D. 铅　　E. 铁

6. 常用的药品包装材料包括（　　）。

A. 高硼硅玻璃　　B. 中硼硅玻璃　　C. 聚氯乙烯　　D. 丁基橡胶　　E. 铝箔

7. 理想的药用瓶塞应具备以下（　　）性能。

A. 对气体和水蒸气低的透过性　　B. 能耐针刺且不落屑

C. 有足够的弹性，刺穿后再封性好　　D. 良好的耐老化性能和色泽稳定性

E. 耐蒸汽、氧乙烯和辐射消毒

8. 下列属于药品包装材料质量要求的是（　　）。

A. 材料的鉴别　　B. 材料的化学性能检查

C. 材料的使用性能检查　　D. 材料的生物安全检查

E. 材料的药理活性检查

9. 药品包装材料的选择原则包括（　　）。

A. 对等性原则　　B. 美学性原则　　C. 相容性原则　　D. 适应性原则　　E. 协调性原则

10. 以下关于复合膜条形包装的表述正确的是（　　）。

A. SP 膜是一种复合膜，由基层、印刷层、高阻隔层、密封层组成

B. 基层材料要求机械性能优良，有良好的印刷性、透明性、阻隔性和热封性

C. 高阻隔层应有良好的气体阻隔性、防潮性和机械性能

D. 密封层是条形包装膜的内层，应具有优良的热封性、化学稳定性与安全性

E. 条形包装可在条形包装机上连续作业，特别适合大批量自动包装

11. 复合膜的优点是（　　）。

A. 可以通过改变基材的种类和层合的数量来调节复合材料的性能，阻隔性好、保护性强

B. 可节省材料，降低能耗和成本

C. 复合材料易印刷、造型，促进药品销售

D. 易回收利用，绿色环保

E. 适用于包装剂量大、吸湿性强、对紫外线敏感的药品

12. 具有优良的阻隔性，在药品包装中一般用于复合材料，增强阻隔性能的材料有（　　）。

A. PT　　B. Al　　C. PE　　D. PVDC　　E. LDPE

（四）配对选择题

【1～2】

A. 直接与药品接触的包装（如安瓿、注射剂瓶、铝箔等）

B. 又可分为中包装和大包装的包装

1.（　　）是内包装。

2.（　　）是外包装。

【3～4】

A. 至少应当注明药品名称、规格、贮藏、生产日期、生产批号、有效期、批准文号、生产企业以及使用说明书规定以外的必要内容，包括包装数量、运输注意事项或其他标记等

B. 包装尺寸过小的至少应有药品通用名称、规格、产品批号、有效期

C. 不良反应、禁忌、注意事项、贮藏、批准文号

D. 应当注明药品名称、不良反应、禁忌、注意事项、生产日期、产品批号、有效期、执行标准、批准文号、生产企业，同时还需注明包装数量以及运输注意事项等必要内容

3. 上述属于药品内包装标签的内容的是（　　）。

4. 上述属于药品中包装标签的内容的是（　　）。

【5～8】

A. PP　　B. PVC　　C. BOPP　　D. PEN　　E. PE

5. 用作片剂、胶囊剂的铝塑泡罩包装的泡罩材料的是（　　）。

6. 热黏合性、印刷性较差，常用于提高透明性或阻隔性的是（　　）。

7. 目前唯一能取代玻璃容器并可用工业方法蒸煮消毒的刚性包装材料的是（　　）。

8. 多用于药品软包装复合袋的外层的是（　　）。

【9～13】

A. 药包材与药物间的相互影响或迁移

B. 所选用的药包材应能满足在有效期内确保药品质量的稳定

C. 主要考虑药包材的颜色、透明度、挺度、种类等因素

D. 在选择药品包装时，除了必须考虑保证药品的质量外，还应考虑药品的品性或相应的价值

E. 根据药物制剂的剂型来选择不同材料制作的包装容器

9. 对等性原则是指（　　）。

10. 美学性原则是指（　　）。

11. 相容性原则是指（　　）。

12. 适应性原则是指（　　）。

13. 协调性原则是指（　　）。

（五）填空题

1. 按使用方式不同，药包材可分为________、________、________三类。

2. 全自动泡罩包装机包括________、________、________、________、________、________以及________，全部过程一次完成。

3. SP膜是一种复合膜，由________、________、________、________组成。

4. 条形包装复膜袋不仅能包装片剂，也是颗粒、散剂等剂型的主要包装形式，适于________、________、________的药品。

5. 聚烯烃多层共挤膜具有________、________、________、________、________、________的特性。

6. ________、________、________、________、________、________等特殊管理的药品，在其中包装、大包装和标签、说明书上必须印有符合规定的标志。

7. 铝箔在药品包装中使用越来越广泛，主要包装形式是________、________。

（六）是非题

1. 药品的包装属于通用包装。（　　）

2. 药品包装是药品生产的继续，是对药品施加的最后一道工序。（　　）

3. 药品包装具有提高疗效的功能。（　　）

4. 药品包装按其在流通领域中的作用可分为内包装、中包装和外包装。（　　）

5. 非处方药专有标识分为红色和绿色，分别用作甲类、乙类非处方药药品指南性标志，但在单色印刷时可不区分颜色及类别。（　　）

6. 铝箔的回收非常容易，且对环境几乎没有污染，因此用铝箔代替塑料和纸是比较好的发展方向。（　　）

7. SP膜基层在内，热封层在外，高阻隔层和印刷层位于中间。（　　）

8. 软袋输液在使用过程中可依靠自身张力压迫药液滴出，无须形成空气回路。（　　）

9. 目前较常用的聚烯烃多层共挤膜多为双层结构。（　　）

10. 非处方药药品自药品监督管理部门核发《非处方药药品审核登记证书》之日起其药品标签、使用说明书、内包装、外包装上必须印有非处方药专有标识。（　　）

（七）问答题

1. 如何从静态和动态两个角度理解药品包装？
2. 请简述药品包装材料应具备哪些特性。
3. 请简述输液软包装具有的优点。
4. 药品软包装有哪些形式？各种形式的应用特点分别是什么？

四、参考答案

（一）名词解释（中英文）

1. 药品包装（drug package）：系指选用适当的材料或容器、利用包装技术对药物制剂的半成品或成品进行分（灌）、封、装、贴签等操作，为药品提供品质保护、签定商标与说明的一种加工过程的总称。

2. 药包材（pharmaceutical packaging material）：系指药品的包装材料和容器。

3. 铝塑泡罩包装（press through packaging，PTP）：系指先将透明塑料硬片吸塑成型后，将片剂、丸剂、颗粒剂或胶囊等固体药品填充在凹槽内，再与涂有黏合剂的铝箔片加热黏合在一起，形成独立的密封包装。

4. 条形包装（strip packaging，SP）：系指利用两层药用条形包装膜（SP膜）把药品夹于中间，单位药品之间隔开一定距离，在条形包装机上把药品周围的两层SP膜内侧热合密封，药品之间压上齿痕，形成一种单位包装形式（单片包装或成排组成小包装）。

（二）单项选择题

1. C 2. B 3. A 4. D 5. D 6. C 7. C 8. A 9. D 10. D 11. C 12. B 13. A 14. A 15. C 16. B 17. B 18. A 19. D 20. C 21. B 22. D 23. C 24. D

（三）多项选择题

1. ABCDE 2. ABC 3. DE 4. ABCDE 5. ABDE 6. ABCDE 7. ABCDE 8. ABCD 9. ABCDE 10. ABCDE 11. ABCDE 12. BD

（四）配对选择题

1. A 2. B 3. B 4. C 5. B 6. A 7. D 8. C 9. D 10. C 11. A 12. B 13. E

（五）填空题

1. Ⅰ类药包材，Ⅱ类药包材，Ⅲ类药包材
2. 泡罩成型，药品填充，封合，外包装纸盒的成型，说明书的折叠与插入，泡罩板的入盒，纸盒的封合
3. 基层，印刷层，高阻隔层，密封层
4. 包装剂量大，吸湿性强，对紫外线敏感
5. 安全性高，惰性极好，热稳定性好，阻隔性好，机械强度高，环保型材料
6. 麻醉药品，精神药品，医疗用毒性药品，放射性药品，外用药品，非处方药品
7. 泡罩包装，条形包装

（六）是非题

1. × 2. √ 3. × 4. × 5. × 6. √ 7. × 8. √ 9. × 10. ×

（七）问答题

1. 答：药品包装系指选用适当的材料或容器、利用包装技术对药物制剂的半成品或成品进行分(灌)、封、装、贴签等操作，为药品提供品质保护、签定商标与说明的一种加工过程的总称。从静态角度看，包装是用有关材料、容器和辅助物等将药品包装起来，起到应有的功能；从动态角度看，包装是采用材料、容器和辅助物的技术方法，是工艺及操作。

2. 答：药品包装材料应具备以下特性：①保护药品在贮藏、使用过程中不受环境的影响，保持药品原有属性；②药包材与所包装的药品不能有化学、生物意义上的反应；③药包材自身在贮藏、使用过程中性质应有较好的稳定性；④药包材在包裹药品时不能污染药品生产环境；⑤药包材不得带有在使用过程中不能消除的对所包装药物有影响的物质。

3. 答：输液软袋包装具有以下优点：①软袋包装较输液瓶轻便、不怕碰撞、携带方便。②特别适用于大剂量加药。③加药后不漏液。④软袋包装液体是完全密闭式包装，不存在瓶装液体瓶口松动、裂口等现象。⑤柔韧性强，可自收缩。药液在大气压力下，可通过封闭的输液管路输液，消除空气污染及气泡造成栓塞的危险，且有利于急救及急救车内加压使用。⑥形状与大小简便易调，而且可以制作成单室、双室及多室输液。⑦输液袋在输液生产中可以完成膜的（清洗）印刷、袋成型、袋口焊接、灌装、无气或抽真空、封口，且生产线可以完成在线检漏和澄明度检查。

4. 答：(1) 铝塑泡罩包装：泡罩包装的优点是便于携带、可减少药品在携带和服用过程中的污染，气体阻隔性、防潮性、安全性、生产效率、剂量准确性等方面也具有明显的优势，此外泡罩包装全自动的封装过程最大程度地保障了药品包装的安全性。

(2) 复合膜条形包装：条形包装复膜袋不仅能包装片剂，也是颗粒剂、散剂等剂型的主要包装形式，适用于包装剂量大、吸湿性强、对紫外线敏感的药品。条形包装可在条形包装机上连续作业，特别适合大批量自动包装。

(3) 输液软袋包装：①软袋包装较输液瓶轻便、不怕碰撞、携带方便；②特别适用于大剂量加药；③加药后不漏液；④软袋包装液体是完全密闭式包装；⑤柔韧性强，可自收缩；⑥形状与大小简便易调；⑦输液袋在输液生产中可以完成膜的（清洗）印刷、袋成型、袋口焊接、灌装、无气或抽真空、封口，且生产线可以完成在线检漏和澄明度检查。

第二篇

常规剂型及其理论与技术

第七章 液体制剂

一、本章学习要求

1. **掌握** 液体制剂的定义、特点、分类、质量要求及相关理论与技术；增加药物溶解度的方法；混悬剂的定义、物理稳定性、制备；乳剂的定义、特点、物理稳定性、常用乳化剂、制备。

2. **熟悉** 液体制剂的常用溶剂和附加剂；低分子溶液剂的定义、特点和制备；高分子溶液和溶胶剂的定义、性质和制备；混悬剂的特点、质量要求及质量评价；乳剂的分类及质量评价。

3. **了解** 不同给药途径用的液体制剂的定义和应用；液体制剂的防腐、包装与贮存。

二、学习导图

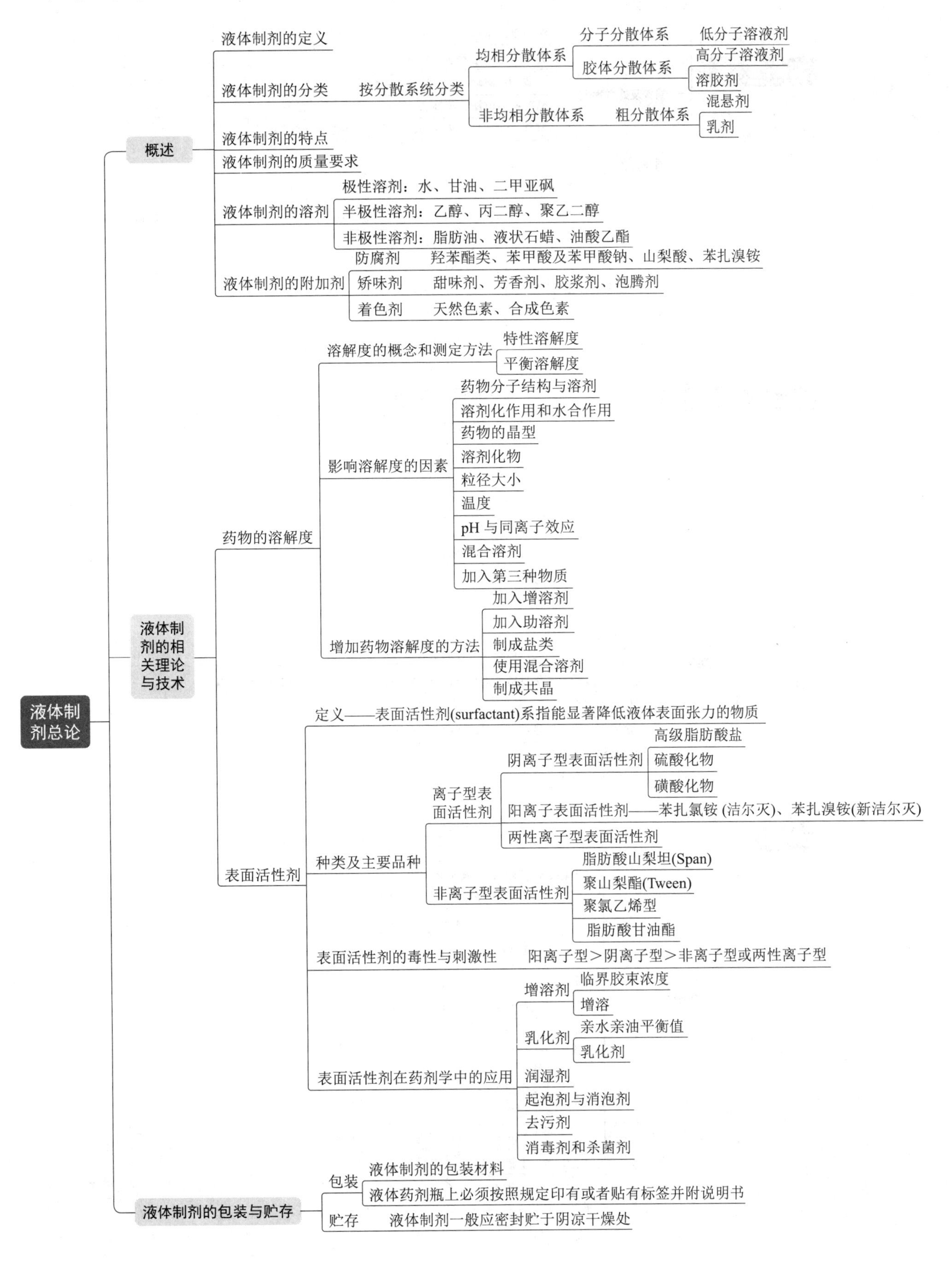

液体制剂总论
概述
液体制剂的定义
液体制剂的分类
按分散系统分类
均相分散体系
分子分散体系
低分子溶液剂
胶体分散体系
高分子溶液剂
溶胶剂
非均相分散体系
粗分散体系
混悬剂
乳剂
液体制剂的特点
液体制剂的质量要求
液体制剂的溶剂
极性溶剂：水、甘油、二甲亚砜
半极性溶剂：乙醇、丙二醇、聚乙二醇
非极性溶剂：脂肪油、液状石蜡、油酸乙酯
液体制剂的附加剂
防腐剂
羟苯酯类、苯甲酸及苯甲酸钠、山梨酸、苯扎溴铵
矫味剂
甜味剂、芳香剂、胶浆剂、泡腾剂
着色剂
天然色素、合成色素
液体制剂的相关理论与技术
药物的溶解度
溶解度的概念和测定方法
特性溶解度
平衡溶解度
影响溶解度的因素
药物分子结构与溶剂
溶剂化作用和水合作用
药物的晶型
溶剂化物
粒径大小
温度
pH 与同离子效应
混合溶剂
加入第三种物质
增加药物溶解度的方法
加入增溶剂
加入助溶剂
制成盐类
使用混合溶剂
制成共晶
表面活性剂
定义——表面活性剂(surfactant)系指能显著降低液体表面张力的物质
种类及主要品种
离子型表面活性剂
阴离子型表面活性剂
高级脂肪酸盐
硫酸化物
磺酸化物
阳离子表面活性剂——苯扎氯铵 (洁尔灭)、苯扎溴铵(新洁尔灭)
两性离子型表面活性剂
非离子型表面活性剂
脂肪酸山梨坦(Span)
聚山梨酯(Tween)
聚氯乙烯型
脂肪酸甘油酯
表面活性剂的毒性与刺激性
阳离子型＞阴离子型＞非离子型或两性离子型
表面活性剂在药剂学中的应用
增溶剂
临界胶束浓度
增溶
乳化剂
亲水亲油平衡值
乳化剂
润湿剂
起泡剂与消泡剂
去污剂
消毒剂和杀菌剂
液体制剂的包装与贮存
包装
液体制剂的包装材料
液体药剂瓶上必须按照规定印有或者贴有标签并附说明书
贮存
液体制剂一般应密封贮于阴凉干燥处

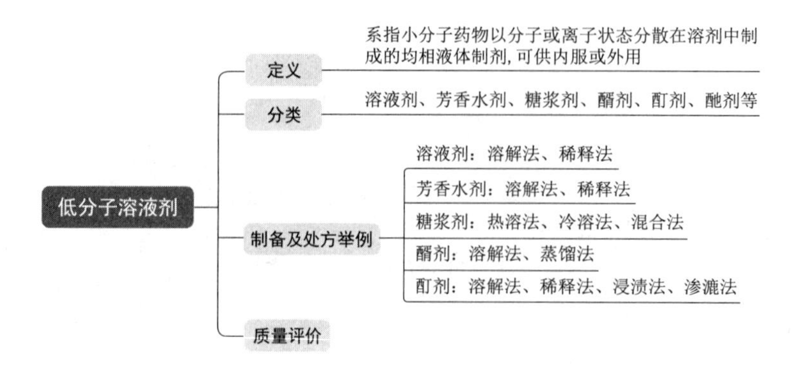

低分子溶液剂
定义
系指小分子药物以分子或离子状态分散在溶剂中制成的均相液体制剂，可供内服或外用
分类
溶液剂、芳香水剂、糖浆剂、醑剂、酊剂、酏剂等
制备及处方举例
溶液剂：溶解法、稀释法
芳香水剂：溶解法、稀释法
糖浆剂：热溶法、冷溶法、混合法
醑剂：溶解法、蒸馏法
酊剂：溶解法、稀释法、浸渍法、渗漉法
质量评价

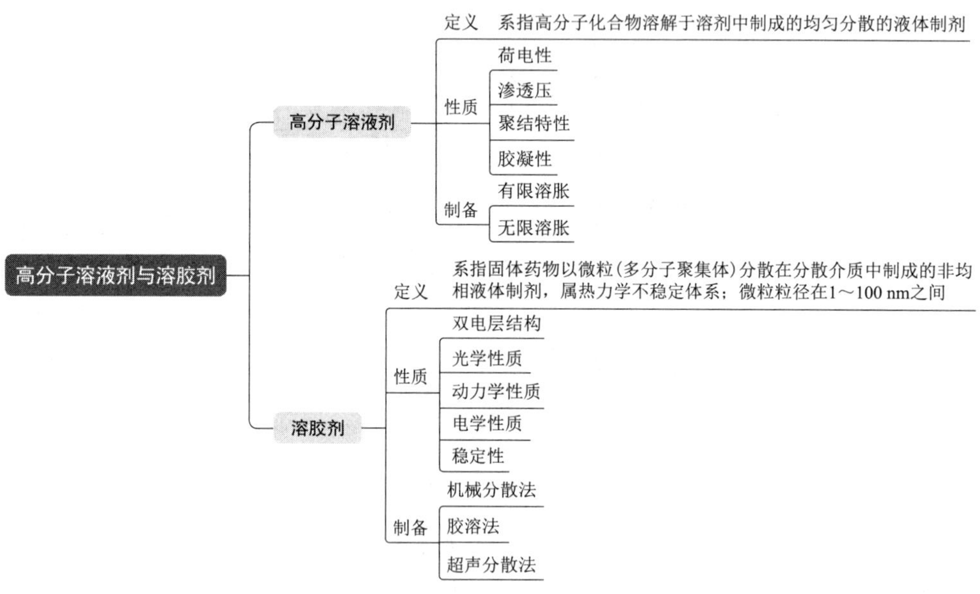

高分子溶液剂与溶胶剂
高分子溶液剂
定义
系指高分子化合物溶解于溶剂中制成的均匀分散的液体制剂
性质
荷电性
渗透压
聚结特性
胶凝性
制备
有限溶胀
无限溶胀
溶胶剂
定义
系指固体药物以微粒(多分子聚集体)分散在分散介质中制成的非均相液体制剂，属热力学不稳定体系；微粒粒径在1～100 nm之间
性质
双电层结构
光学性质
动力学性质
电学性质
稳定性
制备
机械分散法
胶溶法
超声分散法

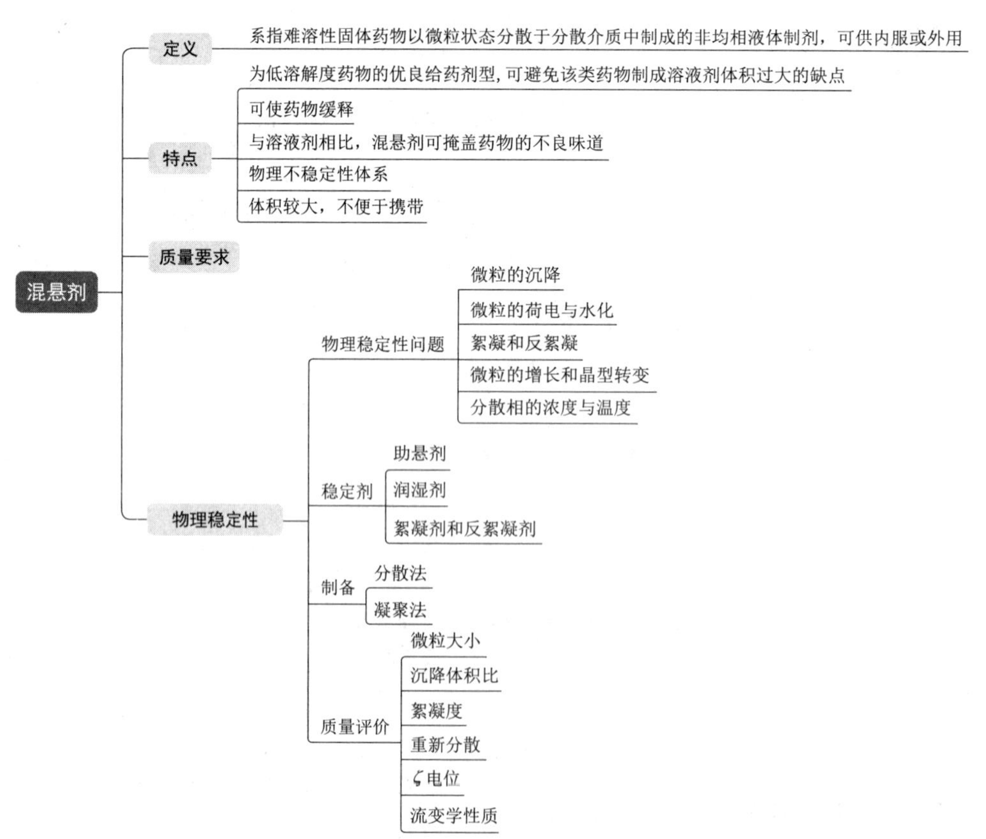

混悬剂
定义
系指难溶性固体药物以微粒状态分散于分散介质中制成的非均相液体制剂，可供内服或外用
特点
为低溶解度药物的优良给药剂型，可避免该类药物制成溶液剂体积过大的缺点
可使药物缓释
与溶液剂相比，混悬剂可掩盖药物的不良味道
物理不稳定性体系
体积较大，不便于携带
质量要求
物理稳定性
物理稳定性问题
微粒的沉降
微粒的荷电与水化
絮凝和反絮凝
微粒的增长和晶型转变
分散相的浓度与温度
稳定剂
助悬剂
润湿剂
絮凝剂和反絮凝剂
制备
分散法
凝聚法
质量评价
微粒大小
沉降体积比
絮凝度
重新分散
ζ电位
流变学性质

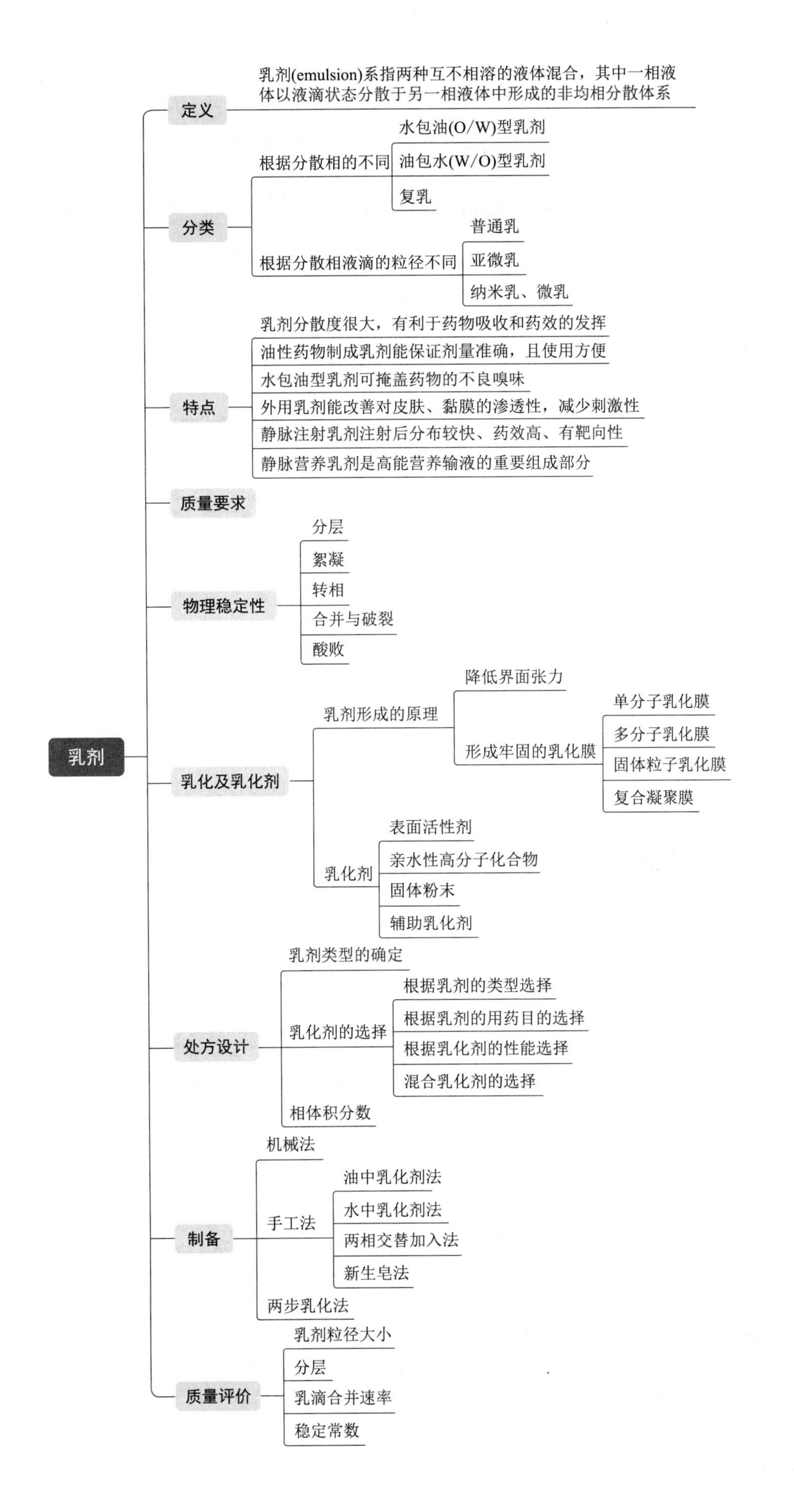
乳剂
定义
乳剂(emulsion)系指两种互不相溶的液体混合，其中一相液体以液滴状态分散于另一相液体中形成的非均相分散体系
分类
根据分散相的不同
水包油(O/W)型乳剂
油包水(W/O)型乳剂
复乳
根据分散相液滴的粒径不同
普通乳
亚微乳
纳米乳、微乳
特点
乳剂分散度很大，有利于药物吸收和药效的发挥
油性药物制成乳剂能保证剂量准确，且使用方便
水包油型乳剂可掩盖药物的不良嗅味
外用乳剂能改善对皮肤、黏膜的渗透性，减少刺激性
静脉注射乳剂注射后分布较快、药效高、有靶向性
静脉营养乳剂是高能营养输液的重要组成部分
质量要求
物理稳定性
分层
絮凝
转相
合并与破裂
酸败
乳化及乳化剂
乳剂形成的原理
降低界面张力
形成牢固的乳化膜
单分子乳化膜
多分子乳化膜
固体粒子乳化膜
复合凝聚膜
乳化剂
表面活性剂
亲水性高分子化合物
固体粉末
辅助乳化剂
处方设计
乳剂类型的确定
乳化剂的选择
根据乳剂的类型选择
根据乳剂的用药目的选择
根据乳化剂的性能选择
混合乳化剂的选择
相体积分数
制备
机械法
手工法
油中乳化剂法
水中乳化剂法
两相交替加入法
新生皂法
两步乳化法
质量评价
乳剂粒径大小
分层
乳滴合并速率
稳定常数

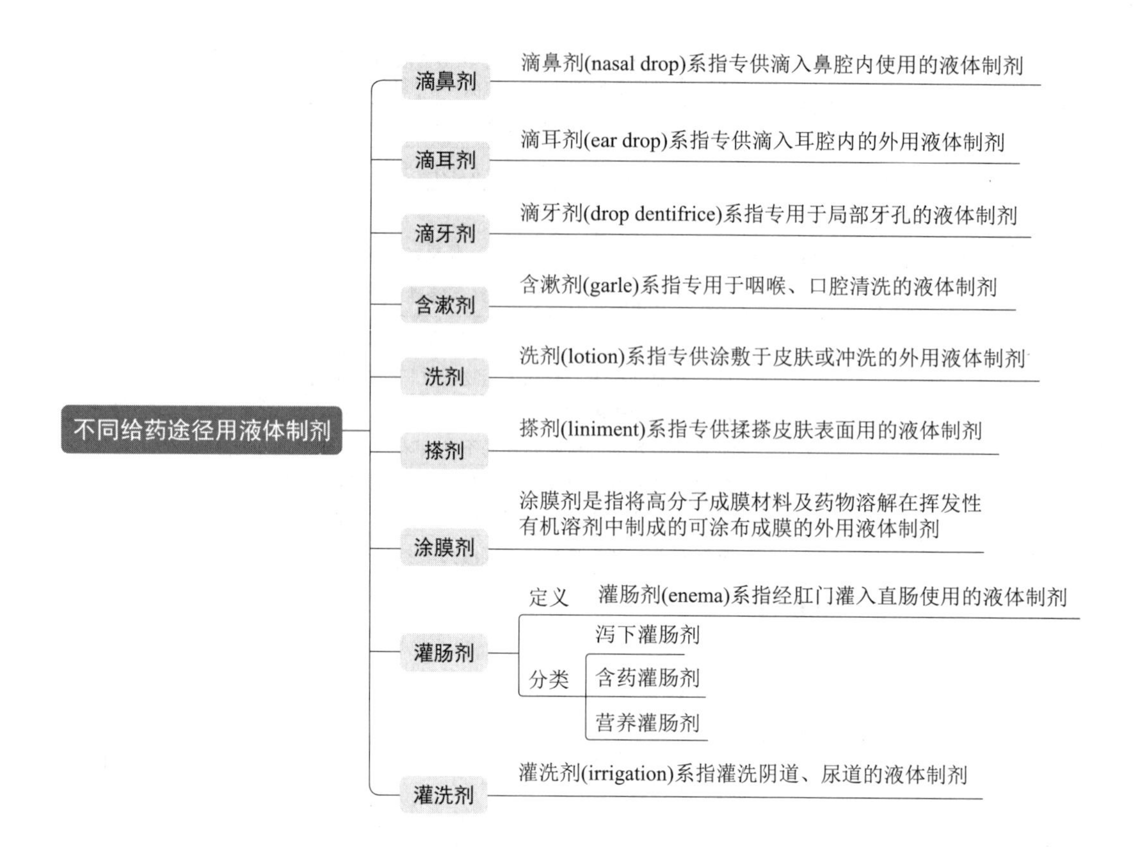

三、习题

（一）名词解释（中英文）

1. 液体制剂；2. 增溶剂；3. preservative；4. 助溶剂；5. cosolvent；6. 溶液剂；7. syrup；8. 芳香水剂；9. 酊剂；10. polymer solution；11. 溶胶剂；12. suspension；13. emulsion；14. flocculation；15. deflocculation；16. 润湿剂；17. 助悬剂；18. 分层；19. 转相；20. 合并与破裂；21. 酸败（rancidify）；22. 胶束；23. CMC；24. Krafft 点；25. 昙点；26. HLB 值

（二）单项选择题

1. 关于液体制剂特点的正确表述是（　　）。
   A. 不能用于皮肤、黏膜和人体腔道
   B. 药物分散度大、吸收快、药效发挥迅速
   C. 药物制成液体制剂稳定性高
   D. 不适用于婴幼儿和老人
2. 液体制剂的质量要求不包括（　　）。
   A. 液体制剂一定要有一定的防腐能力
   B. 外用液体制剂应无刺激性
   C. 口服液体制剂应外观良好，口感适宜
   D. 液体制剂应是澄明溶液
3. 关于液体制剂的溶剂，下列说法不正确的是（　　）。
   A. 水是常用的溶剂
   B. 含甘油在 30%以上时有防腐作用
   C. DMSO 的溶解范围很广
   D. 分子量在 100 以上的 PEG 适合作为溶剂
4. 下列溶液中，属于非极性溶剂的是（　　）。
   A. 丙二醇　　B. 聚乙二醇　　C. 液状石蜡　　D. 甘油
5. 苯甲酸钠发挥防腐作用的最佳 pH 为（　　）。
   A. pH＜4　　B. pH＝4　　C. pH＝5　　D. pH＝6
6. 我国不允许使用的食用人工色素是（　　）。

A. 胭脂红　B. 美蓝　C. 柠檬黄　D. 苋菜红

7. 属于合成甜味剂的是（　　）。

A. 蔗糖　B. 麦芽糖　C. 阿司帕坦　D. 甜菊苷

8. 20 g Span 80（HLB=4.3）和 10 g 乳化剂 OP（HLB=15.0）混合的 HLB 值为（　　）。

A. 5.56　B. 6.85　C. 7.87　D. 10.71

9. 复方碘溶液中加入碘化钾的作用是（　　）。

A. 增溶剂　B. 调节碘的浓度　C. 减少碘的刺激性　D. 助溶剂

10. 在苯甲酸钠的存在下，咖啡因的溶解度由 1∶50 增大至 1∶1.2，苯甲酸钠的作用是（　　）。

A. 增溶　B. 助溶　C. 防腐　D. 增大离子强度

11. 下列方法不能增加药物溶解度的是（　　）。

A. 加助溶剂　B. 加助悬剂　C. 成盐　D. 使用潜溶剂

12. 茶碱在二乙胺存在下溶解度由 1∶120 增大至 1∶5，二乙胺的作用是（　　）。

A. 增大溶液的 pH　B. 增溶　C. 防腐　D. 助溶

13. 下列液体制剂中属于均相液体制剂的是（　　）。

A. 复方碘溶液　B. 复方硫磺洗剂　C. 鱼肝油乳剂　D. 石灰搽剂

14. 关于糖浆剂的说法错误的是（　　）。

A. 可作矫味剂、助悬剂、片剂包糖衣材料

B. 单糖浆的浓度为 85%（g/mL）

C. 糖浆剂属于低分子溶液剂

D. 热溶法适用于对热稳定或挥发性药物制备糖浆剂

15. 单糖浆的浓度为（　　）。

A. 64.7%（g/mL）　B. 64.7%（mL/mL）　C. 85%（g/g）　D. 85%（g/mL）

16. 向溶胶剂中加入亲水性高分子溶液，作为（　　）。

A. 助悬剂　B. 絮凝剂　C. 脱水剂　D. 保护胶

17. 下列关于溶胶剂的叙述中，错误的是（　　）。

A. 溶胶剂具有双电层结构　B. 可采用分散法制备溶胶剂

C. 溶胶剂属于热力学稳定体系　D. 加入电解质可使溶胶发生聚沉

18. 混悬剂中药物粒子的半径由 10 μm 减小到 1 μm，则它的沉降速率减小至（　　）。

A. 1/10　B. 1/20　C. 1/50　D. 1/100

19. 根据 Stoke's 定律，混悬微粒沉降速率与下列哪个因素成反比（　　）。

A. 混悬微粒的半径　B. 混悬微粒的半径平方

C. 混悬介质的黏度　D. 混悬微粒的粉碎度

20. 混悬剂中加入少量电解质可作为（　　）。

A. 助悬剂　B. 润湿剂　C. 絮凝剂或反絮凝剂　D. 助溶剂

21. 下列关于助悬剂的表述中，错误的是（　　）。

A. 二氧化硅可作助悬剂　B. 助悬剂可增加介质的黏度

C. 助悬剂可增加微粒的亲水性　D. 助悬剂可降低微粒的 ζ 电位

22. 以下可以作为絮凝剂的是（　　）。

A. 西黄蓍胶　B. 羧甲基纤维素钠　C. 甘油　D. 枸橼酸钠

23. 不具有助悬剂作用的辅料是（　　）。

A. 甘油　B. 吐温 80　C. 海藻酸钠　D. 羧甲基纤维素钠

24. 不能增加混悬剂物理稳定性的措施是（　　）。

A. 增加介质黏度　B. 加入助悬剂　C. 减小粒径　D. 升高温度

25. 关于混悬剂沉降体积比的表述，错误的是（　　）。

A. 沉降体积比是指沉降物的容积与沉降前混悬剂的容积之比

B. 沉降体积也可以用高度表示

C.《中国药典》规定口服混悬剂在 3 h 的 F 值不得低于 0.9

D. F 值越小混悬剂越稳定

26. 以下各项中，（　　）不是评价混悬剂质量的方法。

A. 絮凝度的测定　　B. 再分散试验　　C. 沉降体积比的测定　　D. 澄清度的测定

27. 关于乳剂特点的表述错误的是（　　）。

A. 乳剂液滴的分散度大，吸收较快，生物利用度高

B. O/W 型乳剂可以掩盖药物的不良嗅味

C. 油性药物制成乳剂能保证剂量准确

D. 静脉注射乳剂注射后在体内分布速率较慢，具有缓释作用

28. 可作为 W/O 型乳化剂的是（　　）。

A. 一价肥皂　　B. 聚山梨酯类　　C. 脂肪酸山梨坦　　D. 阿拉伯胶

29. 制备静脉注射用乳胶可选择的乳化剂是（　　）。

A. 月桂醇硫酸钠　　B. 三乙醇胺皂　　C. 阿拉伯胶　　D. 泊洛沙姆 188

30. O/W 型乳剂在加入某种物质以后变成 W/O 型乳剂，这种转变称为（　　）。

A. 絮凝　　B. 转相　　C. 破裂　　D. 酸败

31. 下列不属于减慢乳剂分层速度的方法是（　　）。

A. 加入电解质　　B. 使乳剂的相容积比至 50%左右

C. 减小分散介质与分散相之间的密度差　　D. 增加分散介质的黏度

32. 制备乳剂时分散相的体积分数（值）一般在（　　）之间。

A. 1%～10%　　B. 10%～50%　　C. 20%～25%　　D. 20%～50%

33. 在用油酸钠为乳化剂制备的 O/W 型乳剂中，加入氯化钙后，乳剂可出现（　　）。

A. 分层　　B. 絮凝　　C. 转相　　D. 合并

34. 下列有关含漱剂的叙述中，错误的是（　　）。

A. 含漱剂应呈微酸性　　B. 含漱剂主要用于清洁口腔

C. 含漱剂多为药物的水溶液　　D. 可制成浓溶液，用于稀释

35. 酊剂的浓度一般 1 mL 相当于原材料（　　）。

A. 100 g　　B. 5 g　　C. 1 g　　D. 0.2 g

36. 专供揉搽无破损皮肤用的剂型是（　　）。

A. 合剂　　B. 洗剂　　C. 搽剂　　D. 涂剂

37. 关于芳香水剂的表述错误的是（　　）。

A. 芳香水剂系芳香挥发性药的饱和或近饱和水溶液

B. 浓芳香水剂系指用乙醇和水溶液制成的含大量挥发油的溶液

C. 芳香水剂应澄明，不得有异臭、沉淀和杂质

D. 宜大量配制贮存

38. 不属于混悬剂的物理稳定性的是（　　）。

A. 混悬粒子的沉降速率　　B. 微粒的荷电与水化

C. 混悬剂中药物的降解　　D. 絮凝与反絮凝

39. 不能用于液体制剂矫味剂的是（　　）。

A. 泡腾剂　　B. 消泡剂　　C. 芳香剂　　D. 胶浆剂

40. 混悬剂中药物粒子的大小一般为（　　）。

A. <0.1 nm　　B. <1 nm　　C. < 10 nm　　D. 500～ 10000 nm

（三）多项选择题

1. 关于液体制剂的特点叙述，正确的是（　　）。

A. 药物的分散度大，吸收快，能快速发挥药效

B. 能减少某些固体药物由于局部浓度过高产生的刺激性

C. 易于分剂量，服用方便，特别适用于儿童与老年患者
D. 化学稳定性好
E. 适用于腔道用药
2. 液体制剂的质量要求包括（　　）。
A. 均相液体制剂应是澄清液体　　B. 所有液体制剂应浓度准确
C. 口服液体制剂应口感良好　　D. 渗透压应与血浆渗透压相近
E. 非均相液体制剂分散相粒子应小而均匀
3. 关于液体制剂的溶剂叙述正确的是（　　）。
A. 丙二醇与水、甘油、乙醇等溶剂任意比例混合
B. 10%以上乙醇即有防腐作用
C. 液体制剂中常用聚乙二醇 300～600 作为溶剂
D. 水是液体制剂中最常用的溶剂
E. 二甲亚砜被称为万能溶剂
4. 半极性溶剂有（　　）。
A. 水　　B. 甘油　　C. 乙醇　　D. 丙二醇　　E. 液状石蜡
5. 关于液体制剂的防腐剂叙述正确的是（　　）。
A. 对羟基苯甲酸酯类在弱碱性溶液中作用最强
B. 山梨酸对霉菌和酵母菌作用强
C. 醋酸氯己定为广谱杀菌剂
D. 苯甲酸钠的防腐作用是依赖未解离的分子
E. 苯扎溴铵广泛用于内服液体制剂中
6. 可作为液体制剂的防腐剂有（　　）。
A. 尼泊金类　　B. 苯甲酸　　C. 新洁尔灭　　D. 邻苯基苯酚　　E. 薄荷油
7. 以下各物质中，可作为液体制剂矫味剂的是（　　）。
A. 糖浆　　B. 橙汁香精　　C. 薄荷油　　D. 阿拉伯胶　　E. 阿司帕坦
8. 吐温类表面活性剂具有（　　）作用。
A. 增溶　　B. 助溶　　C. 润湿　　D. 乳化　　E. 润滑
9. 在液体制剂中常用于增加难溶性药物溶解度的附加剂有（　　）。
A. 增溶剂　　B. 润湿剂　　C. 絮凝剂　　D. 助溶剂　　E. 潜溶剂
10. 甘油的作用包括（　　）。
A. 助悬剂　　B. 润湿剂　　C. 增塑剂　　D. 溶剂　　E. 保湿剂
11. 关于糖浆剂的叙述正确的是（　　）。
A. 低浓度的糖浆剂特别容易污染和繁殖微生物，必须加防腐剂
B. 蔗糖浓度高时渗透压大，微生物的繁殖受到抑制
C. 糖浆剂是单纯蔗糖的饱和水溶液，简称糖浆
D. 冷溶法生产周期长，制备过程中容易污染微生物
E. 热溶法制备具有溶解快、滤速快、可以杀死微生物等优点
12. 糖浆可作为（　　）。
A. 矫味剂　　B. 黏合剂　　C. 助悬剂
D. 片剂包糖衣材料　　E. 乳化剂
13. 糖浆剂的制备方法有（　　）。
A. 热溶法　　B. 稀释法　　C. 冷溶法　　D. 混合法　　E. 分散法
14. 属于高分子水溶液的是（　　）。
A. 阿拉伯胶浆　　B. MC 胶液　　C. 明胶胶浆
D. 玉米朊溶液　　E. 胃蛋白酶合剂
15. 以下关于高分子溶液的表述中，正确的是（　　）。

A. 阿拉伯胶在溶液中带负电荷
B. 在高分子溶液中加入少量电解质会发生聚沉现象
C. 明胶水溶液在升高温度时会发生胶凝
D. 高分子溶液是热力学稳定体系
E. 高分子化合物的溶解首先要经过一个溶胀过程

16. 高分子溶液的性质有（　　）。
A. 带电性　B. 水化作用　C. 具有 Tyndall 效应
D. 较高渗透压　E. 表面活性

17. 能使高分子溶液稳定性降低的方法有（　　）。
A. 加入脱水剂　B. 加入少量电解质　C. 加入防腐剂
D. 加入大量电解质　E. 加入带相反电荷的胶体

18. 疏水胶体的性质是（　　）。
A. 存在强烈的布朗运动　B. 具有双分子层　C. 具有 Tyndall 效应
D. 可以形成凝胶　E. 加入亲水性高分子液体可增加其稳定性

19. 下列制剂中，属于非均相液体制剂的是（　　）。
A. 芳香水剂　B. 酯剂　C. 复方硫磺洗剂　D. 胃蛋白酶合剂　E. 石灰搽剂

20. 下列制剂中，属于均相液体制剂的是（　　）。
A. 复方碘溶液　B. 磷酸可待因糖浆　C. 复方薄荷脑酯
D. 薄荷水　E. 复方硫磺洗剂

21. 关于混悬剂的说法正确的是（　　）。
A. 药物制备成混悬剂后可产生一定的长效作用
B. 毒性或剂量小的药物应制成混悬剂
C. 混悬剂属于热力学和动力学不稳定体系，易发生沉降和聚集等问题
D. 干混悬剂有利于解决混悬剂在保存过程中的稳定性问题
E. 混悬剂常采用分散法制备

22. 关于混悬剂的叙述，正确的是（　　）。
A. 属于均相液体制剂
B. 属于非均相液体制剂
C. 凡难溶性的药物要求的剂量在给定的体积内不能完全溶解的药物，或两种溶剂混合时溶解度降低的药物，都不可以制成混悬剂
D. 剧毒药物或者剂量小的药物不应该制成混悬剂
E. 混悬剂中的微粒不应该迅速下沉，沉降后的微粒不应结块

23. 为提高混悬剂稳定性而采取的措施有（　　）。
A. 减少微粒的半径　B. 增加分散介质的黏度　C. 加入润湿剂
D. 加入絮凝剂　E. 增加微粒与分散介质的密度差

24. 降低混悬微粒沉降速率的措施有（　　）。
A. 增加微粒的粒径　B. 加入润湿剂　C. 增加分散介质的黏度
D. 减小固体颗粒与分散介质之间的密度差　E. 升高温度

25. （　　）可考虑制成混悬剂。
A. 难溶性药物需制成液体制剂　B. 要求的剂量超过了溶解度不能以溶液剂给药的药物
C. 两种溶液混合时溶解度下降的药物　D. 毒剧药，剂量小的药物
E. 为了使药物产生缓释作用

26. 具有助悬作用的附加剂是（　　）。
A. 吐温 80　B. 阿拉伯胶　C. CMC-Na　D. 西黄蓍胶　E. 硅皂土

27. 下列关于絮凝剂和反絮凝剂的正确表述是（　　）。
A. 在混悬剂中加入电解质可使 ζ 电位适当降低，此时称电解质为反絮凝剂

B. ζ 电位在 20～25 mV 时混悬剂恰好产生絮凝
C. 同一电解质因用量不同，在混悬剂中可以起到絮凝剂或反絮凝剂的作用
D. 絮凝剂离子的化合价与浓度对混悬剂的絮凝无影响
E. 枸橼酸盐、酒石酸盐可作为絮凝剂使用

28. 混悬剂的稳定剂包括（　　）。
A. 润滑剂　B. 润湿剂　C. 助溶剂　D. 助悬剂　E. 絮凝剂

29. 关于 Stoke's 定律，说法正确的是（　　）。
A. 微粒沉降速率与微粒半径成正比
B. 微粒沉降速率与分散介质黏度成正比
C. 微粒沉降速率同药物与分散介质的密度差成正比
D. 微粒沉降速率与分散介质密度成正比
E. 微粒沉降速率与微粒半径的平方成正比

30. 关于混悬剂的错误描述有（　　）。
A. 沉降容积比在 0 到 1 之间　B. 沉降曲线陡峭，说明混悬剂处方设计良好
C. 絮凝度越小，絮凝效果越好　D. 糖浆主要用于内服混悬剂的助悬剂
E. 混悬剂的制备有分散法和凝聚法

31. 混悬剂质量评定方法有（　　）。
A. 微粒大小的测定　B. 沉降容积比的测定　C. 絮凝度的测定
D. 重新分散试验　E. 流变学性质测定

32. 下面对乳剂的描述，正确的是（　　）。
A. 也称乳浊液，是两种互不相溶的液相组成的均相分散体系
B. 乳剂属于热力学不稳定体系
C. 油成液滴分散在水中，称为油包水型乳剂
D. 水为分散相，油为分散介质，称为油包水型乳剂
E. 乳剂不仅可以内服、外用，还能注射

33. 有关乳剂的叙述正确的是（　　）。
A. 乳剂分 W/O 和 O/W 两种类型
B. 液体药物以液滴的形式分散在另一个互不相溶的液体中
C. 乳剂的分层是不可逆的现象
D. 内服的乳剂常采用阿拉伯胶作为乳化剂
E. W/O 型乳剂可用水稀释

34. 关于乳化剂的说法正确的是（　　）。
A. 乳化剂根据性质可分为表面活性剂、天然乳化剂、固体粉末和辅助乳化剂
B. 注射用乳化剂应选用硬脂酸钠、磷脂、泊洛沙姆等乳化剂
C. 乳化剂混合使用可增加乳化膜的牢固性
D. 亲水性高分子作乳化剂可形成多分子乳化膜
E. 乳剂类型主要由乳化剂的性质和 HLB 值决定

35. 可作为 O/W 型的乳化剂是（　　）。
A. 一价肥皂　B. 聚山梨酯类　C. 脂肪酸山梨坦　D. 阿拉伯胶　E. 氢氧化镁

36. 能成为 O/W 型乳化剂的是（　　）。
A. 泊洛沙姆 188　B. Span 80　C. 胆固醇
D. 十二烷基硫酸钠　E. 吐温 80

37. 将药物制成 W/O 型乳剂的乳化剂有（　　）。
A. 阿拉伯胶　B. 司盘 80　C. 钙皂
D. 硅皂土　E. 泊洛沙姆 188

38. 下列有关乳剂的各项叙述中，错误的是（　　）。

A. 阿拉伯胶采用干胶法制备乳剂时先制备初乳
B. 如加少量水能被稀释的，则为 O/W 型乳剂
C. 加水溶性色素，分散相被着色，则为 O/W 型乳剂
D. W/O 型乳剂中含有水分，故可导电
E. 以表面活性剂类乳化剂形成乳剂，乳滴周围形成的是多分子乳化膜

39. 关于乳剂的稳定性，叙述正确的是（　　）。
A. 乳剂分层是由于分散相与分散介质存在密度差，属于可逆过程
B. 絮凝是乳剂粒子呈现一定程度的合并，是破裂的前奏
C. 外加物质使乳化剂性质发生改变或加入相反性质乳化剂可引起乳剂转相
D. 乳剂的稳定性与相比例、乳化剂及界面膜强度密切相关
E. 乳剂的合并是分散相液滴可逆的凝聚现象

40. 乳剂的不稳定表现为（　　）。
A. 分层　B. 潮解　C. 合并与破裂　D. 结块　E. 转相

41. 影响乳剂类型的因素有（　　）。
A. 乳化剂的 HLB 值　B. 乳滴的大小　C. 内相与外相的体积比
D. 内相的密度　E. 外相的密度

42. 乳剂中乳化剂的选用要点，正确的是（　　）。
A. 外用乳剂应选用局部无刺激性乳化剂
B. 口服 O/W 型乳剂可选用高分子溶液作乳化剂
C. 混合使用两种或两种以上乳化剂，其 HLB 值是各乳化剂 HLB 值的加权平均值
D. 乳化剂都可以混合使用
E. O/W 型和 W/O 型的表面活性剂不能混合使用

43. 可用于制备乳剂的方法有（　　）。
A. 相转移乳化法　B. 相分离乳化法　C. 两相交替加入法
D. 油中乳化法　E. 水中乳化法

44. 乳剂形成的必要条件包括（　　）。
A. 降低表面张力　B. 加入适宜的乳化剂　C. 有适当的相体积比
D. 增加分散介质的黏度　E. 形成牢固的乳化膜

45. 乳剂属于热力学不稳定非均相分散体系，其不可逆变化有（　　）。
A. 分层　B. 絮凝　C. 转相　D. 合并　E. 破裂

（四）配对选择题

【1～3】
A. 助悬剂　B. 增黏剂　C. 助溶剂　D. 润湿剂　E. 乳化剂
1. 复方硫磺洗剂中加入 CMC-Na 作为（　　）。
2. 滴眼剂中加入甲基纤维素作为（　　）。
3. 静脉注射用乳剂中加入精制豆磷脂作为（　　）。

【4～6】
A. 胃蛋白酶合剂　B. 炉甘石洗剂　C. 复方碘溶液　D. 磷酸可待因糖浆　E. 薄荷水
4. 属于混悬剂的是（　　）。
5. 属于溶液剂的是（　　）。
6. 属于胶体溶液的是（　　）。

【7～11】
A. 山梨酸　B. 阿拉伯胶　C. 丙二醇　D. 聚山梨酯 80　E. 酒石酸盐
7. 可用作保湿剂的是（　　）。
8. 可用作天然乳化剂的是（　　）。

9. 可用作絮凝剂的是（　　）。
10. 可用作防腐剂的是（　　）。
11. 可用作增溶剂的是（　　）。

【12～15】

A. 絮凝　B. 转相　C. 破裂　D. 分层　E. 合并

12. 乳剂分散相与连续相存在密度差，放置时分散相集中在顶部或者底部的现象是（　　）。
13. 乳滴发生可逆聚集的现象是（　　）。
14. 分散相与连续相分成两层，经振摇不能恢复的现象是（　　）。
15. 乳滴乳化膜破坏导致乳滴变大的现象是（　　）。

【16～19】

A. 分层　B. 转相　C. 酸败　D. 絮凝　E. 破裂

乳剂不稳定的原因是：

16. ζ电位降低产生（　　）。
17. 重力作用可造成（　　）。
18. 乳化剂变质可致乳剂（　　）。
19. 乳化剂类型改变，最终可导致（　　）。

【20～23】

A. 助悬剂　B. 稳定剂　C. 润湿剂　D. 反絮凝剂　E. 絮凝剂

20. 在混悬剂中起润湿、助悬、絮凝或反絮凝作用的附加剂是（　　）。
21. 使微粒ζ电位增加的电解质是（　　）。
22. 增加分散介质黏度的附加剂是（　　）。
23. 可被吸附于疏水性药物微粒表面，增加其亲水性的附加剂是（　　）。

【24～28】

A. 撒于水面　B. 浸泡，加热，搅拌　C. 溶于冷水　D. 加热至60～70 ℃　E. 水、醇中均溶解

选择下列高分子溶液的配制方法：

24. 明胶（　　）。
25. 甲基纤维素（　　）。
26. 淀粉（　　）。
27. 胃蛋白酶（　　）。
28. 聚维酮（　　）。

【29～32】

A. 极性溶剂　B. 非极性溶剂　C. 防腐剂　D. 矫味剂　E. 半极性溶剂

关于下述液体药剂附加剂的作用：

29. 水可作为（　　）。
30. 丙二醇可作为（　　）。
31. 液状石蜡可作为（　　）。
32. 苯甲酸可作为（　　）。

【33～36】

A. 溶液剂　B. 疏水胶体　C. 亲水胶体　D. 混悬剂　E. 芳香水剂

33. 氯化钠溶液属于（　　）。
34. 明胶溶液属于（　　）。
35. 薄荷水属于（　　）。
36. 复方硫磺洗剂属于（　　）。

【37～39】

A. 重新分散试验　B. 微粒粒径大小测定　C. 沉降容积比测定　D. 絮凝度测定　E. 黏度

测定

37. 用库尔特计数器测定混悬液，这是（　　）。

38. 混悬剂放置一定时间后，以一定速度转动，观察混合情况，这是（　　）。

39. 测定加絮凝剂和不加絮凝剂的混悬剂的沉降物容积，这是（　　）。

【40～43】

A. 三乙醇胺皂　B. 甘油　C. 泊洛沙姆188　D. 苯甲酸钠　E. 甜菊苷

40. 咖啡因的助溶剂是（　　）。

41. 静脉注射用乳化剂是（　　）。

42. 皮肤用软膏乳化剂是（　　）。

43. 矫味剂是（　　）。

【44～47】

A. 枸橼酸盐　B. 吐温80　C. 羧甲基纤维素钠　D. 单硬脂酸铝　E. 苯甲酸钠

44.（　　）可延缓混悬剂的微粒降沉。

45.（　　）可使疏水性药物容易被浸湿。

46.（　　）可增加微粒的ζ电位，产生反絮凝。

47.（　　）可使混悬粒子具有触变性。

【48～51】

A. 干胶法　B. 物理凝聚法　C. 新生皂法　D. 分散法　E. 溶解法

48. 制备复方碘溶液采用（　　）。

49. 制备鱼肝油乳采用（　　）。

50. 制备石灰搽剂采用（　　）。

51. 制备炉甘石洗剂采用（　　）。

【52～55】

A. W/O型乳化剂　B. 絮凝剂　C. 助悬剂　D. 矫味剂　E. 抗氧剂

52. 阿司帕坦可用作（　　）。

53. 枸橼酸钠可用作（　　）。

54. 焦亚硫酸钠可用作（　　）。

55. 硬脂酸钙可用作（　　）。

【56～60】

A. 防腐剂　B. 矫味剂　C. pH调节剂　D. 润湿剂　E. 主药

写出下列处方（共制成100 mL）中各成分的作用：

56. 胃蛋白酶　2.0 g（　　）。

57. 单糖浆　10.0 mL（　　）。

58. 稀盐酸　2.0 mL（　　）。

59. 橙皮酊　2.0 mL（　　）。

60. 5%对羟基苯甲酸乙酯乙醇溶液　1.0 mL（　　）。

【61～65】

A. 芳香水剂　B. 合剂　C. 酯剂　D. 搽剂　E. 洗剂

61. 专供揉搽皮肤表面用的液体制剂是（　　）。

62. 挥发性药物的浓乙醇溶液是（　　）。

63. 供涂敷皮肤或冲洗用的制剂是（　　）。

64. 芳香挥发性药物的饱和或近饱和澄清水溶液是（　　）。

65. 含有一种或一种以上药物成分，以水为溶剂的内服液体制剂是（　　）。

【66～68】

A. 含漱剂　B. 泻下灌肠剂　C. 涂剂　D. 搽剂　E. 洗剂

66. 清理粪便，降低肠压，使肠道恢复正常功能的液体制剂是（　　）。

67. 用纱布、棉花蘸取后用于皮肤或口、喉黏膜的液体制剂是（　　）。
68. 用于咽喉、口腔清洗的液体制剂是（　　）。

【69～72】

A. 低分子溶液剂　B. 高分子溶液剂　C. 溶胶剂　D. 混悬剂　E. 乳剂

69. （　　）是药物以分子或者离子状态分散，包括溶液剂、糖浆剂、芳香水剂等。
70. （　　）是高分子化合物以分子分散的。
71. 以微细粒子分散，具有双电层结构的是（　　）。
72. 以液滴分散的非均相体系的是（　　）。

【73～76】

A. 防腐剂　B. 矫味剂　C. 助悬剂　D. 润湿剂　E. 主药

写出某处方中各成分的作用：

73. 磺胺嘧啶 2.5 g（　　）。
74. 单糖浆 10.0 mL（　　）。
75. 羧甲基纤维素钠 0.75 g（　　）。
76. 5%尼泊金乙酯溶液 0.5 mL（　　）。

【77～78】

A. 显微镜法　B. 沉降法　C. 库尔特计数法　D. 气体吸附法　E. 筛分法

77. 将粒子群混悬于溶液中，根据 Stoke's 方程求出粒径的方法属于（　　）。
78. 将粒子群混悬于电解质溶液中，根据电阻改变求出粒子粒径的方法属于（　　）。

【79～82】

A. 溶胶剂　B. 混悬剂　C. 乳剂　D. 低分子溶液剂　E. 高分子溶液剂

79. 复方硫磺洗剂属于（　　）。
80. 碘酊属于（　　）。
81. 胃蛋白酶口服溶液属于（　　）。
82. 磷酸可待因糖浆属于（　　）。

【83～85】

A. 聚山梨醇　B. 水　C. 蔗糖　D. 聚乙二醇　E. 液状石蜡

83. 属于非极性溶剂的是（　　）。
84. 属于极性溶剂的是（　　）。
85. 属于半极性溶剂的是（　　）。

【86～89】

A. 羟苯酯类　B. 阿拉伯胶　C. 阿司帕坦　D. 胡萝卜素　E. 氯化钠

86. 用作乳剂的乳化剂是（　　）。
87. 用作液体药剂的甜味剂是（　　）。
88. 用作液体药剂的防腐剂是（　　）。
89. 用作改善制剂外观的着色剂是（　　）。

【90～92】

A. 干胶法　B. 湿胶法　C. 两相胶体法　D. 新生皂法　E. 机械法

90. 先将乳化剂分散于水中，再将油加入，乳化使成为初乳的方法是（　　）。
91. 先将乳化剂分散于油中，再将水加入，乳化使成为初乳的方法是（　　）。
92. 植物油中加入三乙醇胺，强力搅拌成乳的方法属于（　　）。

【93～95】

A.5∶2∶1　B.4∶2∶1　C.3∶2∶1　D.2∶2∶1　E.1∶2∶1

干胶法制备乳剂是先制备初乳。在初乳中，油∶水∶胶的比例分别是：

93. 植物油∶水∶胶的比例是（　　）。
94. 挥发油∶水∶胶的比例是（　　）。

95. 液状石蜡∶水∶胶的比例是（　　）。

（五）填空题

1. 液体制剂按分散系统可分为________和________两大类。
2. 高分子溶液放置过程中会自发聚集而沉淀，这种现象称为________。
3. 苯甲酸发挥抑菌作用是依靠________，因此其抑菌的最适 pH 是________。
4. 常用的矫味剂包括________、________、________和________。
5. 甲酚皂溶液中的肥皂起________作用，复方碘溶液中的碘化钾起________作用。
6. 增加药物溶解度的方法有________、________、________和________。
7. 单纯蔗糖的近饱和水溶液称为________，浓度为________。
8. 溶液型液体制剂是指小分子药物以________或________状态分散在溶剂中形成的供内服或外用的真溶液。
9. 糖浆剂的制备方法分为________和________。
10. 我国批准的合成色素有________、________、________和________。
11. 液体制剂常用的极性溶剂有________、________和________。
12. 液体制剂常用的半极性溶剂有________、________和________。
13. 液体制剂常用的非极性制剂有________、________和________。
14. 制备高分子溶液要经过________和________两个过程。
15. 除另有规定外，含毒剧药酊剂的浓度为每 100 mL 相当于原药物________ g。其他药物酊剂的浓度为每 100 mL 相当于原药物________ g。
16. 有些胶体溶液，在一定温度下静置时，逐渐变为半固体状溶液，当振摇时，又重新变成可流动的胶体溶液。胶体溶液这种性质称为________。
17. 高分子溶液的稳定性主要是由高分子化合物的________和________两方面决定的。
18. 溶胶微粒粒径在________ nm 之间，受重力作用影响小，且由于胶粒的布朗运动，增加了溶胶剂的________ 稳定性。
19. 溶胶剂的稳定性主要是靠胶粒表面所带________产生的________作用，而胶粒表面的________仅起次要作用。
20. 不宜制成混悬剂的药物有________和________。
21. 混悬剂的稳定剂主要有________、________、________和________。
22. 混悬剂的制备方法分为________和________。
23. 采用沉降容积比 F 来评价混悬剂的质量，F 值越________，混悬剂越稳定。
24. 乳剂分散相与连续相分成两层，经振摇不能恢复的现象称为________。
25. 降低乳剂分层速度最常用的方法是________。
26. 乳剂中分散相的乳滴发生可逆的聚集现象称为________。
27. 乳剂类型由________和________决定。
28. 为得到稳定的乳剂，除水、油两相外，还必须加入________。
29. 乳剂在放置过程中，体系中分散相会逐渐集中在顶部或底部，这个现象称为________。
30. 静脉注射用乳剂常选用________、________作为乳化剂。

（六）是非题

1. 能增加难溶性药物溶解度的物质被称为表面活性剂。（　　）
2. 酯剂系指药物的乙醇溶液。（　　）
3. 甘油的浓度在 30%以上具有防腐作用。（　　）
4. 苯甲酸和苯甲酸钠均是在酸性溶液中抑菌效果较好。（　　）
5. 尼泊金类的抗菌作用随烷基碳数增加而增强，溶解度也随碳数增加而增大。（　　）
6. 毒剧药和剂量小的药物适合制成混悬剂。（　　）

7. 混悬剂既属于热力学不稳定体系，也属于动力学不稳定体系。(　　)

8. 配制复方碘溶液时，应将碘和碘化物同时加入蒸馏水中。(　　)

9. 一般分散相浓度为50%左右时乳剂最为稳定，25%以下或74%以上时均易发生不稳定现象。(　　)

10. 温度对混悬剂的稳定性影响大，故混悬剂应储存于阴凉处。(　　)

11. 要解决乳剂分层问题，可以通过减小分散相与分散介质的密度差来实现。(　　)

12. 对于混悬剂与乳剂，发生絮凝作用可减少二者的稳定性。(　　)

13. 单糖浆中蔗糖的浓度为85%（g/mL）或64.7%（g/g)。(　　)

14. 电解质影响溶胶稳定性是因为带相反电荷的电解质加入溶胶中，使电解质被中和，电位升高，同时水化膜变薄，故胶粒易合并聚集。(　　)

15. 羧甲基纤维素钠溶液的配制是将其加入适量蒸馏水中，搅拌加热而得。(　　)

16. 疏水性物质在制备混悬剂时，需先与润湿剂研磨。(　　)

17. 混悬剂的沉降容积比越接近1，表明其越稳定。(　　)

18. O/W型乳剂采用亚甲蓝（水溶性染料）染色时，其分散介质被染成蓝色。(　　)

19. 乳剂类型是由乳化剂的性质决定的。(　　)

20. 洗剂指专供涂抹、敷于皮肤的外用液体制剂。(　　)

(七) 处方分析与制备

1. 处方

组分	用量	作用
炉甘石	15.0 g	
氧化锌	5.0 g	
甘油	5.0 mL	
羧甲基纤维素钠	0.25 g	
蒸馏水	加至100.0 mL	

回答下列问题：

(1) 写出本制剂的名称，按分散系统分类，该制剂应属于哪一类型液体制剂。

(2) 请分析处方中各成分的作用。

(3) 请写出本品的制备工艺。

2. 处方

组分	用量	作用
鱼肝油	500 mL	
阿拉伯胶(细粉)	125 g	
西黄蓍胶(细粉)	17 g	
杏仁油	1 mL	
糖精钠	0.1 g	
尼泊金乙酯	0.05 g	
纯化水	加至1000 mL	

回答下列问题：

(1) 写出本制剂的名称，按分散系统分类，该制剂应属于哪一类型液体制剂。

(2) 请分析处方中各成分的作用。
(3) 请写出用于胶法制备本品的工艺。
3. 处方

组分	用量	作用
胃蛋白酶(1∶3000)	20 g	
单糖浆	100 mL	
橙皮酊	20 mL	
稀盐酸	20 mL	
5%尼泊金乙酯醇溶液	10 mL	
纯化水	加至 1000 mL	

回答下列问题：
(1) 按分散系统分类，该制剂应属于哪一类型液体制剂？
(2) 请分析处方中各成分的作用。
(3) 请写出本品的制备工艺。
4. 处方

组分	用量	作用
甲酚	500 mL	
植物油	173 g	
氢氧化钠	27 g	
纯化水	加至 1000 mL	

回答下列问题：
(1) 请写出此制剂的名称，该制剂属于何种剂型。
(2) 请分析处方中各成分的作用。
(3) 请写出本品的制备工艺。
5. 处方

组分	用量	作用
沉降硫黄	30 g	
硫酸锌	30 g	
樟脑醑	250 mL	
甲基纤维素	5 g	
聚山梨酯 80	适量	
甘油	100 mL	
纯化水	加至 1000 mL	

回答下列问题：
(1) 请写出本制剂的名称，按分散系统分类，该制剂应属于哪一类型液体制剂。
(2) 请分析处方中各成分的作用。
(3) 请写出本品的制备工艺。

6. 处方

组分	用量	作用
薄荷油	1 mL	
聚山梨酯 80(吐温 80)	1 g	
90%乙醇	30 mL	
蒸馏水	加至 50.0 mL	

回答下列问题：

(1) 按分散系统分类，本制剂应属于哪一类型液体制剂？

(2) 请分析处方中各成分的作用。

(3) 请写出本品的制备工艺。

7. 处方

组分	用量	作用
氢氧化钙溶液	10 mL	
麻油	10 mL	

回答下列问题：

(1) 写出本制剂的名称，按分散系统分类，该制剂应属于哪一类型液体制剂。

(2) 请分析处方中各成分的作用。

(3) 请写出本品的制备工艺。

8. 处方

组分	用量	作用
磺胺嘧啶	2.5 g	
单糖浆	10.0 mL	
羧甲基纤维素钠	0.75 g	
尼泊金乙酯溶液(5%)	0.5 mL	
蒸馏水	加至 50.0 mL	

回答下列问题：

(1) 按分散系统分类，本制剂应属于哪一类型液体制剂？

(2) 请分析处方中各成分的作用。

(3) 请写出本品的制备工艺。

(八) 问答题

1. 简述液体制剂的特点及分类。
2. 增加药物溶解度的方法主要有哪些？举例说明。
3. 写出 Stoke's 公式，并结合 Stoke's 公式讨论延缓混悬微粒沉降速率的措施。
4. 混悬剂的稳定剂包括哪几类？简述各类稳定剂在混悬剂中所起的作用，并各举 1～2 例。
5. 乳化剂可以分为几类？它们在乳剂的形成中起什么作用？每类乳化剂各举 1～2 例。
6. 乳剂存在哪些不稳定现象？应如何解决？
7. 常用的防腐剂有哪些？各有何特点？

8. 哪些情况下考虑将药物制成混悬液体制剂？

四、参考答案

（一）名词解释（中英文）

1. 液体制剂：系指药物分散在适宜的分散介质中制成的液体形态的制剂，可供内服或外用。

2. 增溶剂：具有增溶作用的表面活性剂称为增溶剂。如聚山梨酯类。

3. preservative：防腐剂，系指防止药物制剂受微生物感染而发生变质的添加剂。

4. 助溶剂：难溶性药物与加入的第三种物质在水中形成可溶性络合物、复盐或缔合物等，以增加药物的溶解度，称为助溶，加入的第三种物质称为助溶剂。

5. cosolvent：潜溶剂，指能提高难溶性药物溶解度的混合溶剂。

6. 溶液剂：系指药物溶解于溶剂中所制成的澄明液体制剂。

7. syrup：糖浆剂，系指含有原料药物的浓蔗糖水溶液，供口服用。

8. 芳香水剂：芳香挥发性药物的饱和或近饱和水溶液。浓度一般很低，可矫味、矫臭和作分散剂使用。

9. 醑剂：挥发性药物的浓乙醇溶液，可供内服或外用。

10. polymer solution：高分子溶液剂，系指高分子化合物溶解于溶剂中制成的均匀分散的液体制剂，属于热力学稳定体系。

11. 溶胶剂：又称疏水胶体溶液，系指固体药物以微粒形式分散在分散介质中形成的非均相液体制剂，属于热力学不稳定体系。

12. suspension：混悬剂，指难溶性固体药物以微粒状态分散于分散介质中形成的非均相液体制剂，可供内服或外用。

13. emulsion：乳剂，系指两种互不相溶的液体混合，其中一相液体以液滴状态分散于另一相液体所形成的非均相液体分散体系。

14. flocculation：絮凝。向混悬剂中加入适当电解质，降低 ζ 电位，可以减小微粒间排斥力，当 ζ 电位降低到一定程度（通常控制 ζ 电位在 20～25 mV），微粒形成疏松聚集体，这一过程称为絮凝。絮凝沉淀物体积较大，振摇后容易再分散成为均匀混悬液。

15. deflocculation：反絮凝。向处于絮凝状态的混悬剂中加入电解质，ζ 电位升高（一般为 50～60 mV），阻碍微粒间的碰撞聚集，这一过程称为反絮凝。

16. 润湿剂：促进液体在固体表面铺展或渗透的作用称为润湿作用，具有润湿作用的表面活性剂称为润湿剂。

17. 助悬剂：系指能增加分散介质黏度和亲水性，还可使混悬剂具有触变性，增加混悬剂的稳定性的附加剂。

18. 分层：系指乳剂在放置过程中出现分散相液滴上浮或下沉的现象。其为可逆过程，振摇可恢复均匀分散。

19. 转相：系指乳剂从一种类型（O/W 型或 W/O 型）转变为另一种类型（W/O 型或 O/W 型）的现象。

20. 合并与破裂：乳剂中分散相液滴周围的乳化膜被破坏导致液滴变大的现象称为合并，合并的液滴进一步发展使乳剂分为油水两层的过程叫破裂。

21. 酸败（rancidify）：系指乳剂受外界因素（光、热、空气等）及微生物的影响，使体系中的油相或乳化剂等发生变化而引起变质的现象。

22. 胶束：当表面活性剂在溶液表面的正吸附达到饱和后，继续加入表面活性剂，其分子转入溶液中，分子的疏水基相互缔合形成疏水基向内、亲水基向外的缔合体，称为胶束。

23. CMC：临界胶束浓度，指表面活剂形成胶束时的最低浓度。

24. Krafft 点：对于离子型表面活性剂，当温度上升到某一值后，溶解度急剧增加，此时的温度称为

Krafft 点。

25. 昙点：对于含聚氧乙烯基的非离子型表面活性剂，溶解度随温度升高而增大，但达到一定温度后，溶解度急剧下降，溶液出现混浊，这种现象称为起昙，此时的温度称为昙点。

26. HLB 值：表面活性分子中亲水基团和亲油基团对水或油的综合亲和力称为亲水亲油平衡值（HLB 值）。

（二）单项选择题

1. B 2. D 3. D 4. C 5. B 6. B 7. C 8. C 9. D 10. B 11. B 12. D 13. A 14. D 15. D 16. D 17. C 18. D 19. C 20. C 21. D 22. D 23. B 24. D 25. D 26. D 27. D 28. C 29. D 30. B 31. A 32. D 33. C 34. A 35. D 36. C 37. D 38. C 39. B 40. D

（三）多项选择题

1. ABCE 2. ABCE 3. ACDE 4. CD 5. BCD 6. ABCDE 7. ABCDE 8. ACD 9. ADE 10. ACDE 11. ABDE 12. ACD 13. ACD 14. ABCDE 15. ADE 16. ABD 17. ADE 18. ACE 19. CE 20. ABCD 21. ACDE 22. BDE 23. ABCD 24. CD 25. ABCE 26. BCDE 27. BCE 28. BDE 29. CE 30. BC 31. ABCDE 32. BDE 33. ABD 34. ACD 35. ABDE 36. ADE 37. BC 38. CDE 39. ABCD 40. ACE 41. AC 42. ABC 43. CDE 44. ABCE 45. DE

（四）配对选择题

1. A 2. B 3. E 4. B 5. C 6. A 7. C 8. B 9. E 10. A 11. D 12. D 13. A 14. C 15. E 16. D 17. A 18. C 19. B 20. B 21. D 22. A 23. C 24. B 25. C 26. D 27. A 28. E 29. A 30. E 31. B 32. C 33. A 34. C 35. E 36. D 37. B 38. A 39. D 40. D 41. C 42. A 43. E 44. C 45. B 46. A 47. D 48. E 49. A 50. C 51. D 52. D 53. B 54. E 55. A 56. E 57. B 58. C 59. B 60. A 61. D 62. C 63. E 64. A 65. B 66. B 67. C 68. A 69. A 70. B 71. C 72. E 73. E 74. B 75. C 76. A 77. B 78. C 79. B 80. D 81. E 82. D 83. E 84. B 85. D 86. B 87. C 88. A 89. D 90. B 91. A 92. D 93. B 94. D 95. C

（五）填空题

1. 均相液体制剂，非均相液体制剂
2. 陈化
3. 未解离的分子，4
4. 甜味剂，芳香剂，胶浆剂，泡腾剂
5. 增溶，助溶
6. 成盐，加入助溶剂，使用潜溶剂，加入增溶剂
7. 单糖浆，85%（g/mL）或 64.7%（g/g）
8. 分子，离子
9. 溶解法，混合法
10. 苋菜红，柠檬黄，胭脂红，靛蓝
11. 水，甘油，二甲亚砜
12. 乙醇，丙二醇，聚乙二醇
13. 脂肪油，液状石蜡，乙酸乙酯
14. 有限溶胀，无限溶胀
15. 10，20
16. 触变性
17. 荷电性，水化膜
18. 1～100，动力学

19. 电荷，排斥，水化膜
20. 毒剧药，小剂量的药物
21. 润湿剂，助悬剂，絮凝剂，反絮凝剂
22. 分散法，凝聚法
23. 大
24. 破裂
25. 适当增加连续相的黏度
26. 絮凝
27. 乳化剂的性质，乳化剂的 HLB 值
28. 乳化剂
29. 分层
30. 磷脂，泊洛沙姆 188

（六）是非题

1. × 2. × 3. √ 4. √ 5. ×（尼泊金类的溶解度随碳数增加而降低） 6. × 7. √ 8. ×（碘化钾为助溶剂，为使碘能迅速溶解，宜先将碘化钾加适量蒸馏水配制成浓溶液，然后加入碘溶解） 9. √ 10. √ 11. √ 12. ×（对于混悬剂，絮凝使微粒形成疏松聚集体，振摇后容易再分散成为均匀混悬剂，有利于其稳定；但对于乳剂，发生絮凝，其稳定性降低，是乳剂破裂的前奏） 13. √ 14. ×（当带相反电荷的电解质加入溶胶中，使电荷被中和，ζ 电位降低，同时水化膜变薄，故胶粒易合并聚集） 15. ×（羧甲基纤维素钠溶液的配制是先将其撒在冷水中，使之吸水膨胀，然后加热使之完全胶溶） 16. √ 17. √ 18. √ 19. ×（乳剂类型是由乳化剂的性质和 HLB 值，以及油水两相的比例决定的） 20. √

（七）处方分析与制备

1.

（1）炉甘石洗剂；混悬剂，本品属非均相液体制剂。

（2）

组分	用量	作用
炉甘石	15.0 g	主药
氧化锌	5.0 g	主药
甘油	5.0 mL	低分子助悬剂(兼有润湿作用)
羧甲基纤维素钠	0.25 g	高分子助悬剂
蒸馏水	加至 100.0 mL	分散介质

（3）制备工艺：羧甲基纤维素钠先用 50 mL 蒸馏水溶胀，直至完全溶解；将炉甘石、氧化锌置于研钵中，先加甘油研细，再加入羧甲基纤维素钠溶液，边加边研磨，最后加水至全量，研匀即得。

2.

（1）鱼肝油乳剂，本品属非均相液体制剂。

（2）

组分	用量	作用
鱼肝油	500 mL	主药，油相
阿拉伯胶(细粉)	125 g	O/W 乳化剂
西黄蓍胶(细粉)	17 g	O/W 乳化剂
杏仁油	1 mL	矫味剂(芳香剂)
糖精钠	0.1 g	矫味剂(甜味剂)

续表

组分	用量	作用
尼泊金乙酯	0.05 g	防腐剂
纯化水	加至 1000 mL	水相

（3）制备工艺：将阿拉伯胶、西黄蓍胶与鱼肝油置于研钵内略研匀，使胶分散于油中，一次加入 200～250 mL 蒸馏水，沿同一方向迅速剧烈研磨至初乳形成，再加入糖精钠、杏仁油、尼泊金乙酯，边加边研磨，最后加入纯化水至全量，研匀即得。

3.

（1）胃蛋白酶合剂；高分子溶液剂，本品属均相液体制剂。

（2）

组分	用量	作用
胃蛋白酶(1∶3000)	20 g	主药
单糖浆	100 mL	矫味剂
橙皮酊	20 mL	矫味剂
稀盐酸	20 mL	pH 调节剂(pH=1.5～2.5)
5%尼泊金乙酯醇溶液	10 mL	防腐剂
纯化水	加至 1000 mL	溶剂

（3）制备工艺：将稀盐酸、单糖浆加入约 700 mL 蒸馏水中，搅匀，将胃蛋白酶撒在液面上，待自然膨胀、溶解，得 a 液；取 100 mL 蒸馏水溶解尼泊金乙酯醇溶液，得 b 液；将橙皮酊、b 液加入 a 液中，再加纯化水至全量，搅匀即得。

4.

（1）甲酚皂溶液，属溶液剂。

（2）

组分	用量	作用
甲酚	500 mL	主药
植物油	173 g	植物油中的羧酸根与氢氧化钠发生皂化反应，生成肥皂作为增溶剂
氢氧化钠	27 g	
纯化水	加至 1000 mL	溶剂

（3）制备工艺：取氢氧化钠，加蒸馏水 100 mL 溶解，加植物油，置于水浴上加热，不时搅拌，取 1 滴，加蒸馏水 9 滴无油析出，即已完全皂化。加入甲酚搅匀、放冷，加适量纯化水至 1000 mL，混匀，即得。

5.

（1）复方硫磺洗剂；混悬剂，本品属非均相液体制剂。

（2）

组分	用量	作用
沉降硫黄	30 g	主药
硫酸锌	30 g	主药
樟脑醑	250 mL	主药
甲基纤维素	5 g	高分子助悬剂
聚山梨酯 80	适量	润湿剂
甘油	100 mL	低分子助悬剂
纯化水	加至 1000 mL	分散介质

（3）制备工艺：取沉降硫黄置研钵中，先加入吐温 80 研磨，再加入甘油研成细腻糊状；另将甲基纤维素用 200 mL 水制成胶浆，在搅拌下缓慢加入研钵中研匀，移入量器中；硫酸锌溶于 200 mL 蒸馏水中，搅拌下加入量器中，搅匀，在搅拌下以细流加入樟脑醑，加纯化水至全量，搅匀，即得。

6.

（1）薄荷水；为芳香水剂，属低分子溶液剂。

（2）

组分	用量	作用
薄荷油	1 mL	主药
聚山梨酯 80(吐温 80)	1 g	增溶剂
90%乙醇	30 mL	潜溶剂(溶剂)
蒸馏水	加至 50.0 mL	

（3）制备工艺：取薄荷油，加吐温 80 搅匀，在搅拌下，缓慢加入 90%乙醇及蒸馏水适量溶解，过滤至滤液澄明，再由滤器上加适量蒸馏水使成 50 mL 即得。

7.

（1）石灰搽剂；W/O 型乳剂，属非均相液体制剂。

（2）

组分	用量	作用	
氢氧化钙溶液	10 mL	水相	二者反应生成的钙皂为 W/O 型乳化剂
麻油	10 mL	油相	

（3）制备工艺：量取氢氧化钙饱和水溶液 10 mL 和麻油 10 mL，置于投药瓶中，加盖振摇至乳剂生成。

8.

（1）磺胺嘧啶合剂；混悬剂，本品属非均相液体制剂。

（2）

组分	用量	作用
磺胺嘧啶	2.5 g	主药
单糖浆	10.0 mL	矫味剂、低分子助悬剂
羧甲基纤维素钠	0.75 g	高分子助悬剂
尼泊金乙酯溶液(5%)	0.5 mL	防腐剂
蒸馏水	加至 50.0 mL	分散介质

（3）制备工艺：取蒸馏水约 20 mL，将羧甲基纤维素钠撒于液面，待充分溶胀后，搅匀制成胶浆。另将磺胺嘧啶在研钵中研细，并将单糖浆、羧甲基纤维素钠胶浆分次加入研钵与磺胺嘧啶研匀；再加入适量蒸馏水，随加随研磨，转移到量杯内，滴入尼泊金乙酯溶液，搅拌，最后加蒸馏水至全量。

（八）问答题

1. 答：（1）液体制剂的优点：①药物分散度大，吸收快，能较迅速发挥药效；②给药途径多，可以内服、外用；③易于分剂量，服用方便，特别适用于婴幼儿和老年患者；④易调整浓度，减少某些药物对胃肠道的刺激作用。

（2）缺点：①药物分散度大，易引起药物的化学降解，使药效降低甚至失效；②液体制剂体积大，携带、运输、贮存都不方便；③水性液体制剂容易霉变；④非均相液体制剂易出现物理不稳定问题。

（3）分类：①按分散系统分类：均相液体制剂，包括低分子溶液剂、高分子溶液剂；非均相液体制剂，包括溶胶剂、混悬剂、乳剂。②按给药途径分类：内服液体制剂；外用液体制剂，包括皮肤用液体制剂、五官科用液体制剂和直肠、阴道、尿道用液体制剂。

2. 答：增加药物溶解度的方法主要有：①将弱酸性或弱碱性药物制成可溶性盐，如苯巴比妥制成苯巴比妥钠等；②加入增溶剂，如肥皂可增加甲酚的溶解度；③加入助溶剂，如乙二胺对茶碱的助溶作用等；④选用潜溶剂，如氯霉素选用由水、乙醇、甘油组成的混合溶剂而使其溶解度增大等。

3. 答：Stoke's 公式：$V=\frac{2r^2(\rho_1-\rho_2)g}{9\eta}$。

延缓混悬微粒沉降速率的措施包括：

① 减小粒径 r，药物粉碎或微粉化；②增加分散介质的黏度 η，加入助悬剂；③减小微粒与分散介质之间的密度差（$\rho_1-\rho_2$），加入助悬剂。

4. 答：混悬剂的稳定剂包括润湿剂、助悬剂、絮凝剂与反絮凝剂。①疏水性药物配制混悬剂时，必须加入润湿剂，润湿剂可吸附于疏水微粒表面，增加其亲水性，产生较好的分散效果，如吐温类。②助悬剂能够增加混悬剂中分散介质的黏度，降低药物微粒的沉降速率；能够在微粒表面吸附形成机械性或电性保护膜，防止微粒间聚集或结晶的转型；有些助悬剂能够使混悬剂具有触变性。常用的助悬剂包括低分子助悬剂（如甘油）、高分子助悬剂（如 CMC-Na）、硅皂土和触变胶。③絮凝剂，混悬剂中加入适量的电解质（絮凝剂），使 ζ 电位降低一定程度，即微粒间排斥力稍低于吸引力，微粒形成疏松聚集体，经振摇又可恢复成均匀的混悬剂。④反絮凝剂，混悬剂中加入电解质（反絮凝剂）后，ζ 电位升高，阻碍微粒间的碰撞聚集。常用絮凝剂与反絮凝剂有：枸橼酸盐、枸橼酸氢盐、酒石酸盐、酒石酸氢盐、磷酸盐、一些氯化物（三氯化铝）等。

5. 答：乳化剂主要分为四类。①表面活性剂。分子中有较强的亲水亲油基，在乳滴周围形成单分子层乳化膜，常用的有：阴离子型表面活性剂如肥皂类、十二烷基硫酸钠、十六烷基硫酸钠等；非离子型表面活性剂如司盘类、吐温类。②亲水性高分子化合物。主要来自天然动植物及纤维素衍生物，种类多，亲水性强，一般为 O/W 型乳化剂，在乳滴周围形成多分子乳化膜，需加入防腐剂。如阿拉伯胶、西黄蓍胶、卵磷脂等。③固体粉末。一些能够被油水两相润湿的不溶性固体微粒，可聚集在两相界面形成膜，防止分散相液滴接触合并。常用品种有：水包油型如氢氧化铝、二氧化硅、皂土；油包水型如氢氧化钙、氢氧化锌、硬脂酸镁。④辅助乳化剂。本身乳化能力较弱，但能提高乳化黏度、增强乳化膜强度、防止乳滴合并等。如甲基纤维素、西黄蓍胶、海藻酸钠、单硬脂酸甘油酯等。

6. 答：乳剂存在的不稳定现象有分层、絮凝、转相、合并与破裂、酸败。

（1）分层：乳剂放置后出现分散相粒子上浮或下沉现象，称为分层，为可逆过程，振摇可恢复均匀分散。分层原因是乳剂的分散相与连续相存在密度差。减小分散相与分散介质的密度差、减小粒径、增加分散介质的黏度，都可以降低乳剂分层的速度。

（2）絮凝：乳剂中分散相的乳滴发生可逆的聚集现象称为絮凝。絮凝时仍保持乳滴及其乳化膜的完整性，但乳剂物理稳定性已降低，是乳剂破裂的前奏。产生絮凝的原因是电解质和离子型乳化剂的存在。解决方法：制备乳剂时不要加入电解质，选用非离子型乳化剂。

（3）转相：乳剂的类型发生转变的现象称为转相。转相通常是由外加物质使乳化剂性质改变而引起；此外，乳剂转相还受到相体积大小的影响。解决方法：避免加入乳化剂性质改变的物质。

（4）合并与破裂：乳剂中分散相液滴周围的乳化膜破坏导致液滴变大的过程称为合并。合并进一步发展使乳剂成为油、水两相的现象称为破裂。乳剂破裂后经振摇不能恢复到原来的状态，乳滴的大小不均一使乳剂聚集而合并，因此制备乳剂时应尽可能使乳滴大小均匀。另外，增加连续相的黏度也可降低乳滴合并的速度。乳化膜的牢固性是影响乳滴合并最重要的因素，在制备乳剂时可考虑选用混合乳化剂。

（5）酸败：乳剂受外界因素（光、热、空气中氧等）及微生物的作用，体系中油或乳化剂发生变质的现象称为酸败。可以通过加入抗氧剂、防腐剂以及采用适宜的包装和贮存条件等方法加以解决。

7. 答：常用的防腐剂及其特点如下：①苯甲酸与苯甲酸钠，其防腐作用依赖于未解离的分子，在 pH 4 以下作用较好，用量一般为 0.03%～0.1%。②对羟基苯甲酸酯类（尼泊金类），这是一类很有效的防腐剂，在酸性、中性溶液中均有效，在酸性溶液中作用较强，但在微碱性溶液中作用减弱。常用的有甲酯、乙酯、丙酯、丁酯四种，抗菌作用随烃基碳数增加而增强，溶解度随烃基碳数增加而减少。几种酯合并使用有协同作用。通常以乙酯和丙酯或丁酯合用最多，浓度均为0.01%～0.25%。聚山梨酯20、聚山梨酯60等能增加尼泊金类在水中的溶解度，但不能增大其抑菌作用。③山梨酸及其盐类，对真菌、酵母菌的抑制作用较好，常用浓度为0.05%～0.3%。本品起防腐作用的是未解离的分子，在pH值为4的水溶液中效果较好。④苯扎溴铵（新洁尔灭），作为防腐剂使用的浓度为0.02%～0.2%，多外用。⑤醋酸氯己定（醋酸洗必泰），广谱杀菌剂，使用浓度为0.02%～0.05%，多外用。⑥邻苯基苯酚，广谱杀菌剂，使用浓度为0.005%～0.2%，是较好的防腐剂，亦可用于水果蔬菜的防霉保鲜。⑦其他，如20%乙醇、30%以上的甘油、0.01%～0.05%桉叶油、0.05%薄荷油、0.01%桂皮油。

8. 答：以下情况考虑将药物制成混悬型液体制剂：①凡难溶性药物需制成液体制剂供临床使用；②药物的剂量超过了溶解度而不能制成溶液剂；③两种溶液混合时药物的溶解度降低而析出固体药物；④为使药物产生缓释作用。但是为了安全起见，毒剧药或者剂量小的药物，不应制成混悬剂。

第八章 固体制剂

一、本章学习要求

1. 掌握 固体制剂各种剂型的定义、分类、特点；各种剂型常用的制备方法、工艺和质量要求；粉体粒径、粉体密度、粉体流动性的相关知识；粉碎、混合、制粒、干燥、压片、包衣等固体制剂单元操作技术。

2. 熟悉 制备各种固体制剂常用的处方辅料、设备、操作流程及关键技术指标；可对生产中存在的问题进行分析。

3. 了解 粉体学性质对制剂处方设计的重要性；各种固体制剂的典型处方并学会对其进行分析。

二、学习导图

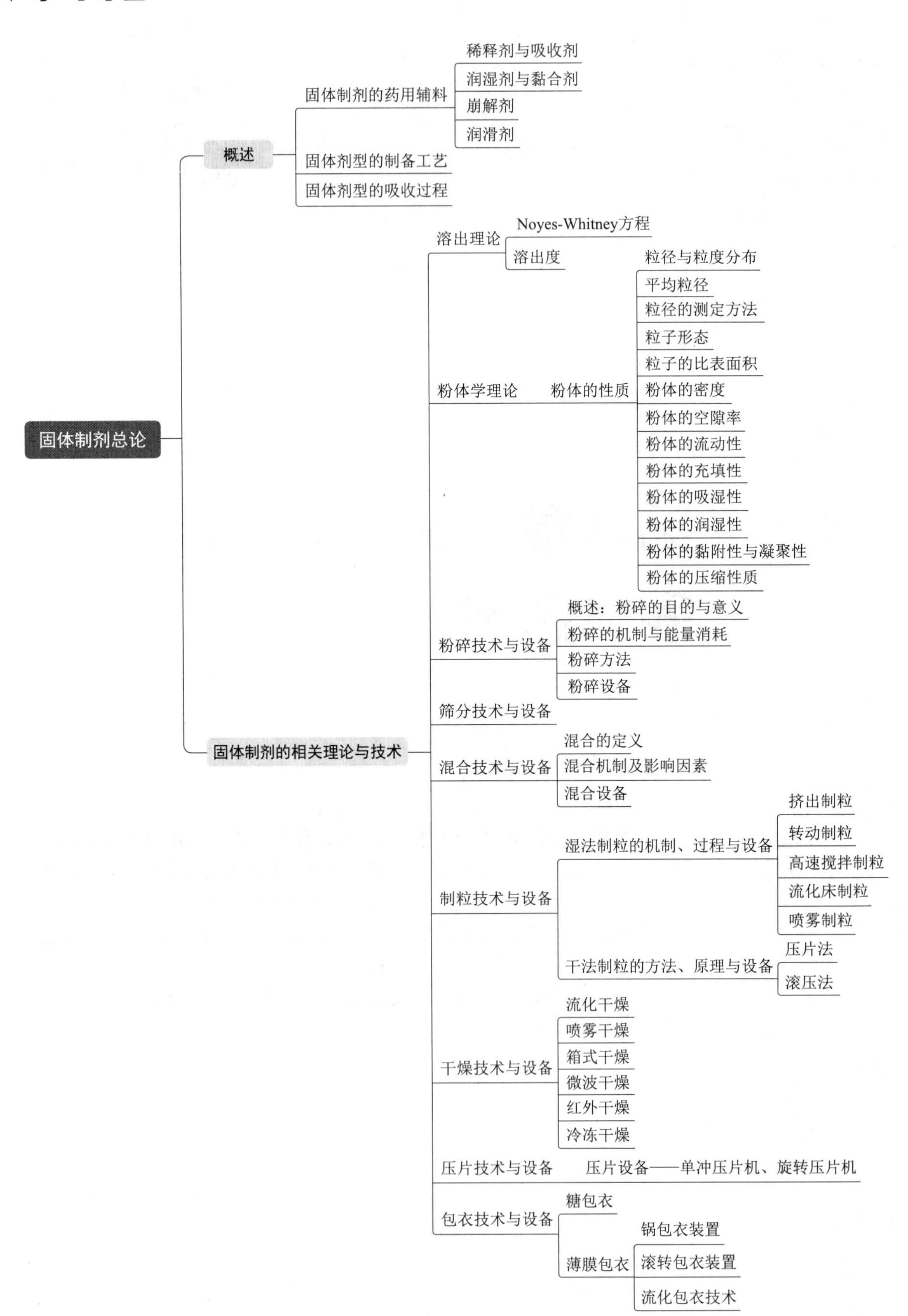

固体制剂总论
概述
固体制剂的药用辅料
稀释剂与吸收剂
润湿剂与黏合剂
崩解剂
润滑剂
固体剂型的制备工艺
固体剂型的吸收过程
固体制剂的相关理论与技术
溶出理论
Noyes-Whitney方程
溶出度
粉体学理论
粉体的性质
粒径与粒度分布
平均粒径
粒径的测定方法
粒子形态
粒子的比表面积
粉体的密度
粉体的空隙率
粉体的流动性
粉体的充填性
粉体的吸湿性
粉体的润湿性
粉体的黏附性与凝聚性
粉体的压缩性质
粉碎技术与设备
概述：粉碎的目的与意义
粉碎的机制与能量消耗
粉碎方法
粉碎设备
筛分技术与设备
混合技术与设备
混合的定义
混合机制及影响因素
混合设备
制粒技术与设备
湿法制粒的机制、过程与设备
挤出制粒
转动制粒
高速搅拌制粒
流化床制粒
喷雾制粒
干法制粒的方法、原理与设备
压片法
滚压法
干燥技术与设备
流化干燥
喷雾干燥
箱式干燥
微波干燥
红外干燥
冷冻干燥
压片技术与设备
压片设备——单冲压片机、旋转压片机
包衣技术与设备
糖包衣
薄膜包衣
锅包衣装置
滚转包衣装置
流化包衣技术

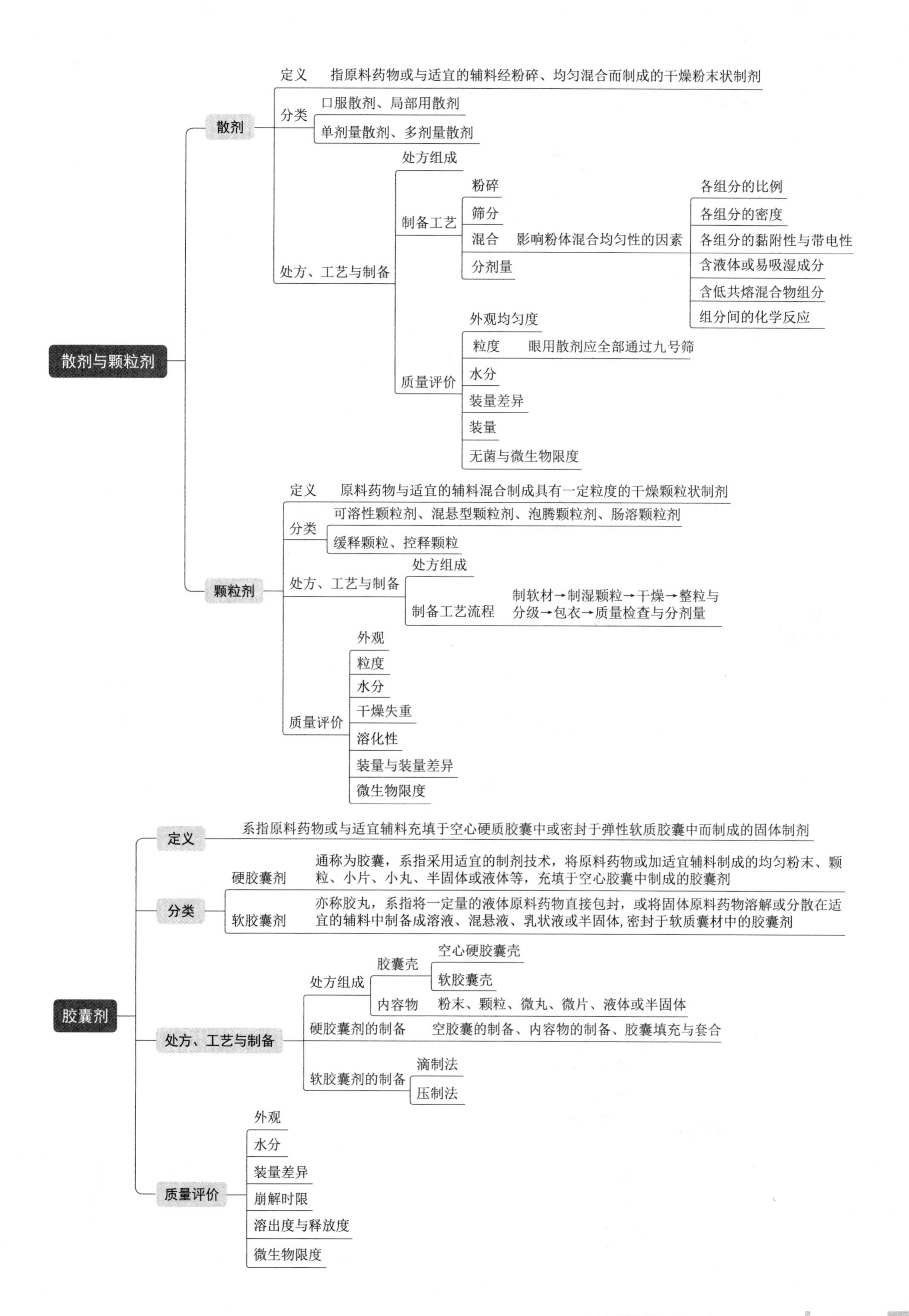
散剂与颗粒剂
散剂
定义　指原料药物或与适宜的辅料经粉碎、均匀混合而制成的干燥粉末状制剂
分类
口服散剂、局部用散剂
单剂量散剂、多剂量散剂
处方、工艺与制备
处方组成
制备工艺
粉碎
筛分
混合　影响粉体混合均匀性的因素
各组分的比例
各组分的密度
各组分的黏附性与带电性
含液体或易吸湿成分
含低共熔混合物组分
组分间的化学反应
分剂量
质量评价
外观均匀度
粒度　眼用散剂应全部通过九号筛
水分
装量差异
装量
无菌与微生物限度
颗粒剂
定义　原料药物与适宜的辅料混合制成具有一定粒度的干燥颗粒状制剂
分类
可溶性颗粒剂、混悬型颗粒剂、泡腾颗粒剂、肠溶颗粒剂
缓释颗粒、控释颗粒
处方、工艺与制备
处方组成
制备工艺流程　制软材→制湿颗粒→干燥→整粒与分级→包衣→质量检查与分剂量
质量评价
外观
粒度
水分
干燥失重
溶化性
装量与装量差异
微生物限度
胶囊剂
定义　系指原料药物或与适宜辅料充填于空心硬质胶囊中或密封于弹性软质胶囊中而制成的固体制剂
分类
硬胶囊剂　通称为胶囊，系指采用适宜的制剂技术，将原料药物或加适宜辅料制成的均匀粉末、颗粒、小片、小丸、半固体或液体等，充填于空心胶囊中制成的胶囊剂
软胶囊剂　亦称胶丸，系指将一定量的液体原料药物直接包封，或将固体原料药物溶解或分散在适宜的辅料中制备成溶液、混悬液、乳状液或半固体，密封于软质囊材中的胶囊剂
处方、工艺与制备
处方组成
胶囊壳
空心硬胶囊壳
软胶囊壳
内容物　粉末、颗粒、微丸、微片、液体或半固体
硬胶囊剂的制备　空胶囊的制备、内容物的制备、胶囊填充与套合
软胶囊剂的制备
滴制法
压制法
质量评价
外观
水分
装量差异
崩解时限
溶出度与释放度
微生物限度

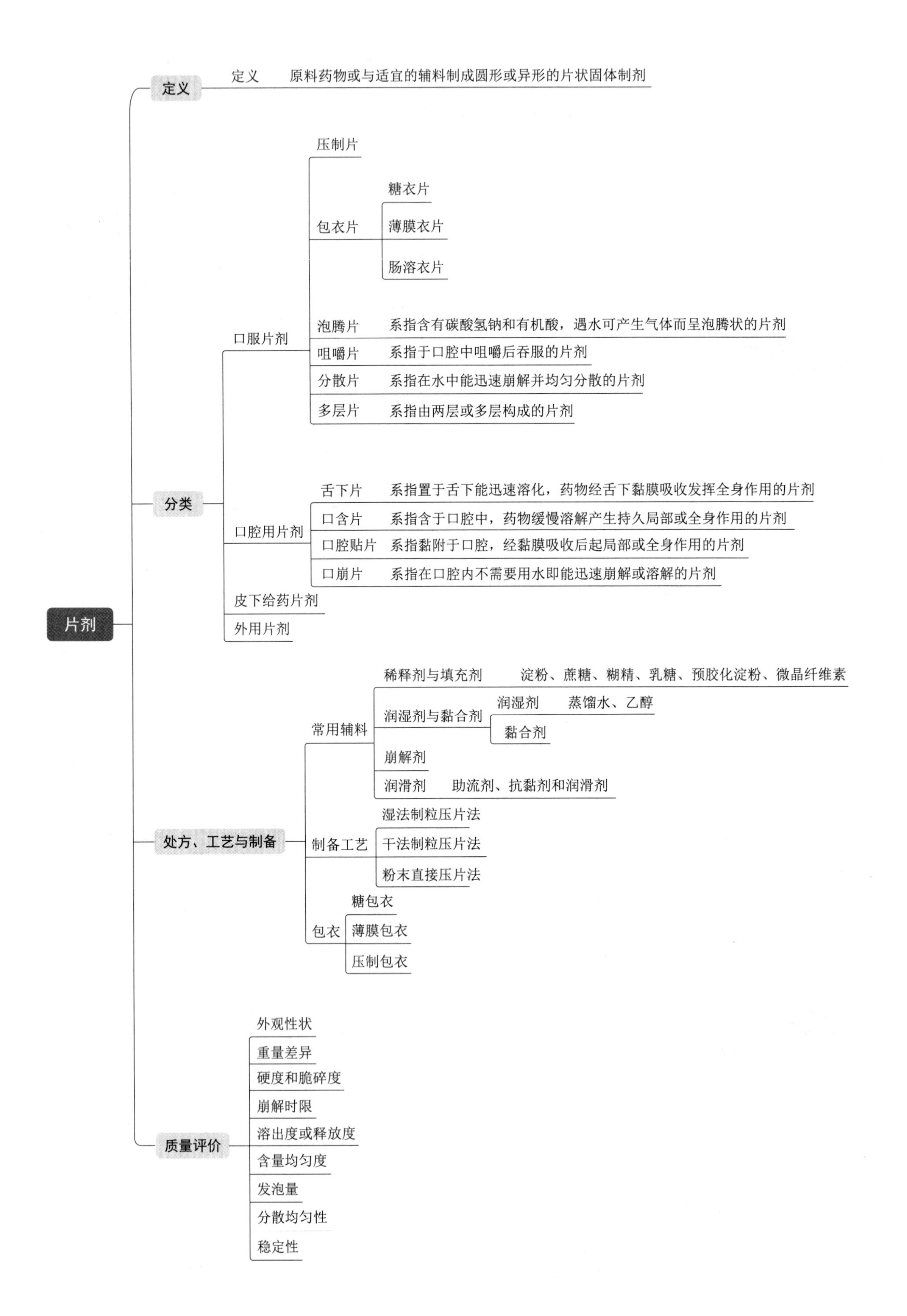
片剂
定义
定义
原料药物或与适宜的辅料制成圆形或异形的片状固体制剂
分类
口服片剂
压制片
包衣片
糖衣片
薄膜衣片
肠溶衣片
泡腾片
系指含有碳酸氢钠和有机酸，遇水可产生气体而呈泡腾状的片剂
咀嚼片
系指于口腔中咀嚼后吞服的片剂
分散片
系指在水中能迅速崩解并均匀分散的片剂
多层片
系指由两层或多层构成的片剂
口腔用片剂
舌下片
系指置于舌下能迅速溶化，药物经舌下黏膜吸收发挥全身作用的片剂
口含片
系指含于口腔中，药物缓慢溶解产生持久局部或全身作用的片剂
口腔贴片
系指黏附于口腔，经黏膜吸收后起局部或全身作用的片剂
口崩片
系指在口腔内不需要用水即能迅速崩解或溶解的片剂
皮下给药片剂
外用片剂
处方、工艺与制备
常用辅料
稀释剂与填充剂
淀粉、蔗糖、糊精、乳糖、预胶化淀粉、微晶纤维素
润湿剂与黏合剂
润湿剂
蒸馏水、乙醇
黏合剂
崩解剂
润滑剂
助流剂、抗黏剂和润滑剂
制备工艺
湿法制粒压片法
干法制粒压片法
粉末直接压片法
包衣
糖包衣
薄膜包衣
压制包衣
质量评价
外观性状
重量差异
硬度和脆碎度
崩解时限
溶出度或释放度
含量均匀度
发泡量
分散均匀性
稳定性

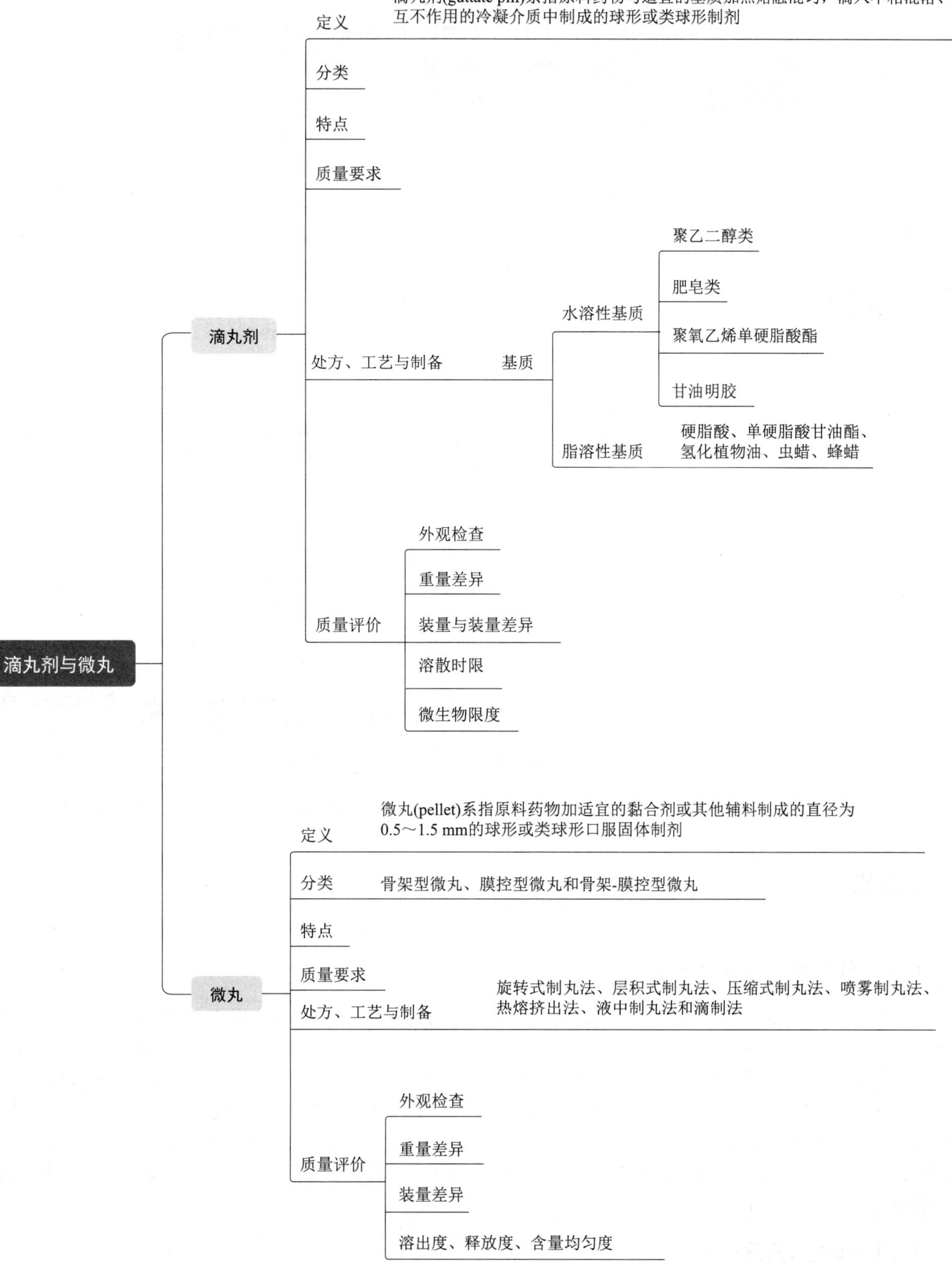
滴丸剂与微丸
滴丸剂
定义
滴丸剂(guttate pill)系指原料药物与适宜的基质加热熔融混匀，滴入不相混溶、互不作用的冷凝介质中制成的球形或类球形制剂
分类
特点
质量要求
处方、工艺与制备
基质
水溶性基质
聚乙二醇类
肥皂类
聚氧乙烯单硬脂酸酯
甘油明胶
脂溶性基质
硬脂酸、单硬脂酸甘油酯、氢化植物油、虫蜡、蜂蜡
质量评价
外观检查
重量差异
装量与装量差异
溶散时限
微生物限度
微丸
定义
微丸(pellet)系指原料药物加适宜的黏合剂或其他辅料制成的直径为0.5～1.5 mm的球形或类球形口服固体制剂
分类
骨架型微丸、膜控型微丸和骨架-膜控型微丸
特点
质量要求
处方、工艺与制备
旋转式制丸法、层积式制丸法、压缩式制丸法、喷雾制丸法、热熔挤出法、液中制丸法和滴制法
质量评价
外观检查
重量差异
装量差异
溶出度、释放度、含量均匀度

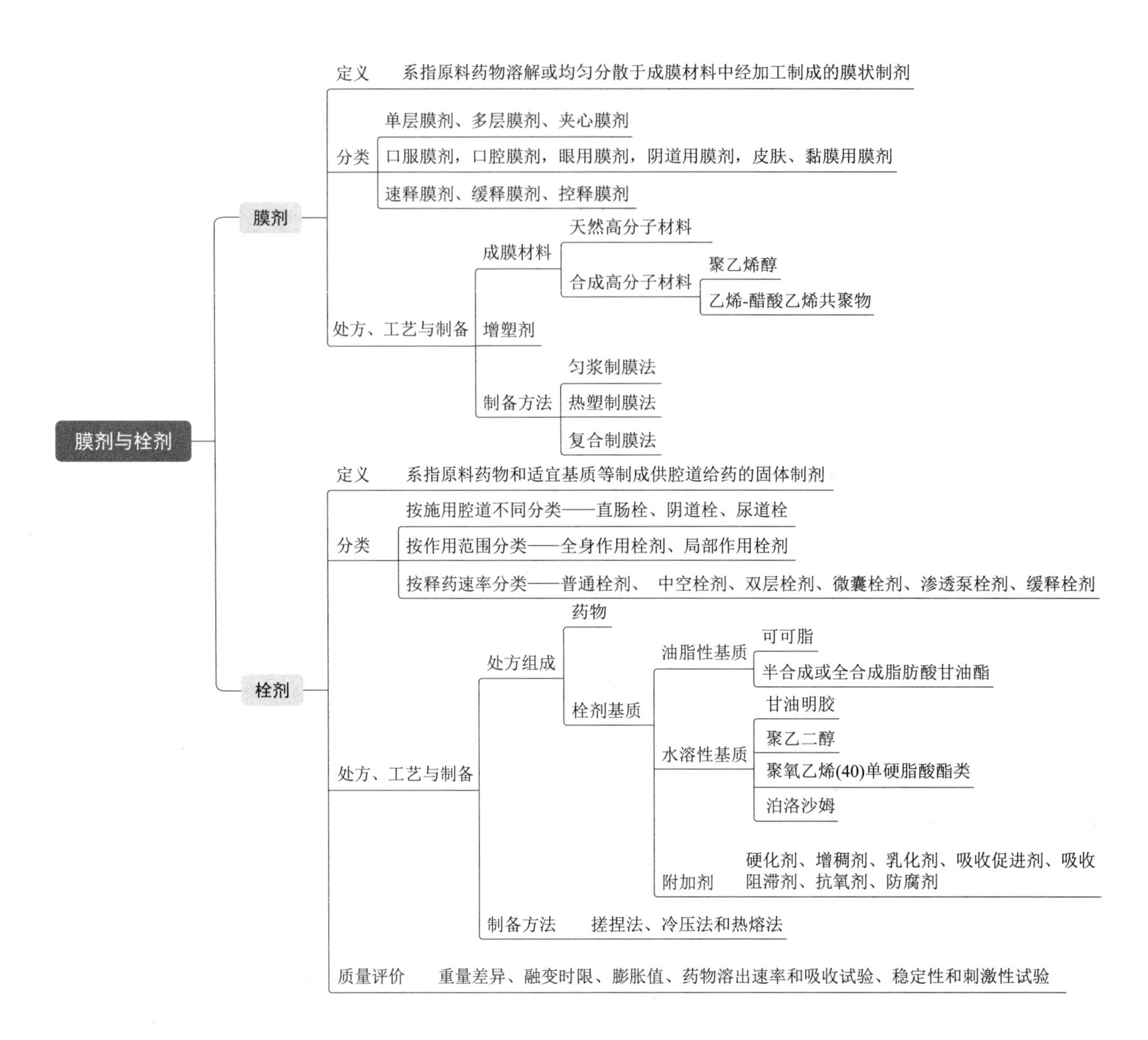

三、习题

（一）名词解释（中英文）

1. 散剂（powder）；2. 粉碎（crushing）；3. 药用辅料；4. 润湿剂；5. 润滑剂（lubricant）；6. 湿法制粒；7. 干法制粒；8. 干燥；9. diluent；10. disintegrant；11. sustained release tablet；12. 混合度；13. sublingual tablet；14. 混合；15. 筛分法；16. 黏合剂；17. 颗粒剂；18. 制软材；19. 胶囊剂（capsule）；20. 硬胶囊剂（hard capsule）；21. 软胶囊剂（soft capsule）；22. 缓释胶囊剂（sustained release capsule）；23. 控释胶囊剂（controlled release capsule）；24. 肠溶胶囊（gastro-resistant capsule）；25. 滴丸剂（dripping pill）；26. 膜剂（film）；27. 片剂；28. 润滑剂；29. 微丸；30. 栓剂；31. 休止角；32. 溶出度（dissolution）

（二）单项选择题

1. 某药物为有机酸类，有较强的不良气味，为掩盖其气味，可选择（　　）作为合理的包衣材料。
   A. EC　　B. HPMC　　C. 聚丙烯酸酯Ⅳ　　D. 丙烯酸树脂Ⅲ号

2. 有关片剂质量检查的说法，不正确的是（　　）。

A. 糖衣片、薄膜衣片应在包衣前检查片芯的重量差异，包衣后不再检查片重差异

B. 已规定检查含量均匀度的片剂，不必进行片重差异检查

C. 混合不均匀和可溶性成分的迁移是片剂含量均匀度不合格的主要原因

D. 片剂的硬度就是脆碎度

3.《中国药典》对片重差异检查有详细规定，下列叙述错误的是（　　）。

A. 取 20 片，精密称定片重并求得平均值

B. 片重小于 0.3 g 的片剂，重量差异限度为±7.5%

C. 片重大于或等于 0.3 g 的片剂，重量差异限度为±5%

D. 不得有 2 片超出限度 1 倍

4. 片剂辅料中的崩解剂是（　　）。

A. 乙基纤维素　　B. 羟丙甲纤维素　　C. 滑石粉　　D. 羧甲基淀粉钠

5. 片剂辅料中既可以作填充剂又可以作黏合剂与崩解剂的物质是（　　）。

A. 糊精　　B. 微晶纤维素　　C. 羧甲基纤维素钠　　D. 微粉硅胶

6. 片剂生产中制粒的主要目的是（　　）。

A. 减少细粉的飞扬　　B. 避免片剂的含量不均匀

C. 改善原辅料的可压性　　D. 使生产出的片剂硬度合格

7. 关于片剂等制剂的叙述错误的是（　　）。

A. 糖衣片应在包衣后检查片剂的重量差异

B. 栓剂应进行融变时限检查

C. 凡检查含量均匀度的制剂，不再检查重量差异

D. 凡检查溶出度的制剂，不再进行崩解时限检查

8. 舌下片应符合（　　）。

A. 按崩解时限检查法检查，应在 10 min 内全部融化

B. 按崩解时限检查法检查，应在 5 s 内全部融化

C. 所含药物应是易溶性的

D. 所含药物与辅料应是易溶性的

9. 关于咀嚼片的叙述，错误的是（　　）。

A. 硬度应小于普通片　　B. 不进行崩解时限检查

C. 一般仅在胃肠道中发挥局部作用　　D. 口感良好，较适于小儿服用

10. 处方中主要药物的剂量很小，片剂可以采用的制备工艺是（　　）。

A. 结晶压片法　　B. 干法制粒法　　C. 粉末直接压片　　D. 空白颗粒法

11. 属于药物制剂的化学稳定性变化是（　　）。

A. 片剂吸潮后主药水解　　B. 片剂溶出速率变慢

C. 片剂崩解变快　　D. 颗粒剂吸潮后结块

12. 水溶性基质制备的滴丸应选用的冷凝液是（　　）。

A. 水与乙醇的混合物　　B. 乙醇与甘油的混合物

C. 液状石蜡与乙醇的混合物　　D. 液状石蜡

13. “轻捏成团，轻压即散”是指片剂制备工艺中（　　）单元操作的标准。

A. 压片　　B. 粉末混合　　C. 制软材　　D. 包衣

14. 对敏感药物和无菌操作适用的是（　　）。

A. 常压箱式干燥器　　B. 流化床　　C. 喷雾干燥　　D. 红外干燥器

15. 湿法制粒压片工艺的目的是改善药物的（　　）。

A. 可压性和流动性　　B. 崩解性和溶出性　　C. 防潮性和稳定性　　D. 润滑性和抗黏性

16. 丙烯酸树脂Ⅲ号为药用辅料，在片剂中的主要用途为（　　）。

A. 胃溶包衣　　B. 肠胃均溶性包衣　　C. 肠溶包衣　　D. 糖衣

17. 下列各组辅料中，可以作为泡腾颗粒剂的发泡剂的是（　　）。

A. 聚乙烯吡咯烷酮-淀粉　　B. 碳酸氢钠-硬脂酸

C. 氢氧化钠-枸橼酸　　D. 碳酸氢钠-枸橼酸

18. 下列可作为肠溶衣材料的是（　　）。

A. 羟丙甲纤维素酞酸酯　　B. 醋酸纤维素酞酸酯，丙烯酸树脂 L 型

C. 聚维酮，羟丙甲纤维素　　D. 聚乙二醇，醋酸纤维素酞酸酯

19. 薄膜衣中加入增塑剂的机制是（　　）。

A. 提高衣层的柔韧性，增加其抗撞击的强度　　B. 降低膜材的晶型转变温度

C. 降低膜材的流动性　　D. 增加膜材的表观黏度

20. 不属于膜剂特点的是（　　）。

A. 药物含量欠准确　　B. 不适合多途径给药

C. 生产工艺复杂　　D. 载药量小，适用于小剂量药物

21. 某一中药浸膏片剂具有强烈的吸湿性，（　　）可作为合理的包衣材料。

A. 虫胶　　B. HPMC　　C. 丙烯酸树脂Ⅳ号　　D. 丙烯酸酯Ⅲ号

22. 微晶纤维素为常用片剂辅料，其缩写和用途为（　　）。

A. CMC，黏合剂　　B. CMS，崩解剂

C. CAP，肠溶包衣材料　　D. MCC，干燥黏合剂

23. 复方乙酰水杨酸片中不适合添加的辅料为（　　）。

A. 淀粉浆　　B. 滑石粉　　C. 淀粉　　D. 硬脂酸镁

24. 单冲压片机的片重调节器可调节（　　）。

A. 下冲在膜孔中下降深度　　B. 下冲上升的高度

C. 上冲下降的高度　　D. 上冲上升高度

25. 可以一台设备实现混合、制粒、干燥工艺的是（　　）。

A. 挤出造粒　　B. 干法造粒　　C. 流化造粒　　D. 摇摆制粒

26. 压片压力过大，黏合剂过量，疏水性润滑剂用量过多均可能造成的片剂质量问题是（　　）。

A. 裂片　　B. 松片　　C. 崩解迟缓　　D. 黏冲

27. 关于片剂中药物的溶出，下列说法错误的是（　　）。

A. 亲水性辅料促进药物的溶出

B. 药物被辅料吸附则阻碍药物溶出

C. 硬脂酸镁作为片剂润滑剂用量过多则阻碍药物的溶出

D. 溶剂分散法促进药物的溶出

28. 可以用作泡腾片中泡腾剂的是（　　）。

A. 氢氧化钠-酒石酸　　B. 碳酸氢钠-硬脂酸

C. 氢氧化钠-枸橼酸　　D. 碳酸氢钠-枸橼酸

29. 某一中药浸膏片剂具有强烈的苦味，但无吸湿性，可选择（　　）作为合理的包衣材料。

A. 虫胶　　B. HPMC　　C. 丙烯酸树脂Ⅱ号　　D. 丙烯酸树脂Ⅲ号

30. 薄膜包衣液中加入蓖麻油作为（　　）。

A. 增塑剂　　B. 致孔剂　　C. 助悬剂　　D. 乳化剂

31. 下列材料包衣后，片剂可以在胃中崩解的是（　　）。

A. 羟丙甲纤维素　　B. 虫胶

C. 邻苯二甲酸羟丙基纤维素　　D. 丙烯酸树脂

32. 关于湿法制粒压片制备乙酰水杨酸片的工艺，下列说法错误的是（　　）。

A. 黏合剂中应加入乙酰水杨酸 1% 量的酒石酸　　B. 颗粒的干燥温度应在 50 ℃左右

C. 可使用硬脂酸镁为润滑剂　　D. 可选尼龙筛网制粒

33. 下列全部为片剂中常用的崩解剂的是（　　）。

A. 淀粉、L-HPC、CMC-Na　　B. HPMC、PVP、L-HPC

C. 交联 PVP、HPC、CMC-Na　　D. CC-Na、交联 PVP、CMS-Na

34. 要求药物与辅料均易溶的片剂为（　　）。

A. 泡腾片　　B. 含片　　C. 舌下片　　D. 肠溶片

35. 可以避免药物首过效应的为（　　）。

A. 泡腾片　　B. 含片　　C. 舌下片　　D. 肠溶片

36. 某片剂标示量为 200 mg，测得其中主药含量 50%，则每片片剂重为（　　）。

A. 500 mg　　B. 400 mg　　C. 350 mg　　D. 300 mg

37. 在一定空气条件下干燥时物料中除不去的水分是（　　）。

A. 平衡水分　　B. 自由水分　　C. 结合水分　　D. 非结合水分

38. 关于干法制粒的表述错误的是（　　）。

A. 干法制粒是把药物颗粒粉末直接压缩成较大的片状物后再粉碎成所需大小颗粒

B. 该法靠压缩力的作用使颗粒间产生结合力

C. 干法制粒有重压法和滚压法

D. 该法无需黏合剂，用该法制粒时不会引起药物晶型改变及药物活性降低

39. 片剂包糖衣工序的先后顺序是（　　）。

A. 隔离层、粉衣层、糖衣层、有色糖衣层　　B. 隔离层、糖衣层、粉衣层、有色糖衣层

C. 粉衣层、隔离层、糖衣层、有色糖衣层　　D. 粉衣层、糖衣层、隔离层、有色糖衣层

40. 下列关于制粒叙述错误的是（　　）。

A. 制粒是把粉末、熔融液、水溶液等状态的物料加工制成一定性质与大小的粒状物的操作

B. 湿法制粒是指以水为湿润剂制备颗粒

C. 传统的摇摆式颗粒机属于挤压制粒

D. 流化床制粒又称一步制粒

41. 在片剂处方中加适量的微粉硅胶，其作用是（　　）。

A. 填充剂　　B. 干燥黏合剂　　C. 崩解剂　　D. 助流剂

42. 下列不是肠溶衣材料的是（　　）。

A. 羟丙甲纤维素酞酸酯　　B. 醋酸纤维素酞酸酯

C. 聚维酮　　D. 丙烯酸树脂 L-100

43. 对热敏感药物和无菌操作适用的是（　　）。

A. 常压箱式干燥器　　B. 流化干燥器　　C. 冷冻干燥　　D. 红外干燥器

44. 以产气作用为崩解机制的片剂崩解剂为（　　）。

A. 干淀粉＋乳糖　　B. 甲基纤维素＋明胶

C. 羧甲基淀粉钠　　D. 酒石酸＋碳酸氢钠

45. 丙烯酸树脂Ⅳ号为药用辅料，在片剂中的主要用途为（　　）。

A. 胃肠包衣　　B. 肠胃均溶性包衣　　C. 肠溶包衣　　D. 糖衣

46. 下列不做崩解度时限检查的为（　　）。

A. 薄膜衣片　　B. 舌下片　　C. 咀嚼片　　D. 中药片

47. 下列关于制粒的描述，不准确的是（　　）。

A. 制粒的主要目的是改善流动性，防止各成分的离析，阻止粉尘飞扬

B. 在湿法制粒中，随着液体量的增加，物料分别经过以下状态：悬摆状—索带状—毛细管状—泥浆状

C. 流化床制粒可使混合、制粒、干燥在同一台设备中进行

D. 喷雾制粒速度虽快，但所制得的粒子流动性差，不易分散

48. 湿法制粒压片工艺的目的不是改善药物的（　　）。

A. 可压性和流动性　　B. 堆密度

C. 防潮性和稳定性　　D. 各混合成分的离析

49. 丙烯酸树脂Ⅱ号为药用辅料，在片剂中的主要用途为（　　）。

A. 胃溶包衣　　B. 肠胃均溶性包衣　　C. 肠溶包衣　　D. 糖衣

50. 下列剂型在体内不需要经过溶解过程的是（　　）。

A. 片剂　　B. 颗粒剂　　C. 混悬剂　　D. 溶液剂

51. 一般散剂中药物，除另有规定外，均应粉碎后通过的筛号是（　　）。

A. 五号筛　　B. 六号筛　　C. 七号筛　　D. 九号筛

52. 儿科或外科用散剂均应通过的筛号是（　　）。

A. 五号筛　　B. 六号筛　　C. 七号筛　　D. 九号筛

53. 眼用散剂应全部通过的筛号是（　　）。

A. 五号筛　　B. 六号筛　　C. 七号筛　　D. 九号筛

54. 散剂制备的一般工艺流程是（　　）。

A. 物料前处理→筛分→粉碎→混合→分剂量→质量检查→包装储存

B. 物料前处理→粉碎→筛分→混合→分剂量→质量检查→包装储存

C. 物料前处理→混合→筛分→粉碎→分剂量→质量检查→包装储存

D. 物料前处理→粉碎→筛分→分剂量→混合→质量检查→包装储存

55. 不属于胶囊剂质量检查项目的是（　　）。

A. 外观　　B. 装量差异　　C. 崩解时限　　D. 澄明度

56. 下列关于胶囊概念的叙述正确的是（　　）。

A. 系指药物充填于空心硬质胶囊壳中制成的固体制剂

B. 系指药物充填于弹性软质囊壳中而制成的固体制剂

C. 系指药物充填于空心硬质胶囊壳或密封于弹性软质囊壳中而制成的固体或半固体制剂

D. 系指药物或药物与辅料的混合物充填于空心硬质胶囊壳或密封于弹性软质囊壳中的固体制剂

57. 下列关于胶囊剂囊材的叙述正确的是（　　）。

A. 硬、软囊壳的材料都是由明胶、甘油、水以及其他的药用材料组成，其比例、制备方法相同

B. 硬、软囊壳的材料都是由明胶、甘油、水以及其他的药用材料组成，其比例、制备方法不相同

C. 硬、软囊壳的材料都是由明胶、甘油、水以及其他的药用材料组成，其比例相同、制备方法不同

D. 硬、软囊壳的材料都是由明胶、甘油、水以及其他的药用材料组成，其比例不同、制备方法相同

58. 制备空胶囊时加入甘油，其作用是（　　）。

A. 形成材料　　B. 增塑剂　　C. 胶冻剂　　D. 溶剂

59. 制备空胶囊时加入明胶，其作用是（　　）。

A. 形成材料　　B. 增塑剂　　C. 增稠剂　　D. 保湿剂

60. 制备空胶囊时加入琼脂，其作用是（　　）。

A. 形成材料　　B. 增塑剂　　C. 增稠剂　　D. 遮光剂

61. 下列（　　）药物适合制成胶囊剂。

A. 易风化的药物　　B. 吸湿性的药物

C. 药物的稀乙醇溶液　　D. 具有臭味的药物

62. 空胶囊系由囊体和囊帽组成，其主要制备流程是（　　）。

A. 溶胶→蘸胶（制坯）→拔壳→干燥→切割→整理

B. 溶胶→蘸胶（制坯）→干燥→拔壳→切割→整理

C. 溶胶→干燥→蘸胶（制坯）→拔壳→切割→整理

D. 溶胶→拔壳→干燥→蘸胶（制坯）→切割→整理

63. 可作为硬、软胶囊囊心物的是（　　）。

A. 油类药物　　B. 小丸　　C. 颗粒　　D. 粉末

64. 不易制成软胶囊的药物是（　　）。

A. 维生素E油
B. 维生素AD乳状液
C. 牡荆油
D. 复合维生素油悬浊液

65. 滴丸的水溶性基质不包括（　　）。
A. PEG类　B. 肥皂类　C. 甘油明胶　D. 十八醇

66. 滴丸的脂溶性基质不包括（　　）。
A. 羊毛脂　B. 硬脂酸　C. 虫蜡　D. 单硬脂酸甘油酯

67. 水溶性基质制备的滴丸应选用的冷凝液是（　　）。
A. 水与乙醇的混合物
B. 乙醇与甘油的混合物
C. 液状石蜡与乙醇的混合物
D. 液状石蜡

68. 下列关于滴丸剂的概念叙述正确的是（　　）。
A. 系指固体或液体药物与适当物质加热熔化混匀后，滴入不相混溶的冷凝液中，收缩冷凝而制成的小丸状制剂
B. 系指液体药物与适当物质溶解混匀后，滴入不相混溶的冷凝液中，收缩冷凝而制成的小丸状制剂
C. 系指固体或液体药物与适当物质加热熔化混匀后，混溶于冷凝液中，收缩冷凝而制成的小丸状制剂
D. 系指固体或液体药物与适当物质加热熔化混匀后，滴入溶剂中，收缩而制成的小丸状制剂

69. 从滴丸剂组成、制法看，下列哪项不是其特点（　　）。
A. 设备简单、操作方便、利于劳动保护，工艺周期短、生产率高
B. 工艺条件不易控制
C. 基质容纳液态药物量大，故可使液态药物固化
D. 用固体分散技术制备的滴丸具有吸收迅速、生物利用度高的特点

70. 滴丸剂的制备工艺流程一般为（　　）。
A. 药物＋基质→混悬或熔融→滴制→冷却→洗丸→干燥→选丸
B. 药物＋基质→混悬或熔融→滴制→冷却→洗丸→选丸→干燥
C. 药物＋基质→混悬或熔融→滴制→冷却→干燥→洗丸→选丸
D. 药物＋基质→混悬或熔融→滴制→洗丸→选丸→冷却→干燥

71. 将灰黄霉素制成滴丸剂的目的在于（　　）。
A. 增加溶出速率　B. 增加亲水性　C. 减少对胃的刺激　D. 增加崩解

72. 不宜作为膜剂成膜材料的是（　　）。
A. 明胶　B. 琼脂　C. 聚乙烯醇　D. CAP

73. 下列关于膜剂的概念叙述错误的是（　　）。
A. 膜剂系指药物溶解或均匀分散于成膜材料中加工成的薄膜制剂
B. 根据膜剂的结构类型分类，有单膜层、多膜层（复合）与夹心膜等
C. 膜剂成膜材料用量小，含量准确
D. 载药量大，适合于大剂量的药物

74. 下列关于膜剂特点叙述错误的是（　　）。
A. 没有粉末飞扬　B. 含量准确　C. 稳定性差　D. 吸收起效快

75. 甘油在软胶囊材料中的主要作用是（　　）
A. 黏合剂　B. 增加胶的凝结力　C. 增塑剂　D. 保湿剂

76. 关于膜剂错误的表述是（　　）。
A. 膜剂系指药物溶解或分散于成膜材料中加工成的薄膜制剂
B. 膜剂的优点是成膜材料用量少、含量准确
C. 常用的成膜材料是聚乙烯醇（PVA）
D. 可用冷压法和热熔法制备

77. 有一热敏性物料可选择（　　）作为粉碎器械。

A. 球磨机　B. 锤击式粉碎机　C. 冲击式粉碎机　D. 气流粉碎机

78. 干燥是利用热能使湿物料中的水分除去，其目的是（　　）。

A. 增加疗效　B. 提高稳定性　C. 便于分离　D. 便于混合

79. 为避免首过效应，可将药物制成（　　）。

A. 咀嚼片　B. 口含片　C. 舌下片　D. 泡腾片

80. 传统的“水飞法”属于（　　）。

A. 混合粉碎　B. 湿法粉碎　C. 低温粉碎　D. 干法粉碎

81. 不影响热敏药物的干燥方法是（　　）。

A. 常压干燥　B. 喷雾干燥　C. 沸腾干燥　D. 烘箱干燥

82. 有关粉碎的表述不正确的是（　　）。

A. 粉碎是将大块物料破碎成较小颗粒或粉末的操作过程

B. 粉碎的主要目的是减小粒径，增加比表面积

C. 粉碎的意义在于有利于固体药物的溶解和吸收

D. 粉碎的意义在于有利于减小固体药物的密度

83. 泡腾颗粒剂遇水产生大量气泡，是由于颗粒剂中酸与碱发生反应，所放出的气体是（　　）。

A. 氢气　B. 二氧化碳　C. 氧气　D. 氮气

84. 片剂包衣时加隔离层的目的是（　　）。

A. 防止片芯受潮　B. 增加片剂硬度

C. 遮盖片剂原有的棱角　D. 加速片剂的崩解

85. 可用作肠溶衣料的高分子材料为（　　）。

A. CAP　B. PVA　C. CMC-Na　D. HPMC

86. 一般应制成倍散的是（　　）。

A. 含毒性药品散剂　B. 眼用散剂　C. 含液体成分散剂　D. 含共熔成分散剂

87. 关于舌下片的叙述，正确的是（　　）。

A. 起长效作用　B. 起速效作用

C. 可完全避免药物的首过效应　D. 起局部作用

88. 片剂制备过程中颗粒太潮可能会造成的问题是（　　）。

A. 松片　B. 裂片　C. 黏冲　D. 崩解时间超限

89. 微粉硅胶在片剂制备中作为辅料（　　）使用。

A. 润滑剂　B. 稀释剂　C. 崩解剂　D. 润湿剂

90. 包糖衣时，包粉衣层的主要材料是（　　）。

A. 糖浆和滑石粉　B. HPMC　C. CAP　D. 川蜡

91. 压片时出现裂片可能的主要原因是（　　）。

A. 颗粒含水量过大　B. 润滑剂不足　C. 颗粒中细粉太少　D. 黏合剂不当

92. 按崩解时限检查法检查，普通片剂应在（　　）内崩解。

A. 15 min　B. 30 min　C. 60 min　D. 20 min

93. 片剂制备过程中压力不够大可能会造成的问题是（　　）。

A. 松片　B. 裂片　C. 黏冲　D. 崩解时间超限

94. 可作片剂的肠溶衣物料的是（　　）。

A. 液体石蜡　B. 甘油明胶　C. 虫胶　D. 乙醇

95. 处方成分为磷酸钠、酒石酸、小苏打、枸橼酸，由它们所制备的颗粒剂为（　　）。

A. 水溶性颗粒剂　B. 混悬性颗粒剂　C. 泡腾性颗粒剂　D. 醇溶性颗粒剂

96. 不会影响混合效果的因素是（　　）。

A. 各组分的比例　B. 密度

C. 含有色素组分　D. 含有液体或吸湿性成分

97. 下述中（　　）不是影响粉体流动性的因素。

A. 粒子的大小及分布　B. 含湿量　C. 加入其他成分　D. 润湿剂

98. 对于密度不同的药物，在制备散剂时，最好的混合方法是（　　）。

A. 等量递加法　B. 将密度小的加到密度大的上面

C. 多次过筛　D. 将密度大的加到密度小的上面

99. 能够避免肝脏首过效应的剂型是（　　）。

A. 肠溶衣片　B. 软胶囊　C. 吸入型气雾剂　D. 糖浆剂

100. 制备胶囊时，明胶中加入甘油是为了（　　）。

A. 延缓明胶溶解　B. 减少明胶对药物的吸附

C. 防止腐败　D. 保持一定的水分防止脆裂

101. 湿法制粒压片工艺的目的是改善药物的（　　）。

A. 可压性和流动性　B. 崩解性和溶解性

C. 防潮性和稳定性　D. 润滑性和抗黏着性

102. 湿法制粒压片的工艺流程是（　　）。

A. 混合→粉碎→制软材→制粒→整粒→压片

B. 粉碎→制软材→干燥→整粒→混合→压片

C. 混合→过筛→制软材→制粒→整粒→压片

D. 粉碎→过筛→混合→制软材→制粒→干燥→整粒→压片

103. 用塑料制品作为药物的包装材料，其优点是（　　）。

A. 不透气性　B. 不透湿　C. 无吸着性　D. 可塑性好

104. 关于散剂的描述错误的是（　　）。

A. 散剂与液体制剂比较，散剂比较稳定

B. 堆密度不同的药粉混合时，将堆密度小者分次少量加入堆密度大者中研合

C. 两种比例相差悬殊组分混合时应采用等量递加混合法

D. 散剂一般较片剂吸收快，生物利用度高

105. 下列同时具有稀释剂、干燥黏合剂作用的辅料是（　　）。

A. 淀粉　糊精　B. 乳糖　磷酸氢钙

C. 微晶纤维素　糊精　D. CMC-Na　微粉硅胶

106. 制颗粒的目的不包括（　　）。

A. 改善物料的流动性　B. 避免粉尘飞扬

C. 减少物料与模孔间的摩擦力　D. 防止各混合成分的分层

107. 对片剂包衣的目的叙述错误的是（　　）。

A. 隔绝空气，增加稳定性　B. 掩盖不良气味

C. 加快崩解　D. 片剂美观易识别

108. 淀粉浆作为片剂黏合剂的浓度一般为（　　）。

A. 10%～20%　B. 3%～5%　C. 8%～15%　D. 5%～8%

109. 水飞法主要适用于（　　）。

A. 眼膏剂中药物粒子的粉碎

B. 密度较大、难溶于水而又要求特别细的药物的粉碎

C. 对低熔点或热敏感药物的粉碎

D. 混悬剂中药物粒子的粉碎

110. 流能磨主要适用于（　　）。

A. 易挥发、刺激性较强药物的粉碎

B. 密度较大、难溶于水而又要求特别细的药物的粉碎

C. 对低熔点或热敏感药物的粉碎

D. 混悬剂中药物粒子的粉碎

111. 某一贵重物料欲粉碎，可选择（　　）作为适合的粉碎设备。

A. 球磨机　　B. 万能粉碎机　　C. 气流式粉碎机　　D. 胶体磨

112. 密度不同的药物在制备散剂时，所采用的最佳混合方法是（　　）。
A. 等量递加法　　B. 多次过筛
C. 将轻者加在重者之上　　D. 将重者加在轻者之上

113. 某一物料欲无菌粉碎，可选择（　　）作为适合的粉碎设备。
A. 流能磨　　B. 万能粉碎机　　C. 球磨机　　D. 胶体磨

114. 常作为粉末直接压片时的助流剂的是（　　）。
A. 淀粉　　B. 糊精　　C. 甘露醇　　D. 微粉硅胶

115. 下列关于胶囊剂的叙述，不正确的是（　　）。
A. 吸收好，生物利用度高　　B. 可提高药物的稳定性
C. 可避免肝的首过效应　　D. 可掩盖药物的不良嗅味

116. 胶囊剂不需要检查的项目是（　　）。
A. 装量差异　　B. 崩解时限　　C. 硬度　　D. 水分

117. 《中国药典》规定软胶囊的崩解时限为（　　）。
A. 45 min　　B. 60 min　　C. 120 min　　D. 30 min

118. 下列宜制成软胶囊剂的是（　　）。
A. O/W 型乳剂　　B. 药物水溶液　　C. 鱼肝油　　D. 药物醇溶液

119. 药物制成以下剂型后，（　　）服用后起效最快。
A. 颗粒剂　　B. 散剂　　C. 胶囊剂　　D. 片剂

120. 关于软胶囊剂说法不正确的是（　　）。
A. 只可填充液体药物　　B. 有滴制法和压制法两种
C. 冷却液应有适宜的表面张力　　D. 冷却液应与囊材不相混溶

（三）多项选择题

1. 影响片剂成型的主要因素有（　　）。
A. 药物的可压性与药物的熔点　　B. 黏合剂用量的大小
C. 颗粒的流动性是否好　　D. 压片时压力的大小与加压的时间
E. 药物含量的高低

2. 关于片剂包衣的目的，正确的叙述是（　　）。
A. 增加药物的稳定性　　B. 减轻药物对胃肠道的刺激
C. 改变药物生物半衰期　　D. 避免药物的首过效应
E. 掩盖药物的不良气味

3. 口含片应符合（　　）要求。
A. 所含药物与辅料均应是可溶的　　B. 应在 30 min 内全部崩解
C. 所含药物应是易溶的　　D. 口含片的硬度可大于普通片
E. 药物在口腔内缓慢溶解吸收而发挥全身作用

4. 关于肠溶衣的叙述，正确的是（　　）。
A. 用 EC 包衣的片剂
B. 用 HPMC 包衣的片剂
C. 按崩解时限检查法检查，在 pH 值为 1 的盐酸溶液中 2 h 不应崩解
D. 可检查释放度来控制片剂质量
E. 必须检查含量均匀度

5. 关于分散片的表述正确的是（　　）。
A. 为能迅速崩解，均匀分散的片剂　　B. 应进行溶出度检查
C. 所含药物应是易溶的　　D. 应加入泡腾剂
E. 应检查分散均匀度

6. 下列片剂应进行含量均匀度检查的是（　　）。

A. 主药含量小于 10 mg　　B. 主药含量小于 5 mg

C. 主药含量小于 2 mg　　D. 主药含量小于每片片重的 5%

E. 主药含量小于每片片重的 10%

7. 有关控释片的表述正确的是（　　）。

A. 口服后，应缓慢恒速或接近恒速释放药物

B. 每 48 h 用药 1 次

C. 应检查释放度

D. 必须进行崩解时限检查

E. 进行一个时间点的释放度检查

8. 可不做崩解时限检查的片剂剂型是（　　）。

A. 控释片　B. 植入片　C. 咀嚼片　D. 肠溶衣片　E. 舌下片

9. 粉末制粒的目的是（　　）。

A. 改善物料的流动性　B. 改善物料的可压性　C. 防止各组分间的离析

D. 减少原料粉尘飞扬和损失　E. 有利于片剂的崩解

10. 微晶纤维素可用作（　　）。

A. 填充剂　B. 干燥黏合剂　C. 崩解剂　D. 包衣材料　E. 润湿剂

11. 片剂的质量要求有（　　）。

A. 含量准确，重量差异小　　B. 压制片中药物很稳定，故无保存期规定

C. 崩解时限或溶出度符合规定　　D. 色泽均匀，完整光洁，硬度符合标准

E. 片剂大部分经口服，不进行细菌学检查

12. 药物制剂的化学稳定性变化有（　　）。

A. 片剂吸潮后主药水解　B. 片剂溶出速率变慢　C. 片剂崩解变快

D. 片剂中有关物质增加　E. 维生素 C 片表面变黄

13. 下列说法正确的是（　　）。

A. 物料中的平衡水只与物料的性质有关

B. 物料的临界相对湿度只与物料的性质有关

C. 物料中自由水的多少与空气的相对湿度有关

D. 物料中的结合水的蒸气压等于同温下纯水的饱和蒸气压

E. 物料中的结合水是除不去的

14. 下列表述正确的是（　　）。

A. 传热过程中，环境温度应大于物料温度

B. 传质过程中，物料中水蒸气分压应小于环境水蒸气分压

C. 平衡水分与物料性质及空气状况有关，结合水仅与物料性质有关

D. 恒速干燥阶段，干燥速率取决于水分在物料表面汽化速率

E. 降速干燥阶段，干燥速率取决于水分在物料表面汽化速率

15. 在片剂处方中，兼有稀释和崩解性能的辅料为（　　）。

A. 硬脂酸镁　B. 滑石粉　C. 可压性淀粉　D. 微晶纤维素　E. 淀粉

16. 粉末直接压片可以选用的辅料有（　　）。

A. 干淀粉　B. 微晶纤维素　C. 预胶化淀粉

D. 糊精　E. 喷雾干燥乳糖

17. 分散片的质检项目包括（　　）。

A. 崩解度　B. 溶出度　C. 发泡量

D. 释放度　E. 分散均匀性

18. 可以不做崩解时限检查的有（　　）。

A. 控释片　B. 含片　C. 咀嚼片　D. 缓释骨架片　E. 舌下片

19. 固体制剂包括（　　）。

A. 散剂　　B. 胶囊剂　　C. 混悬剂　　D. 片剂　　E. 颗粒剂

20. 下列剂型口服后需要首先经过崩解过程才能溶出进入血液循环的有（　　）。

A. 散剂　　B. 胶囊剂　　C. 混悬剂　　D. 片剂　　E. 溶液剂

21. 采用以下哪些措施可改善固体制剂的溶出速率（　　）。

A. 增大溶解速率常数　　B. 增大药物溶出面积　　C. 增大药物粒子半径

D. 提高药物溶解度　　E. 减小溶解速率常数

22. 有关散剂特点的叙述正确的是（　　）。

A. 外用散剂覆盖面积大，可以同时发挥保护和收敛等作用

B. 粉碎程度大，比表面积大，较其他固体制剂更稳定

C. 制备工艺简单，剂量易于控制，便于婴幼儿服用

D. 储存、运输、携带比较方便

E. 散剂粉末颗粒的粒径小，比表面积大，易于分散，起效快

23. 散剂制备中，为使混合均匀所采取的一般原则是（　　）。

A. 等比混合易混匀

B. 组分数量差异大者，采用等量递加混合法

C. 组分堆密度差异大时，堆密度小者先放入混合容器中

D. 含低共熔成分时，应避免共熔

E. 药粉外形相近者易于混匀

24. 混合的机制包括（　　）。

A. 扩散混合　　B. 搅拌混合　　C. 对流混合　　D. 剪切混合　　E. 过筛混合

25. 在散剂制备中，常用的混合方法有（　　）。

A. 研磨混合　　B. 扩散混合　　C. 搅拌混合　　D. 过筛混合　　E. 紊乱混合

26. 制备散剂时，影响混合的因素有（　　）。

A. 各组分的混合比例　　B. 各组分的密度与粒度　　C. 各组分的黏附性与带电性

D. 含液体或易吸湿成分的混合　E. 形成低共熔混合物

27. 气流粉碎机的粉碎特点有（　　）。

A. 可进行粒度要求为 3～20 μm 超微粉碎

B. 由于高压空气从喷嘴喷出时产生焦耳-汤姆逊冷却效应，可适用于热敏性物料和低熔点物料的粉碎

C. 设备简单，易于对机器及压缩空气进行无菌处理，可用于无菌粉末的粉碎

D. 和其他粉碎机相比，粉碎费用较高

E. 粉碎作用力为压缩和剪切

28. 下列说法正确的是（　　）。

A. 颗粒剂成品应干燥，颗粒均匀，色泽一致，无吸潮、软化、结块等现象

B. 在质量要求中，除另有规定外，颗粒剂的含水量不得超过 6.0%

C. 粒度方面，要求颗粒剂在规定量下检查，不能通过一号筛和能通过五号筛的颗粒和粉末的总和不得超过 10.0%

D. 单剂量包装的颗粒剂应该做装量差异检查，凡规定检查含量均匀度的颗粒剂，不进行装量差异检查

E. 以湿法混合制粒所制备的颗粒剂最好

29. 根据囊壳的差别，通常将胶囊剂分为（　　）。

A. 硬胶囊　　B. 软胶囊　　C. 肠溶胶囊　　D. 缓释胶囊　　E. 控释胶囊

30. 胶囊剂的特点有（　　）。

A. 能掩盖药物不良嗅味，提高稳定性　　B. 可弥补其他固体剂型的不足

C. 液态药物的固体剂型化　　D. 可延缓药物的释放和定位释药

E. 生产自动化程度较片剂高，成本低

31. 下列一般不宜制成胶囊剂的药物有（　　）。

A. 药物是水溶液　B. 药物是油溶液　C. 药物是稀乙醇溶液

D. 风化性药物　E. 吸湿性很强的药物

32. 下列（　　）是空胶囊制备时常加入的物料。

A. 明胶　B. 增塑剂　C. 增稠剂　D. 防腐剂　E. 润湿剂

33. 下列关于胶囊剂的叙述正确的是（　　）。

A. 空胶囊共有 8 种规格，但常用的为 0～5 号

B. 空胶囊随着号数由小到大，容积由小到大

C. 若纯药物粉碎至适宜粒度就能满足硬胶囊剂的填充要求，即可直接填充

D. 一般是根据药物的填充量选择空胶囊的规格

E. 使用锁口式胶囊壳，密闭性良好，可以不必封口

34. 下列关于软胶囊剂的叙述正确的是（　　）。

A. 软胶囊的囊壁是由明胶、增塑剂、水三者所构成的

B. 软胶囊的囊壁具有可塑性与弹性

C. 对蛋白质性质无影响的药物和附加剂均可填充于软胶囊中

D. 可填充各种油类和液体药物、药物溶液、混悬液，少数为固体物

E. 液体药物若含水 5%或为水溶性、挥发性、小分子有机物均可制成软胶囊

35. 软胶囊剂的制备方法常用（　　）。

A. 滴制法　B. 熔融法　C. 压制法　D. 乳化法　E. 塑形法

36. 胶囊剂的质量要求有（　　）。

A. 外观　B. 水分　C. 装量差异　D. 硬度　E. 崩解时限

37. 滴丸剂所具有的特点有（　　）。

A. 设备简单、操作方便、利于劳动保护，工艺周期短、生产率高

B. 工艺条件易于控制

C. 基质容纳液态药物量大，故可使液态药物固体化

D. 用固体分散技术制备的滴丸具有吸收迅速、生物利用度高的特点

E. 发展了耳、眼科用药的新剂型

38. 滴丸剂的常用基质有（　　）。

A. PEG 类　B. 肥皂类　C. 甘油明胶　D. 硬脂酸　E. 硬脂酸钠

39. 水溶性基质制备的滴丸应选用的冷凝液是（　　）。

A. 水与乙醇的混合物　B. 乙醇与甘油的混合物　C. 二甲基硅油

D. 煤油与乙醇的混合物　E. 液状石蜡

40. 保证滴丸圆整成形、丸重差异合格的关键是（　　）。

A. 适宜基质　B. 合适的滴管内外口径　C. 即时冷却

D. 滴制过程保持恒温　E. 滴制液液压恒定

41. 滴丸剂的质量要求有（　　）。

A. 外观　B. 水分　C. 重量差异　D. 崩解时限　E. 溶散时限

42. 膜剂可供（　　）给药途径使用。

A. 口服　B. 口含　C. 皮肤及黏膜　D. 眼结膜囊内　E. 阴道内

43. 理想的成膜材料应具备（　　）。

A. 生理惰性，无毒、无刺激　B. 性能稳定，不干扰含量测定

C. 外用崩解迅速　D. 成膜、脱膜性能好

E. 口服、腔道、眼用膜应具水溶性，能降解、吸收或排泄

44. 膜剂常用的成膜性能较好的材料有（　　）。

A. 明胶　B. 琼脂　C. PVA　D. EVA　E. 阿拉伯胶

45. 膜剂可采用的制备方法有（　　）。
A. 匀浆制膜　B. 热塑制膜　C. 复合制膜　D. 热熔制膜　E. 冷压制膜
46. 崩解剂的加入方法有（　　）。
A. 内加法　B. 外加法　C. 内外加法　D. 混合加入法　E. 过筛加入法
47. 下面关于片剂的描述正确的是（　　）。
A. 一般外加崩解剂的片剂较内加崩解剂崩解速率快，而内外加法制得的片剂的溶出速率较外加法快
B. 制粒的目的主要是改善物料流动性、可压性等
C. 羧甲基淀粉钠是优良的片剂崩解剂
D. 糖衣片制备时常用蔗糖作为包衣材料，但粉衣层的主要材料为淀粉
E. 薄膜衣包衣时除成膜材料外，尚需加入增塑剂
48. 下列哪组中全部为片剂中常用的填充剂（　　）。
A. 淀粉，糖粉，微晶纤维素
B. 淀粉，羧甲基淀粉钠，羟丙甲纤维素
C. 低取代羟丙基纤维素，糖粉，糊精
D. 淀粉，糖粉，糊精
E. 硫酸钙，微晶纤维素，乳糖
49. 为解决裂片问题，可采用的方法有（　　）。
A. 换用弹性小、塑性大的辅料　B. 颗粒充分干燥
C. 减少颗粒中细粉　D. 加入黏性较强的黏合剂
E. 延长加压时间
50. 可作片剂助流剂的是（　　）。
A. 滑石粉　B. 聚维酮　C. 糖粉　D. 硬脂酸镁　E. 微粉硅胶

(四) 配对选择题

【1～5】
A. 分散片　B. 舌下片　C. 口含片　D. 缓释片　E. 控释片
1. 含在口腔内缓缓溶解而发挥治疗作用的片剂是（　　）。
2. 置于舌下或颊腔，药物通过口腔黏膜吸收的片剂是（　　）。
3. 遇水迅速崩解并分散均匀的片剂是（　　）。
4. 能够延长药物作用时间的片剂是（　　）。
5. 能够控制药物释放速率的片剂是（　　）。
【6～10】
A. 硫酸钙　B. 羧甲基淀粉钠　C. 苯甲酸钠　D. 滑石粉　E. 淀粉浆
6. 可作为填充剂的是（　　）。
7. 可作为黏合剂的是（　　）。
8. 可作为崩解剂的是（　　）。
9. 可作为润滑剂的是（　　）。
10. 可作为助流剂的是（　　）。
【11～15】
A. 裂片　B. 松片　C. 黏冲　D. 崩解迟缓　E. 片重差异大
11. 疏水性润滑剂用量过大，会导致（　　）。
12. 压力不够，会导致（　　）。
13. 颗粒流动性不好，会导致（　　）。
14. 压力分布不均匀，会导致（　　）。
15. 冲头表面锈蚀，会导致（　　）。

【16～20】

A. 3 min完全崩解　B. 15 min以内崩解　C. 30 min以内崩解　D. 60 min以内崩解
E. 在人工胃液中2 h不得有变化，人工肠液中1 h完全崩解

16. 普通压制片（　　）。
17. 分散片（　　）。
18. 糖衣片（　　）。
19. 肠溶衣片（　　）。
20. 薄膜衣片（　　）。

【21～25】

A. 药物组分　B. 填充剂　C. 黏合剂　D. 崩解剂　E. 润滑剂

关于硝酸甘油片的处方分析：

21. 硝酸甘油乙醇溶液作为（　　）。
22. 乳糖作为（　　）。
23. 糖粉作为（　　）。
24. 淀粉浆作为（　　）。
25. 硬脂酸镁作为（　　）。

【26～30】

A. 定向径　B. 休止角　C. 临界相对湿度　D. 接触角　E. 真密度

26. 衡量粉体的润湿性的是（　　）。
27. 衡量粉体粒子的大小的是（　　）。
28. 衡量粉体的吸湿性的是（　　）。
29. 衡量粉体流动性的是（　　）。
30. 衡量粉体的密度的是（　　）。

【31～35】

A. 增加流动性　B. 增加比表面积　C. 减少吸湿性　D. 增加润湿性，促进崩解
E. 增加稳定性，减少刺激性

31. 在低于CRH条件下制备，可（　　）。
32. 将粉末制成颗粒，可（　　）。
33. 降低粒度，可（　　）。
34. 增加粒度，可（　　）。
35. 增加空隙率，可（　　）。

【36～40】

A. capsule　B. gastro-resistant capsule　C. film　D. gelatine　E. dripping pill

36. 明胶的英文名称是（　　）。
37. 膜剂的英文名称是（　　）。
38. 胶囊剂的英文名称是（　　）。
39. 滴丸剂的英文名称是（　　）。
40. 肠溶胶囊的英文名称是（　　）。

【41～45】

A. 明胶　B. 甘油　C. 琼脂　D. 二氧化钛　E. 尼泊金

关于空胶囊的组成：

41. 用作囊材的是（　　）。
42. 用作增塑剂的是（　　）。
43. 用作增稠剂的是（　　）。
44. 用作遮光剂的是（　　）。
45. 用作防腐剂的是（　　）。

【46～50】

A. 硬胶囊剂　　B. 软胶囊剂　　C. 滴丸剂　　D. 微丸　　E. 颗粒剂

46. 用单层喷头的滴丸机制备的是（　　）。

47. 用具双层喷头的滴丸机制备的是（　　）。

48. 用旋转模压机制备的是（　　）。

49. 填充物料的制备→填充→封口，此工艺用于制备（　　）。

50. 利用挤出滚圆制粒，需控制粒子直径小于 2.5 mm 的剂型是（　　）。

【51～55】

A. 肠溶胶囊剂　　B. 硬胶囊剂　　C. 软胶囊剂　　D. 微丸　　E. 滴丸剂

51. （　　）是将药物细粉或颗粒填装于空心硬质胶囊中制成的制剂。

52. （　　）是将油性液体药物密封于球形或橄榄形的软质胶囊中制成的制剂。

53. （　　）是将囊材用甲醛处理后再填充药物制成的制剂。

54. （　　）是药物与基质熔化混匀后滴入冷凝液中而制成的制剂。

55. （　　）是药物与辅料制成的直径小于 2.5 mm 球状实体。

【56～60】

A. 15 min 内　　B. 20 min 内　　C. 30 min 内　　D. 45 min 内　　E. 60 min 内

56. 硬胶囊的崩解时限是（　　）。

57. 软胶囊的崩解时限是（　　）。

58. 普通滴丸的溶散时限是（　　）。

59. 普通片的崩解时限是（　　）。

60. 包衣滴丸的溶散时限是（　　）。

【61～65】

A. 硬胶囊剂　　B. 软胶囊剂　　C. 肠溶胶囊剂　　D. 滴丸　　E. 膜剂

选择下列药物可优先考虑的选项中的剂型：

61. 难溶性药物优选剂型是（　　）。

62. 缓释颗粒优选剂型是（　　）。

63. 小剂量药物优选剂型是（　　）。

64. 药物油溶液优选剂型是（　　）。

65. 在胃中有刺激性的药物优选剂型是（　　）。

（五）填空题

1. ________、________、________是保证药物的含量均匀度的主要单元操作。

2. 眼用散剂的粒度要求是应全部通过________号筛。

3. 散剂制备的混合过程中，当两组分比例相差悬殊时，应采用________法混合。

4. 混合的机制包括________、________、________。

5. 流化床制粒法又称为________。

6. 对一些难溶性药物，药物的________过程是药物吸收的限速过程。

7. 与液体制剂相比，普通固体制剂的优点在于________、________、________。

8. 临界相对湿度是________药物的吸湿特征常数。

9. 剂量 0.1～0.01 g 可配成________倍散。

10. 颗粒剂依据其在水中的溶解情况可分为________、________和________。

11. 如需对颗粒剂进行包衣，则需要注意________以及________，以保证包衣的均匀性。

12. 硬质胶囊壳或软质胶囊壳主要由________、________、________组成。

13. 胶囊剂中填充的药物不能是________或________，也不能充填易________或易________的药物。

14. 硬胶囊剂的制备分为________的制备，________制备与________，________等过程。

15. 软胶囊常采用________法和________法制备。

16. 片剂的稀释剂是指用以增加片剂________与________，以利于成型和分剂量的辅料。

17. 制备空胶囊时常加入________、________、________、________等塑胶剂。

18. 硬质胶囊壳除主要由________、________、________组成外，制备时一般还需加入________、________等，根据需要还可加入________与________。

19. 空胶囊的制备流程是______________。

20. 采用明胶与甲醛作用生成甲醛明胶的方法制备肠溶软胶囊剂，可以使明胶无游离的________存在，失去与酸结合的能力，只能在肠液中溶解。

21. 软胶囊囊壁由________、________、________三者所组成。

22. 肠溶胶囊剂的制备方法有两种，一种是________与________作用生成________，另一种方法是在明胶壳表面包被________。

23. 胶囊剂的主要检查内容有________、________和________。

24. 滴丸剂常用基质分为________基质和________基质。

25. 制备滴丸剂常用的水溶性基质有________、________、________及________等。

26. 制备滴丸剂常用的脂溶性基质有________、________、________及________等。

27. 制备滴丸剂常用的冷凝液有________、________、________和________等。

28. 滴丸剂的生产工艺流程是______________。

29. 在制备过程中保证滴丸圆整成型、丸重差异合格的关键是________、________、________、________及________等。

30. 膜剂可供________、________、________给药，也可用于________内等。

31. 膜剂结构有________、________与________之分。

32. 膜剂常用的成膜材料有________、________和________。

33. 膜剂制备可采用________制膜法、________制膜法和________制膜法。

34. 散剂的水分要求除特殊规定外，一般不得超过________。

35. 散剂分剂量的主要方法有______________、________________、____________三种。

36. 片剂辅料中稀释剂的主要目的是增加片剂的________和________。

37. 片剂包衣可以分为________、________和压制包衣。

38. 散剂可分为____________和________两种。

39. 除另有规定外，普通片剂的崩解时限是________。

40. 在物理方面片剂的质量检查项目有：外观、________、________、崩解时限。

41. 药筛的目数越大，粉末越________。

42. 普通湿法制粒的过程是________、________以及湿颗粒干燥并整粒。

43. 散剂按药物组成分类，可分为________和________。

44. 制颗粒的方法有________和________。

45. 作为黏合剂的淀粉浆有两种制法，一种是________，第二种是________。

46. 片剂糖包衣的过程包括、________、________、________、________、________。

47. 粉末直接压片重要的先决条件是有良好的____________和________的辅料，还需要有较大的药品容纳量。

48. 固体制剂直接服用时，起效最快的制剂是____________。

49. 软胶囊的胶皮由明胶、水和________组成。

（六）是非题

1. 对于固体制剂，其物料混合度、流动性、充填性对制备工艺无关紧要。（　　）

2. 对于多数固体制剂，药物的溶出速率直接影响药物的吸收速率。（　　）

3. 固体制剂在体内必须溶解后才能透过生物膜，被吸收进入血液循环中。（　　）

4. 颗粒剂口服后首先崩解，然后药物分子从颗粒中溶出，药物通过胃肠黏膜吸收进入血液循环中。（　　）

5. 药物从固体剂型中的溶出速率与药物粒子的表面积成反比。(　　)
6. 与固体制剂相比，液体制剂的物理、化学稳定性好，生产制造成本较低。(　　)
7. 在 Noyes-Whitney 方程中，药物的溶出速率与药物的表面积成正比。(　　)
8. 外用散剂覆盖面积大，可以同时发挥保护和收敛等作用。(　　)
9. 散剂制备的混合过程中，当两组分比例相差悬殊时，应采用等量递加混合法。(　　)
10. 粉碎的主要目的是减小粒径、增加比表面积。(　　)
11. 流能磨适应于高熔点、热不敏感的药物。(　　)
12.《中国药典》标准筛的筛号越大，孔径越大。(　　)
13. 固体的混合设备大致分为容器旋转型和容器固定型。(　　)
14. 制备倍散时应采用等量倍加混合法。(　　)
15. 口服制剂吸收的快慢顺序是溶液剂＞混悬剂＞散剂＞颗粒剂＞胶囊剂＞片剂＞丸剂。(　　)
16.100 倍散即 99 份稀释剂与 1 份药物混合制成的稀释散。(　　)
17. 颗粒剂干燥后不需整粒和分级，就可以直接进行包装。(　　)
18. 颗粒剂制软材的要求与片剂相同，均为“手握成团，轻触即散”。(　　)
19. 各种成分颗粒的混合物，应防止离析现象的发生，否则易导致剂量不准确。(　　)
20. 胶囊剂可使液态药物的剂型固体化。(　　)
21. 将药物按需要制成缓释剂颗粒装入胶囊中，可以达到缓释延效作用。(　　)
22. 胶囊剂填充的药物可以是水溶液或稀乙醇溶液。(　　)
23. 胶囊剂中若填充易风干的药物，可使囊壁软化；若填充易潮解的药物，可使囊壁脆裂。(　　)
24. 易溶性的刺激性药物不宜制成胶囊剂。(　　)
25. 生产空胶囊剂的环境洁净度应达 C 级，温度 10～25 ℃，相对湿度 45%～55%。(　　)
26. 软胶囊囊壁由明胶、增塑剂、水三者组成。(　　)
27. 软胶囊中的液态药物 pH 以 2.5～7.5 为宜，否则易使明胶水解或变性。(　　)
28. 软胶囊中的液体药物若含有 5%水或水溶性、挥发性、小分子有机物，能使囊材软化，不宜制成软胶囊。(　　)
29. 软胶囊常用滴制法和填充法制备。(　　)
30. 滴丸剂常用基质分为水溶性基质、脂溶性基质和乳剂型基质三大类。(　　)
31. 滴丸剂基质容纳药物的量大，故可使液态药物固形化。(　　)
32. 用固体分散技术制备的滴丸具有吸收迅速、生物利用度高的优点。(　　)
33. 根据膜剂的结构类型分类，有单层膜、多层膜（复合）与夹心膜等。(　　)
34. 采用不同的成膜材料可制成不同释药速率的膜剂，既可制备速释膜剂又可制备缓释或恒释膜剂。(　　)
35. 膜剂的载药量小，只适合于小剂量的药物，重量差异不易控制，收率不高。(　　)
36. 膜剂常用的成膜材料有天然高分子化合物、聚乙二醇和乙烯-醋酸乙烯共聚物。(　　)
37. 膜剂制备可采用匀浆制膜法、热塑制膜法和复合制膜法。(　　)
38. 胶囊剂能够掩盖药物的不良嗅味，提高药物稳定性。(　　)
39. 含油量高的药物或液态药物不宜制成胶囊剂。(　　)。
40. 由于胶囊壳主要含水性明胶，因此，填充的药物不能是水溶液或稀乙醇溶液。(　　)
41. 硬质胶囊壳或软质胶囊壳主要由明胶、甘油和水组成。(　　)
42. 胶囊剂不能延缓药物的释放，也不具备定位释药作用。(　　)
43. 易溶性的刺激性药物制成胶囊剂有利于掩盖其臭味，并减少刺激性。(　　)
44. 易风干、易潮解的药物制成胶囊剂，有利于提高药物的稳定性。(　　)
45. 软胶囊囊壁的组成通常是干明胶：干增塑剂：水＝1：(0.4～0.6)：1。(　　)

（七）处方分析与制备

1. 分析硝酸甘油片处方中各组分的作用，并描述制备方法。

【处方】

组分	用量	作用
硝酸甘油	0.6 g	______
乳糖	88.8 g	______
糖粉	38.0 g	______
17%淀粉浆	适量	______
硬脂酸镁	1.0 g	______
共制	1000 片	

【制法】____。

2. 分析复方新诺明片（SMZco）制剂处方中各组分的作用，并描述制备方法。

【处方】

组分	用量	作用
磺胺甲基异噁唑	400 g	______
甲氧苄氨嘧啶	80 g	______
淀粉	80 g	______
十二烷基硫酸钠	46 g	______
淀粉浆（12%）	20 g	______
硬脂酸镁	5 g	______
共制	1000 片	

【制法】____。

3. 分析复方乙酰水杨酸片制剂处方中各组分的作用，并描述制备方法。

【处方】

组分	用量	作用
乙酰水杨酸（阿司匹林）	268 g	______
对乙酰氨基酚	136 g	______
咖啡因	33.4 g	______
淀粉	266 g	______
淀粉浆（15%～17%）	85 g	______
滑石粉	25 g	______
轻质液体石蜡	2.5 g	______
酒石酸	2.7 g	______
共制	1000 片	

【制法】____。

（八）问答题

1. 试总结可以提高片剂中难溶性药物溶出度的方法。

2. 与糖衣比较，薄膜包衣有何优点？
3. 片剂压片中常见的问题及原因。
4. 片剂中主要的四大类辅料是什么？并各举一例。
5. 粉末直接压片的优点是什么？
6. 简述湿法制粒压片的工艺过程。
7. 影响片剂成型的因素包括哪些？
8. 固体制剂的共同特点是什么？
9. 粉碎操作对制剂过程的意义有哪些？
10. 散剂有哪些特点？
11. 散剂的质量要求有哪些？
12. 根据 Noyes-Whitney 方程，用于改善药物溶出速率的措施有哪些？
13. 颗粒剂的质量检查有哪些？
14. 胶囊剂有哪些特点？哪些药物不宜制成胶囊剂？并说明理由。
15. 请写出胶囊剂的分类，并简述其定义。
16. 影响软胶囊成型的因素有哪些？
17. 滴丸剂具有哪些特点？
18. 滴丸剂的常用基质分为哪几类？举例说明。
19. 比较滴制法制备胶丸与滴制法制备滴丸的异同。
20. 散剂的特点是什么？
21. 理想的膜剂成膜材料应具备哪些条件？写出常用的成膜材料。
22. 分析混合操作中影响速度及混合度的因素。
23. 试述片剂包衣的目的。
24. 简述片剂制备中可能发生的问题及原因分析。
25. 写出湿法制粒压片工艺流程。
26. 简述片剂中润湿剂与黏合剂的异同点。
27. 试述片剂的特点及质量要求。
28. 片剂崩解的机制是什么？常用的崩解剂有哪些？
29. 简述膜剂的特点。
30. 试述 HPMC 的特性及其在药物制剂中的应用。

四、参考答案

（一）名词解释（中英文）

1. 散剂：散剂（powder），也称粉剂，系指原料药物或与适宜的辅料经粉碎、均匀混合而制成的干燥粉末状制剂，可供内服和外用。

2. 粉碎：粉碎（crushing）系指借助机械力或者其他方法，将大块物料破碎和研磨成适宜大小的颗粒、细粉或者超细粉的操作。

3. 药用辅料（pharmaceutical excipient）：系指生产药品和调配处方时使用的赋形剂和附加剂。

4. 润湿剂：系指可使固体物料润湿以产生足够强度的黏性液体。但它本身无黏性，却可润湿物料并诱发物料的黏性。

5. 润滑剂（lubricant）：系指能增加固体物料流动性、减小摩擦和黏附作用的辅料。

6. 湿法制粒：系指在粉状物料中加入适宜的润湿剂或液体黏合剂，靠黏合剂的架桥或黏结作用使粉末聚结在一起而制备颗粒的方法。

7. 干法制粒：系指将药物与辅料的粉末混合均匀、压缩成大片状或板状后，粉碎成颗粒的方法。

8. 干燥：系指利用热能或者其他适宜的方法去除湿物料中的溶剂，从而获得干燥固体产品的操作。

9. diluent：稀释剂，系指用来增加固体制剂质量或体积，有利于成型和分剂量的辅料，亦称为填充剂（fillers）。

10. disintegrant：崩解剂，系指促使固体制剂在胃肠液中迅速碎裂成细小颗粒的辅料。

11. sustained release tablet：缓释片，系指在规定的释放介质中缓慢地非恒速释放药物的片剂，如盐酸吗啡缓释片等。

12. 混合度：系指表示物料混合均匀性的指标。

13. sublingual tablet：舌下片，系指置于舌下能迅速融化、药物经黏膜快速吸收而发挥全身速效作用的片剂。

14. 混合：系指将两种及以上组分的物料均匀混合以得到含量均匀的产品的操作，是保证散剂产品质量的重要措施之一。

15. 筛分法：筛分法是指依据晒网孔径大小将物料进行分离的方法。

16. 黏合剂：系指本身具有黏性，加入后使无黏性或黏性不足的物料产生或增强黏性，从而使物料聚结成粒的辅料。

17. 颗粒剂：系指原料药物与适宜的辅料混合制成具有一定粒度的干燥颗粒状制剂，俗称冲剂、冲服剂。

18. 制软材：也称捏合（kneading），系指在干燥的粉末状物料中加入少量液体黏合剂或润湿剂，经过充分搅拌、混合，制备成具有一定湿度、一定可塑性和可成型性物料的过程。

19. 胶囊剂（capsule）：系指原料药物或与适宜辅料充填于空心硬质胶囊中或密封于弹性软质胶囊中而制成的固体制剂。

20. 硬胶囊剂（hard capsule）：通称为胶囊，系采用适宜的制剂技术，将原料药物或加适宜辅料制成的均匀粉末、颗粒、小片或小丸、半固体或液体等，充填于空心硬胶囊中制成的胶囊剂。

21. 软胶囊剂（soft capsule）：亦称胶丸，系指将一定量的液体原料药物直接包封，或将固体原料药物溶解或分散在适宜的辅料中制备成溶液、混悬液、乳液或半固体，密封于软质囊材中的胶囊剂。

22. 缓释胶囊剂（sustained release capsule）：系指在规定的释放介质中缓慢地非恒速释放药物的胶囊剂。

23. 控释胶囊剂（controlled release capsule）：系指在规定的释放介质中缓慢地恒速释放药物的胶囊剂。

24. 肠溶胶囊（gastro-resistant capsule）：系指用肠溶材料包衣处理的颗粒或小丸等充填于胶囊中而制成的胶囊剂，或用适宜的肠溶材料制备硬胶囊或软胶囊的囊壳而得到的胶囊剂。

25. 滴丸剂（dripping pill）：系指原料药物与适宜的基质加热熔融混匀，滴入不相混溶、互不作用的冷凝介质中制成的球形或类球形制剂。

26. 膜剂（film）：系指原料药物溶解或均匀分散于成膜材料中经加工制成的膜状制剂。

27. 片剂（tablet）：系指原料药物或与适宜的辅料制成圆形或异形的片状固体制剂。

28. 润滑剂（lubricant）：系指能增加固体物料流动性、减小摩擦和黏附作用的辅料。

29. 微丸（pellet）：系指原料药物加适宜的黏合剂或其他辅料制成的直径为 0.5～1.5 mm 的球形或类球形口服固体制剂。

30. 栓剂（suppository）：系指原料药物和适宜基质等制成供腔道给药的固体制剂。栓剂是一种传统剂型，亦称塞药或坐药。

31. 休止角：系指粉体堆积层的自由斜面与水平面所形成的最大角。

32. 溶出度（dissolution）：系指药物从片剂或胶囊剂等固体制剂在规定溶剂中溶出的速率和程度。

（二）单项选择题

1.B 2.D 3.D 4.D 5.B 6.C 7.A 8.D 9.C 10.D 11.A 12.D 13.C 14.C 15.A 16.C 17.D 18.B 19.A 20.C 21.C 22.D 23.D 24.A 25.C 26.C 27.B 28.D 29.D 30.A 31.A 32.C 33.D 34.C 35.C 36.B 37.A 38.D 39.A 40.B 41.D 42.C 43.C 44.D 45.A 46.C 47.D 48.C 49.C 50.D 51.B 52.C 53.D 54.B 55.D 56.D 57.B

58. B　59. A　60. C　61. D　62. B　63. A　64. B　65. D　66. A　67. D　68. A　69. B　70. A　71. A
72. D　73. D　74. C　75. C　76. D　77. D　78. B　79. C　80. B　81. B　82. D　83. B　84. A　85. A
86. A　87. B　88. C　89. A　90. A　91. D　92. A　93. A　94. C　95. C　96. C　97. C　98. D　99. C
100. D　101. A　102. D　103. D　104. B　105. A　106. C　107. C　108. C　109. B　110. C　111. A
112. D　113. C　114. D　115. C　116. C　117. B　118. C　119. B　120. A

（三）多项选择题

1. ABD　2. ABE　3. BCD　4. CD　5. ABE　6. AD　7. AC　8. ABC　9. ABCD　10. ABC
11. ACD　12. ADE　13. BC　14. ACD　15. CDE　16. BCE　17. BE　18. ABCD　19. ABDE　20. BD
21. ABD　22. ACDE　23. ABCD　24. ACD　25. ACD　26. ABCDE　27. ABCD　28. AD　29. AB
30. ABCD　31. ACDE　32. ABCD　33. ACDE　34. ABCD　35. AC　36. ABCE　37. ABCDE
38. ABCDE　39. CE　40. ABCDE　41. ACE　42. ABCDE　43. ABDE　44. CD　45. ABC　46. ABC
47. ABCE　48. ADE　49. ACDE　50. ADE

（四）配对选择题

1. C　2. B　3. A　4. D　5. E　6. A　7. E　8. B　9. D　10. D　11. D　12. B　13. E　14. A　15. C
16. B　17. A　18. D　19. E　20. C　21. A　22. B　23. B　24. C　25. E　26. D　27. A　28. C　29. B
30. E　31. C　32. A　33. B　34. E　35. D　36. D　37. C　38. A　39. E　40. B　41. A　42. B　43. C
44. D　45. E　46. C　47. B　48. B　49. A　50. D　51. B　52. C　53. A　54. E　55. D　56. C　57. E
58. C　59. A　60. E　61. D　62. A　63. E　64. B　65. C

（五）填空题

1. 粉碎，过筛，混合
2. 九
3. 等量递加（配研）
4. 对流混合，剪切混合，扩散混合
5. 一步制粒法
6. 溶出
7. 物理、化学稳定性好，生产制造成本低，服用、携带方便
8. 水溶性
9. 10
10. 可溶性颗粒剂，混悬性颗粒剂，泡腾性颗粒剂
11. 颗粒大小的均匀性，表面光洁度
12. 明胶，甘油，水
13. 水溶液，稀乙醇溶液，风干，潮解
14. 空胶囊，物料，填充，封口
15. 滴制，压制
16. 重量，体积
17. 甘油，山梨醇，CMC-Na，HPC
18. 明胶，甘油，水，增稠剂，防腐剂，遮光剂，着色剂
19. 溶胶→蘸胶→干燥→拔壳→切割→整理
20. 氨基
21. 明胶，增塑剂，水
22. 明胶，甲醛，甲醛明胶，肠溶衣料
23. 外观，装量差异，崩解时限
24. 水溶性，脂溶性

25. PEG类，肥皂类，泊洛沙姆，甘油明胶
26. 硬脂酸，单硬脂酸甘油酯，氢化植物油，虫蜡
27. 液状石蜡，植物油，二甲基硅油，水
28. 药物＋基质→混悬或熔融→滴制→冷却→洗丸→干燥→选丸
29. 选择适宜基质，确定合适的滴管内外口径，滴制过程中保持恒温，滴制液静压恒定，及时冷却
30. 口服，口含，舌下，眼结膜囊
31. 单层膜，多层膜，夹心膜
32. 天然高分子化合物，聚乙烯醇，乙烯-醋酸乙烯共聚物
33. 匀浆，热塑，复合
34. 9.0%
35. 目测法，重量法，容量法
36. 重量，体积
37. 糖包衣，薄膜包衣
38. 口服散剂，局部用散剂
39. 15 min
40. 片重差异，硬度和脆碎度
41. 细
42. 混合，制湿颗粒
43. 单散剂，复方散剂
44. 湿法制粒，干法制粒
45. 煮浆法，冲浆法
46. 包隔离层，包粉衣层，包糖衣层，包有色糖衣层，打光
47. 流动性，压缩成型性
48. 散剂
49. 增塑剂

（六）是非题

1.× 2.√ 3.√ 4.× 5.× 6.× 7.√ 8.√ 9.√ 10.√ 11.× 12.× 13.√ 14.√ 15.√ 16.√ 17.× 18.√ 19.√ 20.√ 21.√ 22.× 23.√ 24.√ 25.× 26.√ 27.√ 28.√ 29.× 30.× 31.√ 32.√ 33.√ 34.√ 35.√ 36.× 37.√ 38.√ 39.× 40.√ 41.√ 42.× 43.× 44.× 45.√

（七）处方分析与制备

1. 硝酸甘油片处方中各组分的作用如下：

【处方】

组分	用量	作用
硝酸甘油	0.6 g	主药
乳糖	88.8 g	填充剂
糖粉	38.0 g	填充剂
17%淀粉浆	适量	黏合剂
硬脂酸镁	1.0 g	润滑剂
共制	1000片	

【制法】首先制备空白颗粒，然后将硝酸甘油制成10%的乙醇溶液（按120%投料）拌于空白颗粒的细粉中（30目以下），过10目筛两次后，于40 ℃以下干燥50～60 min，再与事先制成的空白颗粒及硬脂

酸镁混匀，压片，即得。

2. 复方新诺明片（SMZco）制剂处方中各组分的作用如下：

【处方】

组分	用量	作用
磺胺甲基异噁唑	400 g	主药
甲氧苄氨嘧啶	80 g	主药
淀粉	80 g	填充剂
十二烷基硫酸钠	46 g	润滑剂
淀粉浆（12%）	20 g	黏合剂
硬脂酸镁	5 g	润滑剂
共制	1000 片	

【制法】将磺胺甲基异噁唑（SMZ）、甲氧苄氨嘧啶（TMP）过 80 目筛，与淀粉混匀，加淀粉浆制成软材，以 14 目筛制粒后，置 70 ℃～80 ℃干燥后于 12 目筛整粒，加入十二烷基硫酸钠及硬脂酸镁混匀后，压片，即得。

3. 复方乙酰水杨酸片制剂处方中各组分的作用如下：

【处方】

组分	用量	作用
乙酰水杨酸（阿司匹林）	268 g	主药
对乙酰氨基酚	136 g	主药
咖啡因	33.4 g	主药
淀粉	266 g	填充剂
淀粉浆（15%～17%）	85 g	黏合剂
滑石粉	25 g	润滑剂
轻质液体石蜡	2.5 g	附着剂
酒石酸	2.7 g	稳定剂
共制	1000 片	

【制法】将咖啡因、对乙酰氨基酚与 1/3 量的淀粉混匀，加淀粉浆（15%～17%）制软材 10～15 min，过 14 目或 16 目尼龙筛制湿颗粒，于 70 ℃干燥，干颗粒过 12 目尼龙筛整粒，然后将此颗粒与乙酰水杨酸混合均匀，最后加剩余的淀粉（预先在 100～105 ℃干燥）及吸附有液体石蜡的滑石粉，共同混匀后，再过 12 目尼龙筛，颗粒经含量测定合格后，用 12 mm 冲压片，即得。

（八）问答题

1. 答：可采取以下措施来提高药物的溶出度：①药物经粉碎减小颗粒粒径，增大药物的溶出面积；②加入优良的崩解剂；③提高药物的溶解度，改变晶型，制成固体分散物或药物的包合物，加入表面活性剂等；④在处方中加入亲水性辅料如乳糖。

2. 答：与糖衣比较，薄膜包衣的优点有：①工艺简单，工时短，生产成本较低；②片增重小，仅增加 2%～4%；③对崩解及药物溶出的不良影响较糖衣小；④可以实现药物的缓控释；⑤具有良好的防潮性能；⑥压在片芯上的标示，例如片剂名称、剂量等在包薄膜衣后仍清晰可见。

3. 答：(1) 裂片和顶裂：压力分布的不均匀以及由此导致的弹性复原率不同，是造成裂片的主要原因。另外，物料塑性差、颗粒中细粉太多、颗粒过干、黏合剂黏性较弱或用量不足、片剂过厚以及加压过快也可造成裂片。

(2) 松片：片剂硬度不够，稍加触动即散碎的现象称为松片。物料的可压性、水分、压力、晶型、黏合剂种类和用量、润滑剂的种类和用量，决定了片剂是否会松片。

(3) 黏冲：造成黏冲或黏模的主要原因有颗粒不够干燥、物料较易吸湿、润滑剂选用不当或用量不足、冲头表面锈蚀、粗糙不光或刻字、药物熔点低或与辅料出现低共熔现象等。

(4) 片重差异超限：产生的原因有颗粒流动性不好、颗粒内的细粉太多或颗粒的大小相差悬殊、冲头与模孔吻合性不好（例如下冲外周与模孔壁之间漏下较多药粉，致使下冲发生“涩冲”现象，必然造成物料填充不足，对此应更换冲头、模圈）。

4. 答：片剂中根据辅料所引起的作用不同，常将辅料分成四大类，即稀释剂、黏合剂、崩解剂、润滑剂（举例略）。

5. 答：该工艺中物料不进行制粒，而由粉末状物料直接进行压片，它有许多突出的优点，如省时节能、工艺简单、工序减少、适用于湿热条件下不稳定的药物等。

6. 答：①原料、辅料的前处理；②混合，加入黏合剂制软材；③挤压或其他的方法制粒；④湿颗粒的干燥；⑤干颗粒的整粒；⑥加入崩解剂（外加）、润滑剂，总混；⑦压片。

7. 答：影响片剂成型的主要因素有：①药物/辅料的可压性；②挤压的熔点及结晶形态；③黏合剂和润滑剂；④颗粒含有的水分或结晶水；⑤压片压力和时间。

8. 答：固体制剂的共同特点：①与液体制剂相比，物理、化学稳定性好，生产成本较低，服用与携带方便；②制备过程的前处理经历相同的单元操作，以保证药物的均匀混合与剂量准确，而且剂型之间有着密切的联系；③药物在体内首先溶解后才能透过生理膜被吸收入血液中。

9. 答：①增加比表面积，有利于提高难溶性药物的溶出速率以及生物利用度；②减小粒径，有利于各成分的混合均匀；③大量增加粒子数目有利于提高固体药物在液体、半固体、气体中的分散度；④有助于从天然药物中提取有效成分。

10. 答：①散剂的粒径小，比表面积大，容易分散，起效快；②外用散剂的覆盖面积大，可同时发挥保护和收敛作用；③存储、运输、携带比较方便；④制备工艺简单，剂量易于控制，便于婴儿服用。

11. 答：①粒度；②外观均匀度；③干燥失重；④水分；⑤装量差异；⑥无菌；⑦微生物限度。

12. 答：①增加药物的溶出面积，如通过粉碎减小粒径、崩解等措施；②增大溶解速率常数，如提高搅拌速率以减少药物扩散边界层厚度或提高药物的扩散系数；③提高药物溶解度，如提高温度、改变晶型、制成分散物等。

13. 答：颗粒剂的质量检查除主药含量、外观外，还规定了粒度、干燥失重、水分、溶化性、装量差异等检查项目。

14. 答：胶囊剂具有如下特点：①能掩盖药物的不良嗅味，提高药物稳定性；②药物在体内起效快，生物利用度高于丸剂、片剂等；③使液态药物剂型固体化；④可延缓药物的释放及定位释药。

由于胶囊壳的主要囊材是水溶液明胶，因此，以下药物不能制成胶囊剂：①药物的水溶液或稀乙醇溶液（使囊壁溶化）；②易风干的药物（使囊壁软化）；③易潮解的药物（使囊壁脆裂）；④易溶的刺激性药物（增强局部刺激性）。

15. 答：依据胶囊剂的溶解与释放特性，可分为硬胶囊剂（统称胶囊）、软胶囊剂（胶丸）、缓释胶囊剂、控释胶囊剂和肠溶胶囊剂，主要供口服用。各类胶囊剂定义如下：

(1) 硬胶囊剂（hard capsule）：系采用适宜的制剂技术，将药物或加适宜辅料制成粉末、颗粒、小片或小丸等充填于空心硬胶囊中的制剂。

(2) 软胶囊剂（soft capsule）：系将一定量的液体药物直接包封，或将固体药物溶解或分散在适宜的赋形剂中制备成溶液、混悬液、乳液或半固体，密封于球形或椭圆形的软质囊材中的制剂。

(3) 缓释胶囊剂（sustained release capsule）：系指在水中或规定的释放介质中缓慢地非恒速释放药物的胶囊剂。

(4) 控释胶囊剂（controlled release capsule）：系指在水中或规定的释放介质中缓缓地恒速或接近恒速释放药物的胶囊剂。

(5) 肠溶胶囊剂（gastro-resistant capsule）：系指用肠溶材料包衣的颗粒或小丸充填于胶囊而制成的

硬胶囊，或用适宜的肠溶材料制备而得的硬胶囊或软胶囊。肠溶胶囊不溶于胃液，但能在肠液中崩解而释放活性成分。

16. 答：影响软胶囊成型的因素有：①囊壁组成的影响。明胶与增塑剂的比例对软胶囊剂的制备及质量具有十分重要的影响，通常是以干明胶：干增塑剂：水=1：（0.4～0.6）：1的质量比为宜，增塑剂用量过低（或过高)，则囊壁会过硬（或过软)。②药物性质与液体介质的影响。囊壁以明胶为主，对蛋白质性质无影响的药物和附加剂才能填充。软胶囊可以填充各种油类、药物溶液、混悬液、少数固体粉末。液体药物若含5%以上水或为水溶性、挥发性、小分子有机物，如乙醇、酮、酸、酯等，能使囊材软化或溶解，醛可使明胶变性，导致药物泄漏或影响制剂崩解和溶出。③药物为混悬液时对胶囊大小的影响。软胶囊剂用固体药物粉末混悬在油性或非油性液体介质中包制而成，圆形和卵形者可包制5.5～7.8 mL。为便于成型，一般要求尽可能小一些，也可用“基质吸附率”来计算。

17. 答：①设备简单、操作方便、利于劳动保护，工艺周期短、生产率高；②工艺条件易于控制，质量稳定，剂量准确，受热时间短，易氧化及具挥发性的药物溶于基质后，可增加其稳定性；③基质容纳液态药物的量大，故可使液态药物固形化，如芸香油滴丸含油可达83.5%；④用固体分散技术制备的滴丸具有吸收迅速、生物利用度高的特点，如灰黄霉素滴丸有效剂量是细粉（粒径254 μm以下）的1/4、微粒（粒径5 μm以下）的1/2；⑤发展了耳、眼科用药的新剂型，五官科制剂多为液态或半固态剂型，作用时间不持久，做成滴丸剂可起到延效作用。

18. 答：滴丸剂所用基质分为两大类：①水溶性基质。常用的有PEG类、肥皂类、泊洛沙姆及甘油明胶等。②脂溶性基质。常用的有硬脂酸、单硬脂酸甘油酯、氢化植物油及虫蜡等。

19. 答：两者的制备方法名称均为滴制法。①在产品上的不同：一为胶丸，一为滴丸。胶丸为药物贮库型；滴丸为骨架型。通常胶丸比滴丸大。②在基质、辅料上的不同：胶丸的囊壁为明胶、甘油等，药物的溶剂或分散介质为油性或非油性液体介质；滴丸则为聚乙二醇等固体材料。③在制备工艺上的不同：滴制法制备胶丸是先制备胶液，在滴制时使定量的胶液将定量的药液包裹后，滴入与胶液不相溶的冷却液中；滴制法制备滴丸是将药物均匀分散在熔融的基质中，滴入与基质不相混溶的冷却液中。④在生产设备上的不同：胶丸的滴头为内外双层，滴丸的滴头为单层。滴制法制备滴丸对料液的保温要求较高。

20. 答：①散剂的粒径小，比表面积大，起效快；②外用散剂的覆盖面积大，可以同时发挥保护和收敛作用；③制备工艺简单，剂量易于控制，便于婴幼儿服用；④贮存、运输、携带比较方便；⑤分散度大，易造成吸湿性、化学活性、气味、刺激性等方面的不良影响。

21. 答：(1) 理想的膜剂成膜材料应符合下列条件：①生理惰性，无毒，无刺激，无臭味；②性能稳定，不与主药作用，不干扰含量测定；③成膜、脱膜性能好，有足够的机械强度和柔韧性；④口服、腔道、眼用膜剂的成膜材料应有良好的水溶性，可降解、吸收或排出体外；⑤外用膜剂应能迅速、完全释放药物；⑥价廉易得。

(2) 常用的成膜材料有：①天然高分子化合物，如明胶、虫胶、琼脂、淀粉、糊精、阿拉伯胶等；②聚乙烯醇，如PVA05-88、PVA17-88；③乙烯-醋酸乙烯共聚物（EVA)。

22. 答：在实际的混合操作中影响混合速率及混合度的因素很多，归纳起来有以下几种。

(1) 物料的粉体性质：如粒度分布、粒子形态及表面状态、粒子密度及堆密度、含水量、流动性（休止角、内部摩擦系数等)、黏附性、团聚性等，都会影响混合过程。在通常情况下，①若各组分的混合比例较大，应采用等量递加混合法进行混合；②若各组分粒径差或密度差较大，先装密度较小的或粒径较大的物料，后装密度较大的或粒径较小的物料；③若药物具有黏附性或带电性，应将量大或不易吸附的药粉或辅料垫底，量少或易吸附的成分后加入；④若含液体或易吸湿成分，应先用处方中其他固体成分或吸收剂来吸附液体成分；⑤若可能形成低共熔混合物，应尽量避免形成低共熔物的混合比，或各成分分装，服用时混合。

(2) 设备类型：如混合机的形状及尺寸，内部插入物（挡板、强制搅拌等)，材质及表面情况等，应根据物料的性质选择适宜的混合器。

(3) 操作条件：如物料的充填量，装料方式，混合比例，混合机的转动速率及混合时间等。

23. 答：片剂包衣的目的：①提高药物的稳定性。包衣避免了外界环境因素（如外界物质、湿度、气体及光线等）与药物的直接接触，防止其发生物理化学变化，达到避光、防潮等作用。②掩盖药物的不良嗅味，改善患者服药的依从性。③改变药物释放特征，如胃溶、肠溶等。④避免药物在胃肠道遭到破坏或其对胃肠道的刺激性。⑤提高药片的机械强度，保证在运输、贮存及使用等流通过程中的药片质量，如避免划片、引湿沾水等问题。⑥改善产品的外观和识别性，有助于增强用药安全性。此外，包衣后的产品表面更光洁，流动性更好，能够减轻患者吞咽痛苦；同时，亦可减少使用者与药物（尤其是皮肤敏感性药物）的接触，最大可能地降低潜在的不良影响。

24. 答：(1) 裂片：①物料中细粉太多，压缩时空气不能及时排出而结合力弱；②物料的塑性差，结合力弱；③单冲压片机比旋转压片机易出现裂片；④快速压片比慢速压片易裂片；⑤凸面片剂比平面片剂易裂片；⑥一次压缩比二次压缩易出现裂片。

(2) 松片：片剂硬度不够，对片剂稍加触动即散碎的现象，其原因是黏性差、压缩压力不足等。

(3) 黏冲：颗粒不够干燥，物料较易吸湿，润滑剂选用不当或用量不足，冲头表面锈蚀，粗糙不光滑或刻字等。

(4) 片重差异超限：①物料的流动性差；②物料中细粉太多或粒度大小相差悬殊；③加料斗内的物料时多时少；④刮粉器与模孔吻合性差等。

(5) 崩解迟缓：①压缩力过大，片剂内部的空隙小，影响水分的渗入；②可溶性成分溶解，堵住毛细孔，影响水分的渗入；③强塑性物料或黏合剂使片剂的结合力过强；④崩解剂的吸水膨胀能力差或对结合力的瓦解能力差。

(6) 溶出超限：片剂不崩解；颗粒过硬；药物的溶解度差等。

(7) 含量不均匀：片重差异超限；药物的混合度差或可溶性成分在颗粒之间的迁移等。

25. 答：

```
                     辅料    黏合剂
                      ↓        ↓
主药→粉碎→过筛→混合→湿法制粒→干燥→整粒→混合→压片
                                            ↑
                                      润滑剂或崩解剂
```

26. 答：润湿剂是本身无黏性，但可润湿片剂的原辅料并诱发其黏性而制成颗粒的液体。当原料本身无黏性或黏性不足时，需加入黏性物质以便于制粒，这种黏性物质称为黏合剂；黏合剂可以用其溶液，也可以用其细粉，即与片剂的药物及稀释剂等混匀，加入润湿剂诱发黏性。

27. 答：(1) 片剂的特点如下所述。

优点：①剂量准确，服用方便；②化学稳定性较好，片剂体积小，致密，受外界空气、光线、水分等因素的影响较小；③携带、运输方便；④生产成本低，生产的机械化、自动化程度较高，产量大；⑤可以满足不同临床医疗的需要，如速效、长效、口腔疾病、阴道疾病、肠道疾病等。

缺点：①幼儿及昏迷患者不易吞服；②片剂的制备较其他固体制剂有一定难度，需要周密的处方设计，而且技术要求高；③含挥发性成分的片剂，不易长期保存。

(2) 片剂的质量要求：①原料药与辅料混合均匀，含药量小或含毒、剧药物的片剂应采用适宜方法使药物分散均匀；②凡属挥发性或对光、热不稳定的药物，在制片过程中应遮光、避热，以避免成分损失或失效；③压片前的物料或颗粒应控制水分，以适应制片工艺的需要，防止片剂在贮存期间发霉、变质；④含片、口腔贴片、咀嚼片、分散片、泡腾片等根据需要可加入矫味剂、芳香剂和着色剂等附加剂；⑤为增加稳定性，掩盖药物不良气味、改善片剂外观等，可对片剂进行包衣，必要时，薄膜包衣片应检查残留溶剂；⑥片剂外观应完整光洁，色泽均匀，有适宜的硬度和耐磨性，以免包装、运输过程中发生磨损或破碎，除另有规定外，对于非包衣片，应符合片剂脆碎度检查法的要求；⑦片剂的溶出度、释放度、含量均匀度、微生物限度等应符合要求；⑧除另有规定外，片剂应密封贮存。

28. 答：(1) 崩解机制：①毛细管作用；②膨胀作用；③润湿热；④产气作用。

(2) 常用的崩解剂有：①干淀粉；②羧甲基淀粉钠；③低取代羟丙基纤维素；④交联羧甲基纤维素钠；⑤交联聚维酮；⑥泡腾崩解剂。

29. 答：同传统的固体制剂相比，膜剂的优点有：①工艺简单，生产中没有粉尘飞扬；②成膜材料用量少，体积小，质轻，便于携带、运输及贮存；③含量准确、均匀，质量稳定；④可制成不同释药速率的制剂；⑤可制成多层膜剂，从而避免配伍禁忌；⑥给药方便，患者顺应性好，可解决老人和儿童用药困难问题。膜剂的缺点有：①载药量小，特别是单层膜剂常适合于小剂量的药物；②由于膜剂厚度、大小以及工艺精度的限制，膜剂的重量差异不易控制，产率不高；③对包装材料的要求较好；④有苦味药物的口腔膜剂需进行掩味或矫味处理等。

30. 答：HPMC具有乳化、增稠、助悬、增黏、黏合、凝胶、成膜等特性，在药剂中具有广泛的用途。应用：①作为片剂的崩解剂和黏合剂；②作为片剂薄膜包衣材料；③作为缓释制剂中的亲水凝胶骨架。

第九章 雾化制剂

一、本章学习要求

1. 掌握 吸入制剂和非吸入制剂气雾剂、喷雾剂、粉雾剂的概念、特点、类型及药物递送的原理和方法。

2. 熟悉 常用吸入制剂的辅料及影响经口吸入给药疗效的因素；典型气雾剂、喷雾剂、粉雾剂的处方和制备工艺及体外评价方法。

3. 了解 经口吸入制剂的最新进展。

二、学习导图

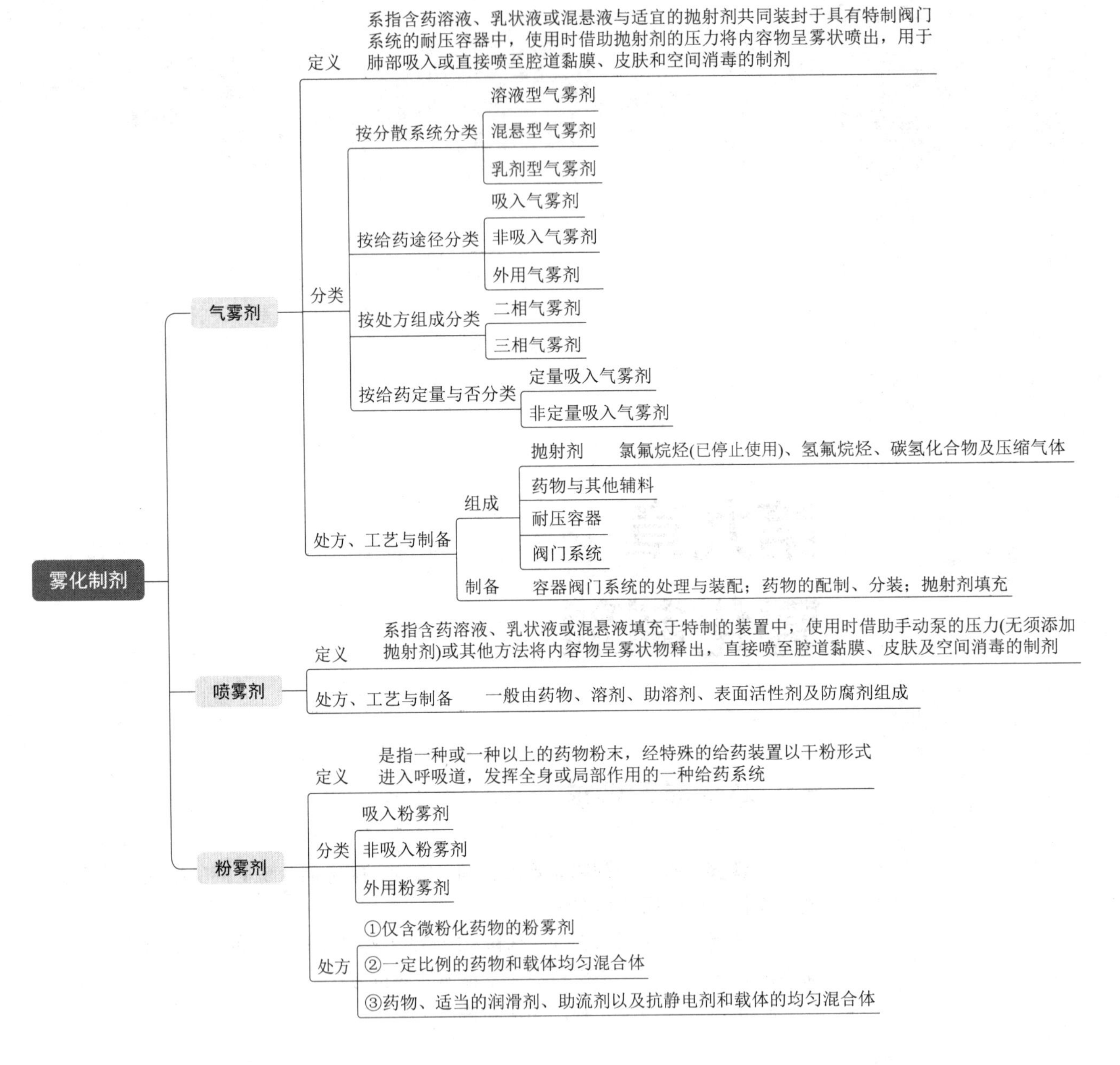

三、习题

（一）名词解释（中英文）

1. 气雾剂（aerosol）；2. 喷雾剂（spray）；3. 粉雾剂（powder aerosol）；4. 抛射剂（propellant）；5. dry powder inhalation（DPI）

（二）单项选择题

1. 下列有关气雾剂的叙述，正确的是（　　）。

A. 气雾剂系指含药溶液、乳状液或混悬液填充于特制的装置中，使用时借助手动泵的压力（无须

添加抛射剂）或其他方法将内容物呈雾状物释出，直接喷至腔道黏膜、皮肤及空间消毒的制剂

B. 气雾剂系指微粉化药物与载体以胶囊、泡囊或多剂量贮库形式，采用特制的干粉吸入装置，由患者主动吸入雾化剂

C. 气雾剂是借助于手动泵的压力将药液喷成雾状的制剂

D. 气雾剂系指含药溶液、乳状液或混悬液与适宜的抛射剂共同装封于具有特制阀门系统的耐压容器中，使用时借助抛射剂的压力将内容物呈雾状喷出，用于肺部吸入或直接喷至腔道黏膜、皮肤和空间消毒的制剂

2. 下列不属于气雾剂组成的是（　　）。

A. 阀门系统　B. 耐压容器　C. 溶液　D. 抛射剂

3. 下列不能作为气雾剂抛射剂的是（　　）。

A. 氢氟烷烃　B. 丙烷　C. 异丁烷　D. 甲烷

4. 混悬型气雾剂的组成成分不包括（　　）。

A. 抛射剂　B. 耐压容器　C. 潜溶剂　D. 阀门系统

5. 以下属于二相气雾剂的是（　　）。

A. W/O 乳剂型气雾剂　B. O/W 乳剂型气雾剂

C. 溶液型气雾剂　D. 混悬型气雾剂

6. 影响吸入气雾剂吸收的主要因素是（　　）。

A. 药物的性质和药物微粒的大小　B. 药物的吸入部位

C. 药物的性质和规格　D. 药物微粒的大小和吸入部位

7. 吸入气雾剂的微粒粒径大多数应在（　　）。

A. 0.3 μm　B. 5 μm　C. 10 μm　D. 15 μm

8. 下列关于气雾剂的叙述错误的是（　　）。

A. 肺部吸入气雾剂的粒径愈小愈好

B. 气雾剂主要通过肺部吸收，吸收速率很快，不亚于静脉注射

C. 药物吸湿性大，因其经呼吸道时会聚集而妨碍药物吸收

D. 二相气雾剂为溶液系统

9. 气雾剂的质量评定不包括（　　）。

A. 抛射剂用量检查　B. 喷次检查　C. 喷雾剂量　D. 泄漏率检查

10. 定量气雾剂每次用药剂量的决定因素是（　　）。

A. 药物的量　B. 抛射剂的量　C. 附加剂的量　D. 定量阀门的容积

11. 下列可作为气雾剂的抛射剂是（　　）。

A. Azone C　B. HFA 134a　C. Carbomer　D. Poloxamer

12. 关于喷雾剂叙述错误的是（　　）。

A. 喷雾剂不含抛射剂

B. 配制时可添加适宜的附加剂

C. 按分散系统分类分为溶液型、混悬型和乳剂型

D. 只能以舌下、鼻腔黏膜和体表等局部给药

13. 关于吸入粉雾剂的叙述错误的是（　　）。

A. 采用特制的干粉吸入装置　B. 药物的多剂量贮存形式

C. 应置于凉暗处保存　D. 可加入适宜的载体和润滑剂

14. 以下制剂的起效速度可与静脉注射制剂媲美的是（　　）。

A. 经皮给药制剂　B. 吸入气雾剂　C. 栓剂　D. 滴丸剂

15. 喷雾剂所用容器的抗压要求是（　　）。

A. 低于 617.85 kPa　B. 617.85～686.51 kPa

C. 686.51～1029.75 kPa　D. 高于 1029.75 kPa

(三) 多项选择题

1. 以下不属于气雾剂的特点的是（　　）。
   A. 使用不便　B. 起效迅速　C. 无定位作用
   D. 生产成本低　E. 给药剂量不准确、副作用大
2. 下列关于气雾剂特点的叙述正确的是（　　）。
   A. 具备速效和定位的作用
   B. 尤其适合心脏病患者
   C. 药物可避免胃肠道的破坏和肝脏首过效应
   D. 生产设备简单，生产成本低
   E. 可以用定量阀门准确控制剂量
3. 关于气雾剂正确的表述是（　　）。
   A. 按气雾剂相组成可分为一相、二相和三相气雾剂
   B. 二相气雾剂一般为溶液型气雾剂，由气液两相组成
   C. 按医疗用途可分为吸入气雾剂、皮肤和黏膜气雾剂及空间消毒用气雾剂
   D. 气雾剂系指将药物封装于具有特制阀门系统的耐压密封容器中制成的制剂
   E. 吸入气雾剂的微粒大小以在0.5～5 μm范围为宜
4. 下列属于气雾剂的特征的是（　　）。
   A. 药物吸收完全、速率恒定　B. 避免了肝脏的首过效应
   C. 避免与空气和水的接触，稳定性好　D. 能使药物迅速达到作用部位
   E. 分布均匀，起效快
5. 关于喷雾剂和粉雾剂说法正确的是（　　）。
   A. 喷雾剂使用时借助于手动泵的压力
   B. 粉雾剂由患者主动吸入雾化药物至肺部
   C. 吸入粉雾剂中药物粒子的大小应控制在5 μm以下
   D. 吸入喷雾剂的雾滴的大小应控制在10 μm以下，其中大多数应在5 μm以下
   E. 吸入粉雾剂不受定量阀门的限制，最大剂量一般高于气雾剂
6. 溶液型气雾剂的组成部分包括（　　）
   A. 抛射剂　B. 潜溶剂　C. 耐压容器　D. 阀门系统　E. 润湿剂
7. 制备二相气雾剂时，常常需加入适宜的潜溶剂，下列可作为潜溶剂的是（　　）。
   A. 七氟丙烷　B. 丙二醇　C. 乙醇　D. 丙烷　E. 芳香油
8. 下列可作为气雾剂的抛射剂的是（　　）。
   A. Freon　B. 二甲醚　C. 四氟乙烷　D. 七氟丙烷　E. Azone
9. 由肾上腺素、丙二醇、无菌蒸馏水作为处方所制备的吸入制剂不属于（　　）。
   A. 吸入型粉雾剂　B. 混悬型气雾剂　C. 溶液型气雾剂
   D. 乳剂型气雾剂　E. 喷雾剂
10. 气雾剂由（　　）组成。
    A. 抛射剂　B. 药物与附加剂　C. 囊材　D. 耐压容器　E. 阀门系统
11. 利用手动泵压力泵出药物的剂型是（　　）。
    A. 乳液型喷雾剂　B. 溶液型气雾剂　C. 吸入型气雾剂
    D. 溶液型喷雾剂　E. 混悬型气雾剂
12. 关于气雾剂的正确表述是（　　）。
    A. 吸入气雾剂吸收速率快，不亚于静脉注射
    B. 可避免肝首过效应和胃肠道的破坏作用
    C. 气雾剂系指药物封装于具有特制阀门系统中制成的制剂
    D. 按气相组成分类，可分为一相气雾剂、二相气雾剂和三相气雾剂

E. 按相组成分类，可分为二相气雾剂和三相气雾剂

13. 关于吸入粉雾剂叙述正确的是（　　）。

A. 采用特制的干粉吸入装置

B. 可加入适宜的载体和润滑剂

C. 应置于凉暗处保存

D. 药物的多剂量贮存形式

E. 微粉化药物或与载体以胶囊、泡囊或多剂量贮库形式

14. 抗菌药物、脂肪酸、甘油、PVP、三乙醇胺、氢氟烷烃、蒸馏水组成的处方不属于（　　）。

A. 气雾剂　　B. 乳剂型气雾剂　　C. 混悬型气雾剂

D. 喷雾剂　　E. 溶液型气雾剂

15. 属于气雾剂阀门系统组成部件的是（　　）。

A. 抛射剂　　B. 橡胶封圈　　C. 浸入管　　D. 耐压容器　　E. 推动钮

(四) 配对选择题

【1～3】

A. 七氟丙烷　B. 丙二醇　C. CMC-Na　D. 甘露醇　E. 枸橼酸

1. 可在气雾剂中作抛射剂的是（　　）。

2. 可作为气雾剂中的潜溶剂的是（　　）。

3. 可作为粉雾剂的载体的是（　　）。

【4～7】

A. 溶液型气雾剂　B. 乳剂型气雾剂　C. 喷雾剂　D. 混悬型气雾剂　E. DPI

4. 经特殊的给药装置以干粉形式由患者主动吸入从而发挥全身或局部作用的制剂是（　　）。

5. 属于二相气雾剂的是（　　）。

6. 使用时借助手动泵的压力，无须添加抛射剂即可将药液喷成雾状的制剂是（　　）。

7. 属于泡沫型气雾剂的是（　　）。

【8～10】

A. 四氟乙烷　B. Azone　C. 乙醇　D. 司盘 80　E. 硬脂酸镁

8. 气雾剂中用作抛射剂的是（　　）。

9. 气雾剂中用作稳定剂的是（　　）。

10. 气雾剂中用作潜溶剂的是（　　）。

(五) 填空题

1. 气雾剂是指________与适宜的________共同装封于具有特制________的耐压容器中，使用时借助抛射剂的压力将内容物呈______喷出，用于肺部吸入或直接喷至________、________和________的制剂。

2. 气雾剂一般由________、________、________和________组成。

3. 按给药途径，气雾剂分为________、________和________。

4. 现行《中国药典》收录的吸入制剂剂型包括________、________、________、_______和_______。

5. 三相气雾剂一般是指________和________，三相气雾剂由________和________三相组成。

6. 按分散系统分类，气雾剂可分为________、________和________。

7. 吸入气雾剂的制备过程包括________、________和________。

8. 药液的分装和抛射剂的填充有________和________两种方法。

9. 自 2007 年 7 月 1 日起氯氟烷烃类停止使用后，抛射剂还有________、________和________三大类。

10. 影响气雾剂中药物在呼吸系统分布的主要因素有________、________以及________。

11. 气雾剂产品中水分的来源主要有________、________以及________。

12. 吸入制剂给药和治疗的效果主要是由________、________、________和________四个因素共同

决定。

13. O/W 型乳剂型气雾剂，其液相为________和________形成的 O/W 型乳剂，气相为________的蒸气，在喷射时产生稳定而持久的泡沫，因此又称为________。

14. 用于雾化吸入给药的三种雾化器是________、________以及________。

15. 气雾剂喷射能力的强弱取决于抛射剂的________及________。

16. 按是否定量给药，喷雾剂可分为________和________；按使用方法可以分为________和________；按处方组成分为________、________以及________。

17. 喷雾剂具备雾化给药的优点，同时避免使用________，更加安全可靠，因此喷雾剂特别适用于________、________、________、________以及________等部位给药，特别是________和________的喷雾给药比较多见。

18. 吸入粉雾剂（DPI）根据给药形式不同，可分为________、________和________三种类型。

19. DPI 制剂中粉末吸入效果与________、________、________和________等性质有关。

20. DPI 通过呼吸道黏膜下的毛细血管吸收具有以下特点：________、________、________、________和________。

21. 喷雾剂系指不含________，而是借助________的压力将内容物以________等形态释出的制剂。

（六）是非题

1. 气雾剂由药物与附加剂、溶剂、助溶剂、耐压容器和阀门系统所组成。（　　）
2. 气雾剂可通过肺部、皮肤或其他腔道起局部或全身作用。（　　）
3. 气雾剂具有起效快、剂量均一、使用方便、生产成本低和剂量准确的优点。（　　）
4. 通常吸入气雾剂原料药物微粒粒径控制在 0.5～5 nm 范围内最适宜。（　　）
5. 气雾剂喷射能力的强弱取决于抛射剂的用量及自身蒸气压。（　　）
6. 压灌法速度快，需低温操作，对阀门无影响，成品压力较稳定，是目前我国生产中常采用的方法。（　　）
7. CO_2、N_2O、N_2 是喷雾剂常用的压缩气体。（　　）
8. 喷雾剂的容器需能抵抗 686.51 kPa 的压力。（　　）
9. 吸入气雾剂的阀门系统主要由封帽、阀杆、橡胶封圈、弹簧、定量杯、浸入管六部分组成。（　　）
10. 氢氟烷烃类是目前最具应用前景的抛射剂。（　　）
11. 甘露醇、磷脂、氨基酸、CMC-Na 和乳糖均可作为粉雾剂的载体。（　　）
12. DPI 因给药形式不同，可分为胶囊型、泡囊型以及贮库型三种。（　　）
13. 气雾剂喷出的药物多为雾状气溶胶。（　　）
14. DPI 以患者主动吸入的方式给药，因此制备过程中不需要加入抛射剂。（　　）
15. 药物粒径越小越容易通过呼吸道进入肺泡被吸收利用，因此肺部给药药物粒径越小越好。（　　）
16. 为了更好地被肺部吸收，要求喷雾剂的喷出雾滴大小应小于 15 μm。（　　）
17. 抛射剂在常温下的蒸气压力应大于大气压力。（　　）
18. 喷雾剂处方中不存在抛射剂。（　　）
19. 当所封装的乳剂从乳剂型气雾剂的阀门喷出时，所产生泡沫的性状取决于乳化剂的性质和用量。（　　）
20. 定量气雾剂通过定量阀门的容积来实现每次用药剂量的精准控制。（　　）

（七）处方分析与制备

1. 分析异丙托溴铵气雾剂处方中各组分的作用，并写出制备方法。

【处方】

组分	用量	作用
异丙托溴铵	0.038 g	________
柠檬酸	0.004 g	________

无水乙醇	15 g	______
四氟乙烷	84.46 g	______
蒸馏水	0.5 g	______
制成	100 瓶	

【制法】____

____。

2. 分析硫酸左旋沙丁胺醇混悬气雾剂处方中各组分的作用，并写出制备方法。

【处方】

组分	用量	作用
硫酸左旋沙丁胺醇	0.85 g	______
卵磷脂	0.08 g	______
甘油	30 g	______
二甲醚	150 g	______
HFC 134a	819.07 g	______
制成	1000 g	

【制法】____

____。

3. 分析赖氨酸加压素鼻喷雾剂处方中各组分的作用，并写出制备方法。

【处方】

组分	用量	作用
赖氨酸加压素	0.185 g	______
尼泊金甲酯	0.15 %	______
尼泊金丙酯	0.02 %	______
三氯叔乙醇	0.5 %	______
甘油	1.5 %	______
醋酸	适量	______
醋酸钠	适量	______
枸橼酸钠	适量	______
羟丙甲纤维素	适量	______
山梨醇	适量	______
蒸馏水	适量	______
制成	1000 mL	

【制法】____

____。

4. 分析布地奈德混悬喷雾剂处方中各组分的作用，并写出制备方法。

【处方】

组分	用量	作用
布地奈德	5.5 g	______
柠檬酸	0.3 g	______

柠檬酸钠	0.5 g	________
吐温 80	0.2 g	________
EDTA-2Na	0.1 g	________
NaCl	9 g	________
苯扎氯铵	0.1 g	________
蒸馏水	加至 1000 mL	________

【制法】____
____。

5. 分析妥布霉素吸入粉雾剂处方中各组分的作用，并写出制备方法。

【处方】

组分	用量	作用
妥布霉素	75 g	________
甘氨酸	25 g	________
制成	1000 粒胶囊	________

【制法】____
____。

（八）问答题

1. 简述气雾剂的分类、特点和主要组成成分。
2. 抛射剂有哪几种？抛射剂应符合哪些要求？
3. 气雾剂的质量评价指标有哪些？
4. 简述混悬型气雾剂进行处方设计时应考虑的问题。
5. 简述喷雾剂和吸入粉雾剂的质量评价指标。

四、参考答案

（一）名词解释（中英文）

1. 气雾剂（aerosol）：指将含药溶液、乳状液或混悬液与适宜的抛射剂共同装封于具有特制阀门系统的耐压容器中，使用时借助抛射剂的压力将内容物呈雾状喷出，用于肺部吸入或直接喷至腔道黏膜、皮肤和空间消毒的制剂。

2. 喷雾剂（spray）：指将含药溶液、乳状液或混悬液填充于特制的装置中，使用时借助手动泵的压力（无须添加抛射剂）或其他方法将内容物呈雾状物释出，直接喷至腔道黏膜、皮肤及空间消毒的制剂。

3. 粉雾剂（powder aerosol）：是指一种或一种以上的药物粉末经特殊的给药装置以干粉形式进入呼吸道，发挥全身或局部作用的一种给药系统。

4. 抛射剂（propellant）：是喷射药物的动力，有时兼有药物的溶剂作用。抛射剂多为液化气体，在常压下沸点低于室温，因此需将其装入耐压容器内，由阀门系统控制。在阀门开启时，借抛射剂的压力将容器内药液以雾状喷出到达用药部位。

5. dry powder inhalation（DPI）：吸入粉雾剂，指微粉化药物或与载体以胶囊、泡囊或多剂量贮库形式，采用特制的干粉吸入装置，由患者主动吸入雾化药物至肺部的制剂。

（二）单项选择题

1. D　2. C　3. D　4. C　5. C　6. A　7. B　8. A　9. A　10. D　11. B　12. D　13. B　14. B　15. D

（三）多项选择题

1. ACDE　2. ACE　3. BCE　4. BCDE　5. ABDE　6. ABCD　7. BC　8. BCD　9. ABCD　10. ABDE　11. AD　12. ABE　13. ABCE　14. CDE　15. BCE

（四）配对选择题

1. A　2. B　3. D　4. E　5. A　6. C　7. B　8. A　9. D　10. C

（五）填空题

1. 含药溶液、乳状液或混悬液，抛射剂，阀门系统，雾状，腔道黏膜，皮肤，空间消毒
2. 药物，耐压容器，定量阀门系统，喷射装置
3. 吸入气雾剂，非吸入气雾剂，外用气雾剂
4. 压力定量吸入气雾剂（pMDI），吸入粉雾剂（DPI），吸入喷雾剂，吸入液体制剂，可转变为蒸气的制剂
5. 混悬型气雾剂，乳剂型气雾剂，气-液-固，气-液-液
6. 溶液型，混悬型，乳剂型
7. 容器阀门系统的处理与装配，药物的配制与分装，抛射剂的填充
8. 冷灌法，压灌法
9. 氢氟烷烃，碳氢化合物，压缩气体
10. 呼吸的气流，微粒的大小，药物的性质
11. 原料和辅料中带入，生产环境引入，容器和生产用具带入
12. 药物理化特性，装置雾化性能，患者操作技巧，患者使用依从性
13. 药物溶液，抛射剂，抛射剂，泡沫气雾剂
14. 喷射雾化器，超声雾化器，振动筛雾化器
15. 用量，自身蒸气压
16. 定量喷雾剂，非定量喷雾剂，单剂量喷雾剂，多剂量喷雾剂，溶液型喷雾剂，乳液型喷雾剂，混悬型喷雾剂
17. 抛射剂，皮肤，黏膜，关节，肢体表面，腔道，鼻腔，体表
18. 胶囊型，泡囊型，贮库型
19. 药物（或药物与载体）粒子的粒径大小，外观形态，所带电荷，吸湿性
20. 患者主动吸入药粉，无抛射剂，给药剂量准确，不含防腐剂及酒精等溶剂，给药剂量大
21. 抛射剂，手动泵，雾状

（六）是非题

1. ×　2. √　3. √　4. ×　5. √　6. ×　7. √　8. ×　9. ×　10. √　11. ×　12. √　13. √　14. √　15. ×　16. ×　17. √　18. √　19. ×　20. √

（七）处方分析与制备

1. 异丙托溴铵气雾剂

【处方】

组分	作用
异丙托溴铵	主药活性成分
柠檬酸	pH 调节剂，稳定剂
无水乙醇	助溶剂

续表

组分	作用
四氟乙烷	抛射剂
蒸馏水	溶剂

【制法】首先进行药液配制。加入处方量的异丙托溴铵、柠檬酸、约 1/5 量的无水乙醇、蒸馏水至容器中，搅拌直至溶液澄清透明无白色粉末和晶体，补加余量的无水乙醇，搅拌均匀。然后，把药液灌装入气雾剂罐中，加阀门、封口，最后灌装抛射剂，即可得异丙托溴铵气雾剂。

2. 硫酸左旋沙丁胺醇混悬气雾剂

【处方】

组分	作用
硫酸左旋沙丁胺醇	主药活性成分
卵磷脂	表面活性剂
甘油	分散剂
二甲醚	抛射剂
HFC 134a	抛射剂

【制法】首先将硫酸左旋沙丁胺醇经气流粉碎机粉碎至适宜粒度，置于干燥器中备用。然后采用干燥至恒重的无水硫酸钠对甘油和卵磷脂进行脱水，时间不少于 24 h。之后，将处方量的各组分共同置于密封的配制罐内高速均质后，分装到耐压容器内，加盖阀门并密封，随后充入处方量的二甲醚及 HFC 134a 即可得到硫酸左旋沙丁胺醇混悬气雾剂。

3. 赖氨酸加压素鼻喷雾剂

【处方】

组分	作用
赖氨酸加压素	主药活性成分
尼泊金甲酯	防腐剂
尼泊金丙酯	防腐剂
三氯叔乙醇	止痛剂
甘油	保湿剂,等渗剂
醋酸	pH 调节剂
醋酸钠	pH 调节剂
枸橼酸钠	pH 调节剂,稳定剂
羟丙甲纤维素	黏度调节剂
山梨醇	保湿剂,等渗剂
蒸馏水	溶剂

【制法】将尼泊金甲酯和尼泊金丙酯加入三氯叔丁醇中溶解备用。将处方中其他辅料成分用蒸馏水溶解后，加赖氨酸加压素搅拌溶解，过滤以保证澄明。之后，将以上配制的尼泊金三氯叔丁醇溶液在持续搅拌下缓慢加入上述溶液中。最后加入羟丙甲纤维素溶液。加蒸馏水至全量，搅拌均匀。最后，将以上配制

的溶液灌装于具手动泵的气雾瓶中即得赖氨酸加压素鼻喷雾剂。

4. 布地奈德混悬喷雾剂

【处方】

组分	作用
布地奈德	主药活性成分
柠檬酸	缓冲剂
柠檬酸钠	缓冲剂
吐温 80	表面活性剂
EDTA-2Na	螯合剂
NaCl	渗透压调节剂
苯扎氯铵	防腐剂
蒸馏水	溶剂

【制法】首先将以上处方量的柠檬酸、柠檬酸钠、EDTA-2Na、NaCl、吐温 80 和苯扎氯铵加入 80% 的配制总量的蒸馏水中，持续搅拌使其完全溶解。接下来将处方量的布地奈德加入上述混合溶液中，搅拌得到布地奈德混悬液，并定容。将上述制备的布地奈德混悬液采用球磨机进行研磨，研磨时间为 150 min，使其粒度分布控制在 $D_{90}<5.5\ \mu m$。该处方工艺难点在于混悬液粒度的控制。

5. 妥布霉素吸入粉雾剂

(1) 处方分析：以上处方中妥布霉素是主药活性成分；甘氨酸作为药物载体。

(2) 制备方法：首先将妥布霉素微粉化，使妥布霉素的微粒粒径小于 5 μm，然后将妥布霉素与甘氨酸载体按处方比例混合均匀，装入胶囊后置 Helioeast® 粉雾吸入器中即得。制备过程中关键工艺：①妥布霉素的微粉化程度，使其粒径符合要求；②妥布霉素与甘氨酸的混合均匀性。

(八) 问答题

1. 答：按分散系统，气雾剂可分为溶液型、混悬型和乳剂型气雾剂；按照给药途径，气雾剂可分为吸入气雾剂、非吸入气雾剂及外用气雾剂；按处方组成，气雾剂可分为二相气雾剂和三相气雾剂；按给药定量与否，气雾剂还可分为定量吸入气雾剂和非定量吸入气雾剂。

气雾剂的优点：①简洁、便携、耐用、方便、不显眼、多剂量；②比雾化器容易准备，治疗时间短；③良好的剂量均一性；④气溶胶形成与患者的吸入行为无关；⑤所有 MDI 的操作和吸入方法相似；⑥批量生产价廉；⑦高压下的内容物可防止病原体侵入。

气雾剂的缺点：①许多患者无法正确使用，从而造成肺部剂量较低和（或）不均一；②通常不是呼吸触动，即使吸入技术良好，肺部沉积量通常较低；③阀门系统对药物剂量有所限制，无法递送大剂量药物；④大多数现有的定量吸入气雾剂没有剂量计数器。

气雾剂的主要组成成分：气雾剂主要由抛射剂、药物活性成分、辅料、耐压容器和阀门系统组成。

2. 答：抛射剂是喷射药物的动力，也可作为药物的溶剂，一般可分为氯氟烷烃（CFC，氟利昂；现已停止使用）、氢氟烷烃（HFA）、碳氢化合物及压缩气体四大类。选择抛射剂时，应符合以下要求：①在常温下的蒸气压大于大气压；②无毒、无致敏反应和刺激性；③惰性，不与药物发生反应；④不易燃、不易爆；⑤无色、无臭、无味；⑥价廉易得。

3. 答：根据现行《中国药典》，气雾剂的质量评价指标包括：剂量均一性、每揿喷量、微细粒子分布、最低装量、泄漏率、每揿主药含量、每罐总揿次等。其中，剂量均一性、微细粒子分布是气雾剂研究中最重要的评价指标。

4. 答：混悬型气雾剂在处方设计时应考虑的问题包括：颗粒是否聚集、粒度是否变大、是否结块、阀门系统堵塞等问题。解决方法：①严格控制制剂中水分含量，水分应控制在 0.03% 以下，通常控制在0.005%以下；②药物的粒径应控制在5 μm以下，不得超过10 μm；③选用在抛射剂中不溶解的药物或溶解度最小的药物衍生物；④调节抛射剂与混悬固体的密度，尽量使二者密度相等；⑤添加适当的助悬剂。

5. 答：参照现行《中国药典》，喷雾剂的质量评价指标包括：每瓶总喷数、每喷喷量、每喷主药含量、递送剂量均一性、微细粒子剂量、装量差异、装量、无菌以及微生物限度等方面。吸入粉雾剂的质量评价指标包括：每吸主药含量（贮库型）、每瓶总吸数（贮库型）、含量均匀度（胶囊型和泡囊型）、剂量均一性（贮库型）、微细粒子分数、排空率、水分以及其他微生物限度、粉末粒度及粒度分布等。

第十章 半固体制剂

一、本章学习要求

1. 掌握 软膏剂与乳膏剂的概念、特点、制备方法、质量评价及流变学有关的基本性质；重点关注二者常用的基质种类与性质。

2. 熟悉 凝胶剂的概念、特点、常用基质、制备方法、质量要求及流变性质；半固体制剂重要设备。

3. 了解 流变学的应用与发展。

二、学习导图

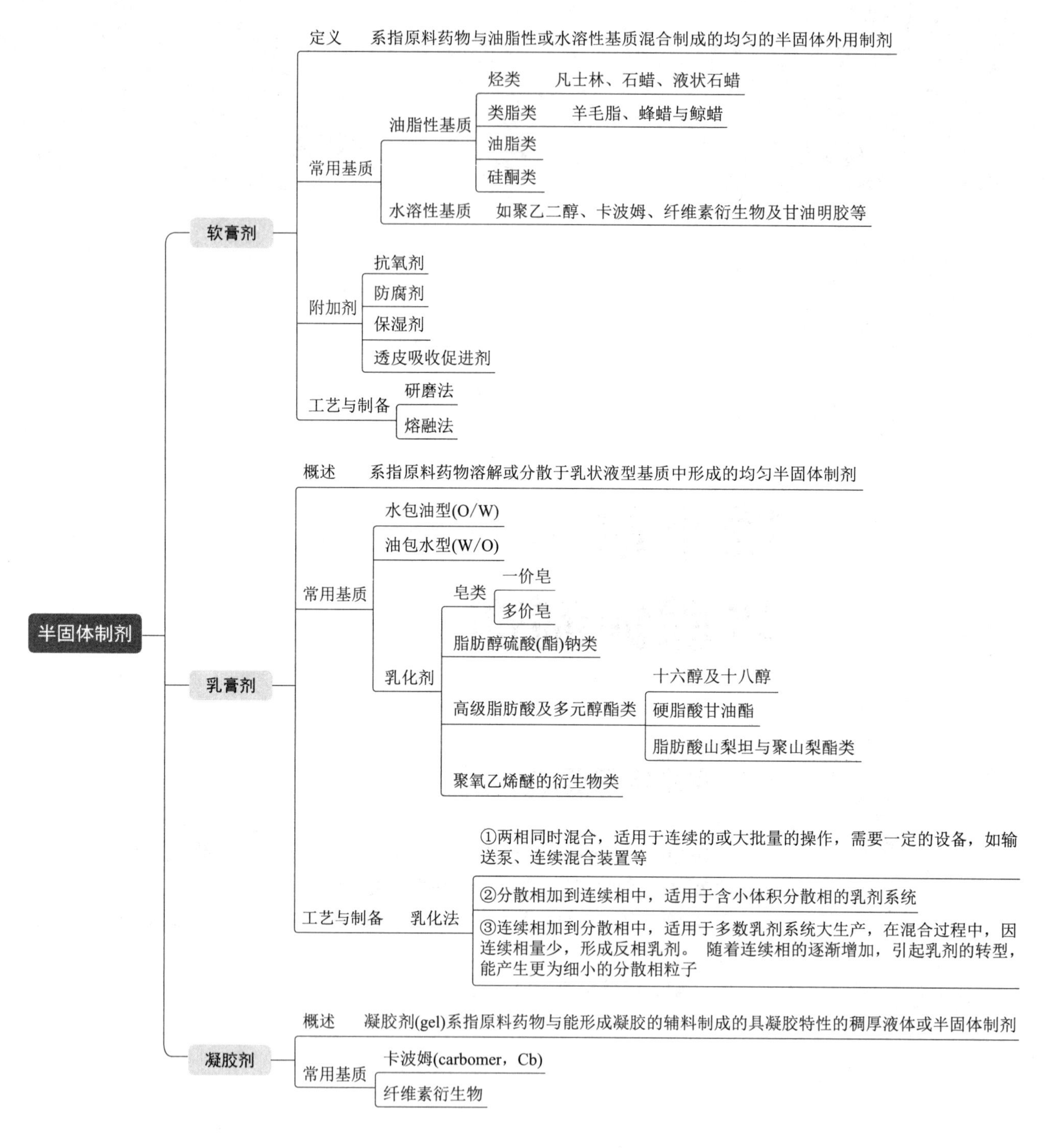

三、习题

（一）名词解释（中英文）

1. ointment；2. cream；3. 弹性形变；4. 凝胶剂；5. 触变性；6. 应力松弛；7. 塑性流体；8. 假塑性流体

（二）单项选择题

1. 下列有关软膏剂的叙述错误的是（　　）。
   A. 软膏剂是将药物加入适宜基质中制成的一种半固体外用制剂
   B. 软膏剂具有保护、润滑、局部治疗及全身治疗作用
   C. 软膏剂按分散系统可分为溶液型、混悬型两类
   D. 软膏剂必须对皮肤无刺激性且无菌
2. 下列凝胶剂分类中，不是按分散系统分类的是（　　）。
   A. 单相凝胶　　B. 两相凝胶　　C. 乳胶剂　　D. 水性凝胶
3. 以下有关凝胶剂的特点和质量要求说法错误的是（　　）。
   A. 在常温时保持胶状，不干涸或液化
   B. 混悬型凝胶剂中胶粒应分散均匀，不应下沉、结块
   C. 不得添加抑菌剂
   D. 具有良好的生物相容性，对药物释放具有缓释、控释作用
4. 塑性流体的流动公式是（　　）。
   A. $D=S/\eta$　　B. $D=S/\eta_a$　　C. $D=S^n/\eta_a$（$n>1$）　　D. $D=(S-S_0)/\eta_a$
5. 关于牛顿流体，下列说法错误的是（　　）。
   A. 剪切速率与剪切应力间呈直线关系　　B. 剪切应力 S 与剪切速率 D 成正比
   C. 遵循牛顿方程　　D. 黏度与剪切速率无关
6. 对于糜烂创面的治疗采用（　　）基质配制软膏为好。
   A. 凡士林　　B. 甘油明胶　　C. W/O 型乳剂基质　　D. O/W 型乳剂基质
7. 软膏剂中加入 Azone 的目的是（　　）。
   A. 降低黏稠度　　B. 促进吸收　　C. 保湿　　D. 提高药物稳定性
8. 可单独用作软膏基质的是（　　）。
   A. 植物油　　B. 固体石蜡　　C. 蜂蜡　　D. 凡士林
9. 对于遇水稳定性较差的药物，应该选择（　　）软膏基质。
   A. 油脂性　　B. O/W 型乳剂　　C. W/O 型乳剂　　D. 水溶性
10. 乳膏剂与口服乳剂的区别在于（　　）。
    A. 油相的性状　　B. 乳化剂用量　　C. 乳化温度　　D. 油相体积分数
11. 下列关于凝胶剂叙述错误的是（　　）。
    A. 凝胶剂是指原料药物与形成凝胶的辅料制成的具有凝胶特性的半固体制剂
    B. 凝胶剂可分为单相凝胶和双相凝胶
    C. 氢氧化铝凝胶具有触变性，为单相凝胶系统
    D. 卡波姆在水中分散形成浑浊的酸性溶液必须加入 NaOH 中和，才能形成凝胶剂
12. 下列流体中，甘油属于（　　）。
    A. 胀性流体　　B. 触变流体　　C. 牛顿流体　　D. 假塑性流体
13. 为了取用方便，可以选用黏度较低的含水羊毛脂，含水羊毛脂是指（　　）。
    A. 含 10%水分的羊毛脂　　B. 含 30%水分的羊毛脂
    C. 含 O/W 型乳化剂的羊毛脂　　D. 含 W/O 型乳化剂的羊毛脂
14. 用聚乙二醇作为软膏剂基质时，常采用不同分子量的聚乙二醇混合，其目的是（　　）。
    A. 增加药物在基质中溶解度　　B. 增加药物吸收
    C. 调节吸水性　　D. 调节稠度
15. 以下属于 O/W 型乳化剂的是（　　）。
    A. 脂肪酸山梨坦　　B. 平平加 O　　C. 胆固醇　　D. 蜂蜡
16. 下列基质中，（　　）不是水溶性软膏剂基质。
    A. PEG　　B. 甘油明胶　　C. 羊毛脂　　D. 纤维素衍生物

17. 用于大面积烧伤面的软膏剂的特殊要求为（　　）。

A. 不得加防腐剂、抗氧剂　　B. 均匀细腻

C. 无菌　　D. 无刺激

18. 以下关于软膏基质的表述，正确的是（　　）。

A. 液状石蜡主要用于改变软膏的类型

B. 水溶性基质释药快，能与创面渗出液混合

C. 凡士林中加入羊毛脂是为了增加黏稠度

D. 水溶性基质中含有大量水分，因此不需要加保湿剂

19. 以下关于凡士林作为软膏基质表述错误的是（　　）。

A. 凡士林是由多种分子量的烃类组成的半固体状混合物

B. 凡士林是常用的油脂性基质

C. 凡士林吸水性很强

D. 常温下 100 g 凡士林吸收水的质量（单位为克）即为凡士林的水值

20. 制备甘油明胶栓时，可采用的润滑剂是（　　）。

A. 液状石蜡　　B. 乙醇　　C. 硬脂酸镁　　D. 甘油

（三）多项选择题

1. 下列关于软膏剂的叙述错误的是（　　）。

A. O/W 型乳剂基质对皮肤的正常功能影响小，可用于分泌物多的皮肤病

B. 多量渗出液患处的治疗宜选择亲水性基质

C. 水溶性基质释放速率较油脂性基质快

D. 凡士林基质的软膏剂适用于有多量渗出液的患处

2. 下列关于油脂性基质的叙述正确的是（　　）。

A. 油脂性基质无刺激，润滑性能好，多用于干燥患处

B. 油脂性基质尤适用于遇水不稳定药物

C. 油脂性基质能在皮肤表面形成封闭性油膜，促进皮肤水合作用

D. 油脂性基质易长霉，处方中应加入防腐剂

3. 有关流变学表述正确的是（　　）。

A. 牛顿流体是剪切应力 S 与剪切速率 D 成正比（$D=S/\eta$）、黏度 η 保持不变的流动现象

B. 触变流体的上行线与下行线不重合，所包围成的面积越小，其触变性越大

C. 假塑性流体具有切稀性质，即黏度随着剪切应力的增加而下降

D. 胀性流体具有切稠性质，即黏度随着剪切应力的增加而增加

4. 以下哪种辅料的溶液属于假塑性流动类型（　　）。

A. 牙膏　　B. CMC-Na 2.5%水溶液

C. 甲基纤维素 1%水溶液　　D. 西黄蓍胶 1%水溶液

5. 下列有关乳剂型基质的叙述不正确的是（　　）。

A. 乳剂型基质分为 W/O 型和 O/W 型

B. 乳剂型基质由于乳化剂的表面活性作用，可促进药物与表皮的接触

C. O/W 型乳剂基质外相含多量水分，无须加入保湿剂

D. 遇水不稳定药物可用 W/O 乳剂型基质做软膏

6. 以下可用于制备 O/W 型乳剂型基质的乳化剂是（　　）。

A. 新生钠皂　　B. 新生铵皂　　C. 多价钙皂　　D. 聚山梨酯 80　　E. 司盘 80

7. 下列有关水溶性软膏基质 PEG 表述不正确的是（　　）。

A. PEG 对皮肤完全无刺激

B. 水溶性基质主要由不同分子量的 PEG 配合而成

C. PEG 易与水性液体混合，可用于有渗出液的创面

D. PEG 对皮肤有保护润湿作用

8. 高分子溶液产生黏度的原因包括（　　）。

A. 高分子化合物分子体积大，介质自由移动限制

B. 高分子的溶剂化作用

C. 高分子间的相互作用，即使浓度很低时仍然明显

D. 高分子化合物分子量不宜控制

E. 高分子溶液通常流动性差

9. 以下关于乳剂流变性的描述正确的是（　　）。

A. 分散相体积比较低时，体系表现为非牛顿流动

B. 随着分散体体积比增加，系统流动性下降，转变成假塑性流动或塑性流动

C. 乳化剂浓度越高，制剂黏度越大，流动性越差

D. 平均粒度相同的条件下，粒度分布宽的系统比粒度分布窄的系统黏度低

E. 乳化剂浓度越低，制剂黏度越大，流动性越好

10. 用聚乙二醇作为软膏剂的基质时，常常采用不同分子量的聚乙二醇混合，不属于其目的是（　　）。

A. 调节稠度　B. 调节吸水性　C. 降低刺激性

D. 增加药物穿透性　E. 增加药物在基质中的溶解度

11. 油脂性软膏剂因质地过硬需要调节稠度，可选用以下哪些材料混用（　　）。

A. 鲸蜡　B. 羊毛脂　C. 液状石蜡　D. 石蜡　E. 聚乙二醇

12. 现行《中国药典》中测定非牛顿流体的黏度仪器为（　　）。

A. 乌氏毛细管黏度计　B. 落球黏度计　C. 平氏毛细管黏度计

D. 同轴圆筒旋转黏度计　E. 锥板型旋转黏度计

13. 关于凝胶剂的特点和质量要求说法正确的是（　　）。

A. 具有良好的生物相容性，对药物释放具有缓释、控释作用

B. 混悬型凝胶剂中胶粒应分散均匀，不应下沉、结块

C. 在常温时保持胶状，不干凅或液化

D. 不得添加抑菌剂

E. 除另有规定外，凝胶剂应避光，密闭贮存，并应防冻

14. 下列属于凝胶剂中所应用的辅料的是（　　）。

A. 保湿剂　B. 填充剂　C. 崩解剂　D. 抗氧剂　E. 乳化剂

15. 对软膏剂的质量要求不正确的是（　　）。

A. 软膏中药物必须能和软膏基质互溶

B. 无不良刺激性

C. 软膏剂的稠度越大质量越好

D. 色泽一致，质地均匀，无粗糙感，无污物

E. 应易于涂布

（四）配对选择题

【1～4】

指出下列辅料在软膏中的作用：

A. 单硬脂酸甘油酯　B. 甘油　C. 白凡士林　D. 十二烷基硫酸钠　E. 对羟基苯甲酸乙酯

1. 用作辅助乳化剂的是（　　）。

2. 用作保湿剂的是（　　）。

3. 用作油脂性基质的是（　　）。

4. 用作乳化剂的是（　　）。

【5～8】

A. 植物油　B. 司盘类　C. 羊毛脂　D. 三乙醇胺　E. 凡士林

5. 可改善凡士林吸水性能的物质是（　　）。
6. 单独用作软膏基质的油脂性基质是（　　）。
7. 用于O/W型乳剂型基质的乳化剂是（　　）。
8. 用于W/O型乳剂型基质的乳化剂是（　　）。

【9～13】

选择下列试剂对应的化学名称：

A. Pluronic F-68　B. MC　C. Carbopol　D. HPC　E. SDS

9. （　　）的化学名称是十二烷基硫酸钠。
10. （　　）的化学名称是羟丙基纤维素。
11. （　　）的化学名称是泊洛沙姆188。
12. （　　）的化学名称是卡波姆。
13. （　　）的化学名称是甲基纤维素。

【14～19】

说明下列物质在软膏制剂制备中的用途：

A. 氢化蓖麻油　B. Tween 80　C. Azone　D. 鲸蜡醇　E. 对羟基苯甲酸酯　F. 叔丁基对甲酚

14. 用作硬化剂的是（　　）。
15. 用作增稠剂的是（　　）。
16. 用作吸收促进剂的是（　　）。
17. 用作抗氧剂的是（　　）。
18. 用作防腐剂的是（　　）。
19. 用作乳化剂的是（　　）。

（五）填空题

1. 半固体制剂包括治疗或防护用的________、________、________、________以及________。
2. 触变性受________、________、________、________、________和________等因素的影响。
3. 黏度的表达方式有以下几种：________、________、________、________、________和________。
4. 软膏剂是________与________混合制成的均匀的半固体外用制剂。
5. 软膏剂具有________和________，________反映遇热熔化而流动，________反映施加外力时黏度降低，静止时黏度升高，不利于流动。
6. 药物制剂的流变学性质主要包括：________、________、________、________、________和________。
7. 油脂性基质凡士林吸收水分的能力小，故不能与________配伍，加入________可提高其吸水性。
8. 含油脂性基质的软膏剂常因油脂性质不稳定、易氧化，应加入__________，如________、________、________等。
9. 常用的透皮吸收促进剂包括________、________、________、________、________、________六大类。
10. 脂肪酸山梨坦与聚山梨酯类均为非离子型表面活性剂，前者为________型乳化剂，后者则用于制备________型的乳状型基质，两者可单独使用，也可混合使用，以调节适宜的________而形成稳定的乳状型基质。
11. 乳膏基质可分为________与________两类，由________、________与________组成。
12. 制备W/O型乳膏剂其乳化剂的HLB值为________，而制备O/W型乳膏剂其乳化剂的HLB值为________。
13. O/W型基质中常需加入__________（如尼泊金类、三氯叔丁醇等）和__________（如甘油、丙二醇等）。
14. 乳膏剂通常采用乳化法制备，油相与水相混合的方法包括：________、________与________。

15. 按分散系统，凝胶剂可分为________和________，其中________具有________，如氢氧化铝凝胶剂。

16. 假黏性流体的特点是________、________、________。

17. 影响体系触变性的因素包括________________。（五种以上）

（六）是非题

1. 半固体制剂仅可用于局部治疗，不可用于全身治疗。（　　）
2. 影响半固体制剂的触变性的因素包括 pH、温度、聚合物浓度、聚合物结构的修饰、电解质的加入等。（　　）
3. 海藻酸钠溶液中加入硅酸铝镁不能使其变为具有触变性的假塑性流体。（　　）
4. 软膏剂是一种由药物与适宜基质均匀混合制成的固体制剂，可以起局部治疗作用，也可起全身治疗作用。（　　）
5. 软膏剂属于灭菌制剂，必须在无菌的条件下制备。（　　）
6. 按照药物在基质中的分散状态，软膏剂可分为溶液型软膏剂和混悬型软膏剂。（　　）
7. 油脂性基质是不饱和脂肪酸甘油酯，其在贮存过程中易氧化、酸败，因此进行乳膏制备时需加入抗氧剂和防腐剂。（　　）
8. 羊毛脂基质适用于大量渗出液的患处使用。（　　）
9. 软膏剂中粒径不得大于 200 μm。（　　）
10. 形成乳膏剂的类型取决于乳化剂的 HLB 值。（　　）
11. 使用一价皂乳化剂易形成 O/W 型乳剂型基质。（　　）
12. 乳化剂平平加 O 是以十八（烯）醇聚乙二醇 800 醚为主要成分的混合物，是一种非离子型 O/W 型表面活性剂。（　　）
13. 乳膏剂制备时，必须维持水相和油相温度一致。（　　）
14. 通常脂溶性药物从乳膏剂中释放的快慢顺序为 O/W 型＞W/O 型＞烃类＞类脂类。（　　）
15. 对于急性且有多量渗出液的皮肤患者，应首选 O/W 型乳膏剂。（　　）
16. 半固体状油脂性基质必须先加温熔化后，再与药物混合。（　　）
17. 水凝胶基质易失水和霉变，需加入保湿剂和防腐剂。（　　）
18. 纤维素衍生物，如羟丙基纤维素和羧甲基纤维素钠，可在热水中溶解形成凝胶剂。（　　）
19. 现行《中国药典》规定，W/O 型乳膏剂 pH 应不大于 8.5。（　　）
20. 羊毛脂可改善凡士林的吸水性能。（　　）
21. 牛顿流体的剪切应力 S 与剪切速率 D 成反比。（　　）
22. 搅拌某种软膏，黏度下降，但停止搅拌后，黏度缓慢恢复，这一现象称为触变性。（　　）
23. 通常用毛细管黏度计测定非牛顿流体的黏度。（　　）
24. 通常乳剂中分散相体积减小、粒度增大、乳化剂浓度增高将导致其流动性减小，表现出假塑性流动特点。（　　）

（七）处方分析与制备

1. 分析硝酸甘油软膏剂处方组成的作用，并简述其制备过程。

【处方】

组分	用量	作用
硝酸甘油	10 g	________
单硬脂酸甘油酯	52.5 g	________
白凡士林	65 g	________
甘油	50 g	________

硬脂酸	90 g	______
月桂醇硫酸钠	7.5 g	______
对羟基苯甲酸乙酯	0.75 g	______
蒸馏水	加至 500 g	______

【制法】____。

2. 分析复方醋酸曲安缩松软膏剂处方组成的作用，并简述其制备过程。

【处方】

组分	用量	作用
醋酸曲安缩松	0.25 g	______
尿素	100 g	______
硬脂酸	125 g	______
单硬脂酸甘油酯	35 g	______
白凡士林	50 g	______
液状石蜡	100 g	______
三乙醇胺	4 g	______
氮酮	15 g	______
丙二醇	50 g	______
对羟基苯甲酸乙酯	15 g	______
蒸馏水	加至 1000 g	______

【制法】____。

3. 分析盐酸达克宁软膏处方组成的作用，并简述其制备过程。

【处方】

组分	用量	作用
盐酸达克宁	10 g	______
十六醇	120 g	______
白凡士林	50 g	______
液状石蜡	100 g	______
甘油	100 g	______
Tween 80	35 g	______
Span 80	15 g	______
尼泊金乙酯	1 g	______
蒸馏水	539 mL	______

【制法】____。

4. 分析水杨酸软膏处方组成的作用，并简述其制备过程。

【处方】

组分	用量	作用
水杨酸	1.0 g	________
硬脂酸	1.0 g	________
硬脂酸甘油酯	1.4 g	________
液状石蜡	2.4 g	________
白凡士林	0.4 g	________
羊毛脂	2.0 g	________
三乙醇胺	0.16 g	________
SLS	1 g	________
甘油	1.2 g	________
蒸馏水	加至 40 g	________

【制法】____

____。

5. 分析林可霉素利多卡因凝胶处方组成的作用，并简述其制备过程。

【处方】

组分	用量	作用
林可霉素	5 g	________
利多卡因	4 g	________
丙二醇	100 g	________
羟苯乙酯	1 g	________
卡波姆	5 g	________
三乙醇胺	6.75 g	________
蒸馏水	加至 1000 g	________

【制法】____

____。

（八）问答题

1. 简述软膏剂和乳膏剂的制备方法与生产工艺流程。
2. 举例说明什么是弹性凝胶，什么是非弹性凝胶。
3. 简述软膏剂和乳膏剂的质量评价指标。
4. 软膏剂在生产过程中可能存在哪些问题？如何解决？
5. 简述流变学在药剂学中的主要应用领域。
6. 什么是牛顿流体和非牛顿流体？有何特征？

四、参考答案

（一）名词解释（中英文）

1. ointment：软膏剂，是指原料药物与油脂性或水溶性基质混合制成的均匀的半固体外用制剂。

2. cream：乳膏剂，是指原料药物溶解或分散于乳状液型基质中形成的均匀半固体制剂。

3. 弹性形变：对于外部应力而产生的固体的变形，当去除其应力时恢复原状的可逆的形变性质。

4. 凝胶剂：是指原料药物与能形成凝胶的辅料制成的具有凝胶特性的稠厚液体或半固体制剂。

5. 触变性：在一定温度下，非牛顿流体在恒定剪切应力（振动、搅拌、摇动）的作用下，黏度下降，流动性增大；当剪切应力消除后，黏度在等温条件下缓慢地恢复到原来的状态的性质。

6. 应力松弛：是指黏弹性材料发生瞬间形变后，在变形程度不变的条件下，试样内部应力随时间的延续而逐渐减少的现象，即外形不变，内应力发生变化的现象。

7. 塑性流体：当作用在物体上的剪切应力达不到某一值时，物体保持形状，即不发生流动，而表现为弹性变形，具有这种性质的物体称为塑性流体。

8. 假塑性流体：当作用在物体上的剪切应力大于某一值时物体开始流动，表观黏度随着剪切应力的增大而减小，这种流体称为假塑性流体。

（二）单项选择题

1. D 2. C 3. C 4. D 5. A 6. B 7. B 8. D 9. A 10. A 11. C 12. C 13. B 14. D 15. B 16. C 17. C 18. B 19. C 20. A

（三）多项选择题

1. AD 2. ABC 3. ACD 4. BCD 5. CD 6. ABD 7. ACD 8. ABC 9. BC 10. BCDE 11. CD 12. ABCDE 13. ABCE 14. ADE 15. AC

（四）配对选择题

1. A 2. B 3. C 4. D 5. C 6. E 7. D 8. B 9. E 10. D 11. A 12. C 13. B 14. D 15. A 16. C 17. F 18. E 19. B

（五）填空题

1. 软膏剂，乳膏剂，眼膏剂，凝胶剂，糊剂
2. pH，温度，聚合物浓度，聚合物结构的修饰，聚合物联用，电解质
3. 绝对黏度，运动黏度，相对黏度，增比黏度，比浓黏度，特性黏度
4. 原料药物，油脂性或水溶性基质
5. 热敏性，触变性，热敏性，触变性
6. 稳定性，可挤出性，涂展性，通针性，滞留性，控释性
7. 水性溶液，羊毛脂
8. 抗氧剂，丁羟基茴香醚，生育酚，没食子酸丙酯
9. 有机溶剂类，有机酸和脂肪醇类，月桂氮䓬酮及其同系物，表面活性剂，角质保湿与软化剂，萜烯类
10. W/O，O/W，HLB值
11. 水包油，油包水，水相，油相，乳化剂
12. 3～8，8～18
13. 防腐剂，保湿剂
14. 两相同时混合，分散相加到连续相中，连续相加到分散相中
15. 单相凝胶，双相凝胶，双相凝胶，触变性
16. 流体无屈服值；随剪切速率 D 的增大，其表观黏度减小；流动曲线为凸向剪切应力 S 轴方向，并且经过原点的曲线
17. 质点形状，pH，温度，聚合物浓度，聚合物修饰，聚合物联用，电解质

（六）是非题

1. × 2. √ 3. × 4. × 5. × 6. √ 7. √ 8. × 9. × 10. √ 11. √ 12. √ 13. × 14. ×

15. × 16. × 17. √ 18. × 19. √ 20. √ 21. × 22. √ 23. × 24. ×

（七）处方分析与制备

1. 硝酸甘油乳膏剂

【处方】

组分	作用
硝酸甘油	主药
单硬脂酸甘油酯	油相，辅助乳化剂
白凡士林	油相
甘油	保湿剂
硬脂酸	油相
月桂醇硫酸钠	乳化剂
对羟基苯甲酸乙酯	防腐剂
蒸馏水	溶剂

【制法】将处方中的单硬脂酸甘油酯、白凡士林、硬脂酸一起加热至80 ℃，使其熔融，作为油相；将处方中硝酸甘油、甘油、月桂醇硫酸钠、对羟基苯甲酸乙酯溶于水中，并将以上水溶液加热至80 ℃左右，温度略高于油相作为水相；将硝酸甘油水相逐滴加入油相中，持续搅拌直至冷凝，即得硝酸甘油软膏剂。

2. 复方醋酸曲安缩松软膏剂

【处方】

组分	作用
醋酸曲安缩松	主药
尿素	主药
硬脂酸	油相
单硬脂酸甘油酯	油相，辅助乳化剂
白凡士林	油相
液状石蜡	油相
三乙醇胺	乳化剂
氮酮	透皮吸收促进剂
丙二醇	透皮吸收促进剂
对羟基苯甲酸乙酯	防腐剂
蒸馏水	溶剂

【制法】取硬脂酸、单硬脂酸甘油酯、白凡士林、液状石蜡至同一容器中，加热至85～90 ℃，后缓慢加入三乙醇胺、氮酮、丙二醇的混合溶液，边加边搅拌，至乳化完全，待温度降至50 ℃时，加入醋酸曲安缩松、尿素和对羟基苯甲酸乙酯的乙醇溶液，继续搅拌，即可得到复方醋酸曲安缩松软膏剂。

3. 盐酸达克宁软膏

【处方】

组分	作用
盐酸达克宁	主药
十六醇	油相
白凡士林	油相
液状石蜡	油相

续表

组分	作用
甘油	保湿剂
Tween 80	乳化剂
Span 80	乳化剂
尼泊金乙酯	防腐剂
蒸馏水	水相

【制法】将盐酸达克宁研细后再通过六号筛，备用；取十六醇、白凡士林、液状石蜡、尼泊金乙酯和 Span 80 加热至 80 ℃熔化为油相；另将甘油、Tween 80 及蒸馏水加热至 80 ℃为水相；然后将水相缓缓倒入油相中，边加边搅，直至冷凝，即得乳状型基质；将过筛的盐酸达克宁加入上述基质中，搅拌均匀即得盐酸达克宁软膏。

4. 水杨酸软膏

【处方】

组分	作用
水杨酸	主药
硬脂酸	油相
硬脂酸甘油酯	油相，辅助乳化剂
液状石蜡	油相，调稠度
白凡士林	油相，润滑
羊毛脂	油相
三乙醇胺	O/W 型乳化剂
SLS	O/W 型乳化剂
甘油	保湿剂
蒸馏水	水相

【制法】将水杨酸研细后再通过六号筛，备用；取硬脂酸甘油酯、硬脂酸、白凡士林及液状石蜡加热至 80 ℃熔化为油相；另将甘油、三乙醇胺及蒸馏水加热至 80 ℃，再加入十二烷基硫酸钠（SLS）溶解为水相；然后将水相缓缓倒入油相中，边加边搅，直至冷凝，即得乳剂型基质；将过筛的水杨酸加入上述基质中，搅拌均匀即得水杨酸软膏。

5. 林可霉素利多卡因凝胶

【处方】

组分	作用
林可霉素	主药
利多卡因	主药
丙二醇	稳定剂，保湿剂
羟苯乙酯	防腐剂
卡波姆	水凝胶基质
三乙醇胺	中和剂
蒸馏水	溶剂

【制法】将卡波姆与 500 mL 蒸馏水混合溶胀成半透明溶液，边搅拌边滴加处方量的三乙醇胺，再将羟苯乙酯溶于丙二醇后逐渐加入搅拌，并用适量的水溶解林可霉素、利多卡因后，加入上述凝胶基质中，加蒸馏水至全量，搅拌均匀即得林可霉素利多卡因凝胶。

（八）问答题

1. 答：软膏剂的制备包括基质的处理、药物的加入这两大步骤。为保证药物在基质中混合均匀、细腻，以保证药物的剂量与药效，软膏剂通常采用研磨法、熔融法以及乳化法进行制备。研磨法通常是将药物研细过筛后，先与少量基质研匀，然后等量递加其余基质至全量，研磨均匀。熔融法适用于含有大量油脂性基质的软膏剂。一般先将熔点较高的物质熔化，后加熔点低的物质，最后分次加入液体成分和药物，持续搅拌至成品均匀光滑。乳化法同以下乳膏剂的制备方法。软膏剂的生产工艺流程如下图所示。

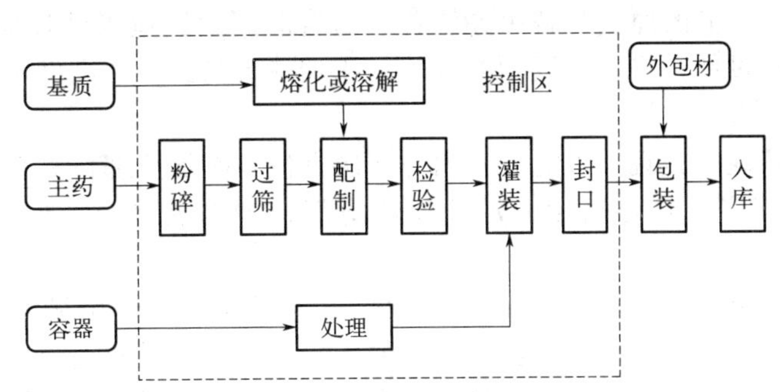

乳膏剂的常用制备方法为乳化法：将处方中的油脂性和油溶性成分一起加热至 80 ℃左右作为油相，将处方中水溶性成分溶于水中，并将水相加热至 80 ℃以上（温度略高于油相，以防止两相混合时油相中的组分过早析出或凝结）作为水相。将水相逐渐加入油相中，边加边搅拌直至冷凝。油相和水相混合的方法有以下三种：①将两相同时混合；②将分散相加到连续相中；③连续相加到分散相中。乳膏剂的制备工艺流程图如下图所示。

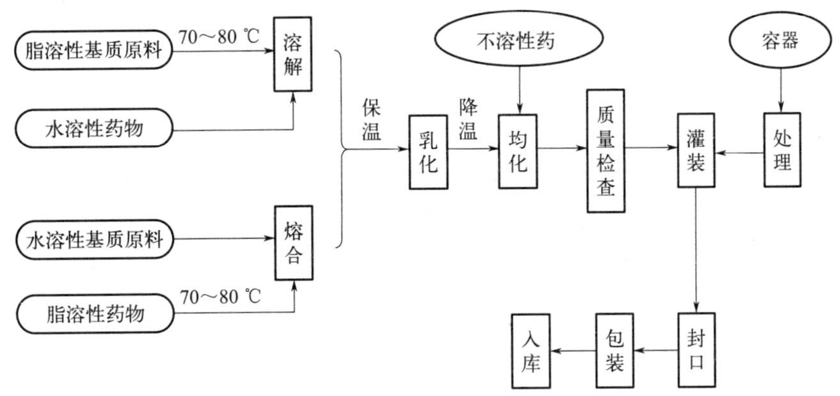

2. 答：弹性凝胶又称为可逆凝胶，通常是由柔性的线性大分子物质形成的凝胶。弹性凝胶由于组成凝胶的骨架为柔性分子，故在吸收或释出液体时往往体积改变，表现出膨胀性质。弹性凝胶经脱液干燥后形成干胶，吸收液体后又能恢复原状，由于此过程是可逆的，因此又称为可逆凝胶。如橡胶（分散相为天然或聚合高分子）、明胶（分散相为天然蛋白质分子）、琼脂（分散相为天然多糖类高分子）等材料形成的凝胶均属于弹性凝胶。

非弹性凝胶又称为刚性凝胶，是由刚性分散颗粒相互连成网状结构所形成的凝胶。其中刚性分散颗粒多为无机物颗粒，比如 SiO_2、TiO_2、V_2O_5、Fe_2O_3 等。刚性凝胶一旦脱除溶剂成为干凝胶后，一般不能再吸收溶剂重新变为凝胶，是不可逆的，因此也可称为不可逆凝胶。

3. 答：根据《中国药典》（2020 年版），软膏剂应进行以下评价：粒度、装量、无菌、微生物限度、外观、药物含量、物理性质（熔点与熔程、稠度和流变性、酸碱度）、刺激性、稳定性、药物释放与吸收的评定。而乳膏剂的质量评价项目与软膏剂基本相同。除了以上软膏剂的评价指标外，乳膏剂还应进行乳膏剂基质 pH、乳膏剂稳定性的评价。

4. 答：软膏剂在生产过程中可能遇到以下问题：

（1）活性成分受热稳定性差。某些药物在高温下会分解，软膏剂配制时需要根据主药理化性质控制油、水相加热温度，以防止温度过高引起药物分解。

（2）主药含量不均匀。可根据主药在基质中的溶解性能，将主药与油相或水相基质混合，或者先将主药与已配好的少量基质混匀，再等量递增至大量基质中，以保证主药含量均匀。

（3）不溶性药物粒度过大。不溶性的固体物料应先研磨成细粉，过 100～120 目筛后再与基质混合，以避免成品中药物粒度过大。

（4）产品装量差异大。可能的原因与解决办法：①物料搅拌不均匀，将物料搅拌均匀后加入料斗；②有明显气泡，可用抽真空等方法排出气泡；③料筒中物料高度变化大，软膏剂会随着贮料罐内料液的减少而流速减慢，造成装量差异，应保持料斗中物料高度一致，并不能少于容积的 1/4。

（5）软膏管封合不牢。可能的原因与解决办法：①封合时间短，适当延长加热时间；②加热温度低，适当调高加热温度；③气压过低，将气压调到规定值；④加热带与封合带高度不一致，调整加热带与封合带高度。

（6）软膏管封合尾部外观不美观。可能的原因与解决办法：①加热部位夹合过紧，调整加热头夹合间隙；②封合温度过高，适当降低封合温度，延长加热时间；③加热封合工位高度不一致，应调整工位高度。

5. 答：流变学在药剂学中的应用领域可以分为液体、半固体、固体和制备工艺等方面。液体中包括混合、由切变引起的分散系粒子的粉碎、容器中液体的流动、通过管道输送液体的过程、分散系的物理稳定性等问题；半固体中包括皮肤表面上制剂的伸展性和黏附性、从瓶或管状容器中制剂的挤出、与液体能够混合的固体量、药物从基质中的释放等问题；固体中包括压片或填充胶囊时粉体的流动、粉末状或颗粒固体的填充性问题；制备工艺方面主要包括提高装量的研究问题。

6. 答：牛顿流体是遵循牛顿黏性定律的流体。在一定温度下，低分子溶液和低浓度高分子溶液在层流条件下的剪切应力与剪切速率成正比，即黏度为定值，不随剪切应力的变化而变化，其流变曲线为通过原点的一条直线。非牛顿流体是不遵循牛顿黏性定律的流体。非牛顿流体可分为塑性流体、假塑性流体、胀性流体和假黏性流体。

第十一章 无菌制剂

一、本章学习要求

1. **掌握** 无菌制剂的定义与分类；注射剂的定义、特点、制备工艺与质量要求；输液剂的工艺特点以及与小容量注射剂的区别；常用灭菌技术方法、热原的基本性质及去除方法、渗透压的调节方法。

2. **熟悉** 注射用无菌粉末的特点与生产工艺；眼用液体制剂的定义及质量要求，以及其他无菌制剂。

3. **了解** 空气净化方法和液体过滤技术。

二、学习导图

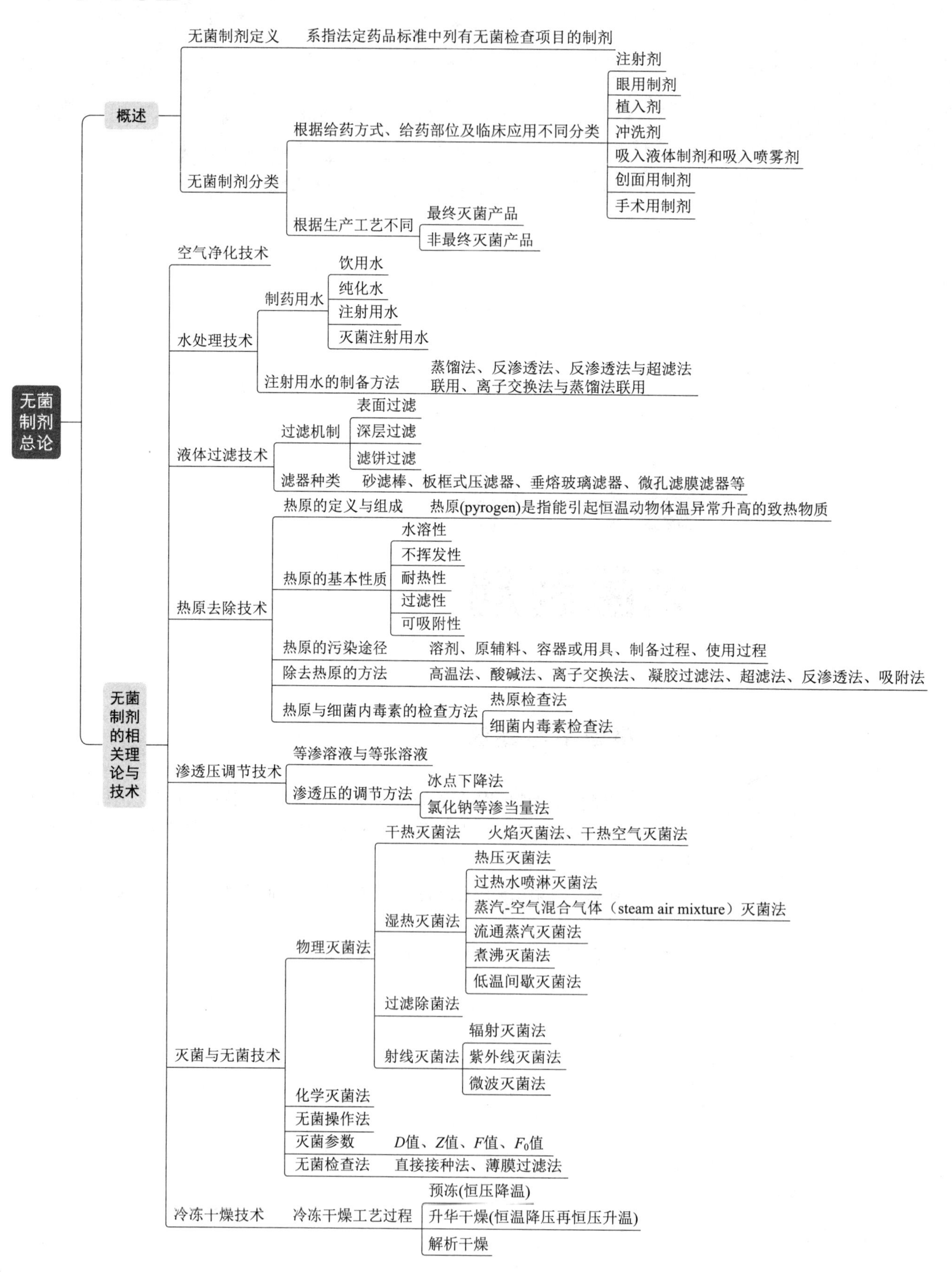

无菌制剂总论
概述
无菌制剂定义
系指法定药品标准中列有无菌检查项目的制剂
无菌制剂分类
根据给药方式、给药部位及临床应用不同分类
注射剂
眼用制剂
植入剂
冲洗剂
吸入液体制剂和吸入喷雾剂
创面用制剂
手术用制剂
根据生产工艺不同
最终灭菌产品
非最终灭菌产品
无菌制剂的相关理论与技术
空气净化技术
水处理技术
制药用水
饮用水
纯化水
注射用水
灭菌注射用水
注射用水的制备方法
蒸馏法、反渗透法、反渗透法与超滤法联用、离子交换法与蒸馏法联用
液体过滤技术
过滤机制
表面过滤
深层过滤
滤饼过滤
滤器种类
砂滤棒、板框式压滤器、垂熔玻璃滤器、微孔滤膜滤器等
热原去除技术
热原的定义与组成
热原(pyrogen)是指能引起恒温动物体温异常升高的致热物质
热原的基本性质
水溶性
不挥发性
耐热性
过滤性
可吸附性
热原的污染途径
溶剂、原辅料、容器或用具、制备过程、使用过程
除去热原的方法
高温法、酸碱法、离子交换法、凝胶过滤法、超滤法、反渗透法、吸附法
热原与细菌内毒素的检查方法
热原检查法
细菌内毒素检查法
渗透压调节技术
等渗溶液与等张溶液
渗透压的调节方法
冰点下降法
氯化钠等渗当量法
灭菌与无菌技术
物理灭菌法
干热灭菌法
火焰灭菌法、干热空气灭菌法
湿热灭菌法
热压灭菌法
过热水喷淋灭菌法
蒸汽-空气混合气体（steam air mixture）灭菌法
流通蒸汽灭菌法
煮沸灭菌法
低温间歇灭菌法
过滤除菌法
射线灭菌法
辐射灭菌法
紫外线灭菌法
微波灭菌法
化学灭菌法
无菌操作法
灭菌参数
D值、Z值、F值、F_0值
无菌检查法
直接接种法、薄膜过滤法
冷冻干燥技术
冷冻干燥工艺过程
预冻(恒压降温)
升华干燥(恒温降压再恒压升温)
解析干燥

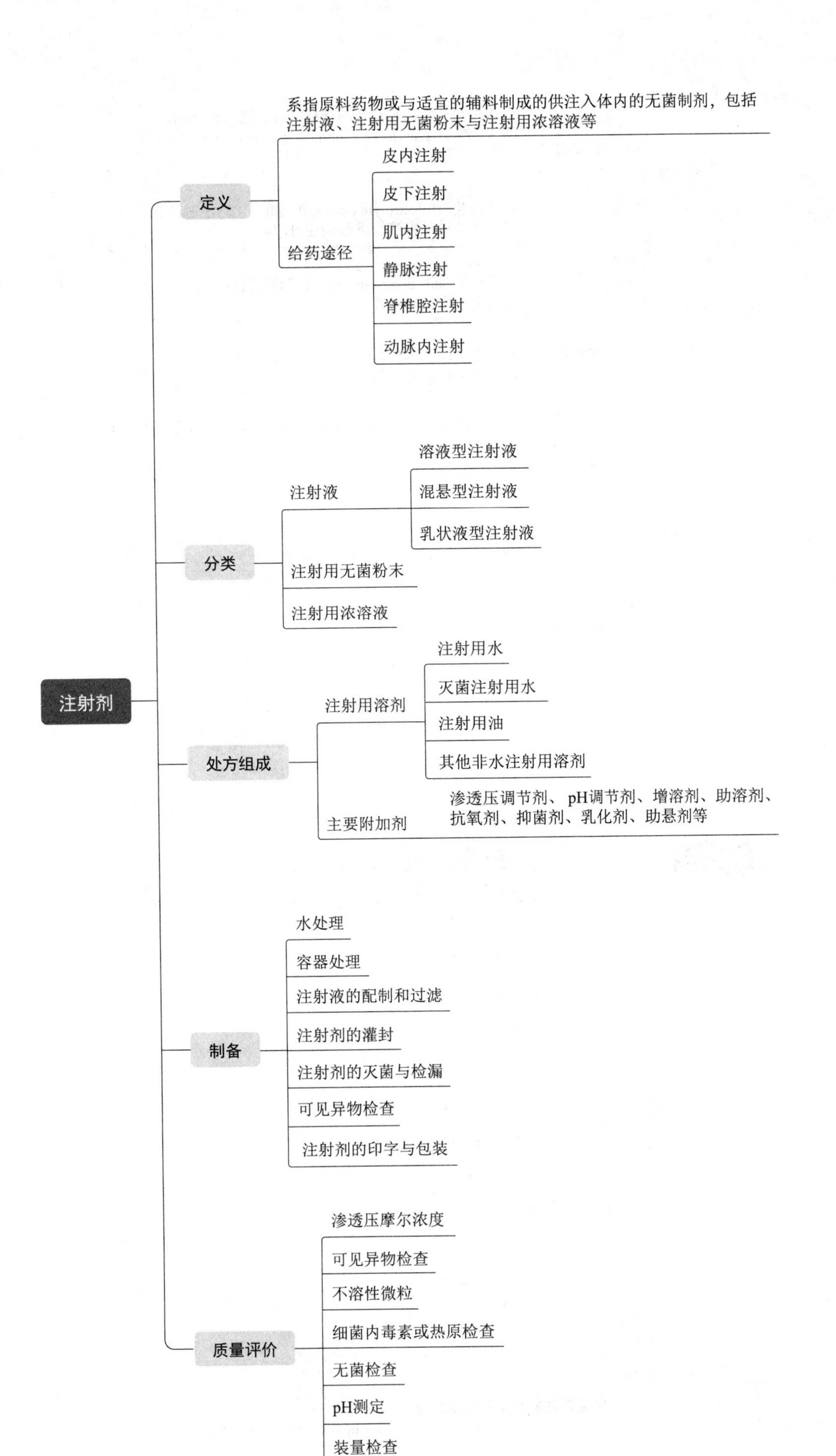
注射剂
定义
系指原料药物或与适宜的辅料制成的供注入体内的无菌制剂，包括注射液、注射用无菌粉末与注射用浓溶液等
给药途径
皮内注射
皮下注射
肌内注射
静脉注射
脊椎腔注射
动脉内注射
分类
注射液
溶液型注射液
混悬型注射液
乳状液型注射液
注射用无菌粉末
注射用浓溶液
处方组成
注射用溶剂
注射用水
灭菌注射用水
注射用油
其他非水注射用溶剂
主要附加剂
渗透压调节剂、pH调节剂、增溶剂、助溶剂、抗氧剂、抑菌剂、乳化剂、助悬剂等
制备
水处理
容器处理
注射液的配制和过滤
注射剂的灌封
注射剂的灭菌与检漏
可见异物检查
注射剂的印字与包装
质量评价
渗透压摩尔浓度
可见异物检查
不溶性微粒
细菌内毒素或热原检查
无菌检查
pH测定
装量检查

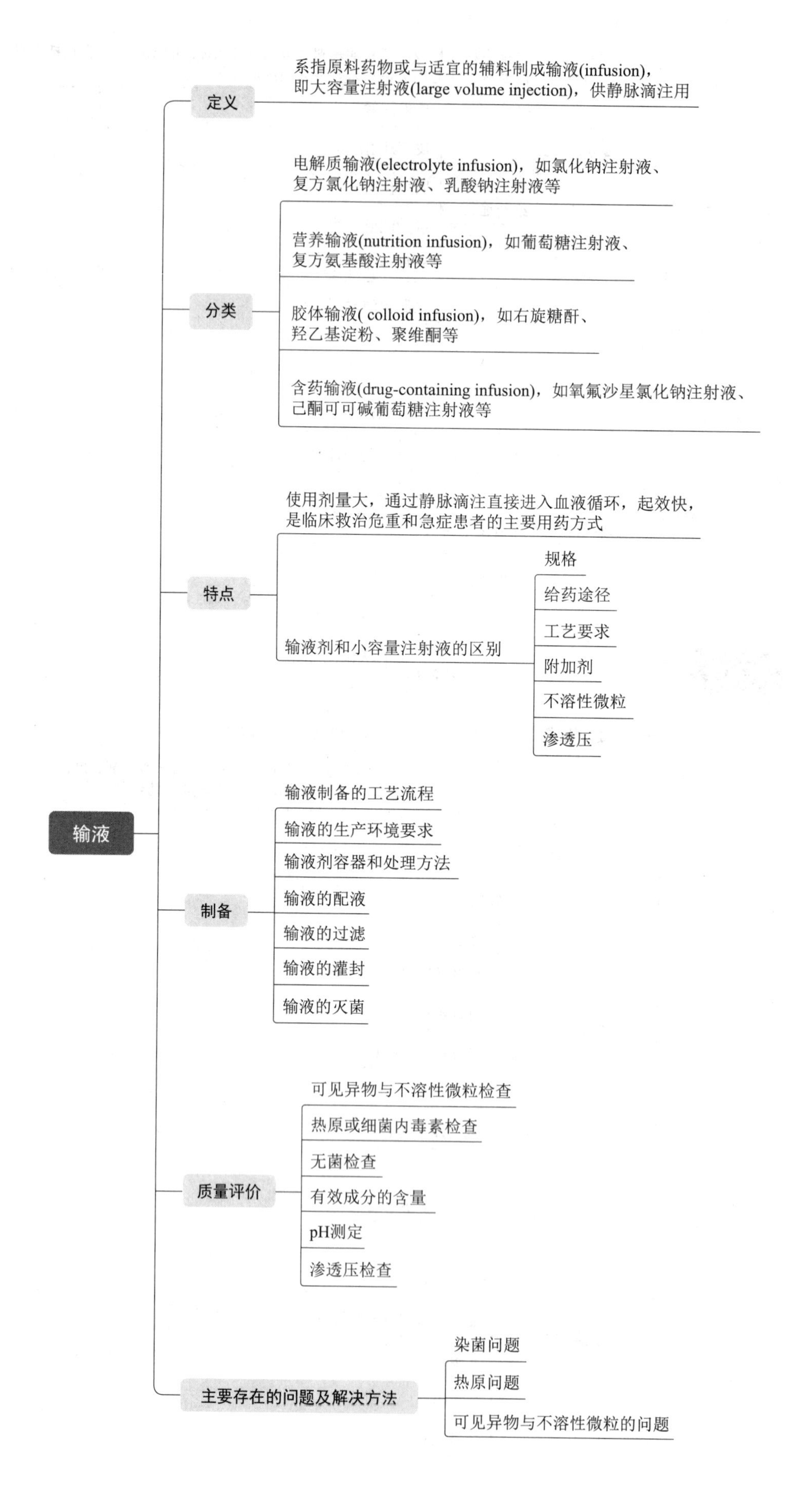
输液
定义
系指原料药物或与适宜的辅料制成输液(infusion)，
即大容量注射液(large volume injection)，供静脉滴注用
分类
电解质输液(electrolyte infusion)，如氯化钠注射液、
复方氯化钠注射液、乳酸钠注射液等
营养输液(nutrition infusion)，如葡萄糖注射液、
复方氨基酸注射液等
胶体输液(colloid infusion)，如右旋糖酐、
羟乙基淀粉、聚维酮等
含药输液(drug-containing infusion)，如氧氟沙星氯化钠注射液、
己酮可可碱葡萄糖注射液等
特点
使用剂量大，通过静脉滴注直接进入血液循环，起效快，
是临床救治危重和急症患者的主要用药方式
输液剂和小容量注射液的区别
规格
给药途径
工艺要求
附加剂
不溶性微粒
渗透压
制备
输液制备的工艺流程
输液的生产环境要求
输液剂容器和处理方法
输液的配液
输液的过滤
输液的灌封
输液的灭菌
质量评价
可见异物与不溶性微粒检查
热原或细菌内毒素检查
无菌检查
有效成分的含量
pH测定
渗透压检查
主要存在的问题及解决方法
染菌问题
热原问题
可见异物与不溶性微粒的问题

- 注射用无菌粉末
  - 定义
    - 注射用无菌粉末(sterile powder for injection)系指原料药物或与适宜辅料制成的供临用前用无菌溶液配制成注射液的无菌粉末或无菌块状物，一般采用无菌分装或冷冻干燥法制得
  - 分类
    - 注射用无菌粉末(无菌原料)直接分装产品
    - 注射用冻干无菌粉末产品
      - 制备工艺流程
        - 药液分装
        - 预冻过程
        - 升华干燥
        - 解析干燥
      - 冷冻干燥曲线
  - 特点
    - 需制成注射用无菌粉末的药物通常稳定性较差
    - 注射用无菌粉末的生产应按无菌操作制备，需严格控制生产环境、设备和直接接触药粉的包装材料和人员的无菌与洁净度
    - 注射用无菌粉末通常为非最终灭菌产品
  - 质量要求
    - 注射用无菌粉末的质量要求与溶液型注射剂基本一致
  - 制备
    - 注射用无菌粉末(无菌原料)直接分装工艺
    - 注射用冻干无菌粉末制备工艺

- 眼用制剂
  - 定义
    - 眼用制剂(ophthalmic preparation)指直接用于眼部发挥治疗作用的无菌制剂
  - 分类
    - 眼用液体制剂　滴眼剂、洗眼剂和眼内注射溶液
    - 眼用半固体制剂　如眼膏剂、眼用乳膏剂和眼用凝胶剂
    - 眼用固体制剂　眼膜剂和眼丸剂
  - 药物经眼吸收的途径和影响因素
    - 吸收途径
      - 经角膜渗透
      - 不经角膜渗透 (又称结膜渗透)
    - 影响药物眼部吸收的因素
      - 药物从眼睑缝隙流失
      - 药物经外周血管消除
      - 药物的脂溶性与解离度
      - 刺激性
      - 表面张力
      - 黏度
  - 眼用制剂的质量要求
    - 渗透压摩尔浓度
    - 无菌
    - 可见异物
    - 粒度
    - 沉降体积比
    - 装量与装量差异
    - 金属性异物
  - 制备
    - 眼用液体制剂的制备
    - 眼膏剂的制备

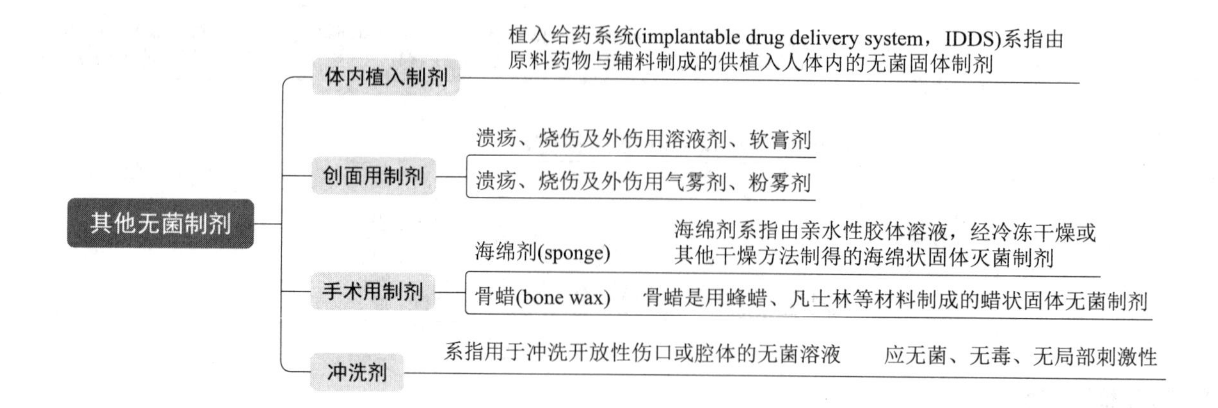

三、习题

（一）名词解释（中英文）

1. sterile preparation；2. 等渗溶液；3. 等张溶液；4. 渗透压；5. 灭菌；6. 防腐；7. 消毒；8. 物理灭菌技术；9. 低温间歇灭菌法；10. 注射用无菌粉末；11. filtration；12. antisepsis；13. disinfection；14. F 值；15. 注射剂；16. pyrogen；17. 无菌保证水平；18. D 值；19. Z 值

（二）单项选择题

1. 对于易溶于水而且在水溶液中稳定的药物，可配制成（　　）。
   A. 注射用无菌粉末　B. 溶液型注射剂　C. 混悬型注射剂　D. 乳剂型注射剂
2. 对于易溶于水且在水溶液中不稳定的药物，可配制成（　　）。
   A. 注射用无菌粉末　B. 溶液型注射剂　C. 溶胶型注射剂　D. 乳剂型注射剂
3. 关于注射剂的质量要求叙述正确的是（　　）。
   A. 允许 pH 值范围在 2～11
   B. 输液剂要求无菌，所以应该加入抑菌剂以防止微生物的生长
   C. 大量输入体内的注射液可以低渗
   D. 溶液型注射液不得有肉眼可见的浑浊或异物
4. 注射用水和蒸馏水的检查项目的主要区别是（　　）。
   A. 酸碱度　B. 热原　C. 氯化物　D. 微生物
5. 关于注射剂特点描述错误的是（　　）。
   A. 药效作用迅速　B. 适用于不适合口服的药物
   C. 适用于不能口服给药的患者　D. 使用方便
6. 关于注射剂的给药途径的叙述正确的是（　　）。
   A. 皮内注射是注射于真皮与肌肉之间
   B. 油溶液型和混悬型注射液可以少量静脉注射
   C. 油溶液型和混悬型注射液不可用作肌内注射
   D. 静脉注射起效快，为急救用药的首选
7. 对于水难溶性或注射后要求长效的固体药物，可制成（　　）。
   A. 注射用无菌粉末　B. 溶液型注射剂　C. 混悬型注射剂　D. 乳剂型注射剂
8. 常用于过敏性试验的注射途径是（　　）。
   A. 静脉注射　B. 脊椎腔注射　C. 肌内注射　D. 皮内注射
9. 注射剂一般控制 pH 的范围为（　　）。
   A. 4.0～11.0　B. 4.0～9.0　C. 2.0～9.0　D. 3.0～8.0

10. 微生物代谢产物中内毒素是产生热原反应的最主要致热物质，其致热活性中心是（　　）。
A. 糖蛋白　　B. 多糖　　C. 磷脂　　D. 脂多糖

11. 注射剂的质量要求不包括（　　）。
A. 无菌　　B. 无热原　　C. 无色　　D. 澄明度

12. 肌注辅酶A，临用前配制可加入（　　）。
A. 灭菌注射用水　　B. 灭菌蒸馏水　　C. 超纯水　　D. 注射用水

13. 注射剂安瓿的灭菌方法是（　　）。
A. 干热灭菌法　　B. 滤过灭菌　　C. 气体灭菌　　D. 辐射灭菌

14. 下列等式成立的是（　　）。
A. 内毒素＝热原＝脂多糖　　B. 内毒素＝热原＝蛋白质
C. 内毒素＝磷脂＝脂多糖　　D. 内毒素＝热原＝蛋白质

15. 下列关于热原的叙述正确的是（　　）。
A. 180 ℃干热 3～4 h 可以彻底破坏热原
B. 热原大小在 300～500 nm 之间，可以被微孔滤膜器截留
C. 热原能溶于水，超滤装置也不能将其除去
D. 活性炭可以吸附色素与杂质，但不能吸附热原

16. 目前各国药典法定检查热原的方法是（　　）。
A. 家兔法　　B. 狗实验法　　C. 实验法　　D. 大鼠法

17. 用于说明注射用油中不饱和键多少的是（　　）。
A. 碘值　　B. 酸值　　C. 皂化值　　D. 水值

18. 下列可用作易氧化药物注射剂中抗氧剂的是（　　）。
A. 碳酸氢钠　　B. 氯化钠　　C. 焦亚硫酸钠　　D. 苯甲醇

19. 下列可作为注射剂等渗调节剂的是（　　）。
A. 碳酸氢钠　　B. 氯化钠　　C. 碳酸钠　　D. 苯甲醇

20. 下列可用作易氧化药物注射剂中金属离子螯合剂的是（　　）。
A. 碳酸氢钠　　B. 氯化钠　　C. 焦亚硫酸钠　　D. EDTA-2Na

21. 综合法制备用水的工艺流程正确的是（　　）。
A. 自来水→过滤器→离子交换树脂床→多效蒸馏水机→电渗析装置→注射用水
B. 自来水→离子交换树脂床→电渗析装置→过滤器→多效蒸馏水机→注射用水
C. 自来水→过滤器→离子交换树脂床→电渗析装置→多效蒸馏水机→注射用水
D. 自来水→过滤器→电渗析装置→离子交换树脂床→多效蒸馏水机→注射用水

22. 在某注射剂中加入亚硫酸钠，其作用为（　　）。
A. 抑菌剂　　B. 抗氧剂　　C. 止痛剂　　D. 络合剂

23. 注射剂中加入硫代硫酸钠作为抗氧剂时，通入的气体应该是（　　）。
A. O_2　　B. SO_2　　C. CO_2　　D. N_2

24. 焦亚硫酸钠是一种常用的抗氧剂，最适合用于（　　）。
A. 偏酸性溶液　　B. 偏碱性溶液　　C. 强碱溶液　　D. 强酸溶液

25. 下列关于滤过器的叙述，错误的是（　　）。
A. 钛滤器抗热抗震性能好，不易破碎，可用于注射剂的脱炭过滤和除微粒过滤
B. 垂熔玻璃滤器化学性质稳定，易于清洗，可以热压灭菌
C. 微孔滤膜截留能力强，不易堵塞，不易破碎
D. 砂滤棒对药液吸附性强，价廉易得，滤速快

26. 以下各项中，不是滴眼剂附加剂的是（　　）。
A. pH 调节剂　　B. 润滑剂　　C. 等渗调节剂　　D. 抑菌剂

27. 静脉注入大量低渗溶液可导致（　　）。
A. 红细胞死亡　　B. 溶血　　C. 血浆蛋白质沉淀　　D. 红细胞凝集

28. 下列注射剂灭菌的方法，最可靠的是（　　）。

A. 流通蒸汽灭菌法　B. 化学灭菌剂灭菌法　C. 干热灭菌法　D. 热压灭菌法

29. 注射用抗生素粉末分装室洁净度要求是（　　）。

A. A 级　B. B 级　C. C 级　D. D 级

30. 下列关于污染热原的途径，错误的是（　　）。

A. 灭菌不彻底　B. 从溶剂中加入

C. 从原料中带入　D. 从配液器具中带入

31. 以下有关输液灭菌的表述，错误的是（　　）。

A. 从配制到灭菌应不超过 4 h

B. 塑料输液袋可以采用 109 ℃、45 min 灭菌

C. 为缩短灭菌时间，输液灭菌开始应迅速升温

D. 对于大容器要求 F_0 值大于 8 min，常用 12 min

32. 紫外灭菌法中灭菌力最强的波长是（　　）。

A. 320 nm　B. 254 nm　C. 273 nm　D. 315 nm

33. 关于注射液的配制，下列说法正确的是（　　）。

A. 原料质量不好时宜采用稀配法

B. 活性炭吸附杂质常用浓度为 0.1%～0.3%

C. 溶解度小的杂质在稀配时容易滤出去

D. 原料质量好时宜采用浓配法

34. 注射剂的制备流程是（　　）。

A. 原辅料的准备→配制→滤过→灌封→灭菌→质量检查

B. 原辅料的准备→滤过→配制→灌封→灭菌→质量检查

C. 原辅料的准备→配制→滤过→灭菌→灌封→质量检查

D. 原辅料的准备→灭菌→配制→滤过→灌封→质量检查

35. 影响滤过的因素可用（　　）描述。

A. Stokes 公式　B. Arrhenius 公式　C. Noyes 公式　D. Poiseuille 公式

36. 在注射剂生产中，常作为除菌滤过的滤器是（　　）。

A. 硅藻土滤棒　B. 多孔素瓷滤棒　C. G_3 垂熔玻璃滤器　D. G_6 垂熔玻璃滤器

37. 关于滤过方式叙述错误的是（　　）。

A. 高位静压滤过压力稳定，质量好，滤速慢

B. 无菌滤过宜采用加压滤过

C. 加压滤过压力稳定，滤过快，药液不易污染

D. 减压滤过压力稳定，滤层不易松动，药液不宜污染

38. 盐酸普鲁卡因注射液调节 pH 宜选用（　　）。

A. 枸橼酸　B. 缓冲溶液　C. 盐酸　D. 硫酸

39. 注射液的灌封可能出现的问题不包括（　　）。

A. 封口不严　B. 鼓泡　C. 瘪头　D. 喷瓶

40. 制备维生素 C 注射液时应通入气体驱氧，最佳选择的气体是（　　）。

A. 氢气　B. 氮气　C. 环氧乙烷　D. 二氧化碳

41. 葡萄糖注射液的灭菌条件是（　　）。

A. 115 ℃，68.6 kPa，30 min　B. 121.5 ℃，98.0 kPa，15 min

C. 126.5 ℃，98.0 kPa，15 min　D. 126 ℃，98.0 kPa，15 min

42. 关于维生素 C 注射液表述错误的是（　　）。

A. 可采用亚硫酸钠作抗氧剂

B. 处方中加入氢氧化钠调节 pH 值使其略偏酸性，避免肌注时疼痛

C. 可采用依地酸二钠络合金属离子，增加维生素 C 稳定性

D. 配制时使用注射用水需用二氧化碳饱和

43. 头孢噻吩钠的氯化钠等渗当量为0.24 g，配制2%滴眼液100 mL需加（　　）g氯化钠。

A. 0.42　　B. 0.61　　C. 0.36　　D. 1.42

44. 已知盐酸普鲁卡因的氯化钠等渗当量为0.18 g，若配制0.5%盐酸普鲁卡因等渗溶液200 mL需加入（　　）g氯化钠。

A. 0.72　　B. 0.18　　C. 0.81　　D. 1.62

45. 氯化钠是常用的等渗调节剂，其1%溶液的冰点下降系数为（　　）。

A. 0.52 ℃　　B. 0.53 ℃　　C. 0.56 ℃　　D. 0.58 ℃

46. 注射用油最好选择（　　）方法灭菌。

A. 干热灭菌法　　B. 湿热灭菌法　　C. 紫外线灭菌法　　D. 微波灭菌法

47. 维生素C注射液采用的灭菌方法是（　　）。

A. 100 ℃流通蒸汽30 min　　B. 115 ℃热压灭菌30 min

C. 115 ℃干热1 h　　D. 100 ℃流通蒸汽15 min

48. 热压灭菌法所用的蒸汽是（　　）。

A. 流通蒸汽　　B. 115 ℃过热蒸汽　　C. 含湿蒸汽　　D. 高压饱和蒸汽

49. 流通蒸汽灭菌法的温度为（　　）。

A. 100 ℃　　B. 115 ℃　　C. 80 ℃　　D. 110 ℃

50. 输液配制，通常会加入活性炭，活性炭的作用不包括（　　）。

A. 吸附热原　　B. 吸附杂质　　C. 作为稳定剂　　D. 吸附色素

51. 关于冷冻干燥叙述错误的是（　　）。

A. 预冻温度应在低共熔点以下10～20 ℃

B. 速冻法制得的结晶细微，产品疏松易溶

C. 速冻引起蛋白质变性概率小，对于酶类和活菌保存有利

D. 黏稠、熔点低的药物宜采用一次升华法

52. 下列关于冷冻干燥的正确表述是（　　）。

A. 冷冻干燥所出产品质地疏松，易于复溶

B. 干燥是在真空条件下进行，所制产品不利于长期储存

C. 冷冻干燥应在水的三相点以上的温度与压力下进行

D. 冷冻干燥过程是水分由固变液后由液变汽的过程

53. 某试制的注射液使用后造成溶血，可通过（　　）的方法改进。

A. 适当减少氯化钠用量　　B. 适当增大一些酸性

C. 适当增加氯化钠用量　　D. 适当增大一些碱性

54. 关于影响滴眼药物吸收表述错误的是（　　）。

A. 滴眼剂溶液的表面张力大小可影响药物的吸收

B. 增加药物的黏度使药物分子的扩散速率降低，因此不利于药物被吸收

C. 由于角膜的组织构造，能溶于水又能溶于油的药物易透入角膜

D. 生物碱类药物本身的pH值可影响药物的吸收

55. 下列关于滴眼液的表述，错误的是（　　）。

A. 适当增加滴眼液的黏度可延长药物与角膜的接触时间

B. 一般滴眼剂不得检出铜绿假单胞菌和大肠杆菌

C. 手术用滴眼剂不得添加抑菌剂

D. 手术用滴眼剂应保证无菌

56. 滴眼剂的质量要求中，与注射剂的质量要求不同的是（　　）。

A. pH值　　B. 渗透压　　C. 无菌　　D. 热原

57. 不能作为注射剂的溶剂的是（　　）。

A. 注射用水　　B. 注射用油　　C. 乙醇　　D. 二甲亚砜

58. 关于等渗溶液与等张溶液的叙述正确的是（　　）。
A. 0.9%的氯化钠溶液既是等渗又是等张
B. 等渗是生物学概念
C. 等张是物理化学概念
D. 等渗溶液是指与红细胞膜张力相等的溶液
59. 下列叙述错误的是（　　）。
A. 静脉注射液以等渗为好
B. 高渗注射液静脉给药应缓慢注射
C. 脊椎腔注射必须等渗
D. 滴眼剂以低渗为好
60. 关于灭菌法的叙述错误的是（　　）。
A. 灭菌法是指杀死或除去所有微生物的方法
B. 微生物包括细菌、真菌、病毒
C. 灭菌效果以杀死芽孢为标准
D. 药剂学与微生物学灭菌目的与要求完全相同
61. 不允许加入抑菌剂的注射剂是（　　）。
A. 肌内注射用注射剂
B. 静脉注射用注射剂
C. 脊椎腔注射用注射剂
D. B 和 C
62. 作为热压灭菌法灭菌可靠性的控制指标是（　　）。
A. D 值　B. F_0 值　C. F 值　D. Z 值
63. 下列关于输液剂制备的叙述，正确的是（　　）。
A. 输液从配制到灭菌的时间一般不超过 12 h
B. 稀配法适用于质量较差的原料药的配液
C. 输液配制时用的水必须是新鲜的灭菌注射用水
D. 药用活性炭可吸附药液中的热原且可起助滤剂作用
64. 下列有关微孔滤膜的叙述，错误的是（　　）。
A. 孔径小，容易堵
B. 截留能力强
C. 孔径小，滤速慢
D. 不影响药液的 pH 值
65. 可除去输液瓶上热原的方法是（　　）。
A. 250 ℃干热灭菌 30 min
B. 用活性炭处理
C. 用灭菌注射用水冲
D. 2%氢氧化钠溶液处理
66. 可用于脊椎腔注射的是（　　）。
A. 乳浊剂　B. 油溶液　C. 混悬液　D. 水溶液
67. 以下关于抑菌剂的叙述，错误的是（　　）。
A. 抑菌剂应对人体无毒、无害
B. 供静脉注射用的注射剂不得添加抑菌剂
C. 脊柱腔注射用的注射剂可适当添加抑菌剂
D. 添加抑菌剂的注射剂仍需进行灭菌
68. 常用于注射剂最后精滤的滤器是（　　）。
A. 砂滤棒　B. 布氏漏斗　C. 垂熔玻璃漏斗　D. 微孔滤膜
69. 我国法定的制备注射用水方法为（　　）。
A. 离子交换树脂法　B. 电渗析法　C. 重蒸馏法　D. 凝胶过滤法
70. 硫柳汞作为注射剂附加剂的作用为（　　）。
A. 抗氧剂　B. 助悬剂　C. 抑菌剂　D. 止痛剂
71. 细菌内毒素的检查方法为（　　）。
A. 家兔法　B. 狗实验法　C. 鲎试剂法　D. 大鼠法

（三）多项选择题

1. 下列关于注射剂特点的陈述，正确的是（　　）。
A. 生产工艺复杂，使用不便
B. 药效迅速、剂量准确、作用可靠
C. 可发挥局部作用
D. 适于不能口服给药的病人
E. 适于不能口服给药的药物

2. 注射剂包括以下几种类型（　　）。

A. 溶剂型注射剂　B. 乳剂型注射剂　C. 注射用无菌粉末

D. 混悬型注射剂　E. 合剂

3. 以下过滤器，可用于滤过除菌的是（　　）。

A. 0.22 μm 微孔滤膜　B. 0.65 μm 微孔滤膜　C. 钛滤棒

D. 3 号垂熔玻璃滤球　E. 6 号垂熔玻璃滤球

4. 影响注射剂湿热灭菌的因素有（　　）。

A. 药物的性质　B. 细菌的种类和数量　C. 灭菌的时间

D. 介质的性质　E. 蒸汽的性质

5. 与一般注射剂相比，输液更应注意（　　）。

A. 无热原　B. 澄明度　C. 无菌　D. 渗透压　E. pH 值

6. 热原的组成包括（　　）。

A. 磷脂　B. 脂多糖　C. 胆固醇　D. 核酸　E. 蛋白质

7. 输液的灭菌应注意（　　）。

A. 从配液到灭菌在 4 h 内完成　B. 经 100 ℃、30 min 流通蒸汽灭菌

C. 从配液到灭菌在 12 h 内完成　D. 从配液到灭菌在 6 h 内完成

E. 经 115.5 ℃、30 min 或 121 ℃、20 min 热压灭菌

8. 下列关于滴眼剂质量要求的叙述，错误的是（　　）。

A. 应与泪液等渗　B. 手术用滴眼剂要求无致病菌　C. 溶液型滴眼剂应澄明

D. 不得添加抗氧剂　E. pH 值应控制在 5～9

9. 制药用水包括（　　）。

A. 注射用油　B. 纯化水　C. 注射用乙醇

D. 注射用水　E. 灭菌注射用水

10. 紫外线灭菌法适用于（　　）。

A. 无菌室空气灭菌　B. 药液的灭菌　C. 蒸馏水的灭菌

D. 装于容器中的药物的灭菌　E. 表面灭菌

11. 以下可以加入抑菌剂的是（　　）。

A. 滤过除菌法制备的多剂量的注射剂　B. 静脉注射剂

C. 脊柱腔注射剂　D. 普通滴眼剂

E. 手术用滴眼剂

12. 下列关于输液剂的叙述，错误的是（　　）。

A. pH 值尽量与血液的 pH 值相近　B. 输液剂必须无菌无热原

C. 渗透压应为等渗或偏高渗　D. 不得添加抗氧剂

E. 必要时可添加抑菌剂

13. 注射剂中延缓主药氧化的附加剂有（　　）。

A. pH 调整剂　B. 等渗调节剂　C. 抗氧剂

D. 金属离子络合剂　E. 惰性气体

14. 下列关于过滤影响因素的叙述，正确的是（　　）。

A. 滤速与滤液的黏度成反比　B. 滤速与操作压力成反比

C. 滤速与毛细管长度成正比　D. 滤速与毛细管半径成正比

E. 滤速与毛细管半径的四次方成正比

15. 注射用冷冻干燥制品的特点是（　　）。

A. 含水量低　B. 产品剂量不易准确、外观不佳

C. 可避免药品因高热而分解变质　D. 可随意选择溶剂以制备某种特殊药品

E. 所得产品质地疏松，加水后可迅速溶解恢复药液原有特性

16. 处方：氯霉素 2.5 g；氯化钠 9.0 g；羟苯甲酯 0.23 g；羟苯丙酯 0.11 g；蒸馏水加至 1000 mL。

关于上述氯霉素滴眼剂的论述，正确的有（　　）。

A. 氯化钠为等渗调节剂　　B. 羟苯甲酯、羟苯丙酯为抑菌剂

C. 分装完毕后热压灭菌　　D. 可加入助悬剂

E. 氯霉素溶解可加热至 60 ℃以加速其溶解

17. 常用的化学灭菌剂有（　　）。

A. 乙醇　　B. 苯扎溴铵　　C. 盐酸　　D. 乙酸乙酯　　E. 煤酚皂

18. 处方：己烯雌酚 0.5 g；苯甲醇 0.5 g；注射用油加至 1000 mL。关于上述己烯雌酚注射液叙述正确的是（　　）。

A. 为注射用油溶液　　B. 150 ℃灭菌 1 h

C. 180 ℃灭菌 1 h　　D. 苯甲醇可起到局部止痛的作用

E. 操作过程中应避免带入水

19. 验证灭菌可靠性的参数有（　　）。

A. D 值　　B. F 值　　C. Z 值　　D. F_0 值　　E. T_0 值

20. 生产注射剂时常加入活性炭，其作用是（　　）。

A. 吸附热原　　B. 提高澄明度　　C. 增加主药的稳定性

D. 助滤　　E. 脱色

21. 以下有关注射剂配制的叙述，正确的有（　　）。

A. 对于不易滤清的药液，可加活性炭起吸附和助滤作用

B. 所用原料必须用注射用规格，辅料应符合药典规定的药用标准

C. 配液方法有浓配法和稀配法，易产生澄明度问题的原料应用稀配法

D. 注射用油应用前应先热压灭菌

E. 配液缸可用不锈钢、搪瓷或其他惰性材料

22. 冷冻干燥中常出现的问题是（　　）。

A. 含水量偏高　　B. 喷瓶　　C. 染菌

D. 颗粒不饱满　　E. 颗粒萎缩成团粒

23. 下列关于热原的叙述，正确的是（　　）。

A. 热原是微生物产生的内毒素　　B. 热原分子量大，体积很小

C. 热原由磷脂、脂多糖和蛋白质组成　　D. 115 ℃加热灭菌 30 min 能彻底破坏热原

E. 热原可随水蒸气雾滴带入蒸馏水中

24. 注射剂中常用的等渗调节剂有（　　）。

A. 碳酸氢钠　　B. 苯甲醇　　C. 氯化钠　　D. 葡萄糖　　E. 硫代硫酸钠

25. 制备注射用水的方法有（　　）。

A. 离子交换法　　B. 重蒸馏法　　C. 凝胶过滤法　　D. 反渗透法　　E. 电渗析法

26. 以下属于电解质输液的是（　　）。

A. 甘露醇注射液　　B. 碳酸氢钠注射液　　C. 甲硝唑注射液

D. 右旋糖酐注射液　　E. 乳酸钠注射液

27. 以下可以作为氯霉素滴眼剂 pH 调节剂的是（　　）。

A. 10%HCl　　B. 硼酸　　C. 硫柳汞　　D. 硼砂　　E. 羟苯甲酯

28. 以下方法中，不能去除器具中热原的是（　　）。

A. 吸附法　　B. 离子交换法　　C. 凝胶过滤法　　D. 高温法　　E. 酸碱法

29. 下列关于注射用水的说法正确的有（　　）。

A. 收集采用密闭系统，于制备后 12 h 内使用

B. 注射用水指蒸馏水或去离子水再经蒸馏而制得的水

C. 为经过灭菌的蒸馏水

D. pH 值要求 5.0～7.0

E. 蒸馏的目的是除去细菌

（四）配对选择题

【1～4】

A. 能溶于水中　B. 180 ℃、3～4 h 能被破坏　C. 不具挥发性　D. 易被吸附　E. 能被强氧化剂破坏

以下措施是针对热原的哪项性质？

1. 加入高锰酸钾，是因为热原（　　）。
2. 蒸馏法制备注射用水，是因为热原（　　）。
3. 用大量注射用水冲洗容器，是因为热原（　　）。
4. 用活性炭过滤，是因为热原（　　）。

【5～8】

A. 混悬型注射剂　B. 电解质输液　C. 胶体输液　D. 营养输液　E. 粉针剂

5. 生理盐水属于（　　）。
6. 醋酸可的松的注射剂属于（　　）。
7. 静脉脂肪乳属于（　　）。
8. 辅酶 A 应制成（　　）。

【9～12】

A. 微波灭菌法　B. 火焰灭菌法　C. 流通蒸汽灭菌法　D. 辐射灭菌法　E. 热压灭菌法

9. （　　）是利用电磁波灭菌。
10. （　　）是利用射线使大分子化合物分解，适用于不耐热药物的灭菌。
11. （　　）是适于不耐热的品种在常压下的加热灭菌，不能保证杀灭所有的芽孢。
12. （　　）是应用于大于常压的水蒸气灭菌，适于耐热药物的制品。

【13～15】

A. 纯化水　B. 灭菌注射用水　C. 注射用水　D. 制药用水　E. 无菌无热原的水

13. 包括纯化水、注射用水和灭菌注射用水的是（　　）。
14. 纯化水再经蒸馏所制得的水是（　　）。
15. 配制普通药物制剂的溶剂或实验用水是（　　）。

【16～18】

A. 硅藻土滤棒　B. G_3 垂熔玻璃滤器　C. 多孔素瓷滤棒　D. G_4 垂熔玻璃滤器　E. 微孔滤膜

16. （　　）是白陶土烧结而成用于低黏度液体的过滤。
17. （　　）是高分子材料的薄滤膜滤过介质。
18. （　　）是质地松散的，用于黏度高、浓度较大的滤液的过滤。

【19～21】

A. 静脉注射　B. 皮下注射　C. 脊椎腔注射　D. 肌内注射　E. 皮内注射

19. 水溶液、油溶液、混悬液、乳浊液均可注射的是（　　）。
20. 用于过敏试验或疾病诊断的是（　　）。
21. 起效快的注射途径是（　　）。

【22～25】

A. F 值　B. F_0 值　C. Z 值　D. D 值　E. T_0 值

上述与灭菌有关的各参数：

22. 在一定温度下杀灭 90%微生物所需的灭菌时间是（　　）。
23. 干热灭菌过程可靠性参数是（　　）。
24. 灭菌效果相同时灭菌时间减少到原来的 1/10 所需提高灭菌的温度是（　　）。
25. 热压灭菌过程可靠性参数是（　　）。

【26～29】

A. 醋酸可的松微晶　　25 g　　B. 氯化钠　　3 g
C. 聚山梨酯 80　　1.5 g　　D. 羟甲基纤维素钠　　5 g
E. 硫柳汞　　0.01 g　　制成 1000 mL

上述处方中：

26. 防腐剂是（　　）。
27. 润湿剂是（　　）。
28. 助悬剂是（　　）。
29. 渗透压调节剂是（　　）。

【30～33】

A. 板框式压滤机　B. G_4 垂熔玻璃滤器　C. G_6 垂熔玻璃滤器　D. 砂滤棒　E. 0.65～0.8 μm 微孔滤膜

关于以上过滤器械：

30. 用于注射剂药液的除菌滤过的是（　　）。
31. 用于注射剂药液的精滤的是（　　）。
32. 用于注射剂药液的粗滤的是（　　）。
33. 用于注射剂药液精滤前的预滤的是（　　）。

【34～37】

A. 气体灭菌法　B. 干热灭菌法　C. 热压灭菌法　D. 辐射灭菌法　E. 紫外线灭菌法

34. 利用大于常压的饱和蒸气压进行灭菌的是（　　）。
35. 利用化学药品的蒸汽进行熏蒸灭菌的是（　　）。
36. 利用 γ 射线达到杀灭微生物的目的的是（　　）。
37. 利用空气传热杀灭细菌的是（　　）。

【38～41】

A. 抗氧剂　B. 助悬剂　C. 局部止痛剂　D. 乳化剂　E. 等渗调节剂

关于以下各物质在注射剂中的作用：

38. 亚硫酸氢钠可用于在注射剂作为（　　）。
39. 甲基纤维素可用于在注射剂作为（　　）。
40. 葡萄糖可用于在注射剂作为（　　）。
41. 泊洛沙姆 188 可用于在注射剂作为（　　）。

【42～45】

A. 干热灭菌（160 ℃、2 h）　B. 紫外线灭菌　C. 热压灭菌　D. 流通蒸汽灭菌　E. 过滤除菌

以下各种情况采用的灭菌方法：

42. 油脂类软膏基质采用的灭菌方法是（　　）。
43. 5%葡萄糖注射液采用的灭菌方法是（　　）。
44. 维生素 C 注射液采用的灭菌方法是（　　）。
45. 空气和操作台表面采用的灭菌方法是（　　）。

【46～49】

A. 产品外形不饱满　B. 含水量偏高　C. 喷瓶　D. 异物　E. 装量差异大

关于导致注射用无菌粉末出现上述问题的原因：

46. 升华时供热过快，局部过热，可导致出现（　　）。
47. 冻干开始形成的已干外壳结构致密，水蒸气难以排出，可导致出现（　　）。
48. 粉末流动性差，可导致出现（　　）。
49. 生产环境洁净度不够高，可导致出现（　　）。

【50～54】

A. EDTA-2Na　B. 亚硫酸钠　C. 氯化钠　D. 聚山梨酯 80　E. 甲酚

50. 可作金属离子络合剂的是（　）。

51. 可作抑菌剂的是（　）。

52. 可作等渗调节剂的是（　）。

53. 可作抗氧剂的是（　）。

54. 可作增溶剂的是（　）。

(五) 填空题

1. 湿热灭菌法系指用________、________或________进行灭菌的方法。

2. 湿热灭菌的主要影响因素有________、________、________和________等。

3. 制备纯化水的方法有________、________、________、________等。

4. 注射剂的质量检查项目有________、________、________、________、________、________、________等。

5. 注射用无菌粉末又称粉针，为临用前以注射用水等溶剂溶解后注射的制剂。主要分为：________和________。

6. 热原是微生物产生的一种内毒素，其主要成分是________，去除的方法有________、________、________和________等。

7. 常用渗透压调节的方法有________和________。

8. 热原的主要污染途径有________、________、________、________和________等。

9. 输液过滤的机制有________和________。

10. ________是指渗透压与血浆相等的溶液，是________的概念；________是指与红细胞张力相等，也就是与细胞接触时使细胞功能和结构保持正常的溶液，是________的概念。

11. 药物采用无菌操作法制成的注射用的灭菌粉末的制剂称作________，临用时用________溶解或用输液溶解。

12. ________、________和________是评价注射用油的重要指标。除注射用水和油外，常用的其他注射用溶剂有________、________、________、________和________等。

13. 现行《中国药典》中热原检查采用________，细菌内毒素检查采用________法。

14. ________系指采用某一物理、化学方法杀灭或除去所有活的微生物繁殖体和芽孢的一类药物制剂。

15. ________系指采用某一无菌操作方法或技术制备的不含任何活的微生物繁殖体和芽孢的一类药物制剂。

16. 由冷冻干燥原理可知，冻干粉末的制备工艺可以分为________、________、________和________等几个过程。

17. 热原具有________性、________性、________性与________性，能被________、________、强氧化剂及超声波破坏，可被________吸附。

18. ________是指在一定温度下，杀灭 90%微生物（或残存率为 10%）所需的杀菌时间。

19. ________是指在一定杀菌温度（T）、Z 值为 10 ℃所产生的杀菌效果与 121 ℃、Z 值为 10 ℃所产生的杀菌效果相同时所相当的时间。

20. 垂熔玻璃滤器 G_3 或 G_4 常用于注射液的滤过，________号可以作除菌滤过。

21. 注射用油的________反映油脂中不饱和键的多寡；________表示游离脂肪酸和结合成酯的脂肪酸总量。

22. 粉针剂的制备方法有无菌粉末直接分装法和________。

23. 影响眼部给药吸收的主要因素有________、________、________、________、________和________等。

24. 用于眼外伤或术后的眼用制剂要求________，多采用________包装并不得加入________。一般滴眼剂（即用于无眼外伤的滴眼剂）要求________。

25. D 值是微生物的耐热系数，D 值越________，说明微生物的耐热性越________。

26. 输液的灌封应在________级洁净区，安瓿剂的配制应在________级洁净区。

27. 湿热灭菌法包括________法、________法、________法和________法，其中效果最可靠的是________法，该法灭菌的一般条件为 115.5 ℃、30 min。

28. 皮内注射剂注射于表皮与真皮之间，一次注射剂量应在________以下。

29. 脊椎腔给药的注射剂必须为________溶液，且渗透压与脊椎液渗透压________，一次给药量在________ mL 以下，pH 值应为________，且不得加入________剂。

30. 注射剂的 pH 值一般应控制在________范围内。

31. 中性或酸性注射剂宜选用________玻璃安瓿；强碱性注射剂宜选用________玻璃安瓿；具有腐蚀性的药液宜选用________玻璃安瓿。

32. 注射用水的 pH 值应为________。

33. 磷酸盐缓冲液和硼酸盐缓冲液均可作为眼用溶液剂的附加剂，用于调节________。

34. 若输液的原料质量较好，溶解后成品澄明度好，配制时可采用________配法。

35. 氯化钠等渗当量系指与 1 g ________呈等渗效应的________的量。

（六）是非题

1. 紫外线可用于注射剂灌封完后的灭菌，效果较好。（　　）
2. 热原致热原理主要因其结构中含有蛋白质。（　　）
3. 紫外线常用于空间和物体表面的灭菌，较为安全，在有人的房间亦可正常照射。（　　）
4. 注射剂均为液体制剂。（　　）
5. 可以用活性炭吸附法除去热原。（　　）
6. 同时具有止痛和抑菌作用的附加剂是三氯叔丁醇。（　　）
7. 注射用水和蒸馏水的检查项目的主要区别是热原。（　　）
8. 微孔滤膜截留能力强，不易堵塞，不易破碎。（　　）
9. 注射剂的 pH 值应接近血液的 pH 值，一般控制在 4.0～9.0 范围内，含量合格。（　　）
10. 制备维生素 C 注射液时，100 ℃、15 min 灭菌属于抗氧化措施。（　　）
11. 使用热压灭菌器灭菌时，所用的蒸汽是流通蒸汽。（　　）
12. 亚硫酸钠作为注射剂的抗氧剂使用时，常用于偏碱性药液。（　　）
13. 致热能力最强的是革兰氏阳性杆菌所产生的热原。（　　）
14. D 值系指在一定温度下，杀灭 90%微生物（或残存率为 10%）所需的灭菌时间。（　　）
15. 豆磷脂可以作为 O/W 型静脉注射乳剂的乳化剂。（　　）
16. 冷冻干燥过程是水分由固变液而后由液变气的过程。（　　）
17. 蒸馏法制备注射用水除热原是依据热原的水溶性。（　　）
18. 注射剂，特别是用量大的供静脉注射及脊椎腔注射的注射剂，均需进行热原检查。（　　）
19. 热原是指能引起动物体温升高的物质。（　　）
20. 脊椎腔内注射的药液必须等渗，大量输入体内的也应等渗或稍偏低渗，不得高渗。（　　）
21. F_0 值系指在一定灭菌温度（T）下给定的 Z 值所产生的灭菌效果与在参比温度（T_0）下给定的 Z 值所产生的灭菌效果相同时所相当的时间，单位为 min。（　　）
22. 增加滴眼剂的黏度，使药物扩散速率减小，不利于药物的吸收。（　　）
23. 氯霉素眼药水中的硼酸的主要作用是防腐。（　　）
24. 配制注射剂所用的注射用水的贮藏时间不得超过 12 h。（　　）

（七）处方分析与制备

1. 分析维生素 C 注射液处方中各组分作用，并写出其制备方法。

【处方】

组分	用量	作用
维生素 C	104 g	________
依地酸二钠	0.05 g	________
碳酸氢钠	49.0 g	________
亚硫酸氢钠	2.0 g	________
注射用水	加至 1000 mL	

【制法】____

____。

2. 分析人工泪液处方中各组分作用，并写出其制备方法。

【处方】

组分	用量	作用
羟丙甲纤维素	3.0 g	________
氯化钾	3.7 g	________
氯化苯甲羟胺溶液	0.2 mL	________
氯化钠	4.5 g	________
硼酸	1.9 g	________
硼砂	1.9 g	________
蒸馏水	加至 1000 mL	

【制法】____

____。

3. 分析静脉注射用脂肪乳处方中各组分作用，并写出其制备方法。

【处方】

组分	用量	作用
精制大豆油	150 g	________
精制大豆磷脂	15 g	________
注射用油	25 g	
注射用水	加至 1000 mL	

【制法】____

____。

4. 分析注射用辅酶 A（coenzyme A）的无菌冻干制剂处方中各组分作用，并写出其制备方法。

【处方】

组分	用量	作用
辅酶 A	56.1 单位	________
水解明胶	5 mg	________
甘露醇	10 mg	________
葡萄糖酸钙	1 mg	________

半胱氨酸	0.5 mg	______

【制法】____。

5. 分析2%盐酸普鲁卡因注射液处方中各组分作用，并写出其制备方法。

【处方】

组分	用量	作用
盐酸普鲁卡因	20.0 g	______
氯化钠	4.0 g	______
0.1 mol/L 盐酸	适量	______
注射用水	加至 1000 mL	

【制法】____。

（八）处方设计

1. 醋酸可的松为一种难溶性药物，请设计处方制备成醋酸可的松滴眼液，简述制备过程，并对处方与工艺进行分析。

2. 维生素C为水溶性易氧化药物，请设计处方制备维生素C注射剂，简述制备过程，并对处方与工艺进行分析。

（九）计算题

1. 配制1000 mL 0.5%盐酸普鲁卡因溶液，需加入多少克氯化钠使其成等渗溶液？（1%普鲁卡因盐酸水溶液的冰点下降值为0.12 ℃，1%氯化钠水溶液的冰点下降值为0.58 ℃。）

2. 头孢噻吩钠的氯化钠等渗当量为0.24 g，欲配制2%滴眼液500 mL需加入多少克氯化钠？

3. 某药物的氯化钠等渗当量为0.16 g，欲配制3%的该药物等渗溶液2000 mL，需加入氯化钠多少克？

4. 配制100 mL葡萄糖等渗溶液，需要加入多少克无水葡萄糖？（无水葡萄糖的氯化钠等渗当量为0.18 g。）

5. 配制2%盐酸麻黄碱溶液200 mL，欲使其等渗，需加入多少克氯化钠或无水葡萄糖？（1 g盐酸麻黄碱的氯化钠等渗当量为0.28 g，无水葡萄糖的氯化钠等渗当量为0.18 g。）

6. 欲配制以下处方的溶液1000 mL，试用冰点降低法计算所需氯化钠的量。

处方：硼酸　0.67 g；氯化钾　0.33 g；氯化钠　适量；注射用水　加至100 mL。（硼酸1%溶液的冰点下降值为0.28 ℃，氯化钾1%溶液的冰点下降值为0.44 ℃。）

7. 试用氯化钠等渗当量法计算，配制以下处方溶液1000 mL所需氯化钠的量。

处方：硼酸　0.67 g；氯化钾　0.33 g；氯化钠　适量；注射用水　加至100 mL。（硼酸的氯化钠等渗当量为0.47 g，氯化钾的氯化钠等渗当量为0.78 g。）

（十）问答题

1. 注射剂的优缺点有哪些？

2. 影响湿热灭菌的主要因素有哪些？

3. 什么是去离子水、注射用水、灭菌注射用水？各有何应用？

4. 如何除去热原？

5. 简述热原的组成、性质。

6. 注射剂常用的附加剂有哪些？附加剂在注射剂中的主要作用有哪些？

7. 输液剂分为几类？
8. 冷冻干燥的特点有哪些？
9. 什么是粉针？哪些药物适合制成粉针？
10. 简述冷冻干燥存在的问题以及解决方法。
11. 简述滴眼剂中影响药物吸收的因素。
12. 简述活性炭在制备注射剂中的作用及其注意事项。
13. 如何理解等渗溶液、等张溶液？
14. 简述反渗透法制备注射用水的原理。
15. 简述紫外线灭菌法操作时的注意事项。
16. 热原污染的途径有哪些？
17. 简述过滤的机制以及影响过滤的因素。

四、参考答案

（一）名词解释（中英文）

1. 无菌制剂（sterile preparation）：系指采用某一无菌操作方法或技术，制备的不含任何活的微生物繁殖体和芽孢的一类药物制剂。

2. 等渗溶液：系指渗透压与血浆渗透压相等的溶液。

3. 等张溶液：系指与红细胞膜张力相等的溶液。

4. 渗透压：生物膜，如人体的细胞膜或毛细血管壁，一般具有半透膜的性质，溶剂通过半透膜由低浓度向高浓度溶液扩散的现象称为渗透，阻止渗透所需要施加的压力，称为渗透压。

5. 灭菌：系指用适当的物理或化学手段将物品中活的微生物杀灭或除去的过程。

6. 防腐：系指用物理或化学方法抑制微生物生长繁殖。

7. 消毒：系指用物理或化学方法杀死或去除病原微生物。

8. 物理灭菌技术：系指利用蛋白质与核酸遇热、射线不稳定的特性，采用加热、射线和过滤的方法，杀灭或除去微生物的技术。

9. 低温间歇灭菌法：将待灭菌的物品置于60～80 ℃的水或流通蒸汽中加热60 min，杀灭微生物繁殖体后，在室温条件下放置24 h，让待灭菌物中的芽孢发育成为繁殖体，再次加热灭菌、放置使芽孢发育、再次灭菌，反复多次，直至杀灭所有的芽孢。

10. 注射用无菌粉末：系指原料药物或与适宜辅料制成的供临用前用无菌溶液配制成注射液的无菌粉末或无菌块状物，一般采用无菌分装或冷冻干燥法制得。可用适宜的注射用溶剂配制后注射，也可用静脉输液配制后静脉滴注。

11. 过滤（filtration）：是利用过滤介质截留液体中混悬的固体颗粒而达到固液分离的操作。

12. 防腐（antisepsis）：系指用物理或化学方法抑制微生物生长与繁殖的手段，也称抑菌。

13. 消毒（disinfection）：系指用物理或化学方法杀灭或除去病原微生物的手段。

14. F 值：系指在一定灭菌温度（T）下给定的 Z 值所产生的灭菌效果与在参比温度（T_0）下给定的 Z 值所产生的灭菌效果相同时所相当的时间，单位为min。

15. 注射剂：系指原料药物或与适宜的辅料制成的供注入体内的无菌制剂，包括注射液、注射用无菌粉末与注射用浓溶液等。

16. 热原（pyrogen）：指能引起恒温动物体温异常升高的致热物质。包括细菌性热原、内源性高分子与低分子热原及化学热原等。

17. 无菌保证水平（SAL）：指待灭菌产品暴露于适合的灭菌过程后活微生物残存的概率，SAL越小，产品中残存微生物的概率越小。也称非无菌概率。

18. D 值：指一定温度下，杀灭90%微生物（或残存率为10%）所需的灭菌时间。

19. Z 值：指降低一个 $\lg D$ 值所需要升高的温度，即灭菌时间减少到原来的1/10所需升高的温度；

或在相同的灭菌时间内，杀灭99%的微生物所需提高的温度。

（二）单项选择题

1. B 2. A 3. D 4. B 5. D 6. D 7. C 8. D 9. B 10. D 11. C 12. A 13. A 14. A 15. A 16. A 17. A 18. C 19. B 20. D 21. D 22. B 23. D 24. A 25. C 26. B 27. B 28. D 29. A 30. A 31. C 32. B 33. B 34. A 35. D 36. D 37. D 38. C 39. D 40. D 41. A 42. B 43. A 44. D 45. D 46. A 47. D 48. D 49. A 50. C 51. D 52. A 53. C 54. B 55. B 56. D 57. D 58. A 59. D 60. D 61. D 62. B 63. D 64. C 65. A 66. D 67. C 68. D 69. C 70. C 71. C

（三）多项选择题

1. ABCDE 2. ABCD 3. AE 4. ABCDE 5. ABC 6. ABE 7. AE 8. BD 9. BDE 10. AE 11. AD 12. DE 13. CDE 14. AE 15. ACE 16. ABDE 17. ABE 18. ABDE 19. BD 20. ABDE 21. ABE 22. ABDE 23. ABCE 24. CD 25. BD 26. BE 27. BD 28. ABC 29. ABD

（四）配对选择题

1. E 2. C 3. A 4. D 5. B 6. A 7. D 8. E 9. A 10. D 11. C 12. E 13. D 14. C 15. A 16. C 17. E 18. A 19. D 20. E 21. A 22. D 23. A 24. C 25. B 26. E 27. C 28. D 29. B 30. C 31. E 32. D 33. B 34. C 35. A 36. D 37. B 38. A 39. B 40. E 41. D 42. A 43. C 44. D 45. B 46. C 47. A 48. E 49. D 50. A 51. E 52. C 53. B 54. D

（五）填空题

1. 饱和蒸汽，沸水，流通蒸汽
2. 微生物种类数量，蒸汽性质，灭菌时间，液体制剂的介质性质
3. 蒸馏法，离子交换法，电渗析法，反渗透法
4. 可见异物检查，无菌，无热原，pH，渗透压，装量检查，不溶性微粒
5. 无菌分装产品，冷冻干燥制品
6. 脂多糖，高温法，酸碱法，离子交换法，凝胶过滤法
7. 冰点下降法，氯化钠等渗当量法
8. 注射用水，原辅料，生产过程，容器、用具、管道和装置等，注射用具
9. 表面过滤（即过筛作用），深层过滤
10. 等渗溶液，物理化学，等张溶液，生物学
11. 粉针剂，注射用水
12. 碘值，酸值，皂化值，乙醇，甘油，丙二醇，聚乙二醇，二甲基乙酰胺
13. 家兔法，鲎试剂
14. 灭菌制剂
15. 无菌制剂
16. 药液分装，预冻，升华干燥，解析干燥
17. 耐热，过滤，水溶，不挥发，强酸，强碱，活性炭
18. D 值
19. F_0 值
20. 6
21. 碘值，皂化值
22. 无菌水溶液冷冻干燥法
23. 药物从眼睑缝隙流失，全身吸收，药物的水溶性与pH，刺激性，表面张力，黏度
24. 绝对无菌，单剂量，抑菌剂，无致病菌（不得检出铜绿假单胞菌和金黄色葡萄球菌）
25. 大，强

26. A，B
27. 热压灭菌，流通蒸汽灭菌，煮沸灭菌，低温间歇灭菌，热压灭菌
28. 0.2 mL
29. 水，相等，10，5.0～8.0，抑菌
30. 4～9
31. 低硼硅酸盐，含钡，含锆
32. 5.0～7.0
33. pH 值
34. 稀
35. 药物，氯化钠

（六）是非题

1.× 2.× 3.× 4.× 5.√ 6.√ 7.√ 8.× 9.√ 10.× 11.× 12.√ 13.× 14.√ 15.√ 16.× 17.× 18.√ 19.× 20.× 21.× 22.× 23.× 24.√

（七）处方分析与制备

1. 维生素 C 注射液

【处方】

组分	用量	作用
维生素 C	104 g	主药
依地酸二钠	0.05 g	螯合剂
碳酸氢钠	49.0 g	pH 调节剂
亚硫酸氢钠	2.0 g	抗氧剂
注射用水	加至 1000 mL	溶剂

【制法】在配制容器中，加处方量 80%的注射用水，通入二氧化碳至饱和，加维生素 C 溶解后，分次缓缓加入碳酸氢钠，搅拌使之完全溶解，加入预先配制好的依地酸二钠和亚硫酸氢钠溶液，搅拌均匀，调节药液 pH 至 6.0～6.2，添加二氧化碳饱和的注射用水至足量，用垂熔玻璃漏斗与薄膜滤器过滤，溶液中通入二氧化碳，并在二氧化碳气流下灌封，最后于 100 ℃流通蒸汽灭菌 15 min。

2. 人工泪液

【处方】

组分	用量	作用
羟丙甲纤维素	3.0 g	增黏剂
氯化钾	3.7 g	等渗调节剂
氯化苯甲羟胺溶液	0.2 mL	防腐剂
氯化钠	4.5 g	等渗调节剂
硼酸	1.9 g	pH 调节剂
硼砂	1.9 g	等渗调节剂
蒸馏水	加至 1000 mL	溶剂

【制法】称取羟丙甲纤维素（HPMC）溶于适量蒸馏水中，依次加入硼砂、硼酸、氯化钾、氯化钠、氯化苯甲羟胺溶液，再添加蒸馏水至全量，搅匀，过滤，滤液灌装于滴眼瓶中，密封，于 100 ℃流通蒸汽灭菌 30 min 即得。

3. 静脉注射用脂肪乳

【处方】

组分	用量	作用
精制大豆油	150 g	油相
精制大豆磷脂	15 g	乳化剂
注射甘油	25 g	等渗调节剂
注射用水	加至 1000 mL	水相

【制法】称取精制大豆磷脂 15 g，高速组织捣碎机内捣碎后，加甘油 25 g 及注射用水 400 mL 在氮气流下搅拌至形成半透明状的磷脂分散体系；放入两步高压匀化机，加入精制大豆油与注射用水，在氮气流下匀化多次，收集于乳剂收集器内；将乳剂冷却后，于氮气流下用垂熔玻璃漏斗过滤，分装于玻璃瓶内，充氮气，瓶口中加盖涤纶薄膜、橡胶塞密封后，加轧铝盖；水浴预热 90 ℃左右，于 121 ℃灭菌 15 min。浸入热水中，缓慢冲入水中，逐渐冷却，置于 4～10 ℃下贮存。

4. 注射用辅酶 A（coenzyme A）的无菌冻干制剂

【处方】

组分	用量	作用
辅酶 A	56.1 单位	主药
水解明胶	5 mg	赋形剂(填充剂)
甘露醇	10 mg	赋形剂(填充剂)
葡萄糖酸钙	1 mg	赋形剂(填充剂)
半胱氨酸	0.5 mg	稳定剂

【制法】将上述各成分用适量注射用水溶解后，无菌过滤，分装于安瓿瓶中，每支 0.5 mL，冷冻干燥后封口，漏气检查即得。

5. 2%盐酸普鲁卡因注射液

【处方】

组分	用量	作用
盐酸普鲁卡因	20.0 g	主药
氯化钠	4.0 g	等渗调节剂
0.1 mol/L 盐酸	适量	pH 调节剂
注射用水	加至 1000 mL	溶剂

【制法】取注射用水约 800 mL，加入氯化钠，搅拌溶解，再加盐酸普鲁卡因使之溶解，加入 0.1 mol/L 的盐酸溶液调节 pH 至 4.0～4.5，再加水至足量，搅匀，过滤分装于中性玻璃容器中，用流通蒸汽 100 ℃、30 min 灭菌，瓶装者可适当延长灭菌时间（100 ℃、45 min）。

（八）处方设计

1. 答：醋酸可的松滴眼液

（1）处方组成

醋酸可的松(微晶)	5.0 g	主药
聚山梨酯 80	0.8 g	表面活性剂(润湿剂)
硝酸苯汞	0.02 g	抑菌剂
硼酸	2.0 g	渗透压调节剂
羟甲基纤维素钠	2.0 g	助悬剂
蒸馏水	加至 1000 mL	分散介质

（2）制备：取硝酸苯汞溶于处方量50%的蒸馏水中，加热至40～50 ℃，加入硼酸、聚山梨酯80使之溶解，3号垂熔玻璃漏斗过滤待用；另将羟甲基纤维素钠溶于处方量30%的蒸馏水中，用垫有200目尼龙布的布氏漏斗过滤，加热至80～90 ℃，加醋酸可的松微晶搅匀，保温30 min，冷至40～50 ℃，再与硝酸苯汞等溶液合并，加蒸馏水至足量，200目尼龙筛过滤两次，分装，封口，100 ℃流通蒸汽灭菌30 min。

（3）处方工艺分析：①醋酸可的松微晶的粒径应在5～20 μm之间，粒径过大易产生刺激性，降低疗效，甚至会损伤角膜。②羟甲基纤维素钠为助悬剂，配液前需精制。本滴眼液中不能加入阳离子型表面活性剂，因与羟甲基纤维素钠有配伍禁忌。③为防止结块，灭菌过程中应振摇，或采用旋转无菌设备，灭菌前后均应检查有无结块。④硼酸为pH与等渗调节剂，因氯化钠能使羟甲基纤维素钠黏度显著降低，促使结块沉降，改用2%的硼酸后，不仅改善降低黏度的缺点，且能减轻药液对眼黏膜的刺激性。本品pH为4.5～7.0。

2. 答：维生素C注射剂

（1）处方组成

维生素C	104 g	主药
依地酸二钠	0.05 g	螯合剂
碳酸氢钠	49.0 g	pH调节剂
亚硫酸氢钠	2.0 g	抗氧剂
注射用水	加至1000 mL	溶剂

（2）制法：在配制容器中，加处方量80%的注射用水，通入二氧化碳至饱和，加维生素C溶解后，分次缓缓加入碳酸氢钠，搅拌使其完全溶解，加入预先配制好的依地酸二钠和亚硫酸氢钠溶液，搅拌均匀，调节药液pH至6.0～6.2，添加二氧化碳饱和的注射用水至足量，用垂熔玻璃漏斗与薄膜滤器过滤，溶液中通入二氧化碳，并在二氧化碳气流下灌封，最后于100 ℃流通蒸汽灭菌15 min。

（3）处方及工艺分析：①维生素C分子中有烯二醇式结构，显强酸性，注射时刺激性大，产生疼痛，故加入碳酸氢钠（或碳酸钠）调节pH，以避免疼痛并增强本品的稳定性。②本品易氧化水解，原辅料的质量，特别是维生素C原料和碳酸氢钠，是影响维生素C注射液的关键。空气中的氧气、溶液pH和金属离子（特别是铜离子）对其稳定性影响较大，因此处方中加入抗氧剂（亚硫酸氢钠）、金属离子络合剂及pH调节剂，工艺中采用充惰性气体等措施，以提高产品的稳定性。但实验表明，抗氧剂只能改善本品的色泽，对制剂的含量变化几乎无作用，亚硫酸盐和半胱氨酸对改善本品色泽作用显著。③本品稳定性与温度有关。实验表明，用100 ℃流通蒸汽灭菌30 min后含量降低3%；而100 ℃流通蒸汽灭菌15 min后含量仅降低2%，故以100 ℃流通蒸汽灭菌15 min为宜。

（九）计算题

1. 答：$W=[(0.52-0.12/2)/0.58]\times(1000/100)=7.93(g)$

2. 答：$W=0.009\times500-0.24\times(500\times2\%)=2.1(g)$

3. 答：$W=0.009\times2000-0.16\times(2000\times3\%)=8.4(g)$

4. 答：由于葡萄糖的$E=0.18$ g，氯化钠等渗溶液的浓度为0.9%，则：

在100 mL溶液中$W=(0.9/0.18)=5$ g，即需加入5 g无水葡萄糖。

5. 答：设所需加入的氯化钠和葡萄糖分别为W_1和W_2，则：

$W_1=(0.9-0.28\times2)\times(200/100)=0.68(g)$；$W_2=0.68/0.18=3.78(g)$ 或 $W_2=(5\%/0.9\%)\times0.68=3.78(g)$

6. 答：$W=(0.52-a)/b=[0.52-(0.28\times0.67+0.44\times0.33)]/0.58\times(1000/100)=3.23(g)$

7. 答：$W=[0.9-(0.47\times0.67+0.78\times0.33)\times1000]/100=3.28(g)$

（十）问答题

1. 答：注射剂的优点是：①注射剂可适于不宜口服的药物；②注射剂起效迅速；③注射剂适宜于不能口服给药的患者；④注射剂剂量准确、作用可靠；⑤注射剂可起局部作用、靶向及长效作用。

注射剂的缺点是：①注射剂使用不方便；②注射剂注射时产生疼痛，影响患者顺应性；③注射剂的生产技术、生产过程、生产设备复杂，且要求严格。

2. 答：影响湿热灭菌的主要因素有：生物种类与数量；蒸汽性质；药品性质和灭菌时间；介质 pH 对微生物的生长和活力的影响；介质中的营养等。

3. 答：①去离子水是原水经过离子交换法制得的水。去离子水不得用于注射剂的配液，可用于配制普通制剂，也可用于非无菌原料药的精制、注射剂容器和塞子等的初洗。②注射用水是由纯化水经蒸馏所得，可用于注射剂配液、注射剂容器最后一道洗瓶、无菌原料的精制。③灭菌注射用水是由注射用水封装后再经过灭菌制成，主要用于溶解注射用灭菌粉针剂或注射溶液剂。

4. 答：热原的除去方法有：①高温法；②酸碱法；③吸附法；④离子交换法；⑤凝胶过滤法；⑥反渗法；⑦超滤法；⑧其他方法，如采用二次以上湿热灭菌法，或适当提高灭菌温度和时间，微波也可破坏热原。

5. 答：（1）热原的组成：热原是微生物的一种内毒素，存在于细菌的细胞膜和固体膜质之间，是由磷脂、脂多糖和蛋白质组成的复合物。其中脂多糖是内毒素的主要成分，因而大致认为热原＝内毒素＝脂多糖，脂多糖组成因菌种不同而不同。

（2）热原的性质：耐热性，过滤性，水溶性，不挥发性；热原能被强酸强碱破坏，强氧化剂、超声波及某些表面活性剂（如去氧胆酸钠）也能使之失活。

6. 答：常用注射剂附加剂主要包括：pH 和等渗调节剂，增溶剂，局麻剂，抑菌剂，抗氧剂等。

附加剂在注射剂中的主要作用是：①增加药物的理化稳定性；②增加主药的溶解度；③抑制微生物生长，尤其对多剂量注射剂要注意；④减轻疼痛或对组织的刺激性等。

7. 答：输液分为电解质输液、营养输液、胶体输液和含药输液。

（1）电解质输液：用于补充体内水分、电解质，纠正体内酸碱平衡等。如氯化钠注射液、复方氯化钠注射液、乳酸钠注射液等。

（2）营养输液：用于不能口服吸收营养的患者。营养输液有糖类输液、氨基酸输液、脂肪乳输液等。糖类输液中最常用的为葡萄糖注射液。

（3）胶体输液：用于调节体内渗透压。胶体输液有多糖类、明胶类、高分子聚合物等，如右旋糖酐、淀粉衍生物、明胶、聚乙烯吡咯烷酮等。

（4）含药输液：含有治疗药物的输液，如替硝唑、苦参碱等输液。

8. 答：冷冻干燥的优点是：①冷冻干燥在低温、低压的缺氧条件下进行，尤其适用于热敏性、易氧化的药物（如抗生素、蛋白质等生物药物）；②在冷冻干燥过程中，微生物的生长被有效抑制，而有效成分的活性得以维持，因此能保持药物的有效性；③复溶性好，由于制品在冻结成稳定固体骨架的状态下进行干燥，因此干燥后的制品疏松多孔，呈海绵状，加水后溶解迅速而完全，几乎立即恢复药液原有特性；④产品含水量低，冷冻干燥过程可除去95%～99%的水分，产品更稳定，有利于产品的运输与贮存。

冷冻干燥的不足之处是：溶剂不能随意选择，某些产品复溶时可能出现混浊现象；此外，本法需要特殊设备，设备的投资和运转耗资较大，成本较高。

9. 答：粉针，即注射用的无菌粉末，按生产工艺条件不同可分为两类。

① 注射用无菌粉末（无菌原料）直接分装产品：此类采用无菌粉末直接分装法制备，常见于抗生素类。

② 注射用冻干无菌粉末产品：此类采用冷冻干燥法制备，常见于生物制品或者水中不稳定的其他药物。

适合制成粉针的药物：在水溶液中不稳定或加热灭菌时不稳定的药物大多制成无菌分装产品；一些在水中稳定但加热分解失效的药物常制成冷冻干燥制品。

10. 答：冷冻干燥中存在的问题及解决方法如下：

（1）含水量偏高。容器中装入的药液过厚，升华干燥过程中热量供给不足，真空度不够，冷凝器温度偏高均会使产品含水量偏高，可针对具体情况加以解决。

（2）喷瓶。预冻温度过高，预冻不完全，升华干燥时供热过快，受热不均，使部分产品熔化导致喷瓶。因此必须将预冻温度控制在低共熔点以下 10～20 ℃。

（3）产品外形不饱满或萎缩。由于产品结构致密，水蒸气不能完全溢出，部分药品因潮解而导致外形不饱满或萎缩。可通过加入填充剂或采用反复预冻的方法加以解决。

11. 答：影响吸收的因素：①药物从眼睑缝隙流失；②药物从外周血管消除；③药物脂溶性与解离度；④刺激性；⑤表面张力；⑥黏度。

12. 答：活性炭常用于注射剂的过滤，有较强的吸附热原、微生物的能力，并具有脱色作用。但它能吸附生物碱类药物，应用时应注意其对药物的吸附作用。

13. 答：等渗溶液系指与血浆渗透压相等的溶液，属于物理化学概念。等张溶液系指渗透压与红细胞膜张力相等的溶液，属于生物学概念。

14. 答：当两种含有不同盐类浓度的溶液用一张半透膜隔开时会发现，含盐量少的一侧溶剂会自发地向含盐量高的一侧流动，这个过程叫作渗透。直到两侧的液位差达到一个定值时，渗透停止，此时的压力差叫渗透压。渗透压值与溶液的种类、盐浓度和温度有关，而与半透膜无关。一般来说，盐浓度越高，渗透压越高。渗透平衡时，如果在浓溶液侧施加一个压力，那么浓溶液侧的溶剂会在压力作用下向稀溶液侧渗透，这个渗透因与自然渗透相反，故叫反渗透。利用反渗透技术，可以用压力使溶质与溶剂分离，经过预处理的水，利用特殊的反渗透膜，使得水分子在压力作用下透过反渗透膜而与杂质分离的过程，即为反渗透法制备注射用水的原理。

15. 答：该法适用于照射物表面灭菌、无菌室空气及蒸馏水的灭菌；不适合药液的灭菌及固体物料深部的灭菌。由于紫外线是以直线传播的，可被不同的表面反射或吸收，穿透力微弱，普通玻璃可吸收紫外线，因此装于容器中的药物不能用紫外线灭菌。紫外线对人体有危害，照射过久易发生结膜炎、红斑及皮肤灼烧等伤害，故一般在操作前开启 1～2 h，操作时关闭；必须在操作过程中照射时，对操作者的皮肤和眼睛应采用适当的防护措施。

16. 答：热原的污染途径：①溶剂。注射用水是热原污染的主要原因。即使原有的注射用水或注射用油不带有热原，但如果贮存时间较长或存放不当，也有可能由于污染微生物而产生热原。因此，注射剂的配制应使用新鲜制备的溶剂。②原辅料。原辅料尤其是采用生物方法制造的物料（如葡萄糖、乳糖、右旋糖苷等）易滋生微生物，贮存时间过长或包装不符合要求甚至破损时，均易受到微生物污染而产生热原。③容器或用具。制备无菌制剂时所用的用具、管道、装置、灌装容器，如果未按 GMP 规定的操作规程做清洁或灭菌处理，则易使药液污染而导致热原产生。④制备过程。制备过程中洁净度不符合无菌制剂的要求，操作时间过长，产品灭菌不及时或不合格，工作人员未严格执行操作规程，这些因素都会增加微生物的污染机会而产生热原。⑤使用过程。静脉用注射剂如输液在临床使用时所用的相关器具（如输液器、输液瓶、乳胶管），必须无菌、无热原，这也是防止热原反应发生所不能忽视的环节。另外，输液与其他药物配伍时，若药物已污染热原，或加药时操作室洁净度不达标、消毒及操作不严密，或加药后放置时间过长，均易导致污染而产生热原。

17. 答：过滤的机制：①表面过滤；②深层过滤；③滤饼过滤。

影响过滤的因素：①操作压力越大，滤速越快；②药液黏度越大，滤速越慢；③滤渣越厚，滤速越慢。

第十二章 中药制剂

一、本章学习要求

1. **掌握** 中药制剂的概念、特点；浸提过程及影响浸提的因素；常用的浸提方法；常用的浸出制剂及其主要特点；常用的中药成方制剂品种；中药丸剂的概念、分类与制备。

2. **熟悉** 常用的分离精制方法；常用的浓缩与干燥方法；浸出制剂的制备工艺；中药丸剂常用辅料与制备设备。

3. **了解** 中药成分分类；中药制剂剂型改革；常用的中药前处理设备。

二、学习导图

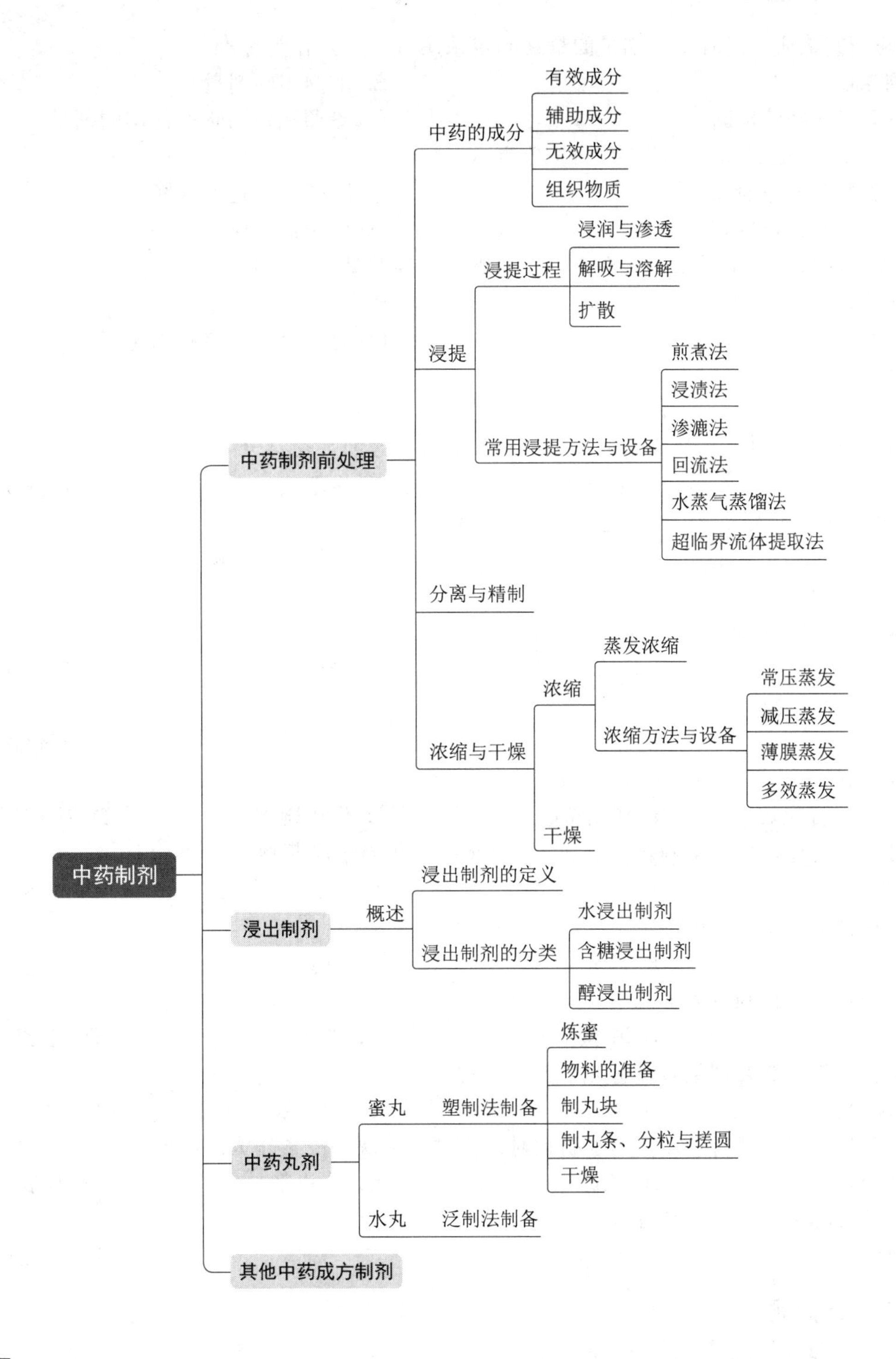

三、习题

（一）名词解释（中英文）

1. 中药；2. 有效成分；3. extraction；4. decoction；5. maceration；6. SFE；7. 浸出制剂；

8. mixture；9. electuary；10. 酊剂；11. 流浸膏剂，浸膏剂；12. 蜜丸；13. 全浸膏片；14. 中药注射剂；15. 中药贴膏剂

（二）单项选择题

1. 在中药新制剂研究过程中，剂量的最终确定采用（　　）作为标准。
   A. 临床试验剂量　　B. 动物实验剂量
   C. 根据工作经验推断　　D. 参照相似药物所使用的剂量
2. 根据 Fick's 扩散定律，实际工作时应掌握（　　）。
   A. 药材粒度越细越好　　B. 浓度梯度越大越好
   C. 浸出时间越长越好　　D. 浸出温度越高越好
3. 为提高浸出效率，常采用一些措施，下列措施错误的是（　　）。
   A. 选择适宜的溶剂　　B. 加表面活性剂
   C. 加大浓度差　　D. 将药材粉碎得越细越好
4. 用乙醇加热浸提药材时可以用（　　）。
   A. 浸渍法　　B. 煎煮法　　C. 渗漉法　　D. 回流法
5. 制备毒性药材、贵重药材或高浓度浸出制剂的最有效的方法是（　　）。
   A. 煎煮法　　B. 浸渍法　　C. 渗漉法　　D. 加液研磨法
6. 在浸提药物时加入表面活性剂是为了（　　）。
   A. 降低油水两相界面张力　　B. 增加药物溶解
   C. 降低溶剂与药材的表面张力　　D. 降低溶剂亲脂性
7. 分离溶液中的各种蛋白质可采用（　　）。
   A. 水提醇沉法　　B. 醇提水沉法　　C. 盐析法　　D. 透析法
8. 盐析中最常用的盐是（　　）。
   A. 硫酸铵　　B. 硫酸钠　　C. 氯化钠　　D. 氯化铵
9. 浸出制剂的治疗作用特点是（　　）。
   A. 具有综合疗效　　B. 作用单一　　C. 作用剧烈　　D. 副作用大
10. 除另有规定外，含有毒剧药的酊剂，每 100 mL 相当于原药物（　　）。
    A. 10%　　B. 10 g　　C. 20%　　D. 20 g
11. 稠浸膏含水量每 100 g 约为（　　）。
    A. 5 g　　B. 15 g　　C. 30 g　　D. 50 g
12. 用于一般性药物制备大蜜丸用（　　）。
    A. 嫩蜜　　B. 中蜜　　C. 老蜜　　D. 生蜜
13. 不属于药物衣的丸剂包衣材料的是（　　）。
    A. 朱砂衣　　B. 黄柏衣　　C. 明胶衣　　D. 雄黄衣
14. 中草药片剂因含浸膏较多，用水制粒时易于黏结成块，故常作为润湿剂的是（　　）。
    A. 蒸馏水　　B. 乙醇　　C. 淀粉浆　　D. 果胶
15. 不需做含醇量测试的制剂是（　　）。
    A. 酊剂　　B. 合剂　　C. 酯剂　　D. 流浸膏剂

（三）多项选择题

1. 中药材的品质检查主要有（　　）。
   A. 药材的药理有效性检查　　B. 药材含水量的检查
   C. 药材来源与品种的鉴定　　D. 有效成分或总浸出物的测定
2. 以下关于减压浓缩的叙述，正确的是（　　）。
   A. 能防止或减少热敏性物质的分解
   B. 增大了传热温度差，蒸发效率高

C. 不断排出溶剂蒸汽，有利于蒸发顺利进行
D. 沸点降低，可利用低压蒸汽作加热源
E. 不利于乙醇提取液的乙醇回收

3. 与溶剂润湿药材表面有关的因素是（　　）。
A. 浓度差　B. 药材性质　C. 浸提压力　D. 溶剂的性质　E. 接触面的大小

4. 下列叙述不属于浸出制剂作用特点的是（　　）。
A. 毒副作用大　B. 药效迅速　C. 药效单一　D. 具有综合疗效　E. 作用剧烈

5. 下列属于浸出制剂的是（　　）。
A. 益母草膏　B. 玉屏风口服液　C. 午时茶　D. 远志酊　E. 十滴水

6. 下列关于蜜丸制备叙述正确的是（　　）。
A. 药材经炮制粉碎成细粉后制丸
B. 药材经提取浓缩后制丸
C. 根据药粉性质选择适当的炼蜜程度
D. 根据药粉性质选择适当的合药蜜温
E. 炼蜜与药粉的比例一般是 1∶1～1∶1.5

7. 下列关于滴丸叙述正确的是（　　）。
A. 由滴制法制成的一种球状固体制剂
B. 难溶性药物以微细晶体存在于基质中
C. 基质有水溶性和脂溶性之分
D. 生物利用度高但剂量不准确
E. 量大的液体药物可形成固态乳剂存在于基质中

8. 软膏剂的基质应具备的条件为（　　）。
A. 能与药物的水溶液或油溶液互相混合并能吸收分泌液
B. 具有适宜的稠度、黏着性和涂展性，无刺激性
C. 不妨碍皮肤的正常功能与伤口的愈合
D. 应与药物结合牢固
E. 不与药物产生配伍禁忌

9. 中药注射液灭菌应遵循的原则有（　　）。
A. 大多采用湿热灭菌
B. 为确保完全杀灭细菌和芽孢，必须在 121 ℃热压灭菌 45 min
C. 仅对热稳定的注射液采用热压灭菌
D. 通常小剂量注射液 100 ℃湿热灭菌 30～45 min
E. 对灭菌后产品，应逐批进行“无菌检查”，合格后方可移交下一工序

10. 淀粉在中药片剂制备中，可起到（　　）的作用。
A. 稀释剂　B. 吸取剂　C. 黏合剂　D. 崩解剂　E. 润滑剂

（四）配对选择题

【1～5】
A. 煎煮法　B. 浸渍法　C. 渗漉法　D. 双提法　E. 水蒸气蒸馏法

1. 有效成分尚未清楚的方剂粗提宜采取的提取方法为（　　）。
2. 挥发性成分含量较高的方剂宜采取的提取方法为（　　）。
3. 挥发性成分、水溶性成分为有效成分的方剂宜采取的提取方法为（　　）。
4. 无组织结构的药材、新鲜药材宜采取的提取方法为（　　）。
5. 有效成分受热易被破坏的贵重药材、毒性药材宜采取的提取方法为（　　）。

【6～9】
A. 口服溶液剂　B. 糖浆剂　C. 流浸膏剂　D. 酒剂　E. 丹剂

6. 混合法常用来制备（　　）。
7. 浸渍法常用来制备（　　）。
8. 渗漉法常用来制备（　　）。
9. 煎煮法常用来制备（　　）。

【10～14】

A. 烘干干燥　B. 减压干燥　C. 沸腾干燥　D. 喷雾干燥　E. 冷冻干燥

10. 一般药材的干燥多选用（　　）。
11. 稠浸膏的干燥宜选用（　　）。
12. 较为黏稠液态物料的干燥宜选用（　　）。
13. 颗粒状物料的干燥宜选用（　　）。
14. 高热敏性物料的干燥宜选用（　　）。

【15～18】

A. 流浸膏剂　B. 煎膏剂　C. 浸膏剂　D. 口服液体制剂　E. 汤剂

15. 每 1 g 相当于原药材 2～5 g 是（　　）。
16. 我国应用最早的剂型是（　　）。
17. 需做不溶物检查的制剂是（　　）。
18. 每 1 mL 相当于原药材 1 g 的是（　　）。

（五）填空题

1. 药材成分概括说来可以分为四类，即________、________、________和________。
2. 浸出药材时，符合 Fick's 定律，其动力是________的浓度差。
3. 制备浸出制剂常用的基本方法为________、________、________。
4. 冷冻干燥又称________，适用于________。
5. 除特殊规定外，毒剧药酊剂每 100 mL 相当于________ g 药物，其他药物酊剂每 100 mL 相当于________ g 药物，每毫升流浸膏相当于________ g 原药材，而每克浸膏剂相当于________ g 原药材。
6. 中药糖浆剂中的防腐剂常用苯甲酸，其防腐作用主要靠________，其________几乎无防腐作用，使用时需调节 pH ________为宜。
7. 酊剂系指药物用规定浓度的________浸出或溶解制成的澄清液体制剂。
8. 蜜丸主要采用________制备。除用于蜜丸以外，也可以用于水蜜丸、水丸、浓缩丸、糊丸、蜡丸等的制备。
9. 中药片剂可分为________、________、________和________。
10. 黑膏药的基质是________和________经高温炼制的铅硬膏。

（六）是非题

1. 浸出过程中浓度差是渗透扩散的推动力。（　　）
2. 药材能够被浸出溶剂润湿是浸出有效成分的前提条件，主要取决于浸出溶剂和药材的性质及两者间的界面情况，其中界面张力起着主导作用。（　　）
3. 当用非极性溶剂浸出脂溶性成分时，药材应先行脱脂。（　　）
4. 醇提水沉法系指先以水为溶剂提取药材有效成分，再用不同浓度的乙醇沉淀除去提取液中杂质的方法。（　　）
5. 蒸发时液体必须吸收热能，蒸发浓缩就是不断地加热以促使溶剂汽化而除去从而达到浓缩的目的。（　　）
6. 中药合剂是指含两种或两种以上成分的液体制剂。（　　）
7. 酒剂是指药物用不同浓度的乙醇浸出或溶解而制得的澄清液体制剂。（　　）
8. 除另有规定外，浸膏剂每 1 g 相当于原有药材 2～5 g。（　　）
9. 煎膏剂因含有糖，为防止发霉变质，制备时需加防腐剂。（　　）

10. 含有吐温 80 的中药注射剂，不需做鞣质检查。(　　)

(七) 问答题

1. 中药制剂有何特点？选择中药剂型的原则是什么？
2. 简述浸提过程及影响因素。
3. 试叙述酒剂和酊剂的异同点。
4. 何为浸出制剂？有何特点？如何对浸出制剂进行质控？
5. 试述膏药、中药橡胶膏剂与中药凝胶膏剂的相同点和不同点。
6. 何为中药片剂？根据中药成分，中药片剂可分为哪几种类型？请举例说明。

四、参考答案

(一) 名词解释 (中英文)

1. 中药：在中医药理论指导下，用于预防、治疗疾病和保健的药物，包括植物药、动物药和矿物药三类。

2. 有效成分：起主要药效作用的化学成分，一般指化学上的单体化合物，能用分子式和结构式表示，并具有一定的理化性质。

3. extraction：浸提，指采用适当的溶剂与方法浸出中药材中有效成分或有效部位的操作。

4. decoction：煎煮，指以水为溶剂，通过加热煎煮来浸提中药材中有效成分的方法。

5. maceration：浸渍法，指用适当溶剂，在一定温度条件下，将药材浸泡一定时间，以浸出有效成分的方法。

6. SFE：超临界流体提取法，指利用超临界流体的强溶解特性，对药材成分进行提取和分离的方法。

7. 浸出制剂：指采用适宜的溶剂和方法，浸提饮片中有效成分而制成的可供内服或外用的制剂。

8. mixture：合剂，指饮片用水或其他溶剂，采用适宜的方法提取制成的口服液体制剂。单剂量灌装者也称为“口服液”。

9. electuary：煎膏剂，指饮片用水煎煮，取煎煮液浓缩，加炼蜜或糖（或转化糖）制成的半流体制剂。

10. 酊剂：指将饮片用规定浓度的乙醇提取或溶解而制得的澄清液体制剂，也可用流浸膏稀释制成。

11. 流浸膏剂，浸膏剂：指饮片用适宜的溶剂提取有效成分，蒸去部分或全部溶剂，调整至规定浓度而制成的制剂。蒸去部分溶剂得到的液体为流浸膏剂，蒸去大部分或全部溶剂得到半固体或固体制剂为浸膏剂。

12. 蜜丸：指饮片细粉以蜂蜜为黏合剂制成的丸剂。其中每丸重量在 0.5 g（含 0.5 g）以上的称为大蜜丸，每丸重量在 0.5 g 以下的称为小蜜丸。

13. 全浸膏片：指将处方中全部药材用适宜的溶剂和方法制备浸膏，以全量浸膏加入适宜辅料制成的片剂，如通塞脉片、穿心莲片等。

14. 中药注射剂：指饮片经提取、纯化后制成的供注入体内的溶液、乳状液及临用前配制成溶液的粉末或浓缩液的无菌制剂。

15. 中药贴膏剂：指提取物、饮片或和化学药物与适宜的基质制成膏状物，涂布于背衬材料上供皮肤贴敷，可产生局部或全身作用的一种薄片状外用制剂。

(二) 单项选择题

1. A　2. B　3. D　4. D　5. C　6. C　7. C　8. A　9. A　10. B　11. B　12. B　13. C　14. B　15. B

(三) 多项选择题

1. BCD　2. ABCD　3. BCDE　4. ABCE　5. ABCDE　6. ACDE　7. ABCE　8. ABCE　9. ACDE

10. ABCD

（四）配对选择题

1. A　2. E　3. D　4. B　5. C　6. B　7. D　8. C　9. A　10. A　11. B　12. D　13. C　14. E　15. C　16. E　17. B　18. A

（五）填空题

1. 有效成分，辅助成分，无效成分，组织物质
2. 细胞膜两侧
3. 浸渍法，渗漉法，回流法
4. 升华干燥，不耐热物料
5. 10，20，1，2～5
6. 分子，离子，<4
7. 乙醇
8. 塑制法
9. 全浸膏片，半浸膏片，全粉片，提纯片
10. 食用植物油、红丹

（六）是非题

1. √　2. √　3. ×　4. ×　5. √　6. ×　7. ×　8. √　9. ×　10. ×

（七）问答题

1. 答：（1）中药制剂特点：①以中医药理论为指导；②多成分、多靶点、多途径发挥协同作用；③成分极其复杂；④独特的辅料选择方式："药辅合一""辅料与药效相结合"。

（2）剂型选择原则：①根据临床需要选择所需剂型。例如，急症患者选用快速起效的注射剂、气雾剂或者速效制剂等剂型；皮肤病患者选用软膏剂、贴膏剂等剂型；腔道病患者选用栓剂、灌肠剂等剂型；慢性病患者选用中药丸剂、缓控释制剂等剂型。

②根据药物理化性质、生物学性质选择所需剂型。例如，水中稳定性差的药物一般不宜制成口服液、溶液型注射剂等剂型。

③符合药物制剂安全、有效、稳定、使用方便原则选择所需剂型。例如，综合考虑三小——"剂量小、剂型小、毒副作用小"，三效——"高效、速效、长效"，四药物递送方式——"速释、缓释、控释、靶向"，五方便——"生产、运输、贮存、携带、服用"。

2. 答：（1）浸提过程：①浸润与渗透；②解吸与溶解；③扩散。

（2）浸提影响因素：①溶剂。溶剂的性质与用量对浸提效率有很大的影响。②溶剂 pH 值。适当调节浸提溶剂的 pH 可以改善浸提效果。③药材成分。单位时间内物质的扩散速率与分子半径成正比，可见小分子物质较易浸出。④药材粒度。药材粒度主要影响渗透与扩散两个阶段。药材粒度越细，溶剂越易进入药材内部且扩散的距离变短，有利于药材成分的浸出，对浸出越有利。⑤浓度梯度。浓度梯度指药材组织内外的浓度差，是扩散的主要动力。⑥浸提温度。适当提高浸提温度，可加速成分的解吸、溶解并促进扩散，有利于提高浸提效果。但温度过高，热敏性成分易分解破坏，且无效成分的浸出增多。⑦浸提压力。提高浸提压力有利于浸提。⑧浸提时间。浸提过程的完成需要一定的时间，以有效成分扩散达到平衡作为浸提过程完成的终止标志。⑨浸提方法。不同浸提方法，提取效率不同。

3. 答：两者的不同点：酒剂系指饮片用蒸馏酒浸提制成的澄明液体制剂，可内服和外用。酊剂系指药物用规定浓度的乙醇浸出或溶解而制成的液体制剂，亦可用流浸膏稀释制成。其中酒剂无浓度规定，酊剂有浓度规定，含毒剧药的酊剂每 100 mL 相当于原药材 10 g，其他酊剂每 100 mL 相当于原药材 20 g。

两者的相同点：二者均属于含醇制剂，需测定含醇量，具有行血通络、散寒、不易霉变的特点，应用时易受到限制。

4. 答：(1) 浸出制剂概念：它是指用适当的浸出溶剂和方法，从饮片中浸出有效成分后所制成的供内服或外用的药物制剂。

(2) 浸出制剂特点：①浸出制剂具有各浸出成分的综合作用，有利于发挥某些成分的多效性。浸出制剂与同一药材中提取的单体化合物相比，不仅疗效较好，而且在某些情况下呈现单体化合物所不能起到的治疗效果。②浸出制剂作用缓和持久，毒性较低。③浸出制剂由于在浸出过程中除去了组织物质和部分无效成分，如酶、脂肪等，不仅减少了剂量，提高了疗效，而且方便服用。

(3) 对浸出制剂的质控：①首先控制药材质量，应清楚了解药材的来源、产地、采制、有效部分等，对药材的外形、质地、色、臭、味等外观特征要加以鉴别。②其次严格控制提取过程，对于有效成分已知的药材，在提取过程中应控制其有效成分的含量，使浸出制剂达到质量标准的要求；对有效成分未知的药材，必须严格控制提取工艺条件的一致性，以保证每一批提取物具有相同的质量和药效。③另外，控制浸出制剂的理化性质，如通过鉴别、含量测定等进一步控制浸出制剂的质量。提高浸出制剂的质量对保证浸出制剂的有效性、安全性、稳定性极为重要。

5. 答：(1) 相同点：均为外用制剂。其中膏药系指饮片、食用植物油与红丹炼制膏料，摊涂于裱褙材料上的一种外用制剂；橡胶膏剂系指提取物和（或）化学药物与橡胶等基质混匀后，涂布于背衬材料上制成的贴膏剂；凝胶膏剂系指药材提取物、饮片及化学药物与适宜的亲水性基质混匀后，涂布于裱褙材料上制得的贴膏剂。它们均为可产生局部或全身性作用的外用制剂。

(2) 不同点：三者的区别主要在于所用基质不同。膏药的基质为以食用植物油与红丹炼制的膏料；橡胶膏剂主要用橡胶为基质；凝胶膏剂用聚丙烯酸钠、羧甲基纤维素钠、明胶、甘油、微粉硅胶等作为基质。

6. 答：(1) 中药片剂概念：指药材饮片提取物，饮片提取物或饮片细粉与适宜辅料压制或用其他适宜方法制成的片状或异形片状制剂。

(2) 根据中药成分可将中药片剂分为四种类型。①全浸膏片。它是指以处方中全部饮片提取的浸膏为原料制成的片剂，如穿心莲片。②半浸膏片。它是指以处方中部分饮片细粉与其余饮片提取的稠膏混合制得的片剂，如银翘解毒片、牛黄解毒片等。③全粉片。它是指将处方中全部饮片粉碎成细粉，加入适宜赋形剂制成的片剂，如安胃片、参茸片等。④提纯片。它是指处方中药材经过提取，得到单体或有效部位细粉，加入适宜辅料制成的片剂，如北豆根片、正清风痛宁片等。

第十三章 生物技术药物制剂

一、本章学习要求

1. **掌握** 生物技术药物的定义、分类和特点；多肽/蛋白质类药物注射给药系统。

2. **熟悉** 多肽/蛋白质类药物非注射给药系统；核酸类药物给药系统。

3. **了解** 疫苗和活细胞药物给药系统。

二、学习导图

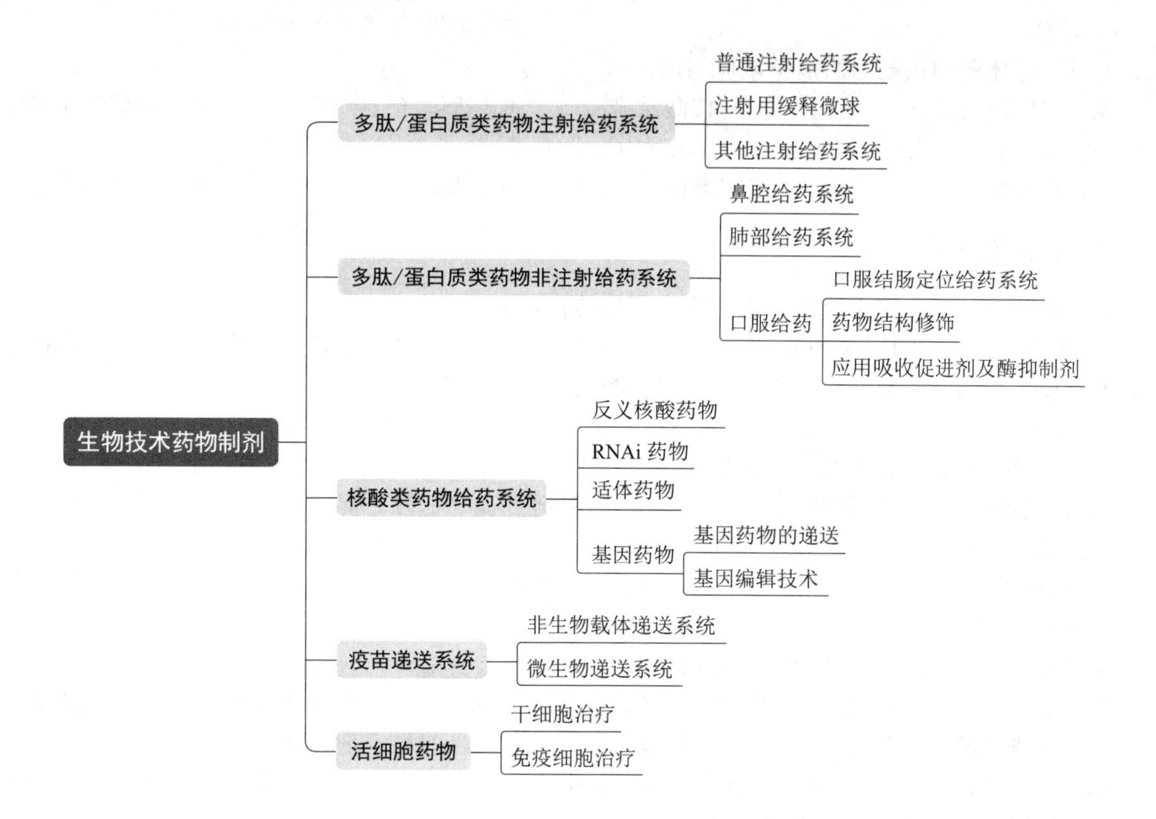

三、习题

（一）名词解释（中英文）

1. biotechnological drug；2. 生物制品标准物质；3. microsphere；4. NDDS；5. OCDDS；6. 反义核酸技术；7. RNAi 技术；8. aptamer drug；9. 基因药物；10. 干细胞治疗；11. 免疫细胞治疗

（二）单项选择题

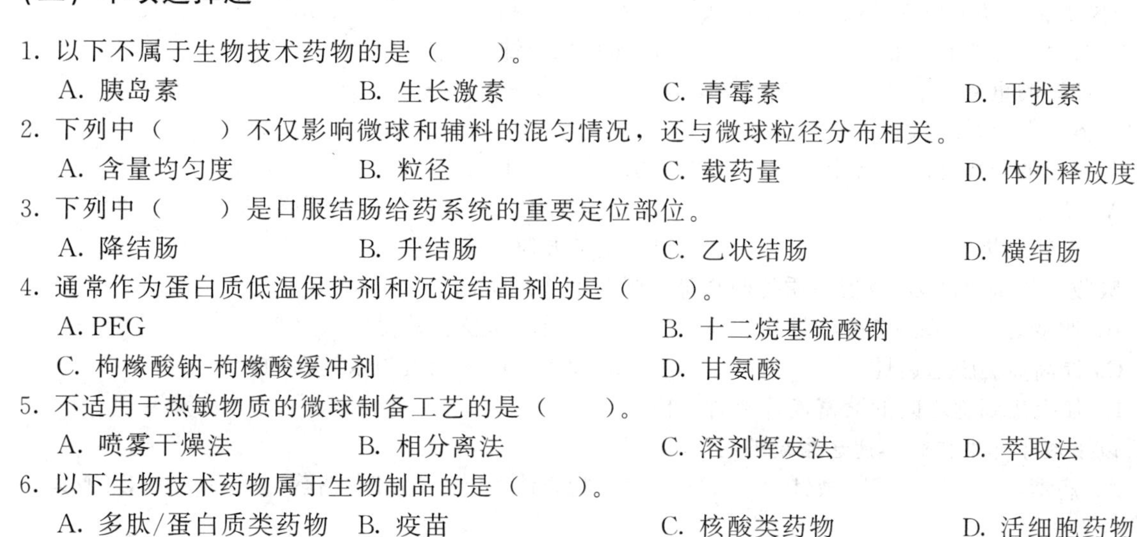

1. 以下不属于生物技术药物的是（　　）。
A. 胰岛素　　B. 生长激素　　C. 青霉素　　D. 干扰素

2. 下列中（　　）不仅影响微球和辅料的混匀情况，还与微球粒径分布相关。
A. 含量均匀度　　B. 粒径　　C. 载药量　　D. 体外释放度

3. 下列中（　　）是口服结肠给药系统的重要定位部位。
A. 降结肠　　B. 升结肠　　C. 乙状结肠　　D. 横结肠

4. 通常作为蛋白质低温保护剂和沉淀结晶剂的是（　　）。
A. PEG　　B. 十二烷基硫酸钠
C. 枸橼酸钠-枸橼酸缓冲剂　　D. 甘氨酸

5. 不适用于热敏物质的微球制备工艺的是（　　）。
A. 喷雾干燥法　　B. 相分离法　　C. 溶剂挥发法　　D. 萃取法

6. 以下生物技术药物属于生物制品的是（　　）。
A. 多肽/蛋白质类药物　　B. 疫苗　　C. 核酸类药物　　D. 活细胞药物

7. 生物技术药物注射剂不能用（　　）方法进行质量评价。

A. 装量差异　　B. 不溶性微粒　　C. 高温加速试验　　D. 抗体效价分析

8. 属于天然高分子材料的是（　　）。

A. 明胶　　B. 羧甲基纤维素钠

C. 醋酸纤维素酞酸酯　　D. 聚乳酸-乙醇酸共聚物

9. 不属于适体药物在靶向制剂领域应用的是（　　）。

A. 适体-药物结合　　B. 适体-核酸结合　　C. 适体-靶点结合　　D. 适体-纳米粒结合

10. RNA 干扰（RNAi）技术运用的方法是（　　）。

A. 基因沉默　　B. 基因敲除　　C. 基因扩增　　D. 基因过表达

（三）多项选择题

1. 下列中（　　）可用作液体型蛋白质类药物的稳定剂。

A. 重金属　　B. 缓冲液　　C. 表面活性剂　　D. 糖和多元醇　　E. 环糊精衍生物

2. 生物技术药物注射剂在冷冻干燥制备固态制剂时，可以添加的渗透保护剂有（　　）。

A. 蔗糖　　B. 十二烷基硫酸钠　　C. 甘露醇　　D. 甘氨酸　　E. 甘油

3. 以下可以作为制备微球的辅料的是（　　）。

A. 稳定剂　　B. 稀释剂　　C. 阻滞剂　　D. 促进剂　　E. 增塑剂

4. 缓释微球的制作方法有（　　）。

A. 有机溶剂萃取法　　B. 溶剂挥发法　　C. 相分离法

D. 喷雾干燥法　　E. 超临界流体法

5. 提高多肽/蛋白质类药物吸收常用的吸收促进剂主要有（　　）。

A. 水杨酸类　　B. 胆酸盐类　　C. 表面活性剂　　D. 金属螯合剂　　E. 酶抑制剂

6. 为抑制或缓解多肽/蛋白质类药物的降解或变性，常加入的稳定剂包括（　　）。

A. 缓冲溶液　　B. 糖和多元醇　　C. 盐类　　D. 氨基酸类　　E. 大分子化合物

7. 注射用缓释微球的质量评价内容包括（　　）。

A. 微球粒径　　B. 载药量　　C. 包封率　　D. 体内释放度　　E. 无菌检查

8. 下列说法正确的是（　　）。

A. 黏膜给药可以避免肝脏首过效应和胃肠道的首过效应，增加药物的吸收

B. 鼻腔黏膜给药，药物分子量越小，生物利用度越高

C. 可以通过降低黏膜层黏度，提高黏膜通透性促进多肽/蛋白质类药物的鼻腔吸收

D. 肺部给药可以避免肝脏首过效应，提高药物生物利用度

E. 多肽/蛋白质类药物易于通过肺泡膜吸收，生物利用度优于黏膜给药

9. 阳离子脂质体被称为“基因治疗领域最有希望的基因转染载体”，其原因是（　　）。

A. 良好的生物相容性　　B. 无免疫原性

C. 良好的重复转染性　　D. 对 pH 敏感

E. 体内循环时间长

10. 与传统的药物靶向策略相比较，适体药物的优势在于（　　）。

A. 特异性高　　B. 安全性高　　C. 组织穿透性好

D. 良好的热稳定性　　E. 制备方便

11. 吸收促进剂提高多肽/蛋白质类药物鼻腔吸收的作用机制主要包括（　　）。

A. 改变鼻腔黏液的流变学性质　　B. 降低鼻黏膜层黏度

C. 提高鼻黏膜通透性　　D. 抑制作用部位蛋白水解酶的活性

E. 使上皮细胞之间的紧密连接暂时疏松

12. 以下属于非生物载体递送系统的是（　　）。

A. 病毒　　B. 微针　　C. 脂质体　　D. 细菌　　E. 胶束

（四）配对选择题

【1～3】

A. 用于生物制品效价、活性或含量测定的或其特性鉴别、检查的生物标准品、生物参考品

B. 用国际生物标准品标定的，或由中国自行研制的（尚无国际生物标准品者）用于定量测定某一制品含量、效价或毒性的标准物质

C. 用国际生物参考品标定的，或由中国自行研制的（尚无国际生物参考品者）用于微生物或其产物的定性鉴定或疾病诊断的生物试剂、生物材料或特异性抗血清；或指用于定量检测某些制品的生物效价的参考物质

1. 国家生物参考品是指（　　）。
2. 生物制品标准物质是指（　　）。
3. 国家生物标准品是指（　　）。

【4～7】

A. 装量、装量差异、渗透压摩尔浓度、可见异物、不溶性微粒、无菌检查、蛋白质含量、抗体效价分析

B. 粒径及其分布、载药量、含量均匀度、包封率、体外释放度、无菌检查

C. 鉴别、微生物限度、细菌内毒素、异常毒性检查

D. 细胞株历史资料、操作要求、细胞库、生产细胞代次测定以及细胞鉴别、外源因子和内源因子的检查、成瘤性/致瘤性检查

4. 生物技术药物生产用原材料及相关辅料的关键项目检测包括（　　）。
5. 生物技术药物生产用细胞基质的质量要求包括（　　）。
6. 生物技术药物注射剂的质量评价包括（　　）。
7. 注射用缓释微球的质量评价包括（　　）。

（五）填空题

1. 生物技术药物主要分为__________、__________、__________和__________。
2. 生物技术药物需遵循__________、__________和__________原则进行质量控制。
3. 多肽/蛋白质类药物给药途径分为两种：__________和__________。
4. 多肽/蛋白质类药物注射给药基本剂型是__________和__________。
5. 核酸类药物主要分为__________、__________、__________和__________四种。
6. 脂质体是一种常见的纳米载体，由__________和__________组成。
7. 通过不断改进多肽/蛋白质类药物的口服给药技术，来提高多肽/蛋白质类药物口服生物利用度的方法有：__________、__________、__________和__________。
8. 反义核酸技术的基本原理是____________。
9. 制备阳离子脂质体的材料一般由__________和__________组成。
10. 活细胞药物按照细胞种类可以分为__________和__________。
11. 干细胞治疗主要分为__________和__________两类。
12. 通常通过________修饰，提高多肽/蛋白质类药物的热稳定性、降低其抗原性、延长其生物半衰期。
13. 基因编辑技术是通过在特定的靶向序列处造成双链断裂缺口，从而激活细胞内的两种主要DNA双链损伤的修复机制：__________途径、__________途径对DNA进行准确修复。
14. 目前研究较多的微生物载体主要是__________和__________。
15. __________被FDA批准用于手术缝合线、心血管支架、控释药物涂层的高分子材料。
16. DNA双链上被转录为RNA的链为________，与其对应的链为__________。
17. 多肽/蛋白质类药物的非注射给药途径主要包括__________、__________、__________、__________、__________、__________、__________、__________。

（六）是非题

1. 为提高多肽/蛋白质类药物的稳定性，可考虑将其制成冻干剂或者通过基因工程手段，引入能增加稳定性的残基。（　　）

2. 多肽/蛋白质类药物的冻干制剂中应尽量使用磷酸钠缓冲剂。（　　）

3. 生物技术药物可以通过高温加速试验的方法来预测药物在室温下的有效期。（　　）

4. 喷雾干燥法制备缓释微球可以用于热敏物质。（　　）

5. 制备微球时一般采用湿法筛分。（　　）

6. 干粉吸入剂能使得药物到达肺的更深部，且雾化粒子粒径越小，越有利于药物在肺部滞留和吸收。（　　）

7. 在DNA双链上被转录为RNA的链为反义链。（　　）

8. 高浓度的重金属盐类容易导致蛋白质变性。（　　）

9. 国家生物参考品系指用于定量测定某一制品含量、效价或毒性的标准物质。（　　）

10. 十二烷基硫酸钠可以作为多肽/蛋白质类药物的稳定剂，防止蛋白质的解离或变性。（　　）

11. 分子量＜1000的药物、水溶性药物易被鼻腔黏膜吸收。（　　）

12. 目前大多运用病毒、质粒表达载体或各种聚合物材料作为载体来提高核酸类药物在细胞中的转染率。（　　）

（七）问答题

1. 与小分子化学药物相比，生物技术药物的优势及局限有哪些？
2. 以PLGA微球包载药物为例，简述几种主要的微球制备工艺。
3. 纳米载体在生物技术药物中的应用优势主要有哪些？
4. 举例说明提高多肽/蛋白质类药物鼻腔吸收的手段。
5. 简述肺部给药系统的优点。
6. 为什么选择结肠作为口服给药系统的重要定位部位？
7. 与传统的药物靶向策略相比较，适体药物有哪些优缺点？
8. 基因治疗的主要步骤有哪些？
9. 与传统的化学合成药物相比，多肽/蛋白质类大分子药物有哪些优缺点？
10. 免疫细胞包括哪几种（至少2种）以及免疫细胞治疗有哪些优势？

四、参考答案

（一）名词解释（中英文）

1. biotechnological drug：生物技术药物，系指采用基因工程、细胞工程、蛋白质工程等生物技术，以细胞、微生物、动物或人源的组织和液体等为原料制备而得的，用于人类疾病预防、诊断和治疗的药物。

2. 生物制品标准物质：系指用于生物制品效价、活性或含量测定的或其特性鉴别、检查的生物标准品、生物参考品。

3. microsphere：微球制剂，它是活性成分以溶解状态或者分散在如聚合物、明胶、蛋白质等材料基质中，后经处理、固化而形成的实心微小球体，其实质为骨架型固体物。

4. NDDS：鼻腔给药系统，它是指在鼻腔用药，发挥局部或全身治疗作用的给药系统。

5. OCDDS：口服结肠定位给药系统，它是通过制剂技术使药物口服后，在胃及小肠内不释放，只有到达回盲肠或结肠部位才定位释放的一种新型药物控释系统。

6. 反义核酸技术：是根据核酸杂交原理设计并以选择性地抑制特定基因表达为目的的一类技术。

7. RNAi技术：RNA干扰技术，是一种靶向mRNA可使转录后的基因沉默的新方法，也称转录后基因沉默。

8. aptamer drug：适体药物，是从人工体外合成的随机寡核苷酸序列库中反复筛选得到的能以极高的亲和力和特异性与靶分子结合的一段寡核苷酸序列。

9. 基因药物：是利用有遗传效应的 DNA 或者 RNA 片段进行疾病治疗的基因物质。

10. 干细胞治疗：是利用人体干细胞的分化和修复原理，把健康的干细胞移植至患者体内，以达到修复病变细胞、重建正常系统的目的。

11. 免疫细胞治疗：是一种采集人体自身免疫细胞，经过体外培养后使其靶向性杀伤能力增强，然后再回输到人体内，用于杀灭血液或组织中的病原体、激活并增强机体的免疫能力的治疗方式。

（二）单项选择题

1. C　2. A　3. C　4. A　5. A　6. B　7. C　8. A　9. C　10. A

（三）多项选择题

1. BCDE　2. ACE　3. ABCDE　4. ABCDE　5. ABCD　6. ABCDE　7. ABCE　8. ACD　9. ABC　10. ABCDE　11. ABCDE　12. BCE

（四）配对选择题

1. C　2. A　3. B　4. C　5. D　6. A　7. B

（五）填空题

1. 多肽/蛋白质类药物，核酸类药物，疫苗，活细胞药物
2. 科学性，先进性，适用性
3. 注射给药，非注射给药
4. 注射剂，冻干剂
5. 反义核酸药物，RNA 干扰类药物，药物适体，基因药物
6. 磷脂，胆固醇
7. 结肠定位释药，药物结构修饰，应用吸收促进剂，应用酶抑制剂
8. 碱基互补配对原理
9. 阳离子脂质，中性辅助磷脂
10. 干细胞治疗药物，免疫细胞治疗药物
11. 自体干细胞治疗，同种异体干细胞治疗
12. 聚乙二醇化
13. 非同源末端连接，同源定向修复
14. 细菌载体，病毒载体
15. PLGA/聚乳酸-乙醇酸共聚物
16. 正义链，反义链
17. 口腔给药，鼻腔给药，眼部给药，舌下给药，经皮给药，肺部给药，直肠给药，阴道给药

（六）是非题

1. √　2. ×　3. ×　4. ×　5. √　6. ×　7. ×　8. √　9. ×　10. ×　11. ×　12. √

（七）问答题

1. 答：生物技术药物主要具有以下优势：①靶点特异性强，安全性更高。②药理活性高，用药剂量小。局限性表现在：①生物技术药物分子量大，且功能与结构高度相关，生产和贮存难度较大。②通过各种清除途径易被人体内的蛋白酶降解，体内半衰期较短。为了维持其疗效，临床应用中需要频繁给药。③生物技术药物体外性质不稳定。特别是多肽/蛋白质类药物容易形成蛋白质聚体、发生氨基酸侧链异质

化，使其稳定性较差。

2. 答：①溶剂挥发法，适用于亲脂性药物，用水包油（O/W）方法进行制备。首先，根据药物的物理性质选择不同末端修饰的 PLGA。其次，选择合适分子量的 PLGA。最后，通过控制 PLGA 分子量、浓度、第一相与第二相的比例及搅拌速率，制备 PLGA 微球。②喷雾干燥法，它是将原料药分散于 PLGA 的有机溶剂中，形成乳浊液，然后将乳浊液用喷雾干燥器进行喷雾干燥，从而得到粒径均匀微球的一种制备工艺。③相分离法，它是先将药物与 PLGA 混合形成乳状液或混悬液，再通过向体系中加入无机盐、非溶剂或脱水剂，使 PLGA 的溶解度突然降低，从体系中与药物一起析出，形成微球。

3. 答：纳米载体在生物技术药物中的应用优势主要体现在：克服体内的生理障碍，实现有效的体内药物转运；纳米载体容易进行表面修饰，易于通过改变其表面特质和生物学性质实现生物技术药物向特定部位的靶向输送；降低药物毒性，提高药物稳定性等。

4. 答：①加入吸收促进剂，可以提高多肽/蛋白质类药物鼻腔吸收。一些蛋白质类药物如胰岛素、降钙素等在不加吸收促进剂时，生物利用度较低（$<1\%$），而加入适宜的吸收促进剂（如胆酸盐、十二烷基硫酸钠等）后，吸收效果可提高数倍甚至数十倍。②通过改变药物剂型，增加药物在鼻黏膜的滞留时间，也可以有效提高多肽/蛋白质类药物在鼻黏膜的吸收。如与滴鼻剂相比，喷雾剂给药后药液主要沉积在鼻腔前部，并转变为更小的液滴易于吸收；微球制剂溶胀后，形成黏膜黏附释药系统，大大延长药物在鼻黏膜的滞留时间；同时，带正电的脂质体也具有较强的生物膜黏附特性。

5. 答：肺部给药系统主要具有以下优点：①肺部由于吸收表面积大（约 100 m^2）、肺泡上皮细胞层薄、毛细血管网丰富、肺泡与周围毛细血管衔接紧密、气血屏障小，因此药物易通过肺泡表面被快速吸收；②肺部生物代谢酶的活性低，从而减少对药物的水解代谢；③肺部给药可以避免肝脏首过效应，提高药物生物利用度。

6. 答：①结肠部位蠕动缓慢，药物在结肠处停留时间相对较长，有利于药物的吸收。②结肠内多种消化酶容易失活，有助于大分子药物的口服吸收。③结肠内还存在大量有益菌群能够产生纤维素酶、偶氮还原酶、硝基还原酶等，易于药物的释放和吸收，从而提高药物的生物利用度。

7. 答：优点：①适体药物通过折叠成特定的三维结构与靶点识别并结合，且通过多种技术层层筛选，具有高度特异性；②适体药物避免免疫原性，具有更高的安全性；③适体药物与传统的单克隆抗体相比，分子体积较小，可以更好地穿透实体瘤组织，易于被摄取利用；④与野生型的 DNA 或者 RNA 相比，通过各种策略合成的寡核苷酸适体药物不易降解，且具有一定的热稳定性，可以多次变性而不影响其活性；⑤适体药物结构具有多样性，应用范围较广；⑥适体的生产不依赖于生物系统，更容易进行规模化生产，制备方便。

缺点：①由于体积较小，排泄速率比传统的单克隆抗体快；②可能存在其他的系统毒性，有待考证；③由于适体是通过体外技术进行模拟筛选得到的，因此面对体内复杂环境时，特异性可能会明显降低等。

8. 答：基因治疗主要包括三个步骤：①获取合适的靶基因；②设计合适的载体或优化物理手段将目的基因导入靶组织或者靶细胞；③外源基因克服各种体内外屏障进入靶组织或者靶细胞发挥作用。

9. 答：与传统的化学合成药物相比，其优点为：多肽/蛋白质与人体正常生理物质较为接近，更易被机体吸收，同时其药理活性较高、毒性较低。缺点为：分子质量大、稳定性差，容易被蛋白水解酶降解；生物半衰期短，生物膜渗透性差，生物利用度不高，不易通过生物屏障等。

10. 答：免疫细胞指的是参与机体免疫应答的相关细胞，包括巨噬细胞、NK 细胞、T 细胞、B 细胞等。免疫细胞治疗的优势是：降低化疗带来的毒副作用，防止复发和转移，提高机体免疫功能。

新型制剂与制备技术

第十四章 制剂新技术

一、本章学习要求

1. 掌握 固体分散体的概念、特点及常用载体材料；包合物的概念、特点及常用包合材料；微粒制剂中微囊、微球、纳米粒和药物纳米混悬液的概念；脂质体的概念、分类、结构特点和形成原理；微乳、脂肪乳、自乳化药物递送系统的概念、分类和处方特点。

2. 熟悉 固体分散体的类型及制备方法；包合作用的影响因素；微粒制剂中相关制备方法分类及工艺；脂质体的制备方法以及质量评价；微乳、脂肪乳、自乳化药物递送系统相关制备方法以及质量评价。

3. 了解 固体分散体的速释和缓释原理；包合物的验证；增材制造技术的特点及其在制剂生产中面临的优势和挑战；相关微粒制剂的质量评价。

二、学习导图

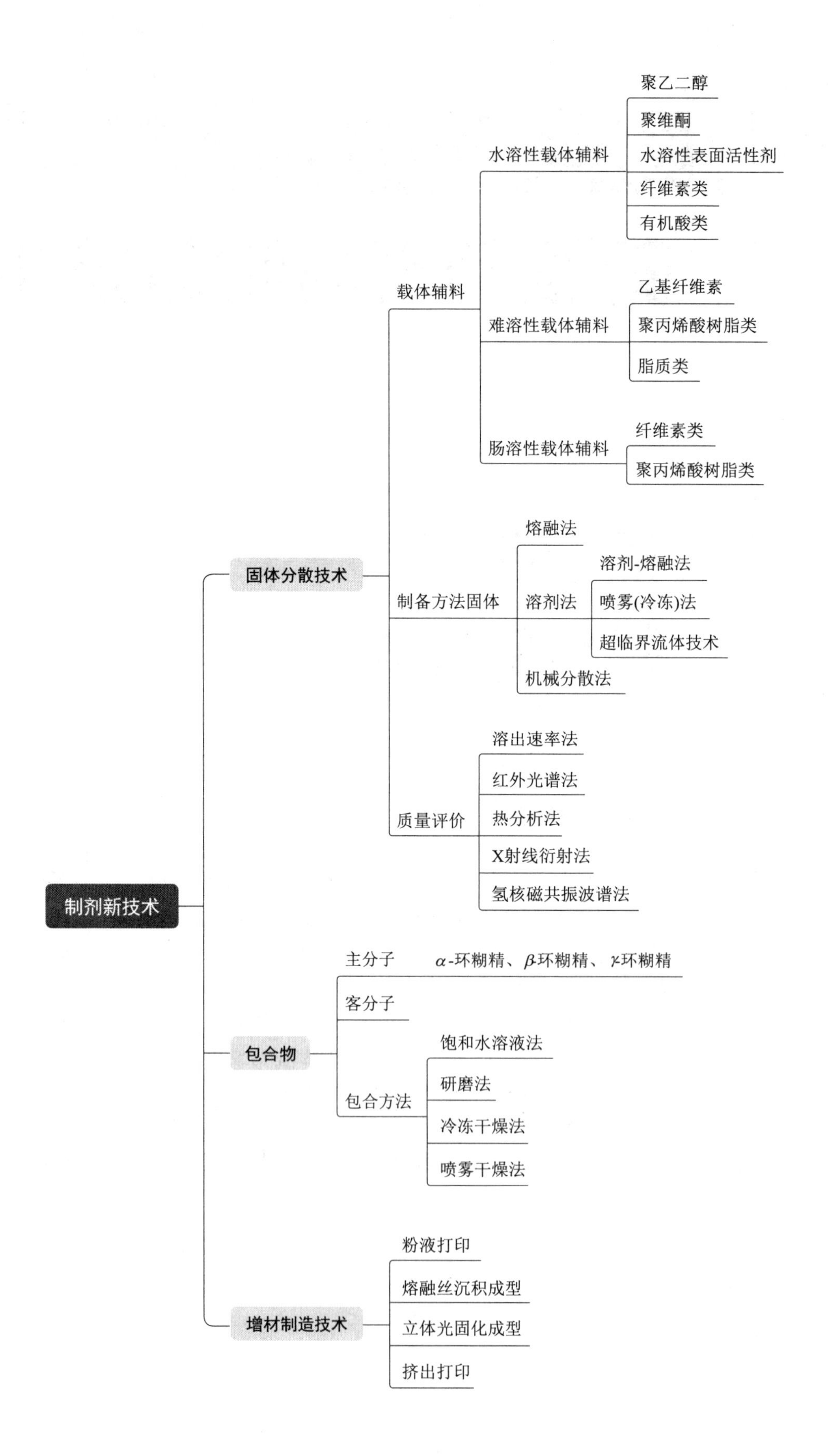

制剂新技术
固体分散技术
载体辅料
水溶性载体辅料
聚乙二醇
聚维酮
水溶性表面活性剂
纤维素类
有机酸类
难溶性载体辅料
乙基纤维素
聚丙烯酸树脂类
脂质类
肠溶性载体辅料
纤维素类
聚丙烯酸树脂类
制备方法固体
熔融法
溶剂法
溶剂-熔融法
喷雾(冷冻)法
超临界流体技术
机械分散法
质量评价
溶出速率法
红外光谱法
热分析法
X射线衍射法
氢核磁共振波谱法
包合物
主分子
α-环糊精、β-环糊精、γ-环糊精
客分子
包合方法
饱和水溶液法
研磨法
冷冻干燥法
喷雾干燥法
增材制造技术
粉液打印
熔融丝沉积成型
立体光固化成型
挤出打印

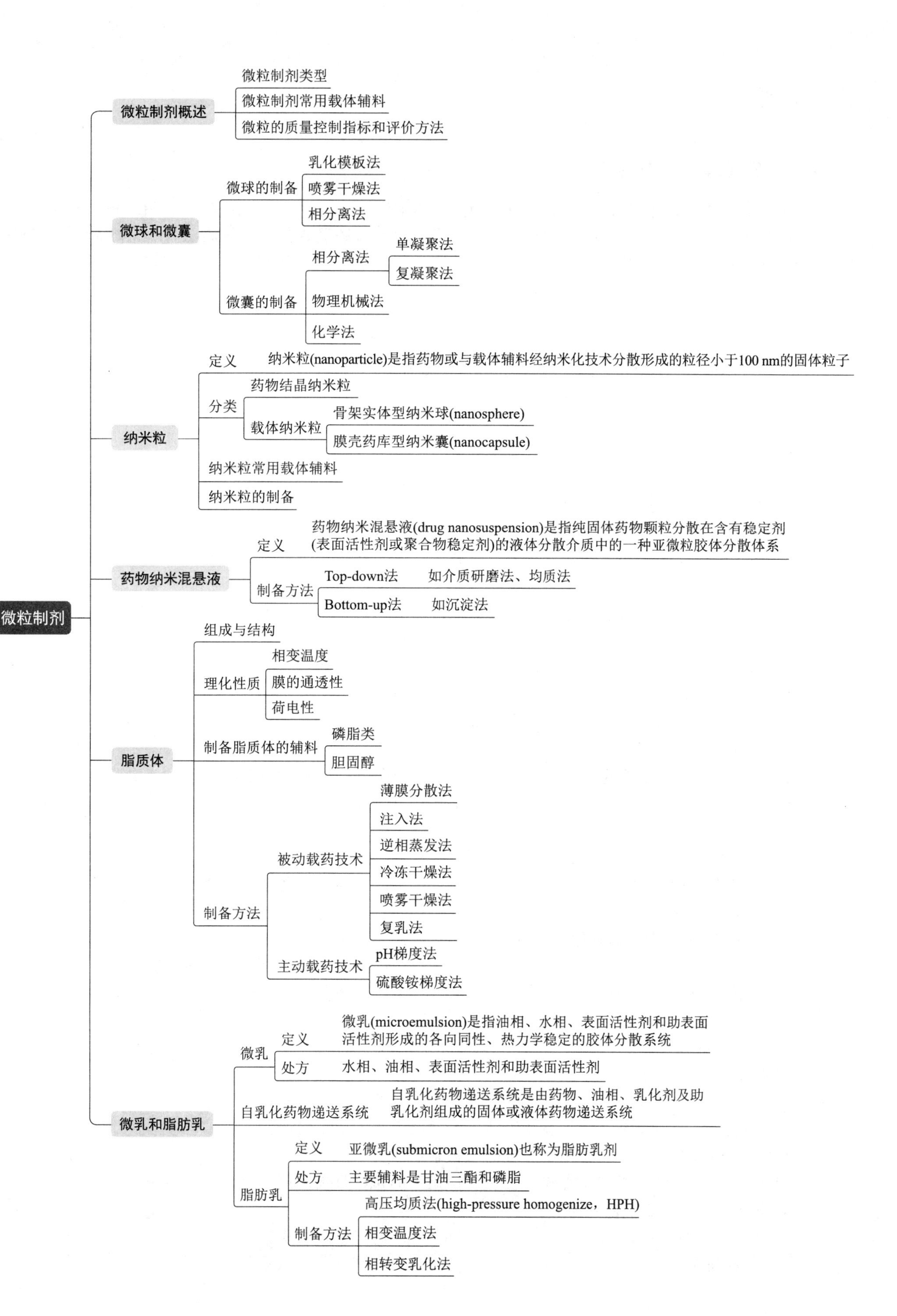

微粒制剂
微粒制剂概述
微粒制剂类型
微粒制剂常用载体辅料
微粒的质量控制指标和评价方法
微球和微囊
微球的制备
乳化模板法
喷雾干燥法
相分离法
微囊的制备
相分离法
单凝聚法
复凝聚法
物理机械法
化学法
纳米粒
定义
纳米粒(nanoparticle)是指药物或与载体辅料经纳米化技术分散形成的粒径小于100 nm的固体粒子
分类
药物结晶纳米粒
载体纳米粒
骨架实体型纳米球(nanosphere)
膜壳药库型纳米囊(nanocapsule)
纳米粒常用载体辅料
纳米粒的制备
药物纳米混悬液
定义
药物纳米混悬液(drug nanosuspension)是指纯固体药物颗粒分散在含有稳定剂
(表面活性剂或聚合物稳定剂)的液体分散介质中的一种亚微粒胶体分散体系
制备方法
Top-down法
如介质研磨法、均质法
Bottom-up法
如沉淀法
脂质体
组成与结构
理化性质
相变温度
膜的通透性
荷电性
制备脂质体的辅料
磷脂类
胆固醇
制备方法
被动载药技术
薄膜分散法
注入法
逆相蒸发法
冷冻干燥法
喷雾干燥法
复乳法
主动载药技术
pH梯度法
硫酸铵梯度法
微乳和脂肪乳
微乳
定义
微乳(microemulsion)是指油相、水相、表面活性剂和助表面
活性剂形成的各向同性、热力学稳定的胶体分散系统
处方
水相、油相、表面活性剂和助表面活性剂
自乳化药物递送系统
自乳化药物递送系统是由药物、油相、乳化剂及助
乳化剂组成的固体或液体药物递送系统
脂肪乳
定义
亚微乳(submicron emulsion)也称为脂肪乳剂
处方
主要辅料是甘油三酯和磷脂
制备方法
高压均质法(high-pressure homogenize，HPH)
相变温度法
相转变乳化法

三、习题

（一）名词解释（中英文）

1. 固体分散体；2. 包合物；3. 3D 打印技术；4. MDDS；5. 微囊；6. 微球；7. 脂质体；8. 纳米粒；9. 聚合物胶束；10. drug nanosuspension；11. 微乳；12. 脂肪乳；13. 相分离法；14. 溶剂-非溶剂法；15. 固体脂质纳米粒；16. 相变温度；17. SEDDS；18. SMDDS；19. 亚微乳；20. 饱和水溶液法；21. 前体脂质体；22. 载药量；23. 喷雾干燥法

（二）单项选择题

1. 药物在固体分散体中不同状态下溶出速率的大小为（　　）。
   A. 分子分散状态＞无定形分散状态＞微晶分散状态
   B. 分子分散状态＜无定形分散状态＜微晶分散状态
   C. 无定形分散状态＜微晶分散状态＜分子分散状态
   D. 无定形分散状态＞微晶分散状态＞分子分散状态
2. 固体分散体的高度分散性是指（　　）。
   A. 将药物以分子、胶态、微晶或无定形态分散在载体材料中
   B. 将药物以分子、胶态、细粒或微晶态分散在载体材料中
   C. 将药物以分子、胶态、微囊或微晶态分散在载体材料中
   D. 将药物以分子、胶态、粉末或微晶态分散在载体材料中
3. 以下（　　）不是导致固体分散体老化现象的原因。
   A. 环境温度　B. 药物浓度　C. 载体辅料的性质　D. 药物种类
4. 关于固体分散体叙述错误的是（　　）。
   A. 固体分散体是药物以分子、胶态、微晶态等均匀分散于另一种固态载体材料中所形成的高度分散体系
   B. 固体分散体采用常用肠溶性载体，增加难溶性药物的溶解度和溶出速率
   C. 利用载体的包蔽作用，可延缓药物的水解和氧化
   D. 能使液态药物粉末化
5. 固体分散体药物稳定性增加的原因之一是（　　）。
   A. 药物分散度增加　B. 药物生物利用度增加
   C. 降低主药分子的迁移率　D. 掩盖了不良气味
6. 下面关于固体分散体叙述错误的是（　　）。
   A. 固体分散体是一种新剂型　B. 固体分散体可提高制剂生物利用度
   C. 固体分散体可增加药物溶解度　C. 固体分散体可速释
7. 冷冻干燥法适用于（　　）的药物。
   A. 对热不稳定　B. 易碎　C. 黏合度低　D. 易结晶
8. 以下说法正确的是（　　）
   A. 粉液 3D 打印技术所获得的药品的机械性能较高，适用于粉末状原料
   B. 熔融丝沉积成型技术操作温度较高，不适用于热不稳定的药物
   C. 挤出打印技术只能用于制备常规的药物制剂
   D. 熔融丝沉积成型技术虽然操作复杂，但是产品机械性能较好
9. 以下（　　）不是半合成辅料。
   A. 氢化大豆磷脂　B. 甲基纤维素
   C. 聚氨基酸　D. 邻苯二甲酸乙酸纤维素

10. 包封率一般应不低于（　　）。

A. 60%　　B. 70%　　C. 80%　　D. 90%

11. 以下说法不正确的是（　　）。

A. 目前 γ 辐射灭菌和热压灭菌是较实用的方法

B. 通常 γ 辐射不会引起平均粒径的变化，但必须注意有时会引起药物、防腐剂和增稠剂的分解，并使聚合物进一步交联或发生降解

C. 对于粒径较小的微粒（<100 nm）可以采用终端无菌过滤器灭菌

D. 过滤灭菌不会引起理化性质的任何变化，对不黏稠、粒径较小的系统较适合

12. 以下（　　）不是常用的体外释放测定方法。

A. 摇床法　　B. 流通池法　　C. 溶出法　　D. 透析法

13. 下列微囊制备方法中属于化学方法的是（　　）。

A. 凝聚法　　B. 液中干燥法　　C. 辐射交联法　　D. 喷雾冻结法

14. 微囊的制备方法不包括（　　）。

A. 凝聚法　　B. 液中干燥法　　C. 界面缩聚法　　D. 薄膜分散法

15. 微囊、微球的粒径范围为（　　）。

A. 5～10 μm　　B. 10～30 μm　　C. 30～100 μm　　D. 1～250 μm

16. 纳米囊、纳米球的直径范围为（　　）。

A. 10～50 μm　　B. 10～100 μm　　C. 30～50 μm　　D. 50～100 μm

17. 用单凝聚法制备微囊时，加入硫酸铵的目的是（　　）。

A. 作凝聚剂　　B. 作交联固化剂　　C. 增加胶体的溶解度　　D. 调节 pH

18. 关于微囊特点叙述错误的是（　　）。

A. 微囊能掩盖药物的不良嗅味

B. 制成微囊能提高药物的稳定性

C. 微囊能防止药物在胃内失活或减少对胃的刺激性

D. 微囊能提高药物溶出速率

19. 以明胶为囊材用单凝聚法制备微囊时，常用的交联固化剂是（　　）。

A. 甲醛　　B. 硫酸钠　　C. 乙醚　　D. 丙酮

20. 关于凝聚法制备微囊，下列叙述错误的是（　　）。

A. 单凝聚法是在高分子囊材溶液中加入凝聚剂以降低高分子溶解，进而从溶液中析出而凝聚成囊的方法

B. 适合于水溶性药物的微囊化

C. 复凝聚法系指使用两种带相反电荷的高分子材料作为复合囊材，在一定条件下，与囊心物凝聚成囊的方法

D. 必须使用交联固化剂，同时要求微囊的粘连越少越好

21. 将大蒜素制成微囊的目的是（　　）。

A. 减少药物的配伍变化　　B. 掩盖药物的不良嗅味

C. 控制药物的释放速率　　D. 使药物浓集于靶区

22. 阴离子胶凝作用强弱次序为（　　）。

A. 硫酸>酒石酸>醋酸>枸橼酸>氯化物>硝酸>溴化物>碘化物

B. 硝酸>硫酸>酒石酸>醋酸>氯化物>枸橼酸>溴化物>碘化物

C. 枸橼酸>酒石酸>硫酸>醋酸>氯化物>硝酸>溴化物>碘化物

D. 枸橼酸>硫酸>醋酸>酒石酸>氯化物>硝酸>溴化物>碘化物

23. 可用于复凝聚法制备微囊的材料是（　　）。

A. 阿拉伯胶-琼脂　　B. 西黄蓍胶-阿拉伯胶

C. 阿拉伯胶-明胶　　D. 西黄蓍胶-果胶

24. 以一种高分子化合物为囊材，将囊心物分散在囊材溶液中，然后加入凝聚剂，使囊材凝聚成囊，

经进一步固化制备微囊，该方法是（　　）。

A. 单凝聚法　　B. 复凝聚法　　C. 溶剂-非溶剂法　　D. 改变温度法

25. 关于物理化学法制备微囊，下列叙述错误的是（　　）。

A. 物理化学法又称相分离法

B. 仅适合于水溶性药物的微囊化

C. 单凝聚法、复凝聚法均属于此方法的范畴

D. 微囊化在液相中进行，囊心物与囊材在一定条件下形成新相析出

26. 关于单凝聚法制备微囊，下列叙述错误的是（　　）。

A. 可选择明胶-阿拉伯胶作为复合囊材

B. 为物理化学法制备微囊

C. 合适的凝聚剂是成囊的重要因素

D. 如果囊材是明胶，制备中可加入甲醛作为交联固化剂

27. 不能用复凝聚法与明胶合用于制备微囊的高分子化合物是（　　）。

A. 壳聚糖　　B. 阿拉伯胶　　C. CAP　　D. 甲基纤维素

28. 关于凝聚法制备微囊，下列叙述错误的是（　　）。

A. 单凝聚法是在高分子囊材溶液中加入凝聚剂以降低高分子溶解度凝聚成囊的方法

B. 不适合于挥发油类药物的微囊化

C. 复凝聚法系指使用两种带相反电荷的高分子材料作为复合囊材，在一定条件下，与囊心物凝聚成囊的方法

D. 必须加入交联剂，同时还要求微囊的粘连愈少愈好

29. 关于溶剂-非溶剂法制备微囊微球，下列叙述错误的是（　　）。

A. 该法是在材料溶液中加入一种对材料不溶的溶剂，引起相分离，而将药物包裹成囊、球的方法

B. 药物可以是固体或液体，但必须对溶剂和非溶剂均溶解，且不发生反应

C. 使用疏水材料，要用有机溶剂溶解

D. 药物是亲水的不溶于有机溶剂，可混悬或乳化在材料溶液中

30. 在采用冷冻干燥法制备纳米粒时，加入葡萄糖的目的是（　　）。

A. 调节 pH　　B. 调节渗透压　　C. 使纳米粒粒径均一　　D. 作为冻干保护剂

31. 制备纳米混悬剂时需要在体系中加入十二烷基磺酸钠等离子型表面活性剂的目的是（　　）。

A. 提供电荷稳定效应　　B. 提高药物溶解度

C. 提高药物溶出速率　　D. 提供空间稳定效应

32. 药物纳米混悬液的制备方法不包括（　　）。

A. 介质研磨法　　B. 均质法　　C. 薄膜分散法　　D. 沉淀法

33. 影响脂质体中药物释放的因素不包括（　　）。

A. 脂质种类　　B. 药物种类　　C. 包封介质　　D. 脂质体的直径

34. 以下不是脂质体作用特点的是（　　）。

A. 靶向作用　　B. 速释作用　　C. 可降低药物毒性　　D. 可提高药物的稳定性

35. 脂质体的理化性质不包括（　　）。

A. 相变温度　　B. 荷电性　　C. 膜的通透性　　D. 解离性

36. 下列不是脂质体的制备方法的是（　　）。

A. 冷冻干燥法　　B. 逆相蒸发法　　C. 饱和水溶液法　　D. 薄膜分散法

37. 固体脂质纳米粒是（　　）。

A. 和脂质体结构类似的固体纳米粒

B. 以生理相容的高熔点脂质为骨架材料制成的纳米粒

C. 以磷脂和石蜡为载体材料的纳米粒

D. 药物最易泄漏的纳米粒

38. HLB 值在 3～6 的表面活性剂适合制备（　　）型微乳剂。

A. W/O　　B. O/W　　C. W/O/W　　D. O/W/O

39. 下列表面活性剂中，溶血作用最强的是（　　）。

A. 聚山梨酯 20　　B. 聚山梨酯 60

C. 聚氧乙烯脂肪酸酯类　　D. 聚氧乙烯脂肪醇醚类

40. 溶血作用强弱的顺序正确的是（　　）。

A. 聚山梨酯 20＞聚山梨酯 60＞聚山梨酯 40＞聚山梨酯 80

B. 聚山梨酯 40＞聚山梨酯 20＞聚山梨酯 60＞聚山梨酯 80

C. 聚山梨酯 80＞聚山梨酯 60＞聚山梨酯 40＞聚山梨酯 20

D. 聚山梨酯 20＞聚山梨酯 40＞聚山梨酯 60＞聚山梨酯 80

41. 微乳可以提高生物药剂学分类系统中的（　　）药物的口服生物利用度。

A. Ⅰ类和Ⅱ类　　B. Ⅱ类和Ⅳ类　　C. Ⅲ类和Ⅳ类　　D. Ⅰ类和Ⅲ类

42. 制备脂肪乳时加入甘油的目的是（　　）。

A. 抗氧化　　B. 调节 pH　　C. 等张调节剂　　D. 增稠剂

（三）多项选择题

1. 下列可作为水溶性固体分散体的载体材料的是（　　）。

A. 枸橼酸　　B. Eudragit RL　　C. PVP　　D. 甘露醇　　E. 泊洛沙姆

2. 难溶性载体辅料包括（　　）。

A. 乙基纤维素　　B. 聚丙烯酸树脂类　　C. 胆固醇　　D. 淀粉　　E. 脂质类

3. 肠溶性载体辅料包括（　　）。

A. 醋酸纤维素钛酸酯　　B. 羧甲基乙基纤维素　　C. Eugradit L100

D. Eugradit S100　　E. HPMCP

4. 固体分散体制备方法中的熔融法又分为（　　）。

A. 热熔/冷凝法　　B. 热熔/制粒法　　C. 滴制法　　D. 热熔/挤出法　　E. 研磨法

5. 关于固体分散体的速释原理，叙述正确的是（　　）。

A. 药物高度分散在载体材料中，可提高药物的表面积，也可提高其溶解度

B. 水溶性载体提高了药物的可润湿性

C. 载体保证了药物的高度分散性

D. 载体同药物分子间形成了共价键

E. 以无定形状态分散于载体中的药物溶出速率最高

6. 下列叙述正确的是（　　）。

A. 难溶性药物与 PEG 6000 形成固体分散体后，药物的溶出加快

B. 某些载体材料有抑晶性，药物以无定形状态分散于其中，可得共沉淀物

C. 药物为水溶性时，采用乙基纤维素为载体制备固定分散体，可使药物溶出减慢

D. 固体分散体的水溶性载体材料有 PEG、PVP、表面活性剂类、聚丙烯酸树脂类等

E. 药物采用疏水性载体材料时，制成的固体分散体具缓释作用

7. 下列关于固体分散体的描述正确的是（　　）。

A. 固体分散体既可速释又可缓释，速释与缓释取决于药物的分散状态

B. X 射线粉末衍射可用于固体分散体的验证，其主要特征为药物的晶体衍射峰变弱或消失

C. 熔融法适用于对热稳定的药物和载体材料

D. 药物和载体材料强力持久地研磨也能形成固体分散体

E. 固体分散体都是粉末

8. 表面活性剂用于固体分散体的载体，下列叙述正确的是（　　）。

A. 在水和多数溶剂中溶解，载药量高　　B. 可阻止药物结晶析出　　C. 形成界面

D. 较低的熔点适于熔融法制备固体分散体　　E. 低毒性

9. 影响包合的条件包括（　　）。

A. 主客分子比例　B. 温度　C. 附加剂　D. pH　E. 药物性质

10. 药物被包合后（　　）。

A. 溶解度发生改变　B. 生物利用度发生改变　C. 溶出速率发生改变
D. 化学性质发生改变　E. 生物利用度不发生改变

11. 超临界流体技术的优点包括（　　）。

A. 操作温度低　B. 制备工艺简单　C. 无溶剂残留　D. 设备简单　E. 成本低

12. 常用的包合方法有（　　）。

A. 饱和水溶液法　B. 研磨法　C. 冷冻干燥法　D. 热熔法　E. 喷雾干燥法

13. 包合物的鉴别验证可以用（　　）。

A. 相溶解度法　B. X射线衍射法　C. 热分析法　D. 红外光谱法　E. 核磁共振法

14. 下列关于包合物的验证方法说法错误的是（　　）。

A. 相溶解度法是评价包合物溶解性能最常用的方法
B. 根据在X射线衍射图谱上药物的特征衍射峰会消失或减弱可以判断包合物是否形成
C. 药物包合于环糊精后，在热分析图谱上可以检测到药物结晶的吸热峰
D. 红外光谱法主要应用于含羰基药物包合物的检测
E. ^{13}C-NMR可用于含有芳香环的药物测定，而不含芳香环的药物宜采用^{1}H-NMR法

15. 微粒制剂包含（　　）药物制剂。

A. 固态　B. 液态　C. 半固态　D. 气态　E. 超临界状态

16. 微粒制剂常用载体辅料应符合（　　）要求。

A. 性质稳定　B. 能控制药物的释放速率
C. 生物安全性高、无刺激性　D. 不影响药物的药理作用和含量检测
E. 成型性好

17. 以下（　　）可以用于微粒粒径的测定。

A. 显微镜法　B. 光感应法　C. 电感应法　D. 激光散射法　E. 透射电镜法

18. 以下可以影响微粒的释药速率的是（　　）。

A. 介质温度　B. pH　C. 表面活性剂种类
D. 介质渗透压　E. 表面活性剂浓度

19. 下列关于药物微囊化/微球化的目的说法正确的是（　　）。

A. β-胡萝卜素通过微囊化可以改善其稳定性
B. 吲哚美辛通过微囊化/微球化可减少胃内失活或对胃的刺激性
C. 阿司匹林与氯苯那敏分别微囊化，再制成同一制剂可减少复方药物的配伍变化
D. 亮丙瑞林制成缓释微球后能减少胃内失活或对胃的刺激性
E. 氯霉素通过微囊化/微球化可掩盖其不良气味及口味

20. 制备长效注射微球的方法主要有（　　）。

A. 乳化模板法　B. 喷雾干燥法　C. 凝聚法　D. 相分离法　E. 连续流技术

21. 液中干燥法影响微球形成的有关因素有（　　）。

A. 溶剂用量　B. 乳化剂的类型和浓度　C. 载体辅料的用量
D. 水相的组成和浓度　E. 药物在各相中的剂量

22. 关于微球特点叙述正确的是（　　）。

A. 微球能掩盖药物的不良嗅味
B. 制成微球能提高药物的稳定性
C. 微球能防止药物在胃内失活或减少对胃的刺激性
D. 微球能使药物浓集于靶区
E. 微球使药物高度分散而加速释药

23. 制备微囊的相分离法包括（　　）。

A. 凝聚法　B. 溶剂-非溶剂法　C. 改变温度法　D. 界面缩聚法　E. 辐射交联法

24. 可用液中干燥法制备的药物载体是（　　）。

A. 微球　B. 纳米囊　C. 脂质体　D. 固体分散体　E. 微囊

25. 下列微囊化方法属于物理机械法的有（　　）。

A. 界面缩聚法　B. 改变温度法　C. 喷雾干燥法　D. 喷雾冷凝法　E. 液中干燥法

26. 下列属于微囊制备方法的有（　　）。

A. 复凝聚法　B. 界面缩聚法　C. 研磨法

D. 溶剂-熔融法　E. 饱和水溶液法

27. 下列关于单凝聚法制备微囊的表述中正确的是（　　）。

A. 微囊化难易取决于材料（如明胶）同药物的亲和力，亲和力强易被微囊化

B. 明胶不需要调节 pH 即可成囊

C. 若药物不宜在碱性环境，可改用戊二醛使明胶交联固化

D. 药物过分亲水或过分疏水均不能成囊

E. 加凝聚剂形成微囊后，加水可以解凝聚使微囊消失

28. 液体药物固态化的方法有（　　）。

A. 制成微囊　B. 制成微球　C. 制成包合物

D. 制成固体分散体　E. 制成纳米乳

29. 下面关于复凝聚法叙述正确的是（　　）。

A. 调节 pH 使明胶带负电荷，与带正电荷的阿拉伯胶结合成为不溶性复合物

B. 调节 pH 使明胶带正电荷，与带负电荷的阿拉伯胶结合成为不溶性复合物

C. 明胶是一种蛋白质，其带电性受 pH 影响

D. 阿拉伯明胶是一种多糖，不带电荷

E. 形成不溶性复合物的量与明胶、阿拉伯胶的比例无关

30. 以下关于微球的叙述正确的是（　　）。

A. 微球可使药物缓释　B. 微球载体材料可用白蛋白

C. 微球可以作为靶向给药的载体　D. 核-壳型属于微球

E. 药物制成微球能改善在体内的吸收和分布

31. 制备药物纳米混悬液时，可以加入的附加剂有（　　）。

A. 表面活性剂　B. 缓冲液　C. 渗透压调节剂　D. 黏合剂　E. 多元醇

32. 湿法介质研磨法制备药物纳米混悬液的优点有（　　）。

A. 制备过程简单　B. 温度可控　C. 可在低温下操作

D. 易于工业化生产　E. 适用于水和有机溶剂均不溶的药物

33. 脂质体按结构类型可分为（　　）。

A. 小单室脂质体　B. 大单室脂质体　C. pH 敏感脂质体

D. 多室脂质体　E. 温度敏感脂质体

34. 下面关于脂质体的叙述正确的是（　　）。

A. 脂质体可以作为药物载体

B. 脂质体由磷脂与胆固醇组成

C. 脂质体因结构不同而有单室和多室之分

D. 大单室脂质体因其容积大，所以包封药物多

E. 脂质体的结构同表面活性剂形成的胶束相似

35. 脂质体的特点有（　　）。

A. 靶向性和细胞亲和性　B. 提高药物稳定性　C. 药物不易渗漏

D. 缓释作用　E. 降低药物毒性

36. 用于分离脂质体和游离药物的方法有（　　）。

A. 透析法　B. 薄膜分散法　C. 凝胶过滤法　D. 微型柱离心法　E. 逆相蒸发法

37. 自乳化药物递送系统的表征指标主要有（　　）。

A. 透光率　　B. 载药量　　C. 自乳化效率　　D. 稳定性　　E. 口服生物利用度

38. 脂肪乳的制备方法有（　　）。

A. 高压匀质法　　B. 相变温度法　　C. 相转变乳化法　　D. 冷冻干燥法　　E. 薄膜分散法

39. 以下哪些因素会影响脂肪乳的形成（　　）。

A. 抗氧剂　　B. 表面活性剂　　C. 等张调节剂　　D. pH 调节剂　　E. 稳定剂

（四）配对选择题

【1～3】

A. 固态或液态药物被载体辅料包封成的粒径在 1～250 μm 之间的微粒给药系统

B. 药物被类脂双分子层包封成的微粒给药系统

C. 药物溶解或分散在载体辅料中形成的粒径在 1～250 μm 之间的微粒给药系统

1. 微囊是指（　　）。
2. 微球是指（　　）。
3. 脂质体是指（　　）。

【4～6】

A. 氢化大豆磷脂、二硬脂酰基磷脂酰乙醇胺-聚乙二醇、甲基纤维素、乙基纤维素、羧甲基纤维素盐、羟丙甲纤维素、邻苯二甲酸乙酸纤维素等

B. 聚乳酸、聚氨基酸、聚羟基丁酸酯、乙交酯-丙交酯共聚物、聚酰胺、聚乙烯醇、丙烯酸树脂、硅橡胶等

C. 明胶、蛋白质、淀粉、壳聚糖、海藻酸盐、磷脂、胆固醇、脂肪油、植物油等

4. 天然辅料包括（　　）。
5. 半合成辅料包括（　　）。
6. 合成辅料包括（　　）。

【7～9】

A. 相分离法　　B. 喷雾干燥法　　C. 液中干燥法

7. 醋酸曲普瑞林微球采用的制备方法是（　　）。
8. 醋酸亮丙瑞林长效注射微球采用的制备方法是（　　）。
9. 溴隐亭长效注射微球采用的制备方法是（　　）。

【10～13】

A. 在囊材的溶液中加入一种不溶囊材的溶剂（非溶剂），使囊材的溶解度降低，引起相分离，而将药物包裹成囊的方法

B. 先将囊心分散在含囊材的水溶液中，在一定条件下，与带相反电荷的高分子辅料形成复合物，溶解度降低，在溶液中凝聚成囊的方法

C. 存在于囊心物界面上的亲水性单体或亲脂性单体，在引发剂的作用下瞬间发生聚合反应，生成的聚合物包裹于囊心物的表面，形成囊壁的微囊化方法

D. 通过在高分子囊材溶液中加入凝聚剂使囊材凝聚成囊的方法

10. 单凝聚法是指（　　）。
11. 复凝聚法是指（　　）。
12. 溶剂-非溶剂法是指（　　）。
13. 界面缩聚法是指（　　）。

（五）填空题

1. 固体分散体中药物以________、________、________和________分散于载体材料中。
2. 固体分散体所采用的载体辅料应具有________、________、________、________、________和

________等特点。

3. 常用的水溶性载体辅料包括________、________、________、________、________和________。

4. 难溶性的载体辅料包括________、________、________。

5. 肠溶性载体辅料包括________、________。

6. 制备固体分散体的基本方法有：________、________和________。

7. 溶剂法制备固体分散体常用的方法有________、________、________、________和________。

8. 载体辅料对药物溶出的促进作用表现在：________、________和________。

9. 固体分散体的质量评价常用的物相验证方法有________、________、________、________和________。

10. 热分析法验证固体分散体以________法最常用。

11. 固体分散体的制备过程可分为药物的________和________两个阶段。

12. 固体分散体在储存的过程中最易出现的问题是________。

13. 包合物由________和________组成。

14. 包合物中的主分子物质称为________。

15. 环糊精呈锥状圆环结构，由________个 D-吡喃葡萄糖通过________首尾相连而成。

16. 影响环糊精包合作用的因素有________、________和________。

17. 制剂生产的增材制造技术主要包括：________、________、________和________技术。

18. 粗（微米）分散体系微粒给药系统主要包括________和________。

19. 纳米分散体系的微粒给药系统主要包括________、________、________和________。

20. 用于生产微粒制剂的基本组成包括________、________和________。

21. 半合成辅料和合成辅料可分为________和________两大类。

22. 亚微粒乳滴的粒径在________范围，其稳定性介于纳米粒与普通乳之间。

23. ________法能快速简单地测定 10 μm 以下微粒的粒径。

24. 微粒中药物的百分含量称为________，其测定一般采用________。

25. 微粒的包封率一般应不低于________。

26. 微粒给药系统在体外释放试验时，表面吸附的药物会快速释放，称为________。

27. 含有磷脂、植物油等容易被氧化的载体辅料的微粒制剂，需进行________的检查。

28. 微球化的主要目的是________。

29. 长效注射微球最常用的载体主要为________和________。

30. 溶剂挥发法中，根据分散相和连续相进行区分，乳状液的类型主要有________、________、________等。

31. 醋酸亮丙瑞林长效注射微球是利用________开发上市的代表剂型。

32. 微囊的制备方法可归纳为________、________、________三大类。

33. 单凝聚法是较常用的一种相分离法，适合于________药物的微囊化。

34. 采用聚乳酸等高分子聚合物为载体材料，将固态或液态药物溶解和（或）分散在高分子材料中形成骨架型，粒径在 1～250 μm 的微小球状实体，称为________。

35. 制备微囊的单凝聚法和复凝聚法的主要区别是________。

36. 化学法制备微囊的方法包括________和________。

37. 根据结构特征，载体纳米粒分为骨架实体型________和膜壳药库型________。

38. 高压乳匀法按工艺的不同可分为________和________。

39. 溶剂置换法制备纳米粒粒径均匀，在________范围内。

40. 纳米混悬液主要通过________、________来提高难溶性药物的溶出速率和生物利用度。

41. 药物纳米混悬液中药物微粒依靠表面活性剂的________或（和）________混悬在溶液中。

42. 药物纳米混悬液的制备方法主要分为________和________两大类。

43. ________、________和________是药物纳米混悬液的三种主要制备方法。

44. 脂质体是一种人工合成的由________包裹具有________内核的微小囊泡。

45. 脂质体双分子层是由__________和__________混合分子相互间隔定向排列组成。

46. 在相变温度以下时，磷脂分子的脂肪酸为全反式构象，膜结构处于__________态；在相变温度以上时，由于脂肪酸链的运动显著增加，膜结构处于__________态。

47. __________具有调节膜流动性的作用，故称为脂质体流动性缓冲剂。

48. 根据脂质体的形成和载药过程是否在同一步骤完成，载药方法可分为__________载药和__________载药。

49. 根据缓冲物质的不同，主动载药技术分为__________、__________和__________。

50. 微乳是指__________、__________、__________和__________形成的各向同性、热力学稳定的胶体分散系统。

51. 自乳化药物递送系统是由__________、__________、__________和__________组成的固体或液体药物递送系统。

52. __________、__________和__________是自乳化药物递送系统的基本处方组成。

53. 自乳化药物递送系统的释药研究主要包括__________、__________和__________。

（六）是非题

1. 药物只是以一种分散状态分散于载体辅料中。（ ）
2. 水溶性高分子材料为载体的分散体可增加难溶性药物的溶解度和溶出度。（ ）
3. 药物在固态溶液中是以分子状态分散的。（ ）
4. 液态药物宜选择分子量较低的聚乙二醇作为水溶性载体，以更好地实现液态药物固体化。（ ）
5. 热敏感性药物可以采用热熔挤出技术制备固体分散体。（ ）
6. 泊洛沙姆熔点较低，可用熔融法和溶剂法制备固体分散体。（ ）
7. 结晶度在5%～10%或以下的晶体可以用X射线衍射法测出。（ ）
8. 固体分散体具有老化特性。（ ）
9. 因为乙基纤维素不溶于水，所以不能用其制备固体分散体。（ ）
10. 不同药物与不同载体形成的固体分散体，其溶出速率和速释程度有差别。（ ）
11. 羟丙纤维素、羟丙甲纤维素等均可作为固体分散体的载体。（ ）
12. 固体分散体的制备方法中机械分散法有分散过程，无固化过程。（ ）
13. 红外光谱可用于固体分散体的鉴别和包合物的验证。（ ）
14. 包合过程是化学过程而非物理过程。（ ）
15. 环糊精形成的包合物一般为单分子包合物，嵌入环糊精的晶格中。（ ）
16. 采用加热或超声等处理手段有利于加快包合物的形成。（ ）
17. 聚合物胶束属于热力学不稳定体系。（ ）
18. 脂质体有单室与多室之分，小单室脂质体的粒径一般在20～80 nm之间，大单室脂质体的粒径在0.1～1 μm之间。（ ）
19. 分散系数越大表示微粒的粒径分布越均匀。（ ）
20. O/W乳化法是制备疏水性药物微球最常用的方法。（ ）
21. O_1/O_2乳化法主要用于制备包载多肽/蛋白质类水溶性药物的微球。（ ）
22. Parlodel LAR溴隐亭长效注射微球是采用喷雾干燥法制备的，可在体内缓释1个月。（ ）
23. 阳离子也有胶凝作用，电荷数越高胶凝作用越弱。（ ）
24. 单凝聚法制备微囊时，体系温度越高，越容易胶凝。（ ）
25. 单凝聚法形成的凝聚囊是不可逆的，即使解除凝聚的条件（如加水稀释），也不能发生解凝聚。（ ）
26. 复凝聚法适合于难溶性药物微囊化。（ ）
27. 囊材的溶剂多数是有机溶剂，非有机溶剂只能是水。（ ）
28. 复凝聚法制备微囊必须要用带相同电荷的两种高分子材料作为复合材料。（ ）
29. 固体脂质纳米粒系指以生理相容的高熔点脂质为骨架材料制成的纳米粒。（ ）

30. 壳聚糖分子中含—NH_2，在酸性条件下带正电荷，用负电荷丰富的离子交联剂（如三聚磷酸钠）使之凝聚成带负电荷的纳米粒。（　　）

31. 对热敏感的药物可以采用热乳匀法制备纳米粒。（　　）

32. 制备药物纳米混悬液的液体介质只能是水或水溶液。（　　）

33. 药物纳米混悬液可以液体形式直接给药。（　　）

34. 将药物溶液利用结晶技术制备纳米粒径的药物结晶，称为 Bottom-up 法。（　　）

35. 介质研磨法适用于在水和有机溶剂中均不溶的药物。（　　）

36. 采用沉淀法制备纳米混悬液，制备过程简单，能精确控制药物微粒的粒径大小。（　　）

37. 脂质中酯基碳链越长，药物释放越慢；包封介质的渗透压越高，药物释放越快。（　　）

38. 脂质体只能包裹脂溶性药物。（　　）

39. 脂质体可以是单层的封闭双层结构，也可以是多层的封闭双层结构。（　　）

40. 酸性磷脂是正电荷磷脂。（　　）

41. 热压灭菌在 121 ℃可以造成脂质体不可恢复的破坏。（　　）

42. 微乳是热力学不稳定的胶体分散系统。（　　）

43. 非离子型的乳化剂口服一般认为没有毒性，静脉给药有一定的毒性。（　　）

44. 脂肪乳具有淋巴系统靶向性。（　　）

45. 纳米乳是热力学和动力学稳定体系。（　　）

46. 脂肪乳的主要辅料是甘油三酯和磷脂。（　　）

（七）问答题

1. 简述固体分散体的特点。
2. 简述固体分散体的速释原理。
3. 热熔挤出技术有哪些优点？
4. 环糊精包合物在药剂学上有哪些用途？
5. 增材制造技术的优势和挑战分别有哪些？
6. 微粒制剂载体辅料应符合哪些要求？同时举例说明常用的载体辅料有哪些。
7. 药物包埋到微粒给药系统后有什么优势？
8. 微粒的质量控制指标有哪些？
9. 药物微囊化/微球化的目的主要有哪些？
10. 何为脂质体？脂质体具有哪些特点？
11. 制备脂质体的方法主要包括哪些步骤？
12. 简述微乳、纳米乳、普通乳的异同点。
13. 微乳和脂肪乳在制剂中有哪些作用？
14. 微乳和脂肪乳是通过哪些方式提高难溶性药物生物利用度的？

四、参考答案

（一）名词解释（中英文）

1. 固体分散体：将药物以分子或胶态、无定形或微晶态分散在载体辅料中形成的高度分散体系。

2. 包合物：药物分子被全部或部分包入另一种物质的分子空腔中而形成的独特形式的络合物。

3. 3D 打印技术：是一种以数字模型文件为基础，通过特定的成型设备，将粉末、液体或者丝状辅料，通过逐层打印的方式来构造产品的技术。

4. MDDS：微粒给药系统，也称微粒制剂，是指药物或与适宜载体，经过一定的分散包埋技术制得具有一定粒度（微米级或纳米级）的微粒组成的固态、液态、半固态或气态药物制剂。

5. 微囊：系指固态或液态药物被载体辅料包封成的小胶囊。

6. 微球：系指药物溶解或分散在载体辅料中形成的小球状实体。

7. 脂质体：系指药物被类脂双分子层包封成的微小囊泡。

8. 纳米粒：系指药物或与载体辅料经纳米化技术分散形成的粒径＜500 nm 的固体粒子。

9. 聚合物胶束：系指由两亲性嵌段高分子载体辅料在水中自组装包埋难溶性药物形成的粒径＜500 nm的胶束溶液。

10. drug nanosuspension：药物纳米混悬液，是指纯固体药物颗粒分散在含有稳定剂（表面活性剂或聚合物稳定剂）的液体分散介质中的一种亚微粒胶体分散体系。

11. 微乳：油相、水相、表面活性剂和助表面活性剂形成的各向同性、热力学稳定的胶体分散系统。

12. 脂肪乳：又称为亚微乳，是将药物溶于脂肪油、植物油中，经磷脂乳化分散于水相中，形成 100～600 nm 的 O/W 型微粒分散体系。

13. 相分离法：是在药物与辅料的混合溶液中，加入另一种物质或不良溶剂，或降低温度或用超临界流体提取等手段使辅料的溶解度降低，产生新相（凝聚相）固化而形成微球的方法。

14. 溶剂-非溶剂法：是指在囊材的溶液中加入一种不溶囊材的溶剂（非溶剂），使囊材的溶解度降低，引起相分离，而将药物包裹成囊的方法。

15. 固体脂质纳米粒：是指以固态天然或合成的类脂如卵磷脂、三酰甘油等为载体，将药物包裹或夹嵌于类脂核中制成的固态胶粒给药系统。

16. 相变温度：当升高温度时，脂质双分子层中酰基侧链从有序排列变为无序排列，引起脂膜的物理性质发生一系列变化，这种转变时的温度称为相变温度。

17. SEDDS：自乳化药物递送系统，它是指由药物、油相、乳化剂及助乳化剂组成的固体或液体药物递送系统。

18. SMDDS：自微乳化药物递送系统，当表面活性剂亲水性较强（HLB＞12）、含量较高时，在体温条件下，遇水就能形成液滴直径小于 100 nm 的微乳。

19. 亚微乳：也称为脂肪乳剂，是指将药物溶于脂肪油、植物油中，经磷脂乳化分散于水相中，形成 100～600 nm 的 O/W 型微粒分散体系。

20. 饱和水溶液法：又称重结晶法或共沉淀法，是将药物或其有机溶剂加入饱和环糊精溶液中，搅拌或超声一定时间后，使客分子药物被包合，形成的包合物溶解度降低可从溶液中分离出来。

21. 前体脂质体：是指脂质体的前体形式，磷脂常以薄膜形式吸附在骨架粒子表面形成粉末或以分子状分散在适宜溶剂中形成溶液，使用前与稀释剂水合即可分解或分散重组成脂质体。

22. 载药量：微粒中药物的百分含量。

23. 喷雾干燥法：是将待干燥物质的溶液以雾化状态在热压缩空气流或氮气流中干燥以制备固体颗粒的方法。

（二）单项选择题

1. A　2. A　3. D　4. B　5. C　6. A　7. A　8. B　9. C　10. C　11. A　12. C　13. C　14. D　15. D　16. B　17. A　18. D　19. A　20. B　21. B　22. C　23. C　24. A　25. B　26. A　27. D　28. B　29. B　30. D　31. A　32. C　33. B　34. B　35. D　36. C　37. B　38. A　39. D　40. A　41. B　42. C

（三）多项选择题

1. ACDE　2. ABCE　3. ABCDE　4. ABCD　5. ABC　6. ABCE　7. BCD　8. ABD　9. ABCDE　10. ABC　11. ABC　12. ABCE　13. ABCDE　14. ABD　15. ABCD　16. ABCDE　17. ABCDE　18. ABCDE　19. ABCE　20. ABDE　21. ABCDE　22. ABCD　23. ABC　24. ABE　25. CD　26. AB　27. ACDE　28. ABCD　29. BC　30. ABCE　31. ABCE　32. ABCDE　33. ABD　34. ABCD　35. ABDE　36. ACD　37. ABCDE　38. ABC　39. ABCDE

（四）配对选择题

1. A　2. C　3. B　4. C　5. A　6. B　7. A　8. C　9. B　10. D　11. B　12. A　13. C

(五) 填空题

1. 分子，胶态，无定形态，微晶态

2. 生物安全性高，稳定性好，不与主药发生化学反应，不影响主药的化学稳定性和含量测定，理化性质适宜制备固体分散体，价廉易得

3. 聚乙二醇类，聚维酮类，表面活性剂，有机酸类，糖类，醇类

4. 纤维素类，聚丙烯酸树脂类，脂质类

5. 纤维素类，聚丙烯酸树脂类

6. 熔融法，溶剂法，机械分散法

7. 溶剂挥发法，喷雾干燥法，冷冻干燥法，流化床干燥法，超临界流体法

8. 提高药物可润湿性，对药物的抑晶性，保证药物的高度分散性

9. 溶出速率法，红外光谱法，热分析法，X 射线衍射法，核磁共振波谱法

10. 差示扫描量热

11. 分散过程，固化过程

12. 老化现象

13. 主分子，客分子

14. 包合辅料

15. 6～12，1,4-糖苷键

16. 主客分子的结构和性质，主客分子的比例，包合方法及工艺参数

17. 粉液 3D 打印，熔融丝沉积成型，立体光固化成型，挤出打印

18. 微囊，微球

19. 脂质体，纳米乳，纳米粒，聚合物胶束

20. 主药，载体辅料，附加剂

21. 体内可生物降解，不可生物降解

22. 100～1000 nm

23. 动态光散射

24. 载药量，溶剂提取法

25. 80%

26. 突释效应

27. 氧化程度

28. 缓释长效

29. 聚乳酸（或 PLA），聚乳酸-乙醇酸共聚物（或 PLGA）

30. O/W 乳化法，O_1/O_2 乳化法，$W_1/O/W_2$ 复乳法

31. 液中干燥法

32. 相分离法，物理机械法，化学法

33. 难溶性

34. 微球

35. 单凝聚法必须加凝聚剂；复凝聚法由两种电荷相反的材料产生凝聚，不另加凝聚剂

36. 界面缩聚法，辐射交联法

37. 纳米球，纳米囊

38. 热乳匀法，冷乳匀法

39. 150～250 nm

40. 降低药物粒径，提高表观饱和溶解度

41. 电荷效应，立体效应

42. Top-down 法，Bottom-up 法

43. 介质研磨法，均质法，沉淀法

44. 双层磷脂，水相
45. 磷脂，胆固醇
46. 胶晶，液晶
47. 胆固醇
48. 被动，主动
49. pH 梯度法，硫酸铵梯度法，醋酸钙梯度法
50. 油相，水相，表面活性剂，助表面活性剂
51. 药物，油相，乳化剂，助乳化剂
52. 油相，乳化剂，自乳化剂
53. 体外法，体内法，在体法

（六）是非题

1. × 2. √ 3. √ 4. × 5. × 6. √ 7. × 8. √ 9. × 10. √ 11. √ 12. √ 13. √ 14. × 15. × 16. √ 17. × 18. √ 19. × 20. √ 21. × 22. √ 23. × 24. × 25. × 26. × 27. × 28. × 29. √ 30. √ 31. × 32. × 33. √ 34. √ 35. √ 36. × 37. × 38. × 39. √ 40. × 41. √ 42. × 43. √ 44. √ 45. × 46. √

（七）问答题

1. 答：①采用亲水性载体辅料将难溶性药物制成固体分散体，可增加药物分散度、减小粒径、增加药物溶解度与溶出速率，提高难溶性药物的口服生物利用度。②不溶性或肠溶性高分子辅料为载体制成的固体分散体，可用于制备具有缓释或肠溶特性的制剂。③通过载体辅料对药物分子的包合作用，可减缓药物在生产、贮存过程中被水解和氧化，增加药物的稳定性，并可掩盖药物的不良气味和刺激性。④将液态药物与适宜载体辅料制成固体分散体后，使得液态药物固体化，可进一步制成固体剂型，有利于液体药物的广泛应用。

2. 答：固体分散体的速效原理包括：

（1）药物的高度分散状态：药物以分子、胶体、亚稳定、微晶以及无定形态包埋在载体材料中，载体材料可抑制已分散的药物再聚集粗化，有利于药物溶出。

（2）载体材料对药物溶出的促进作用：①提高药物可润湿性；②对药物的抑晶性；③保证药物的高度分散性。

3. 答：①混合无死角，分散效果好，药物损失少；②不使用有机溶剂，安全无污染；③集多种单元操作于一体，节省空间，降低成本；④连续化加工，高效率生产；⑤通过编程处理计算机可实现自动化控制，工艺重现性高。

4. 答：提高药物稳定性、增加溶解度、调节药物溶出速率、提高生物利用度、使液态药物粉末化、防止挥发性成分挥发、掩盖不良气味、降低药物的刺激性和不良反应等。

5. 答：增材制造技术的优势：①增材制造技术具有良好的灵活性，通过控制制剂的外部形状及内部结构可以制备出具有多种释放机制的制剂。②该技术能使药物均匀分布，改变活性药物成分在制剂中的存在状态，如制备固体分散体，这将有助于解决难溶性药物的口服吸收问题。③增材制造技术的工艺重复性好，小型设备和大型设备原理一致，技术参数均由设定的相同计算机程序控制，这将简化制剂的实验室研究到工业化生产的进程。④该技术制备工艺简单，对操作环境要求低，药剂师可以根据患者的性别、年龄、种族等信息确定最适宜患者的给药剂量和给药形式，然后通过增材制造技术制备出相关制剂，这对于实现患者的个体化用药有重要意义。

增材制造技术的挑战：①需选择适宜的黏合剂，以形成性质稳定、连续的液滴。②通过 3D 打印技术制备的制剂产品的机械性能（如硬度）和表面性质（如粗糙度）也有待进一步提高。③熔融丝沉积成型 3D 打印技术中选择合适的药物载体辅料至关重要。④采用聚乙烯醇作为载体辅料载药量较低，不适用于大剂量药物。

6. 答：载体辅料应符合下列基本要求：①性质稳定；②能控制药物的释放速率；③生物安全性高、

无刺激性；④能与药物配伍，不影响药物的药理作用和含量检测；⑤成型性好。

微粒制剂所用的载体辅料通常可分为以下三类：①天然辅料，如明胶、蛋白质、淀粉、壳聚糖、海藻酸盐、磷脂、胆固醇、脂肪油、植物油等；②半合成辅料，如可生物降解的氢化大豆磷脂、二硬脂酰基磷脂酰乙醇胺-聚乙二醇等，不可生物降解的甲基纤维素、乙基纤维素、羧甲基纤维素盐、羟丙甲纤维素、邻苯二甲酸乙酸纤维素等；③合成辅料，如可生物降解的聚乳酸、聚氨基酸、聚羟基丁酸酯、乙交酯-丙交酯共聚物等，不可生物降解的辅料有聚酰胺、聚乙烯醇、丙烯酸树脂、硅橡胶等。

7. 答：将药物包埋到微粒给药系统后，可掩盖药物的不良气味与口味、实现液态药物固态化、减少复方药物的配伍变化、提高难溶性药物的溶出速率和生物利用度、改善药物的稳定性、降低药物不良反应、延缓药物释放。

8. 答：①微粒的形态、粒径及其分布；②微粒载药量和包封率；③突释效应和体外释放；④体内分布试验；⑤有害有机溶剂的限度；⑥氧化程度的检查；⑦灭菌；⑧稳定性。

9. 答：①使药物具有缓释或控释性能；②提高药物稳定性；③防止药物在胃内失活或减少对胃的刺激性；④使液态药物固态化，便于应用与贮存；⑤减少复方药物的配伍变化；⑥掩盖药物的不良气味及口味。

10. 答：脂质体是一种人工合成的由双层磷脂包裹具有水相内核的微小囊泡。脂质体的主要特点有：①生物相容性高，体内能彻底降解；②改变了药物的体内分布，具有一定程度的靶向性；③脂质体可减少心脏、肾脏和正常细胞中的药物量，降低或避免了某些药物的毒性；④载药范围广，脂质体既可包封脂溶性药物，也可包裹水溶性药物；⑤将药物包封成脂质体后，可减少药物的代谢和排泄而延长其在血液中的滞留时间，使药物在体内缓慢释放，从而延长药物的作用时间；⑥一些不稳定的药物被脂质体包封后受到脂质体双层膜的保护；⑦细胞亲和性和组织相容性。

11. 答：制备脂质体的方法，一般都包括以下几步：①磷脂、胆固醇等脂质与所要包裹的脂溶性物质溶于有机溶剂形成脂质溶液，过滤去除少量不溶性成分或超滤降低致热原，然后在一定条件下去除溶解脂质的有机溶剂使脂质干燥形成脂质薄膜；②使脂质分散在含有需要包裹的水溶性物质的水溶液中形成脂质体；③纯化形成的脂质体；④对脂质体进行质量评价。

12. 答：微乳和纳米乳由于乳滴大小相似，动力学稳定性均较高，经常混淆。不能简单地从乳滴大小以及组分区分微乳和纳米乳。微乳是热力学稳定体系，可自发形成，经热压灭菌和离心后均不会变化；而纳米乳虽然是热力学不稳定体系，但其发生相分离的速率极低，属于动力学稳定体系，经高压灭菌和离心后，可能会出现不稳定现象。纳米乳可自发形成，或轻度振荡即可形成；纳米乳的制备须提供较强的机械分散力。在普通乳中增加表面活性剂并加入助表面活性剂可以得到微乳。

13. 答：微乳和脂肪乳作为药物载体，可以制成经口服、注射、皮肤、鼻黏膜、眼部、口腔黏膜等给药途径的制剂。①微乳和脂肪乳能增加难溶性药物的肠道吸收，提高难溶性药物的生物利用度。②脂肪乳作为静脉注射给药载体，不仅能增加药物的溶解度、发挥缓释作用，还能减少药物的不良反应，提高临床疗效。③微乳容易润湿皮肤，使角质层的结构发生改变，表面张力变低，具有良好的透皮特性，能够促进药物透皮吸收进入循环系统。

14. 答：①微乳和脂肪乳中的表面活性剂可以打开细胞间的紧密连接，增加通透性及细胞旁路转运。②微乳和脂肪乳中的油相分子可以渗入生物膜中，并与磷脂极性基团相互作用而导致生物膜流动性改变，进而改变膜的渗透性，促进药物的肠道吸收。③由于微乳和脂肪乳高度分散，表面积大，有利于增加药物与吸收部位的接触面积。④微乳和脂肪乳对药物有明显的保护作用，可防止胃肠道中酸碱环境和各种酶系统对药物的破坏。⑤微乳和脂肪乳中的辅料，如聚氧乙烯蓖麻油和聚山梨酯 80 等非离子型表面活性剂，可以抑制肠道 P-糖蛋白等外排系统的转运功能，从而提高肠道对药物的吸收。

第十五章 快速释放制剂

一、本章学习要求

1. 掌握 快速释放制剂、分散片、口腔崩解片、泡腾片、咀嚼片的基本定义、特点、常用辅料、制备工艺及评价方法。

2. 熟悉 快速释放制剂制备过程中的药物速释化预处理技术和掩味技术的种类、各自的特点及应用方式。

3. 了解 快速释放制剂的发展历程及趋势。

二、学习导图

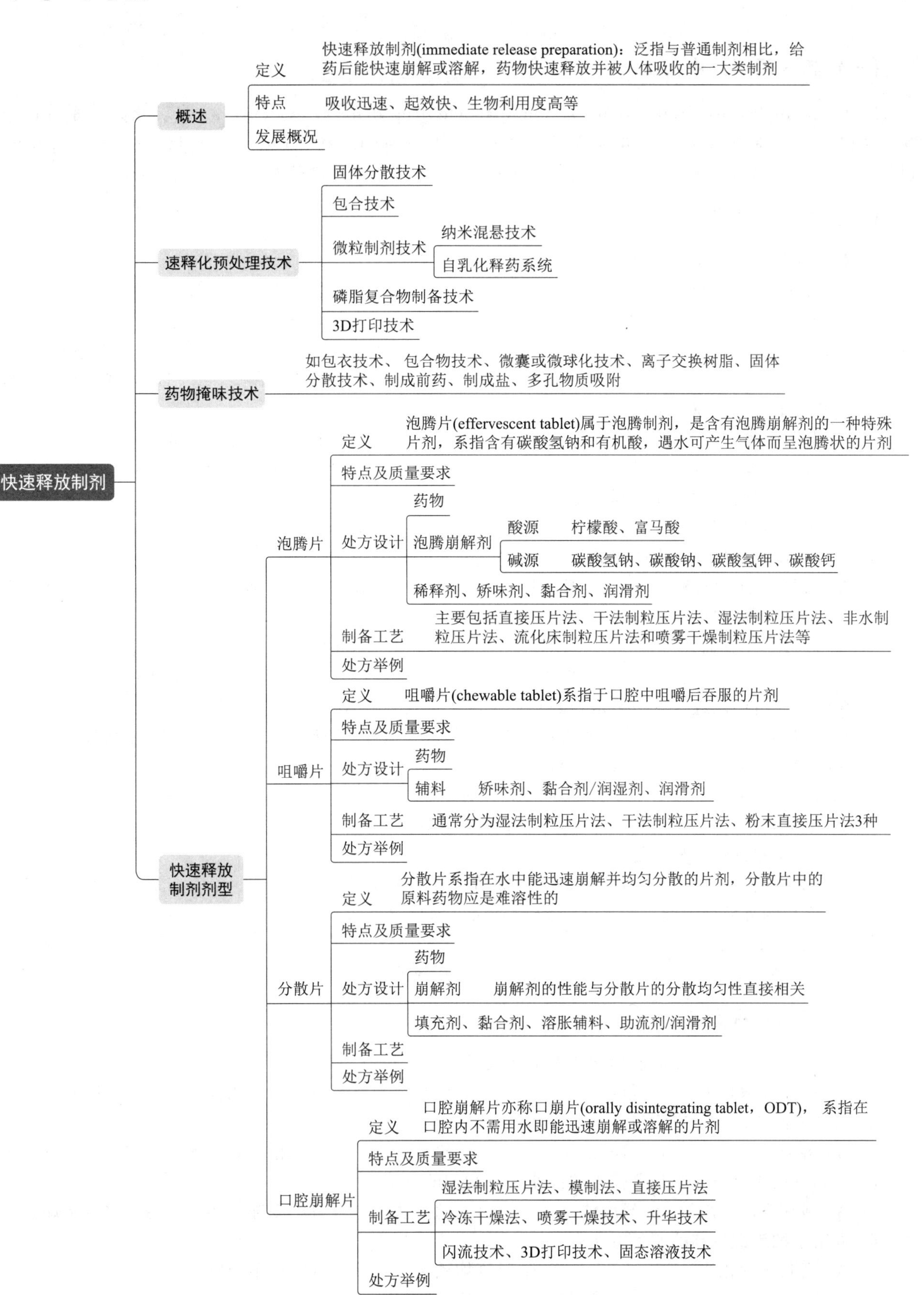
快速释放制剂
概述
定义
快速释放制剂(immediate release preparation)：泛指与普通制剂相比，给药后能快速崩解或溶解，药物快速释放并被人体吸收的一大类制剂
特点
吸收迅速、起效快、生物利用度高等
发展概况
速释化预处理技术
固体分散技术
包合技术
微粒制剂技术
纳米混悬技术
自乳化释药系统
磷脂复合物制备技术
3D打印技术
药物掩味技术
如包衣技术、包合物技术、微囊或微球化技术、离子交换树脂、固体分散技术、制成前药、制成盐、多孔物质吸附
快速释放制剂剂型
泡腾片
定义
泡腾片(effervescent tablet)属于泡腾制剂，是含有泡腾崩解剂的一种特殊片剂，系指含有碳酸氢钠和有机酸，遇水可产生气体而呈泡腾状的片剂
特点及质量要求
处方设计
药物
泡腾崩解剂
酸源
柠檬酸、富马酸
碱源
碳酸氢钠、碳酸钠、碳酸氢钾、碳酸钙
稀释剂、矫味剂、黏合剂、润滑剂
制备工艺
主要包括直接压片法、干法制粒压片法、湿法制粒压片法、非水制粒压片法、流化床制粒压片法和喷雾干燥制粒压片法等
处方举例
咀嚼片
定义
咀嚼片(chewable tablet)系指于口腔中咀嚼后吞服的片剂
特点及质量要求
处方设计
药物
辅料
矫味剂、黏合剂/润湿剂、润滑剂
制备工艺
通常分为湿法制粒压片法、干法制粒压片法、粉末直接压片法3种
处方举例
分散片
定义
分散片系指在水中能迅速崩解并均匀分散的片剂，分散片中的原料药物应是难溶性的
特点及质量要求
处方设计
药物
崩解剂
崩解剂的性能与分散片的分散均匀性直接相关
填充剂、黏合剂、溶胀辅料、助流剂/润滑剂
制备工艺
处方举例
口腔崩解片
定义
口腔崩解片亦称口崩片(orally disintegrating tablet，ODT)， 系指在口腔内不需用水即能迅速崩解或溶解的片剂
特点及质量要求
制备工艺
湿法制粒压片法、模制法、直接压片法
冷冻干燥法、喷雾干燥技术、升华技术
闪流技术、3D打印技术、固态溶液技术
处方举例

三、习题

（一）名词解释（中英文）

1. immediate release preparation；2. microparticle drug delivery system；3. 自乳化释药系统；4. 磷脂复合物；5. 聚合物胶束；6. 增材制造技术；7. effervescent tablet；8. chewable tablet；9. dispersible tablet；10. orally disintegrating tablet；11. 闪流技术；12. 固态溶液技术

（二）单项选择题

1. 固体分散体中药物溶出速率的顺序是（　　）。
A. 分子态＞无定形＞微晶态　B. 无定形＞分子态＞微晶态
C. 微晶态＞无定形＞分子态　D. 无定形＞微晶态＞分子态

2. 某药物为有机酸类，有较强的不良气味，为掩盖其气味，可选择（　　）作为合理的包衣材料。
A. EC　B. HPMC　C. 聚丙烯酸酯Ⅳ　D. 丙烯酸树脂Ⅲ号

3. 下列关于泡腾片描述错误的是（　　）。
A. 起效迅速，服用方便　B. 体积小，便于运输携带
C. 药物溶解度高，疗效确切　D. 药物与病变部位的接触面积小

4. 可以用作泡腾片中的润滑剂的是（　　）。
A. 十二烷基硫酸钠　B. 硬脂富马酸钠　C. 硬脂酸镁　D. PEG 6000

5. 可以用作泡腾片中的泡腾剂的是（　　）。
A. 氢氧化钠-酒石酸　B. 碳酸氢钠-硬脂酸　C. 氢氧化钠-枸橼酸　D. 碳酸氢钠-枸橼酸

6. 关于咀嚼片的叙述，错误的是（　　）。
A. 硬度小于普通片　B. 不进行崩解时限检查
C. 一般仅在胃肠道中发挥局部作用　D. 口感良好，较适于小儿服用

7. 在质量评价中需进行发泡量检查的制剂是（　　）。
A. 分散片　B. 泡腾片　C. 阴道泡腾片　D. 咀嚼片

8. 泡腾崩解剂的作用原理是（　　）。
A. 润湿作用　B. 膨胀作用　C. 溶解作用
D. 毛细管作用　E. 产气作用

9. 最易溶于水的包合材料是（　　）
A. γ-环糊精　B. 甲基-β-环糊精　C. α-环糊精　D. 羟丙基-β-环糊精

10. 分散片的分散均匀性，照崩解时限检查法，取供试品 6 片，在 15～25 ℃水温下，应在（　　）内全部崩解并通过二号筛。
A. 3 分钟　B. 5 分钟　C. 10 分钟　D. 15 分钟　E. 30 分钟

（三）多项选择题

1. 目前工业上较为成熟的速释化技术主要包括（　　）。
A. 固体分散技术　B. 包合技术　C. 纳米混悬技术　D. 自乳化技术　E. 磷脂复合物技术

2. 固体分散体的制备方法包括（　　）。
A. 溶剂法　B. 熔融法　C. 研磨法　D. 相分离-凝聚法　E. 超声分散法

3. 下列可用于制备基于包合技术的快速释放制剂的方法是（　　）。
A. 饱和水溶液法　B. 研磨法　C. 超声法　D. 冷冻干燥法　E. 喷雾干燥法

4. 可用于纳米混悬剂的制备方法有（　　）。
A. 交联剂固化法　B. 微射流均质法　C. 高压均质法
D. 沉淀法　E. 湿法介质共研磨法

5. 可用于制备泡腾片的方法有（　　）。

A. 直接压片法　B. 干法制粒压片法　C. 非水制粒压片法　D. 流化床制粒压片法　E. 喷雾干燥制粒压片法

6. 在质量评价中可不用检查崩解时限的制剂是（　　）。

A. 口腔崩解片　B. 普通片　C. 阴道泡腾片　D. 咀嚼片　E. 缓控释片

7. 在分散片设计中广泛使用的崩解剂有（　　）。

A. CMS-Na　B. CCMC-Na　C. L-HPC　D. PVPP　E. MC

8. 在口腔崩解片中常用的矫味剂有（　　）。

A. 增香剂　B. 着色剂　C. 甜味剂　D. 酸味剂　E. 蔽味剂

9. 关于分散片叙述正确的是（　　）。

A. 是能迅速崩解，均匀分散的片剂　B. 应进行溶出度检查　C. 所含药物应是易溶的　D. 应加入泡腾剂　E. 应检查分散均匀度

10. 分散片的检查项目包括（　　）。

A. 崩解度　B. 溶出度　C. 发泡量　D. 释放度　E. 分散均匀性

11. 液体药物固态化的方法有（　　）。

A. 制成微囊　B. 制成微球　C. 制成包合物　D. 制成固体分散体　E. 制成纳米乳

12. 下列方法可增加药物溶出速率的载体是（　　）。

A. 固体分散体　B. 脂质体　C. 胃内漂浮片　D. β-环糊精包合物　E. 减少粒子表面积

（四）配对选择题

【1～4】

A. 聚乙二醇　B. 蔗糖　C. 碳酸氢钠　D. 甘露醇　E. 羟丙甲纤维素

1. 可作为片剂的泡腾崩解剂的是（　　）。

2. 可作为薄膜衣片剂成膜材料的是（　　）。

3. 可作为黏合剂的是（　　）。

4. 用于制备咀嚼片的最佳辅料是（　　）。

【5～6】

A. 分散均匀性　B. 水分　C. 酸度　D. 溶化性

5. 分散片应进行（　　）检查。

6. 泡腾片应进行（　　）检查。

（五）填空题

1. 固体分散体主要分________、________、________三种。

2. 固体分散体不适用于________药物，成品贮藏过程中存在________问题。

3. 包合物外层的大分子物质称为________，被包合于内部的小分子物质称为________。

4. 粉末直接压片重要的先决条件是有良好的________和________的辅料，还需要有较大的药品容纳量。

5. 纳米粒的粒径在________范围，药物可以溶解、包裹于高分子材料中形成载体纳米粒；粒径在________范围，称为亚微粒。

6. 纳米混悬剂具有粒度________、药物含量________的特征。

7. 首款基于 3D 打印技术制备的快速释放制剂是________。

8. 泡腾片的制备除了主药、泡腾崩解剂以外，还需多种药用辅料，包括用于制粒的________和

________、________、________、________、________、________、________等。

9. 口腔崩解片的制备工艺主要包括________、________、________、________、________、________等。

（六）是非题

1. 药物的高度分散性是速释的原因之一。（　　）
2. 水溶性高分子材料为载体的固体分散体可增加难溶性药物溶解度和溶出速率。（　　）
3. 药物被包合后，其物理学和生物学性质不会发生改变。（　　）
4. 包合过程是化学反应。（　　）
5. 分散片中的原料药物应是难溶性的。（　　）
6. 适合加工成泡腾片的药物种类较多，一般为水溶性。（　　）
7. 在口腔及胃肠道极易被破坏的药物，适宜制备成咀嚼片。（　　）
8. 咀嚼片经嚼碎咽下，无崩解过程，所以一般无须添加崩解剂。（　　）
9. 分散片能快速崩解，通常不用进行溶出度检查。（　　）
10. 药物在固态溶液中是以分子状态分散的。（　　）

（七）处方分析与制备

1. 抗着床避孕药双炔失碳酯（AD）为白色结晶性粉末，可溶于乙醚或氯仿，略溶于乙醇。因其不溶于水，体内吸收差，需服用大剂量方能避孕，但其副作用同时增大。现欲将AD制成固体分散体，增大吸收，降低剂量和副作用。请提供处方设计、制备方法以及固体分散体的验证方法。

2. 齐墩果酸（oleanolic acid，OLA）为五环三萜类化合物，具有消炎、增强免疫、抑制血小板聚集、降血脂等作用。齐墩果酸在水中溶解度差，影响了其在胃肠道的溶出和吸收，导致生物利用度低，大大影响其疗效。现欲制成固体分散体，加速药物溶出，提高生物利用度。请提供处方设计、制备方法以及固体分散体的验证方法。

3. 请指出下列处方中β-CD和乙醇的作用。

吲哚美辛　　1.25 g　　β-CD　　12.5 g

乙醇　　25 mL　　纯化水　　适量

4. 盐酸普罗帕酮（propafenone hydrochloride）又名悦复隆、心律平，为广谱抗心律失常药，适用于阵发性室性心动过速及室上性心动过速（包括伴预激综合征者）。由于盐酸普罗帕酮的溶解度小，吸收较差，为提高药物的吸收，希望将盐酸普罗帕酮制备成β-CD包合物。请提供处方设计、制备方法以及包合物的验证方法。

5. 维生素C泡腾片（制成1000片）

【处方】

组分	用量	作用
维生素C	500 g	
枸橼酸	1100 g	
碳酸钠-碳酸氢钠(1∶9)	850 g	
乳糖	900 g	
PEG 6000	适量	
10% PVP乙醇溶液	适量	
香精	适量	
阿司帕坦	适量	

【制法】____。

6. 孟鲁司特钠咀嚼片（制成1000片）

【处方】

组分	用量	作用
孟鲁司特钠	5.2 g	
HPC	2.5 g	
氧化铁红	0.5 g	
乙醇	50 g	
喷雾干燥乳糖	202.8 g	
MCC	20 g	
CCMC-Na	15 g	
阿司帕坦	0.5 g	
樱桃香精	1 g	
硬脂酸镁	2.5 g	

【制法】______________________________。

7. 罗红霉素分散片（制成1000片）

【处方】

组分	用量	作用
罗红霉素	150 g	
PVPP	22.5 g	
CMC-Na	62.5 g	
聚山梨酯	803.8 g	
MCC	66.2 g	
阿司帕坦	40 g	
糖精钠	20 g	
薄荷香精	20 g	
微粉硅胶	5 g	
硬脂酸镁	10 g	

【制法】______________________________。

8. 来曲唑口腔崩解片（制成1000片）

【处方】

组分	用量	作用
来曲唑	2.5 g	
PEG 6000	87.5 g	
麦芽糖糊精	10 g	
水解明胶	0.2 g	

【制法】______________________________。

（八）问答题

1. 简述快速释放制剂的特点。
2. 简述自乳化释药系统能提高难溶性药物的口服生物利用度的促吸收机制。
3. 简述磷脂复合物口服促吸收原理。

4. 简述3D打印技术的速释原理。
5. 简述分散片的主要特点。
6. 口腔崩解片具有哪些特点?
7. 简述咀嚼片的主要特点。
8. 简述固体分散体的基本用途、制备方法和类型。
9. 试述环糊精包合物在药剂学中的主要应用。
10. 简述药物常用的掩味技术。

四、参考答案

(一)名词解释(中英文)

1. immediate release preparation:快速释放制剂,泛指与普通制剂相比,给药后能快速崩解或溶解,药物快速释放并被人体吸收的一大类制剂,具有吸收迅速、起效快、生物利用度高等特点。

2. microparticle drug delivery system:微粒给药系统,系指药物或与适宜载体(一般为生物可降解材料),经过一定的分散包埋技术制得具有一定粒径(微米或纳米)的微粒组成的固态、液态、半固态或气态药物制剂。

3. 自乳化释药系统(self-emulsifying drug delivery system,SEDDS):是由油相、表面活性剂、助表面活性剂等组成的固体或液体分散体系,在体温条件下遇体液并经胃肠的蠕动自发形成粒径不大于600 nm的O/W型乳滴。

4. 磷脂复合物(phytosome或phospholipid complex):系指药物与磷脂以一定配比关系通过电荷间相互作用、氢键或者分子间的疏水作用结合而形成的复合物。

5. 聚合物胶束(polymeric micelle):系由合成的两亲性嵌段共聚物在水中自组装形成的一种热力学稳定的胶体系统。其疏水核芯能包载较大量的疏水药物。

6. 增材制造技术:属于快速成型技术的一种,也称3D打印(three-dimensional printing,3DP),是融合了计算机辅助设计,在三维数字模型下,采用"逐层打印,层层叠加"的概念将材料堆积打印的工艺。

7. effervescent tablet:泡腾片,属于泡腾制剂,是含有泡腾崩解剂的一种特殊片剂,系指含有碳酸氢钠和有机酸,遇水可产生气体而呈泡腾状的片剂。

8. chewable tablet:咀嚼片,系指于口腔中咀嚼后吞服的片剂。

9. dispersible tablet:分散片,系在水中能迅速崩解并均匀分散的片剂,分散片中的原料药物应是难溶性的。

10. orally disintegrating tablet:口腔崩解片,亦称口崩片,系指在口腔内不需用水即能迅速崩解或溶解的片剂。

11. 闪流技术:亦称棉花糖技术,生产工艺采用独特的纺丝机制,生产出纤维丝结构,这一过程通过同时闪速熔融和纺丝形成一种糖类或多糖基质。

12. 固态溶液技术:系指用明胶、果胶、大豆纤维等亲水性物质作骨架材料,再加入药物、抗氧剂、防腐剂及矫味剂等溶于第一溶剂中,将温度降低到低于或等于第一溶剂的温度,冷冻得到固态溶液。此时加入可与第一溶剂互溶但与骨架材料不能互溶的第二溶剂,置换出第一溶剂,再将残余的第二溶剂挥发,得到高孔隙药物骨架,再经一定的方法固化,压片即得口腔崩解片的技术。

(二)单项选择题

1. A 2. B 3. D 4. C 5. D 6. C 7. C 8. E 9. B 10. A

(三)多项选择题

1. ABCDE 2. ABC 3. ABCDE 4. BCDE 5. ABCDE 6. CDE 7. ABCD 8. ACDE 9. ABE

10. BE　11. ABCD　12. AD

（四）配对选择题

1. C　2. E　3. A　4. D　5. A　6. C

（五）填空题

1. 简单低共熔物，固体溶液，共沉淀
2. 剂量较大的难溶性，老化
3. 主分子，客分子
4. 流动性，压缩成型性
5. 10～100 nm，100～1000 nm
6. 小，高
7. 左乙拉西坦口腔崩解片（斯普瑞坦，Spritam®）
8. 黏合剂，润湿剂，稀释剂，甜味剂，矫味剂，润滑剂，着色剂，消泡剂
9. 冷冻干燥法，喷雾干燥法，粉末直接压片法，模制法，固态溶液技术，湿法制粒压片法

（六）是非题

1. √　2. √　3. ×　4. ×　5. √　6. √　7. ×　8. √　9. ×　10. √

（七）处方分析与制备

1. 答：采用溶剂法制成固体分散体中的 AD-PVP 共沉淀物。

（1）处方设计

AD	主药
PVP	载体材料

（2）制备与验证方法：根据 AD 与 PVP 的溶解性能，选用氯仿和无水乙醇为溶剂，采用溶剂法制备共沉淀物。筛选不同质量比的 AD/PVP，用 DTA 或 DSC 求得 AD/PVP 的最佳比例（AD 的熔融峰消失，且含药量最高）。以此最佳质量比投料，制得共沉淀物。

2. 答：采用熔融法制备以 PEG 4000 作为载体的齐墩果酸固体分散体。

（1）处方设计：

齐墩果酸	主药
PEG 4000	载体材料

（2）制备与验证方法：将药物与载体混匀，用水浴或油浴加热至熔融，在搅拌下冷却成固体。或将药物-PEG 类固体分散物只需在室温干燥器内放置，数日即可固化完全得固体分散体。用 DTA 或 DSC 考察至齐墩果酸的熔融峰消失（亦可用 X 射线衍射法、溶出速率法等进行固体分散体的验证）。

3. 答：β-CD 为形成包合物的载体材料，乙醇为吲哚美辛的溶剂。

4. 答：采用研磨法制备盐酸普罗帕酮包合物。

（1）处方设计：

盐酸普罗帕酮	主药
β-CD	包合物载体材料

（2）制备与验证方法：按物质的量比为 1∶1 称取一定量的盐酸普罗帕酮和 β-CD，将 β-CD 置于研钵中，加入两倍量的水研匀，加入盐酸普罗帕酮，搅拌 1 h 至糊状，放入 60 ℃真空干燥箱中干燥 12 h，取出研碎过 100 目筛，即得盐酸普罗帕酮包合物。经溶解度、溶出速率、DSC 热分析等方法验证形成包合物。

5. 维生素 C 泡腾片（制成 1000 片）

【处方】

组分	用量	作用
维生素 C	500 g	主药
枸橼酸	1100 g	泡腾剂酸源
碳酸钠-碳酸氢钠(1∶9)	850 g	泡腾剂碱源
乳糖	900 g	稀释剂(填充剂)
PEG 6000	适量	润滑剂
10% PVP 乙醇溶液	适量	黏合剂
香精	适量	矫味剂
阿司帕坦	适量	矫味剂

【制法】将维生素 C、枸橼酸、碳酸钠、碳酸氢钠和乳糖分别过 100 目筛，然后用等量递加法将物料充分混合均匀，加入适量 10% PVP 乙醇溶液，搅拌制软材；16 目尼龙筛制粒，40～50 ℃沸腾干燥，14 目整粒。加入适量 PEG 6000、香精、阿司帕坦等混合均匀，在相对湿度≤45%的环境条件下压片即得。

6. 孟鲁司特钠咀嚼片（制成 1000 片）

【处方】

组分	用量	作用
孟鲁司特钠	5.2 g	主药
HPC	2.5 g	黏合剂
氧化铁红	0.5 g	着色剂
乙醇	50 g	溶剂
喷雾干燥乳糖	202.8 g	填充剂
MCC	20 g	填充剂
CCMC-Na	15 g	崩解剂
阿司帕坦	0.5 g	矫味剂
樱桃香精	1 g	矫味剂
硬脂酸镁	2.5 g	润滑剂

【制法】称取处方量的 HPC 加入 30 g 乙醇中，搅拌至溶解，静置消泡。称取处方量的孟鲁司特钠加入 20 g 乙醇中，搅拌至溶解。将孟鲁司特钠乙醇溶液加入 HPC 乙醇溶液中搅拌均匀，而后称取处方量的氧化铁红加入上述溶液中混悬均匀，得到黏合剂溶液。采用流化制粒的方法，将喷雾干燥乳糖与 MCC 的混合物置于流化床中保持流化状态，喷雾黏合剂溶液制粒，干燥后加入处方量的 CCMC-Na、阿司帕坦、樱桃香精、硬脂酸镁混合均匀，压片即得。

7. 罗红霉素分散片（制成 1000 片）

【处方】

组分	用量	作用
罗红霉素	150 g	主药
PVPP	22.5 g	崩解剂
CMC-Na	62.5 g	黏合剂
聚山梨酯	803.8 g	表面活性剂
MCC	66.2 g	填充剂
阿司帕坦	40 g	矫味剂
糖精钠	20 g	矫味剂

续表

组分	用量	作用
薄荷香精	20 g	矫味剂
微粉硅胶	5 g	润滑剂
硬脂酸镁	10 g	润滑剂

【制法】本品采用湿法制粒法制备：①称取罗红霉素、MCC与40%处方量的PVPP混合均匀；②加入聚山梨酯80以及CMC-Na溶于适量水制软材，过18目筛制湿颗粒；③湿颗粒于60 ℃干燥4 h，干颗粒过20目筛整粒；④加入剩余的PVPP以及处方量阿司帕坦、糖精钠、薄荷香精、微粉硅胶、硬脂酸镁等辅料，混合均匀，14 mm冲压片。

8. 来曲唑口腔崩解片（制成1000片）

【处方】

组分	用量	作用
来曲唑	2.5 g	主药
PEG 6000	87.5 g	亲水性载体
麦芽糖糊精	10 g	冻干保护剂
水解明胶	0.2 g	黏合剂

【制法】按处方称取PEG 6000和来曲唑，将PEG 6000加热熔融后加入来曲唑，充分搅拌均匀，然后充分冷却，粉碎过100目筛，得到来曲唑分散体；将水解明胶用水溶解（浓度为0.5%），加入来曲唑分散体和麦芽糖糊精，充分搅拌得混合物料；所得混合物料装入适当模具，在−40 ℃预冻12 h后，进入升华阶段，真空度1.03 mbar（1 bar=10^5 Pa），隔板温度为5 ℃；解析阶段，真空度0.77 mbar，隔板温度为25 ℃，升华阶段16 h，而后解析阶段3 h；从模具中剥离，进行成品检验即得。

（八）问答题

1. 答：（1）快速释放制剂的优点：①速崩、速溶、起效快；②吸收充分、提高生物利用度；③胃肠道刺激小、减少副作用；④服用简便、提高依从性高。（2）快速释放制剂缺点：①生产工序复杂；②对包装材料和储存条件的防潮功能要求高；③生产成本高。

2. 答：自乳化释药系统能提高难溶性药物的口服生物利用度，其促吸收机制主要有以下几个方面：①自发形成小粒径乳滴，药物被包裹于油相或油水界面，可增加药物的溶解度，并提高药物稳定性；②可增加与胃肠道的接触面积，且表面张力较低，可促进药物通过胃肠壁水化层，并提高上皮细胞对药物的通透性；③乳滴比表面积大，且一般使用亲水性非离子型表面活性剂，HLB值较高（11～15），均可加快药物溶出；④乳滴可迅速分布于胃肠道，受食物和胃肠道环境影响较小，减小吸收行为的个体差异；⑤乳滴中大量的表面活性剂能够抑制P-糖蛋白对药物的外排作用，增加药物的吸收；⑥处方中的油相、表面活性剂可促进淋巴转运通道对药物的吸收，克服首过效应。

3. 答：磷脂复合物口服促吸收原理可归纳为：①通过形成药物磷脂复合物，改善母体药物的理化性质，例如药物和磷脂的极性基团相互作用，使药物的极性区域受到一定的掩蔽，同时磷脂两条自由移动脂肪链也可将这些极性基团覆盖或者包围，形成亲脂性表面，最终达到降低药物极性、增强药物脂溶性，以达到提高药物黏膜渗透性，改善口服吸收的目的。尤其适用于提高BCS Ⅲ类药物的生物利用度。②形成磷脂复合物后，药物分子通常由于与磷脂极性端的定向结合而处于一种高度分散的无定形态，可显著提高难溶性药物的水溶性和溶出速率。因此，该技术也适用于提高BCS Ⅱ类药物的生物利用度。③磷脂与生物膜成分相同或相似，可能掺杂入细胞膜，改变细胞膜的流动性，进而促进药物的吸收。④磷脂药物复合物还可抑制P-糖蛋白外排作用，增加药物的跨膜吸收。

4. 答：3D打印技术的速释原理可总结为：①未经过压缩，结构疏松，有利于液体快速渗入；②产品多由亲水性辅料构成，与粉末直接压片的制剂相比，和水有更小的润湿角，具有更高的亲水性，不同于传统方法所得制剂接触水后表面膨胀突起，3D打印制剂表面产生大小不同的溶蚀孔洞，加快药物溶出；

③在黏合剂溶液沉积到定点区域时，药物部分溶解，通过“溶解-再沉淀”原理形成更小的药物颗粒利于药物溶出；④通过3D打印技术在形状设计上的优势制备特殊异形片，如金字塔形、球形、立方体、圆环、圆柱形等；同等质量下，比表面积大小顺序为金字塔＞圆环＞立方体＞球体和圆柱体，根据Noyes-Whitney方程可知，将药物打印成为具有更大比表面积的形状可获得更快的溶出速率；⑤此外，基于熔融沉积的3D打印技术可将药物制成固体分散体，所得产品药物多以无定形形式存在，加速药物溶出。

5. 答：分散片的主要特点有：①崩解、溶出、吸收快，显著提高难溶性药物的生物利用度。②服用方便，顺应性好。分散片兼具固体制剂和液体制剂的优点，可加水分散后口服，也可将分散片含于口中吮服或吞服，特别适用于老人、儿童和吞咽困难的患者。③制备工艺较为简单，与普通片剂基本相同，无特殊的生产条件需求。④成本高、质量要求较高、质量标准控制难度较大。

6. 答：口腔崩解片具有如下优点：①崩解速度快，药物颗粒比表面积增大加快药物溶出，能快速吸收起效，生物利用度高。该剂型尤其能提高难溶性药物的溶出速率，且特别适用于需要快速起效的药物。②服用方便，尤其适用于特殊人群，如老人、儿童、吞咽困难的患者，显著提高患者用药依从性；可实现在特殊无水环境下用药；也是适用于急症治疗的一种新剂型。③减少对胃肠道刺激，不良反应少。口腔崩解片使药物在到达胃肠道之前就能迅速崩解分散成细小的颗粒，药物在胃肠道内的分散面积增大，增加吸收位点的同时降低因局部药物浓度过高而产生的刺激，从而减少不良反应的发生。④减少肝脏的首过效应。口腔崩解片在崩解后大部分随吞咽进入胃肠道，但也有相当部分药物经口腔黏膜吸收，起效快，可减少胃酸降解和肝药酶降解。

缺点：口腔崩解片要求崩解快、口感好，通常需要加入大量崩解剂、矫味剂等，导致片形大，较重，因此单剂量较大的药物不宜制成口腔崩解片；而对于经掩味技术仍不能改善的药物或者对口腔刺激性强的药物也不宜制成该种剂型。除此之外，口腔崩解片易吸潮，对生产环境和包装的要求较高。

7. 答：咀嚼片的主要优点有：①药片经咀嚼后便于吞服，药片表面积增大，可促进药物于体内的溶出，吸收、起效快。②无崩解过程，因此不需要添加崩解剂。尤其对于难崩解的药物制成咀嚼片可加速崩解、提高药效。③服用方便，不受缺水条件的限制，特别适用于老人、小孩、吞服困难、胃肠功能差的患者服用，可减轻胃肠道负担；可减轻因长期服药产生的拒药现象；可制成多种颜色和形状，进一步提高儿童用药的依从性。

缺点：生物利用度受咀嚼强度、咀嚼时间等影响，患者整片吞咽或不完全咀嚼可导致胃肠道阻塞或影响药效；片剂过硬还会导致牙齿损伤。

8. 答：固体分散技术主要是用于将难溶性的药物高度分散，提高难溶性药物的溶解能力，以提高药物的吸收和生物利用度。如采用水溶性载体，可制成速释的固体制剂；采用难溶性或肠溶性载体亦可制成缓释或肠溶固体分散体。

制备方法主要有熔融法、溶剂法、机械分散法。固体分散体主要有简单低共熔混合物、固体溶液、共沉淀物三种类型。

9. 答：提高药物的溶解度及稳定性；使液体药物粉末化；防止挥发性成分挥发；掩盖药物的不良气味或味道；调节释放速率，提高药物的生物利用度；降低药物的刺激性和毒副作用。

10. 答：药物常用的掩味技术：①传统方法。加入甜味剂、芳香剂、胶浆剂、泡腾剂等矫味剂。②其他掩味技术。如包衣技术、包合物技术、微囊或微球化技术、离子交换树脂、固体分散技术、制成前药、制成盐、多孔物质吸附等。

第十六章 缓释与控释制剂

一、本章学习要求

1. **掌握** 缓释和控释制剂的基本概念及释药原理，制备工艺和影响因素；体外释药评价方法。

2. **熟悉** 缓释和控释制剂设计的基本依据和流程；体内外相关性的建立。

3. **了解** 口服定时和定位释药系统的分类和原理；长效注射液的发展。

二、学习导图

- 缓释与控释制剂
  - 定义
    - 缓释制剂　缓慢地非恒速释放药物
    - 控释制剂　缓慢地恒速释放药物
    - 迟释制剂　给药后不立即释放药物
  - 类型
    - 按释药原理分为：骨架型制剂、膜控型制剂、渗透泵型制剂、离子交换树脂型制剂和多技术复合型制剂
    - 按给药途径分为：口服、眼用、鼻腔、耳道、阴道、肛门、口腔或牙用、透皮、皮下、肌内注射以及皮下植入等制剂
    - 按释药特点分为：定速释放制剂、定时释放制剂、定位释放制剂
    - 按制剂类型分为：片剂、颗粒剂、微丸剂、混悬剂、胶囊剂、膜剂、栓剂和植入剂
  - 释药原理
    - 溶出原理
    - 扩散原理
      - 透膜扩散(零级释放)
      - 膜孔扩散(接近零级释放)
      - 骨架材料扩散(非零级释放)
    - 溶蚀、扩散与溶出结合模式
      - 溶胀型骨架
      - 生物溶蚀型骨架
    - 渗透压原理(零级释放)
    - 离子交换原理
  - 设计要点
    - 药物的选择
    - 生物利用度
    - 峰、谷浓度比值(C_{max}/C_{min})
  - 口服缓释与控释制剂
    - 骨架型缓控释制剂
      - 亲水凝胶骨架缓控释制剂
      - 不溶性骨架片
      - 溶蚀性骨架片
    - 膜控型缓释与控释制剂
      - 成膜材料及处方组成
        - 包衣成膜材料
          - 乙基纤维素(EC)水分散体
          - 聚丙烯酸树脂水分散体
        - 增塑剂　枸橼酸三乙酯(TEC)
        - 致孔剂
        - 其他辅料
          - 抗黏剂
          - 着色剂和遮盖剂
    - 渗透泵型缓释与控释制剂
      - 初级渗透泵片
      - 双层渗透泵片
      - 夹层渗透泵片
      - 微孔膜渗透泵片
    - 离子交换树脂
  - 口服定时和定位释药系统
    - 口服定时释药系统
      - 渗透泵型定时释药系统
      - 包衣脉冲释药系统
        - 膜包衣技术
          - 膜包衣定时爆释系统
          - 包衣溶蚀型脉冲释药系统
        - 压制包衣技术
      - 定时脉冲塞胶囊剂
    - 口服定位释药系统
      - 胃定位释药系统
        - 胃内漂浮型释药系统
        - 胃壁黏附型释药系统
        - 胃内膨胀型释药系统
      - 口服小肠定位释药系统
  - 长效注射制剂
    - 定义　长效注射制剂是指通过皮下、静脉、肌肉或其他软组织注射给药后，在局部或全身起缓释作用的制剂
    - 特点
    - 长效注射释药技术
      - 基于溶剂缓释技术的长效注射制剂
      - 基于药物修饰缓释技术的长效注射制剂
      - 基于载体缓释技术的长效注射制剂

三、习题

（一）名词解释（中英文）

1. sustained-release preparation；2. controlled-release preparation；3. delayed-release preparation；4. 脉冲制剂；5. 释放度；6. bioavailability；7. bioequivalence；8. oral chronopharmacologic drug delivery system；9. oral site-specific drug delivery system；10. OCDDS；11. 体内-体外相关性

（二）单项选择题

1. 缓控释制剂的药物半衰期一般为（　　）。

A. 2～8 h　　B. 15 h　　C. 48 h　　D. 小于 1 h

2. 缓控释制剂体外释放度试验要求累积释放率达到的（　　）以上。

A. 80%　　B. 85%　　C. 90%　　D. 95%

3. 可用于制备缓控释片剂的缓释材料是（　　）。

A. 微晶纤维素　　B. 乙基纤维素　　C. 乳糖　　D. 硬脂酸镁

4. 不溶性骨架片的释药原理是（　　）。

A. 溶蚀原理　　B. 溶出原理　　C. 扩散原理　　D. 渗透压原理

5. 乙基纤维素、醋酸纤维素等肠溶材料主要用于包衣型缓控释制剂，由于材料本身成膜能力较差，需加入适量（　　），以增加其成膜能力，防止衣膜溶解影响缓控释效果。

A. 成膜剂　　B. 致孔剂　　C. 增塑剂　　D. 润湿剂

6. 常用于肠溶和缓释制剂包衣材料的是（　　）。

A. 聚维酮　　B. 醋酸纤维素　　C. 卡波姆　　D. 丙烯酸树脂

7. 渗透泵片控释的基本原理是（　　）。

A. 片剂膜内渗透压大于膜外，将药物从小孔压出

B. 药物由控释膜的微孔恒速释放

C. 减小药物溶出速率

D. 减慢药物扩散速率

8. 渗透泵制剂所用半透膜包衣材料可通过（　　）。

A. 药物　　B. 离子　　C. 大分子　　D. 水分

9. 双室渗透泵制剂一层含有药物及可溶性辅料，另一层为遇水可膨胀的促渗透聚合物，这类渗透泵多用于（　　）药物的制备。

A. 高水溶性　　B. 难溶性　　C. 中等水溶性　　D. 不溶性

10. 离子交换树脂仅适合（　　）药物的控释。

A. 大分子　　B. 脂溶性　　C. 水溶性　　D. 可解离

11. 结肠定位释放系统最常用的聚合物为（　　）。

A. 羟丙甲纤维素　　B. 丙烯酸树脂　　C. 微晶纤维素　　D. 卡波姆

12. 属于生物黏附性高分子聚合物是（　　）。

A. 羟丙甲纤维素　　B. 丙烯酸树脂　　C. 微晶纤维素　　D. 卡波姆

13. 下列不是缓控释制剂释药原理的为（　　）。

A. 渗透压原理　　B. 离子交换作用　　C. 溶出原理　　D. 毛细管作用

（三）多项选择题

1. 下列药物一般不适合制成缓控释制剂的有（　　）。

A. 剂量很大（大于 1 g）　　B. 半衰期很短（小于 1 h）　　C. 半衰期很长（大于 24 h）

D. 在整个消化道都有吸收　　E. 具有特定吸收部位

2. 根据 Noyes-Whitney 溶出速率公式，可使药物缓慢释放，达到长效效果是（　　）。

A. 减小药物的溶解度　B. 增大药物的粒径　C. 降低药物的溶出度

D. 溶解度小的药物制备固体分散体　E. 减小药物的粒径

3. 骨架型缓释制剂是缓控释制剂的重要组成，其特点是（　　）。

A. 开发周期短　B. 生产工艺简易适于大生产　C. 释药性能好

D. 服用方便　E. 药物的释放与药物的性质无关

4. 亲水凝胶骨架型缓释片可通过（　　）进行制备。

A. 湿法制粒压片　B. 干法制粒压片　C. 粉末直接压片　D. 浇注法　E. 熔融法

5. 不溶性骨架片中影响药物释放速率的因素有（　　）。

A. 胃肠蠕动　B. 药物的溶解度

C. 骨架片的孔隙率、孔径和弯曲程度　D. 药物颗粒的大小

E. 药物转运速率

6. 利用扩散原理达到缓释、控释作用的方法有（　　）。

A. 包衣　B. 制成微囊　C. 制成不溶性骨架片剂

D. 增加黏度以减小扩散速率　E. 制成植入剂，水溶性药物制成 W/O 型乳剂

7. 制备渗透泵型片剂的关键因素有（　　）。

A. 片芯的处方组成　B. 包衣膜的厚度　C. 包衣膜的通透性

D. 释药小孔的大小　E. 释放介质的 pH

8. 口服渗透泵制剂的优点有（　　）。

A. 可以零级释药

B. 能够避免普通口服片剂造成的血药浓度波动较大的现象

C. 释药速率恒定，主要是一级过程

D. 减少用药次数与全身副作用，提高药物的安全性和有效性

E. 释药过程不受释放环境 pH 值和胃肠道内其他因素变化的影响

9. 下列属于药物的生物学性质衍生的参数有（　　）。

A. t_{max}　B. t_{min}　C. C_{max}　D. C_0　E. AUC

10. 药物从离子交换树脂中的扩散速率受（　　）因素控制。

A. 扩散面积　B. 扩散路径长度　C. 树脂的刚性

D. 环境中离子种类、强度　E. 温度

11. 影响口服缓释控释制剂设计的因素有（　　）。

A. 生物半衰期　B. pK_a、解离度和水溶性　C. 分配系数

D. 吸收、代谢　E. 剂量大小

12. 下列药物一般不适宜制成缓控释制剂的有（　　）。

A. 半衰期小于 1 h 或大于 12 h　B. 剂量很大

C. 药效很剧烈　D. 溶解吸收很差

E. 剂量需要精密调节或抗菌效果依赖于峰浓度的抗生素类

13. 下列可用于拟合缓控释制剂的释放数据的有（　　）。

A. Fick's 方程　B. 一级方程　C. Higuchi 方程　D. 零级方程　E. Peppas 方程

14. 柱塞型定时释药胶囊的柱塞有（　　）。

A. 膨胀型　B. 溶蚀型　C. 酶可降解型　D. 半渗透型　E. 水溶型

15. 下列药物中，（　　）适宜制成胃定位释药系统制剂。

A. 多肽、蛋白质类大分子药物　B. 易在胃中吸收或在酸性环境中溶解的药物

C. 治疗胃、十二指肠溃疡的药物　D. 在小肠上部吸收率高的药物

E. 抗生素

16. 根据药物制剂在体内的作用机制，胃定位释药系统可分为（　　）。

A. 漂浮型胃内滞留系统　B. 生物黏附型胃内滞留系统

C. 漂浮与生物黏附协同型胃内滞留系统　D. 阻塞型胃内滞留系统

E. 胃溶蚀系统

17. 结肠定位释药系统的优点有（　　）。

A. 有利于治疗结肠局部病变

B. 可避免首过效应

C. 固体制剂在结肠中转运时间很长

D. 有利于多肽、蛋白质类大分子药物的吸收

E. 可避免肠道刺激

18. 食物对药物吸收的影响一般来说有以下几个方面（　　）。

A. 改变胃肠道 pH　　B. 改变胃肠蠕动

C. 食物与药物或制剂相互作用　　D. 血流状况的改变

E. 胃排空速率改变以及影响药物的首过效应

19. 关于控释制剂叙述正确的是（　　）。

A. 能在较长时间内释放药物

B. 释药速率接近零级速率过程

C. 对胃肠道刺激性较大的药物适宜制成控释制剂

D. 适于治疗指数小，消除半衰期短的药物

E. 渗透泵型片剂的释药速率与 pH 无关

（四）配对选择题

【1～6】

A. 制成溶解度小的盐或酯　B. 与高分子化合物生成难溶性盐　C. 控制粒径大小　D. 水不溶性包衣膜　E. 含水性孔道的包衣膜　F. 溶蚀与扩散、溶出结合

阐述下列缓控释制剂的原理：

1. 超慢性胰岛素作用可长达 30 h；晶粒较小的半慢性胰岛素锌，作用时间则为 12～14 h，其原理是（　　）。

2. 青霉素普鲁卡因盐的药效比青霉素钾（钠）盐显著延长，其原理是（　　）。

3. 鱼精蛋白锌胰岛素药效可维持 18～24 h 或更长，其原理是（　　）。

4. 生物溶蚀型骨架系统的原理是（　　）。

5. 乙基纤维素与甲基纤维素混合膜材包衣发挥缓控释的原理是（　　）。

6. 乙基纤维素包制的微丸或小丸发挥缓控释的原理是（　　）。

【7～11】

A. 醋酸纤维素酞酸酯（CAP）　B. 醋酸纤维素（CA）　C. 乙基纤维素（EC）　D. 羟丙甲纤维素酞酸酯（HPMCP）　E. 羟丙甲纤维素（HPMC）　F. 巴西棕榈蜡

关于以上常见药用辅料可作为缓控释材料，其中：

7. 属于不溶性骨架材料的是（　　）。

8. 属于生物降解骨架材料的是（　　）。

9. 属于亲水凝胶骨架材料的是（　　）。

10. 属于不溶性高分子包衣材料的是（　　）。

11. 属于肠溶性高分子包衣材料的是（　　）。

【12～15】

A. 低黏度乙基纤维素　B. 醋酸纤维素　C. 聚甲基丙烯酸树脂　D. 聚乙二醇（PEG）　E. 蓖麻油　F. 邻苯二甲酸二乙酯　G. 丙酮

磷酸丙吡胺缓释片的包衣液处方分析：

12. 作为致孔剂的是（　　）。

13. 作为包衣材料的是（　　）。

14. 作为溶剂的是（　　）。

15. 作为增塑剂的是（　　）。

【16～20】

A. 十六烷醇　　B. 羟丙甲纤维素　　C. 丙烯酸树脂　　D. 十二烷基硫酸钠　　E. 硬脂酸镁

呋喃唑酮胃漂浮片的处方分析：

16. 作为骨架材料的是（　　）。

17. 作为助漂剂的是（　　）。

18. 作为表面活性剂的是（　　）。

19. 作为润滑剂的是（　　）。

20. 作为释药速率调节剂的是（　　）。

【21～23】

A. 0.1 mol/L 稀盐酸　　B. pH 6.8 的磷酸盐缓冲液　　C. pH 7.2 的磷酸盐缓冲液

口服结肠定位的体外研究一般以哪种缓冲液来模拟下列情况？

21.（　　）用于模拟 OCDDS 在小肠的情况。

22.（　　）用于模拟 OCDDS 在胃中的情况。

23.（　　）用于模拟 OCDDS 在结肠的情况。

（五）填空题

1. 现代药物制剂的发展可分为四个时代，以控制释放速率为目的的缓释制剂、肠溶制剂属第________代，由体内反馈情报靶向于细胞水平的给药系统属第________代。

2. 控释制剂与缓释制剂相比，其优点主要在于药物释放为____释放，且不受患者____的影响。

3. 根据释药原理及结构缓控释制剂可分为________________、__________及____________。

4. 缓释、控释、迟释制剂所涉及的释药原理主要有__________、__________、__________、__________和__________作用。

5. 设法延长药物在胃中的停留时间，使其在胃中缓慢释放，然后到达吸收部位的制剂有__________、__________。对于吸收差的药物，除了延长其在胃肠道的滞留时间，还可以用__________，它能改变膜的性能而促进吸收。

6. 缓控释制剂一般适用于半衰期短的药物（$t_{1/2}$ 为 2～8 h），相对生物利用度一般应在普通制剂的____范围内。若药物吸收部位主要在胃与小肠，宜设计每____服药一次，若药物在结肠也有一定的吸收，可考虑每____服药一次。

7. 缓控释制剂稳态时____应小于普通制剂。一般____的药物，可设计 12 h 服药一次，而____的药物，则可 24 h 服药一次。若设计零级释放剂型，如渗透泵，其____。

8. 缓控释制剂主要利用一些高分子材料阻滞药物的释放，根据阻滞方式不同，阻滞剂分为骨架型、包衣膜型和____等。骨架型缓释材料主要有________、________、________三种类型。缓释包衣材料则主要有________材料和________材料。

9. 目前常用的亲水性凝胶骨架材料为 HPMC，HPMC 遇水形成凝胶。溶解度大的药物，其释放机制主要为________；而水中溶解度小的药物，释放机制则主要表现在________。

10. 膜控型缓控释制剂采用的包衣液由________、________和________组成，根据膜的性质和需要可加入________等。

11. 微孔膜控释剂型通常是在胃肠道中不溶解的聚合物，如________等作为衣膜材料，包衣液中加入少量致孔剂，如________等水溶性物质，亦有加入一些水不溶性的粉末如________等，甚至将________加在包衣膜内既作致孔剂又是速释部分。

12. 膜控释小丸由________与________两部分组成。丸芯含药物与________、________等辅料，包衣膜有________、________、________和________。

13. 渗透泵片是由药物、________、________和________组成，常用的半透膜材料有________、________等。渗透压活性物质起________的作用，其用量关系影响________，常用________等。推进剂能

________，产生推动力将药物层的药物推出释药小孔，常用________等。

14. 离子交换树脂的制备工艺有________和________两种。实现胃滞留的途径有：________、________、________和________。

15. 口服定位释药制剂根据药物释放部位的不同分为________、________和________。

16. 目前口服定时给药系统主要有________、________和________。

17. 柱塞型定时释药胶囊主要由________、________、________、________组成。

18. 缓控释制剂的体内评价主要包括________和________评价，应在________与________两种条件下进行，参比制剂一般应选用________。

（六）是非题

1. 缓控释制剂在临床应用中对剂量调节的灵活性较高，如果遇到特殊情况（如出现较大不良反应），往往能立刻停止治疗。（　　）

2. 缓控释制剂中药物释放主要是零级速率过程。（　　）

3. 广义地讲，控释制剂包括控制释药的速率、部位和时间，故靶向制剂、透皮制剂等都属于控释制剂的范畴。（　　）

4. 缓释、控释制剂有注射剂、内服制剂、外用制剂等各种制剂。（　　）

5. 具有特定吸收部位的药物，如维生素 B_2，不宜制成口服缓释制剂。（　　）

6. 服用缓控释制剂后血药浓度维持在有效浓度范围内的时间较长，可在较长时间内维持疗效。（　　）

7. 只有解离型的药物才适合制成药树脂。离子交换树脂的交换容量很大，故剂量大的药物适用于制备药树脂。（　　）

8. 难溶性药物，由于其溶出成为药物释放、吸收的限速因素，宜设计成扩散机制的缓释制剂。（　　）

9. 绝大部分缓控释制剂属于扩散、溶出、溶蚀结合的释药系统。（　　）

10. 在缓控释制剂中，羟丙甲纤维素的低黏度型号用于制备混合材料骨架缓释片、亲水凝胶骨架缓释片的阻滞剂和控释剂；高黏度型号用于缓释或控释片剂的致孔剂。（　　）

11. 首过效应强的药物如普罗帕酮、普萘洛尔等可通过增加给药剂量或者用速释部分饱和肝酶以提高生物利用度，开发成缓控释制剂。（　　）

12. 为了既能获得可靠的治疗效果，又不致产生毒副作用，必须在缓控释制剂的设计、试制、生产等环节避免或减少突释。（　　）

（七）处方分析与制备

1. 盐酸二甲双胍缓释片

【处方】

组分	用量	作用
盐酸二甲双胍	500 mg	
HPMC	400 mg	
微晶纤维素	30 mg	
硬脂酸镁	5 mg	

试简述处方各成分的作用，以及盐酸二甲双胍缓释片的制备方法及释药机制。

2. 硝酸甘油缓释片

【处方】

组分	用量	作用
硝酸甘油	0.26 g(10%乙醇溶液 2.95 mL)	
十六醇	6.6 g	
硬脂酸	6.0 g	

续表

组分	用量	作用
聚维酮(PVP)	3.1 g	
微晶纤维素	5.88 g	
微粉硅胶	0.54 g	
乳糖	4.98 g	
滑石粉	2.49 g	
硬脂酸镁	0.15 g	

试简述处方各成分的作用，以及硝酸甘油缓释片的制备方法及释药机制。

3. 硝苯地平渗透泵片

【处方】

组分		用量	作用
药物层	硝苯地平(40 目)	100 g	
	聚环氧乙烷(Mr=200000,40 目)	355 g	
	HPMC(40 目)	25 g	
	氯化钾(40 目)	10 g	
	硬脂酸镁	10 g	
助推层	聚环氧乙烷(Mr=5000000,40 目)	170 g	
	氯化钠(40 目)	72.5 g	
	硬脂酸镁	适量	
包衣液	醋酸纤维素(乙酰基值 39.8%)	95 g	
	PEG 4000	5 g	
	三氯甲烷	1960 mL	
	甲醇	820 mL	

【制法】①片芯含药层的制备。将处方中 4 种固体物料置混合器中混合 15～20 min，用处方中混合溶剂 50 mL 喷入搅拌器中的物料中，然后缓慢加入其余溶剂继续搅拌 15～20 min，过 16 目筛，湿粒干燥，加入硬脂酸镁混匀，压片。②片芯助推层的制备。制备方法同含药层，将含药层压好后，在上面压助推层。③压好双层片，用高效包衣锅包衣，包衣完成后，然后用 0.26 mm 孔径激光打孔机打孔。

请根据处方组成和制备工艺：

(1) 分析处方各成分的作用；

(2) 说明该渗透泵片的控释原理。

4. 使用下列材料，将主药制成脉冲控释胶囊，并简述其释药原理。

原辅料：A. 主药；B. 淀粉；C. 糊精；D. 乙醇；E. 羟丙甲纤维素（HPMC）；F. 乙基纤维素（EC）；G. 滑石粉；H. 胶囊壳。

(八) 问答题

1. 简述缓控释制剂的释药原理主要有哪些。

2. 简要回答缓控释制剂的优缺点。

3. 设计口服缓释、控释制剂应考虑的因素有哪些？

4. 为何要对缓控释制剂的体外释放和体内吸收进行相关性评价？哪种水平的相关性才能用体外试验替代体内试验，以控制制剂的质量？

5. 分别简要介绍骨架型、膜控型和渗透泵型缓控释制剂的定义、原理和分类。

6. 简述研制和应用长效注射制剂的临床意义。

四、参考答案

（一）名词解释（中英文）

1. 缓释制剂（sustained-release preparation）：系在规定的释放介质中，按要求缓慢地非恒速释放药物，与相应的普通制剂相比，给药频率比普通制剂减少一次或有所减少，且能显著增加患者依从性的制剂。

2. 控释制剂（controlled-release preparation）：系在规定释放介质中，按要求缓慢地恒速释放药物，与相应的普通制剂相比，给药频率比普通制剂减少一次或有所减少，血药浓度比缓释制剂更加平稳，且能显著增加患者依从性的制剂。

3. 迟缓制剂（delayed-release preparation）：系指给药后不立即释放药物的制剂，包括肠溶制剂、结肠定位制剂和脉冲制剂等。

4. 脉冲制剂：系指不立即释放药物，而在某种条件下（如在体液中经过一定时间或一定 pH 值或某些酶作用下）一次或多次突然释放药物的制剂。

5. 释放度：在规定条件下，药物从缓释制剂、控释制剂、肠溶制剂及透皮贴剂等释放的速率和程度。

6. 生物利用度（bioavailability）：指剂型中的药物吸收进入人体血液循环的速率和程度。

7. 生物等效性（bioequivalence）：指一种药物的不同制剂在相同实验条件下，给予相同的剂量，其吸收速率和程度没有明显差异。

8. 口服定时释药系统（oral chronopharmacologic drug delivery system）：根据人体的生物节律变化特点，按照生理和治疗的需要而定时、定量释药的一种新型给药系统。

9. 口服定位释药系统（oral site-specific drug delivery system）：口服后能将药物选择性地输送到胃肠道的某一特定部位，以速释或缓控释释放药物的剂型。

10. 口服结肠定位释药系统（OCDDS）：系指用适当方法，使口服后避免在胃、十二指肠、空肠和回肠前端释放药物，而是运送到回盲部后释放药物发挥局部和全身治疗作用的一种给药系统，是一种定位在结肠释药的制剂。

11. 体内-体外相关性：指由制剂产生的生物学性质或由生物学性质衍生的参数（如 t_{max}、C_{max} 或 AUC），与同一制剂的物理化学性质（如体外释放行为）之间建立的合理的定量关系。

（二）单项选择题

1. A　2. C　3. B　4. C　5. C　6. D　7. A　8. D　9. B　10. D　11. B　12. D　13. D

（三）多项选择题

1. ABCE　2. ABC　3. ABCD　4. ABC　5. BCD　6. ABCDE　7. ABCD　8. ABDE　9. ACE　10. ABCDE　11. ABCDE　12. ABCDE　13. BCDE　14. ABC　15. BCD　16. ABCD　17. ABCD　18. ABCDE　19. ABC

（四）配对选择题

1. C　2. A　3. B　4. F　5. E　6. D　7. C　8. F　9. E　10. BC　11. AD　12. D　13. ABC　14. G　15. EF　16. B　17. A　18. D　19. E　20. C　21. B　22. A　23. C

（五）填空题

1. 二，四
2. 零级，个体差异
3. 骨架型，膜控型，植入型或渗透泵型
4. 溶出，扩散，溶蚀，渗透压，离子交换

5. 胃内漂浮制剂，生物黏附制剂，吸收促进剂

6. 80%～120%，12 h，24 h

7. 峰谷浓度比，半衰期短或治疗指数窄，半衰期长或治疗指数宽，峰谷浓度比显著低于普通制剂

8. 增稠剂，亲水凝胶，非溶蚀性材料，生物溶蚀性材料，不溶性，肠溶性

9. 药物在凝胶层中的扩散，凝胶的溶蚀

10. 包衣材料，增塑剂，溶剂，致孔剂、着色剂、抗黏剂、遮光剂

11. 醋酸纤维素、乙基纤维素、聚丙烯酸树脂，聚乙二醇、聚维酮、聚乙烯醇（PVA），滑石粉、二氧化硅，药物

12. 丸芯，控释薄膜衣，稀释剂，黏合剂，亲水薄膜衣，不溶性薄膜衣，微孔膜衣，肠溶衣

13. 半透膜材料，渗透压活性物质，助推剂，醋酸纤维素，乙基纤维素，调节药室内渗透压，零级释药时间长短，氯化钠、乳糖，吸水膨胀，PVP

14. 静态交换法，动态交换法，胃内漂浮滞留，胃壁黏附滞留，磁导向定位技术，膨胀滞留

15. 胃内滞留制剂，小肠定位制剂，结肠定位制剂

16. 渗透泵脉冲释药制剂，包衣脉冲释药制剂，定时脉冲塞胶囊剂

17. 水不溶性胶囊壳体，药物贮库，定时塞，水溶性胶囊帽

18. 生物利用度；生物等效性；单次给药；多次给药；国内外上市的同类缓控释制剂的主导产品，若系创新的缓控释制剂，则应选择国内外上市的同类普通制剂的主导产品

（六）是非题

1. × 2. × 3. √ 4. √ 5. √ 6. √ 7. × 8. × 9. √ 10. × 11. √ 12. √

（七）处方分析与制备

1. 答：盐酸二甲双胍缓释片

（1）处方分析：

组分	用量	作用
盐酸二甲双胍	500 mg	主药
HPMC	400 mg	亲水凝胶骨架材料
微晶纤维素	30 mg	稀释剂
硬脂酸镁	5 mg	润滑剂

（2）制备方法：盐酸二甲双胍与 HPMC、MCC 混合均匀，用 80%乙醇溶液为润湿剂制软材，过 18 目筛制颗粒，颗粒于 60～70 ℃干燥，整粒，加入硬脂酸镁，混合均匀，压片即得。

（3）释药机制：该片为亲水凝胶骨架片，HPMC 遇水后形成凝胶障碍，药物通过扩散和凝胶骨架溶蚀方式释药。

2. 答：硝酸甘油缓释片

（1）处方分析

组分	用量	作用
硝酸甘油	0.26 g(10%乙醇溶液 2.95 mL)	主药
十六醇	6.6 g	不溶性骨架材料
硬脂酸	6.0 g	
聚维酮(PVP)	3.1 g	致孔剂、黏合剂
微晶纤维素	5.88 g	稀释剂
微粉硅胶	0.54 g	
乳糖	4.98 g	

续表

组分	用量	作用
滑石粉	2.49 g	润滑剂
硬脂酸镁	0.15 g	

(2) 制备方法：将PVP溶于硝酸甘油乙醇液中，加微粉硅胶混匀，加硬脂酸与十六醇，水浴加热到60 ℃，使之溶解。将微粉硅胶、乳糖、滑石粉的均匀混合物加入上述系统中，搅拌1 h。将上述黏稠的混合物摊于盘中，温室放置20 min，待成团块时，用16目筛制粒。30 ℃干燥，整粒，加入硬脂酸镁，压片。

(3) 释药机制：该片由水不溶但可溶蚀的蜡质材料制成，通过蜡质骨架的孔道扩散与溶蚀控制释放。

3. 答：硝苯地平渗透泵片

(1) 处方分析

组分		用量	作用
药物层	硝苯地平(40目)	100 g	主药
	聚环氧乙烷(Mr=200000,40目)	355 g	助推剂
	HPMC(40目)	25 g	黏合剂
	氯化钾(40目)	10 g	渗透压活性物质
	硬脂酸镁	10 g	润滑剂
助推层	聚环氧乙烷(Mr=5000000,40目)	170 g	助推剂(膨胀材料)
	氯化钠(40目)	72.5 g	渗透压活性物质
	硬脂酸镁	适量	润滑剂
包衣液	醋酸纤维素(乙酰基值39.8%)	95 g	包衣材料
	PEG 4000	5 g	致孔剂
	三氯甲烷	1960 mL	溶剂
	甲醇	820 mL	

(2) 片芯含药物层由药物、具渗透压活性的亲水聚合物和其他辅料组成，助推层由亲水膨胀聚合物、其他渗透压活性物质和片剂辅料组成，在外层包衣并打孔，它的释放是由含药层的渗透压推动力和助推层聚合物吸水膨胀后产生的推动力同时作用的结果。

4. 答：脉冲控释胶囊

(1) 制备方法：将主药、淀粉、糊精按一定比例混匀，60%乙醇制粒（16目筛），于包衣锅中喷入少量乙醇制得其速释小丸，将速释小丸进一步制成脉冲控释小丸，膨胀层由HPMC组成，最外层用带有致孔剂的不溶性包衣材料（适当比例的乙基纤维素/滑石粉）作控释膜。

(2) 释药原理：控释膜的用量不同可以决定其释药时滞的长短。将速释小丸和脉冲控释小丸按一定比例混合制成脉冲控释胶囊，水通过控释膜缓慢进入膨胀层，使膨胀材料吸水膨胀，至胀破控释膜，药物得以释放。

(八) 问答题

1. 答：释药原理如下：①溶出原理：制成溶解度小的盐或酯；与高分子化合物形成难溶性的盐；控制粒子大小。②扩散原理：包衣、制成微囊、制成不溶性骨架片剂、增加黏度以减少扩散速度、制成植入剂。③溶蚀、扩散与溶出相结合。④渗透压原理。⑤离子交换原理。

2. 答：优点：①减少服药次数，大大提高了患者的顺应性；②释药徐缓，使血药浓度平稳，避免峰谷现象，有利于降低药物的毒副作用；③缓控释制剂可发挥药物的最佳治疗效果；④某些缓控释制剂可以按要求定时、定位释放，更加适合疾病的治疗。

缺点：①在临床应用中对剂量调节的灵活性较差，如出现副作用，往往不能立刻停止治疗；②缓释制剂不能灵活调节给药方案；③制备缓控释制剂所涉及的设备和工艺费用较常规制剂昂贵。

3. 答：理化因素：剂量、药物的理化性质、胃肠道的稳定性。

生物因素：生物半衰期、药物的吸收、代谢。

4. 答：(1) 体内-体外相关性是由制剂产生的生物学性质或由生物学性质衍生的参数（如 T_{max}、C_{max} 或 AUC），与同一制剂的物理化学性质（如体外释放行为）之间建立的合理的定量关系。缓控释制剂要求进行体内-体外相关性试验，它反映整个体外释放曲线与血药浓度-时间曲线之间的关系。只有当体内外具有相关性，才能通过体外释放曲线预测体内情况。

(2) 现行《中国药典》中缓释、控释和迟释制剂指导原则规定，缓释、控释和迟释制剂体内-体外相关性，系指体内吸收相的吸收曲线与体外释放曲线之间对应的各个时间点回归，得到直线回归方程的相关系数符合要求，即可认为具有相关性。

5. 答：(1) 骨架型缓释制剂：它是指药物和一种或多种骨架材料通过压制、融合等技术手段制成的片状、粒状或其他形式的制剂。它们在水或生理体液中能够维持或转变成整体式骨架结构，药物以分子或结晶状态均匀分散在骨架结构中，起着贮库和控制药物释放的作用，包括亲水凝胶骨架片、蜡质类骨架片、不溶性骨架片、骨架型小丸。

(2) 膜控型缓控释制剂：它是指将一种或多种包衣材料对颗粒、片剂、小丸等进行包衣处理，以控制药物的释放速率、释放时间或释放部位的制剂。控释膜通常为一种半透膜或微孔膜，释药机制是膜控内的渗透压或药物分子在膜层中的扩散行为，大致有微孔膜包衣片、膜控释小片、膜肠溶控释片、膜控释小丸。

(3) 渗透泵型控释制剂：它是利用渗透压原理制成，主要由药物、半透膜材料、渗透压活性物质和助推剂组成。渗透泵片是在片芯外包一层半透性的聚合物衣膜，用激光在片剂衣膜层上开一个或一个以上适宜大小的释药小孔，口服后胃肠道的水分通过半透膜进入片芯，使药物溶解成饱和溶液，因渗透压活性物质使膜内溶液成为高渗溶液，从而使水分继续进入膜内，药物溶液从小孔泵出。口服渗透泵片剂是目前应用最多的渗透泵制剂，根据结构特点分为单室渗透泵片、多室渗透泵片，还有一种拟渗透泵的液体渗透泵系统。

6. 答：研制和应用长效注射制剂的临床意义在于以下方面：

(1) 提高药物疗效，降低毒副作用。对于肿瘤、感染性疾病，采用病灶内注射的方式给予长效注射制剂可以使药物在病灶部位持续释放，减少药物的非病灶分布，有助于药物疗效的提高和毒副作用的降低。

(2) 降低给药频率，提高患者顺应性。①对于需要长期注射给药的患者（如某些精神类疾病、糖尿病等），使用长效注射制剂可有效提高药物持续作用时间，更方便患者使用。②对于局部疼痛、术后疼痛、常使用阿片类药物进行治疗，但该类药物的口服生物利用度较低而且半衰期较短，传统上采用静脉滴注或者反复注射的方式给药，往往会给患者造成诸多不便，而将此类药物制成长效注射制剂，则可以在降低给药频率的同时，仍然能在药物较长维持期内缓解疼痛。

第十七章 黏膜给药制剂

一、本章学习要求

1. **掌握** 黏膜给药的定义、特点及质量要求；口腔黏膜给药和鼻黏膜给药的定义、特点及质量要求。

2. **熟悉** 黏膜给药的分类；口腔黏膜和鼻黏膜给药的分类；黏膜给药的吸收机制及影响吸收的因素；口腔黏膜给药和鼻黏膜给药的吸收机制及影响因素。

3. **了解** 口腔黏膜给药制剂和鼻黏膜给药制剂的处方设计；黏膜给药、口腔黏膜给药及鼻黏膜给药的发展趋势。

二、学习导图

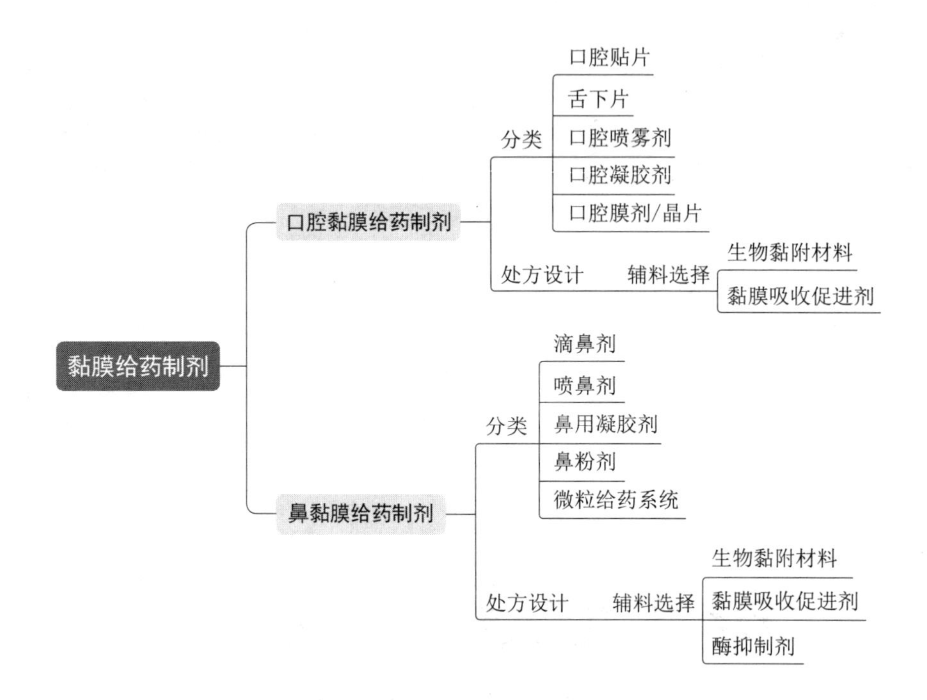

三、习题

(一) 名词解释

1. mucosal drug delivery；2. 口腔黏膜给药制剂；3. 口腔贴片；4. 舌下片；5. 鼻黏膜给药制剂；6. 滴鼻剂

(二) 单项选择题

1. 以下不属于黏膜给药特点的是（　　）。
   A. 生物利用度高　　B. 主要起局部治疗作用
   C. 使用方便　　D. 避免肝脏首过效应
2. 鼻黏膜给药生物利用度最高的分子量为（　　）。
   A. 小于 1000　　B. 1000～2000　　C. 2000～3000　　D. 大于 3000
3. 胆酸盐在黏膜给药制剂中的主要作用是（　　）。
   A. 增加药物稳定性　　B. 避免黏膜刺激
   C. 促进药物透皮吸收　　D. 延缓药物释放
4. 下列药物中，在舌下给药时具有较好吸收的是（　　）。
   A. 油水分配系数在 40～2000 的非离子型药物
   B. 油水分配系数在 40～2000 的离子型药物
   C. 油水分配系数>2000 的非离子型药物
   D. 油水分配系数>2000 的离子型药物
5. 具有计量泵和驱动器、可以精确控制剂量的鼻黏膜给药制剂是（　　）。
   A. 滴鼻剂　　B. 喷鼻剂　　C. 鼻粉剂　　D. 鼻用凝胶剂

6. 鼻黏膜给药制剂的药物用量少，鼻内使用总药量为静脉用药量的（　　）。

A. 1/3～1/2　　B. 1/30～1/20　　C. 1/4～1/2　　D. 1/40～1/10

7. 可以在不到 30 s 的时间内在口腔中溶解，药物经舌下黏膜快速吸收并进入血液循环的口腔黏膜给药制剂是（　　）。

A. 口腔膜剂　　B. 口腔贴片　　C. 口腔喷雾剂　　D. 口腔凝胶剂

8. 下列黏膜给药制剂主要用于急症的治疗的是（　　）。

A. 口腔凝胶剂　　B. 舌下片　　C. 滴鼻剂　　D. 鼻粉剂

（三）多项选择题

1. 口腔黏膜的结构包括（　　）。

A. 上皮层　　B. 下皮层　　C. 中皮层　　D. 固有层　　E. 基底层

2. 下列属于影响黏膜吸收的药物理化性质的是（　　）。

A. 分子量　　B. 脂溶性　　C. pK_a　　D. 溶解性　　E. 稳定性

3. 下列属于口腔黏膜给药制剂的是（　　）。

A. 口崩片　　B. 舌下片　　C. 口腔喷雾剂　　D. 口腔膜剂　　E. 口腔贴片

4. 黏膜给药制剂常用的生物黏附材料有（　　）。

A. 明胶　　B. 海藻酸钠　　C. 纤维素衍生物　　D. 壳聚糖　　E. 卡波姆

5. 目前常用的鼻黏膜给药制剂有（　　）。

A. 雷诺考特　　B. 芬太尼　　C. 瑞乐砂　　D. 福莫特罗　　E. 硝酸甘油

6. 下列可作为鼻用微球制剂的制备材料的是（　　）。

A. 淀粉　　B. 透明质酸　　C. 白蛋白　　D. 右旋糖酐　　E. 明胶

（四）配对选择题

【1～4】

A. 舌下片　　B. 口腔喷雾剂　　C. 口腔贴片　　D. 口腔凝胶剂

对应上述口腔黏膜给药制剂的类型：

1. （　　）是药物以喷雾的形式被口腔黏膜吸收发挥局部或全身作用的药物制剂。

2. （　　）是可以粘贴于口腔，通过黏膜吸收，而后起局部或全身作用的速释或缓释制剂。

3. （　　）是制剂置于舌下后能迅速溶化或在唾液中慢慢溶解，药物经舌下黏膜吸收而发挥全身作用的片剂。

4. （　　）是可长时间黏附于口腔黏膜的凝胶剂，增强药物在口腔的吸收，起局部或全身治疗作用。

【5～8】

A. 鼻粉剂　　B. 喷鼻剂　　C. 滴鼻剂　　D. 鼻用凝胶剂

对应上述鼻黏膜给药制剂的类型：

5. （　　）是供鼻腔内滴入使用的液体制剂，用于鼻腔内的消炎、消毒、收缩血管和麻醉等，也可起全身作用。

6. （　　）具有计量泵和驱动器并可以精确控制剂量。

7. （　　）具有较好的稳定性。

8. （　　）可以延长药物与鼻黏膜的接触时间，继而提高药物的生物利用度。

（五）填空题

1. 根据用药部位的不同，黏膜给药制剂可分为________________、________________、眼部黏膜给药制剂、肺部黏膜给药制剂、直肠黏膜给药制剂、阴道黏膜给药制剂及子宫黏膜给药制剂等。

2. 影响药物黏膜吸收的因素包括____________、____________、________________。

3. 口腔黏膜的结构由__________、__________和__________三部分组成。

4. 优良的鼻腔黏膜吸收促进剂，如__________、__________以及__________等。

（六）是非题

1. 黏膜具有较大的表面积和较高的血流量，因此黏膜给药可以快速吸收并具有良好的生物利用度。（　　）

2. 黏膜部位的生理结构和生理环境对药物的黏膜吸收影响不大。（　　）

3. 一般而言脂溶性离子型药物易透过口腔黏膜吸收。（　　）

4. 口腔黏膜渗透屏障是发展黏膜给药的主要挑战，而黏膜吸收促进剂可以改善通透性而增加药物的吸收。（　　）

5. 鼻黏膜是亲水性生物大分子类药物理想的给药途径。（　　）

6. 滴鼻剂是最简单、最方便的鼻腔给药剂型之一，处方药常制成滴鼻剂。（　　）

7. 鼻黏膜给药制剂的安全性低于静脉给药。（　　）

（七）问答题

1. 请简述黏膜给药制剂的定义、特点。

2. 人体黏膜给药的主要途径有哪些？

3. 试述黏膜给药的吸收机制。

4. 黏膜给药的影响因素有哪些？

5. 总结口腔黏膜给药制剂的特点。

四、参考答案

（一）名词解释

1. mucosal drug delivery：黏膜给药，指药物或药物与适宜的载体材料制成制剂，通过人体眼、鼻、口腔、直肠、阴道及子宫等腔道的黏膜部位吸收，起局部或全身治疗作用的给药方式。

2. 口腔黏膜给药制剂：指药物经口腔黏膜转运吸收后直接进入体循环，药物可避免肝脏的首过效应而提高生物利用度，发挥局部或全身治疗作用或预防作用的一类制剂。

3. 口腔贴片：指可以粘贴于口腔，通过黏膜吸收，而后起局部或全身作用的速释或缓释制剂。

4. 舌下片：指制剂置于舌下后能迅速溶化或在唾液中慢慢溶解，药物经舌下黏膜吸收而发挥全身作用的片剂。

5. 鼻黏膜给药制剂：指通过鼻腔给药，药物可在黏附性的高分子聚合物的作用下与鼻黏膜黏附，而后经鼻黏膜吸收而发挥局部或全身治疗作用的制剂。

6. 滴鼻剂：指供人鼻腔内滴入使用的液体制剂，用于鼻腔内的消炎、消毒、收缩血管和麻醉等，也可起全身作用。

（二）单项选择题

1. B　2. A　3. C　4. A　5. B　6. D　7. A　8. B

（三）多项选择题

1. ADE　2. ABCDE　3. BCDE　4. ABCDE　5. ACD　6. ABCDE

（四）配对选择题

1. B　2. C　3. A　4. D　5. C　6. B　7. A　8. D

（五）填空题

1. 口腔黏膜给药制剂，鼻黏膜给药制剂

2. 生理因素，药物的理化性质，剂型因素

3. 上皮层，固有层，基底层

4. 胆盐，牛黄二氢褐霉酸钠，聚氧乙烯月桂醇醚

（六）是非题

1.√　2.×　3.×　4.√　5.√　6.×　7.×

（七）问答题

1. 答：黏膜给药是指药物或药物与适宜的载体材料制成制剂，通过人体眼、鼻、口腔、直肠、阴道及子宫等腔道的黏膜部位吸收，起局部或全身治疗作用的给药方式。黏膜具有较大的表面积和较高的血流量，因此黏膜给药可以快速吸收并具有良好的生物利用度。黏膜给药使用方便，可避免肝脏的首过效应及胃肠道酶的降解，拓展了多肽及蛋白质类等大分子药物的给药途径。

2. 答：口腔黏膜给药、鼻黏膜给药、眼部黏膜给药、肺部黏膜给药、直肠黏膜给药、阴道黏膜给药及子宫黏膜给药等。

3. 答：目前，通常认为生物膜由脂质双分子层紧密排列构成其基本骨架，并镶嵌具有生理功能的膜蛋白等。基于黏膜结构，药物可实现两种通道的跨膜转运——细胞转运通道和细胞外转运通道。前者是一种脂溶性通道，供脂溶性药物及部分基于主动吸收机制的药物转运吸收；后者为水溶性通道，一些水溶性小分子药物可通过该通道转运吸收。

4. 答：①生理因素。黏膜部位的生理结构和生理环境对药物的黏膜吸收具有较大影响。②药物的理化性质。药物在黏膜的转运吸收与药物的分子量、脂溶性、pK_a、溶解性和稳定性等理化性质紧密相关。③剂型因素。对于黏膜给药制剂，由于不同剂型的药物释放速率差异，通常导致黏膜吸收呈现不同的速率和生物利用度。

5. 答：①口腔黏膜给药，可发挥局部作用或全身作用，可经毛细血管直接进入体循环避免胃肠道破坏和降解，无肝脏首过效应，药物生物利用度高；②高度水化环境易于药物溶解吸收；③通过剂型设计，可以持续释药，延长作用时间，减少用药次数；④口腔黏膜自身修复功能强，对药物刺激的耐受性好；⑤给药方便，易于停止用药。

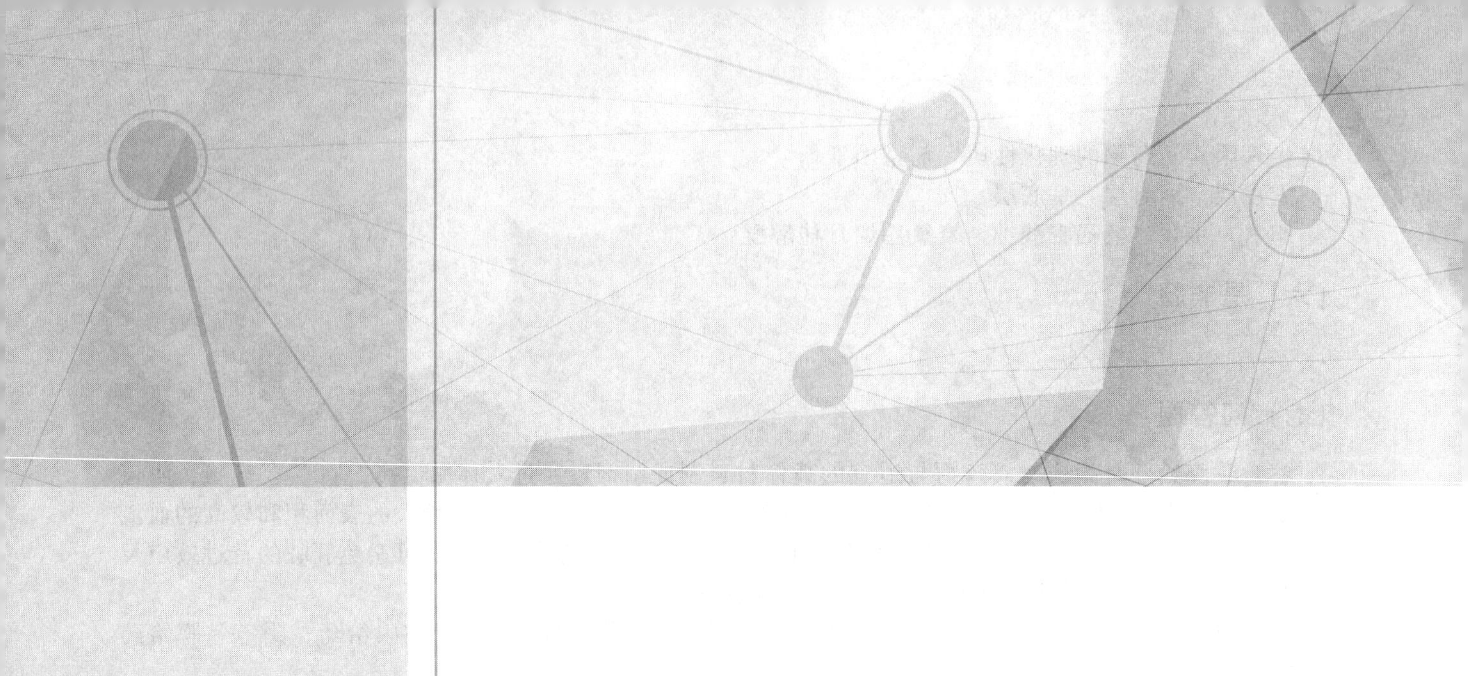

第十八章 经皮给药制剂

一、本章学习要求

1. **掌握** 经皮给药制剂的概念、类型、特点及常用材料。

2. **熟悉** 皮肤的基本生理结构、吸收途径及经皮给药的影响因素。

3. **了解** 经皮给药制剂的制备、质量评价和研究进展；渗透促进剂、离子导入技术等新技术在经皮给药中的应用。

二、学习导图

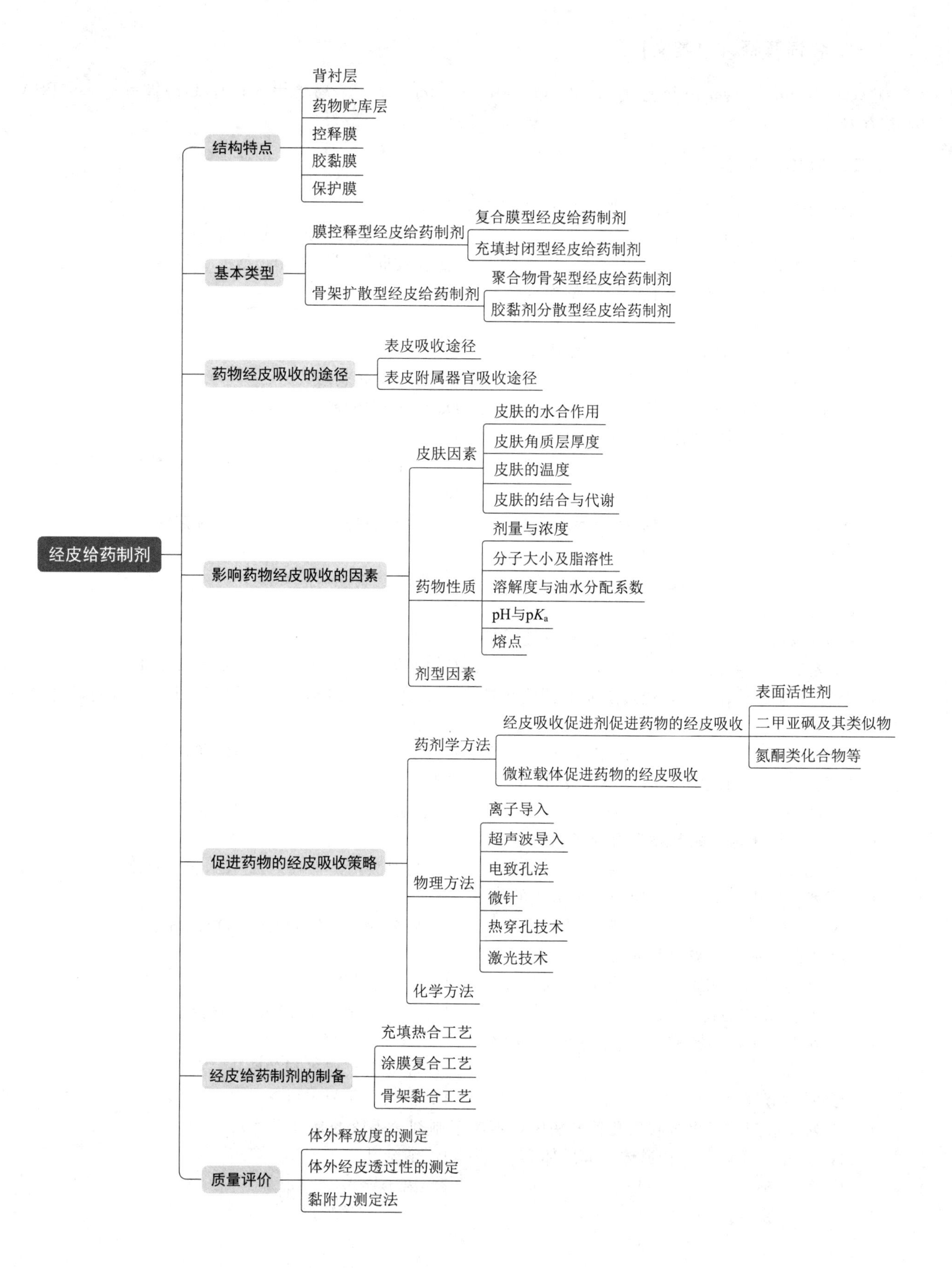

经皮给药制剂
结构特点
背衬层
药物贮库层
控释膜
胶黏膜
保护膜
基本类型
膜控释型经皮给药制剂
复合膜型经皮给药制剂
充填封闭型经皮给药制剂
骨架扩散型经皮给药制剂
聚合物骨架型经皮给药制剂
胶黏剂分散型经皮给药制剂
药物经皮吸收的途径
表皮吸收途径
表皮附属器官吸收途径
影响药物经皮吸收的因素
皮肤因素
皮肤的水合作用
皮肤角质层厚度
皮肤的温度
皮肤的结合与代谢
药物性质
剂量与浓度
分子大小及脂溶性
溶解度与油水分配系数
pH与pK_a
熔点
剂型因素
促进药物的经皮吸收策略
药剂学方法
经皮吸收促进剂促进药物的经皮吸收
表面活性剂
二甲亚砜及其类似物
氮酮类化合物等
微粒载体促进药物的经皮吸收
物理方法
离子导入
超声波导入
电致孔法
微针
热穿孔技术
激光技术
化学方法
经皮给药制剂的制备
充填热合工艺
涂膜复合工艺
骨架黏合工艺
质量评价
体外释放度的测定
体外经皮透过性的测定
黏附力测定法

三、习题

（一）名词解释（中英文）

1. transdermal therapeutic system；2. penetration enhancer；3. 离子导入；4. 超声波导入；5. PSA；6. 黏着力

（二）单项选择题

1. 经皮吸收制剂药物吸收的主要限速过程是（　　）。
A. 在角质层中的扩散　　B. 在活性表皮中的扩散
C. 在真皮中的扩散　　D. 在皮肤附属器中的扩散

2. 经皮吸收制剂中药物适宜的分子量为（　　）。
A. 小于 500　　B. 小于 1000　　C. 2000～6000　　D. 大于 1000

3. Azone 在经皮给药制剂中的主要作用是（　　）。
A. 增加药物稳定性　　B. 避免皮肤刺激
C. 促进药物透皮吸收　　D. 延缓药物释放

4. 经皮吸收贴剂常用的药物释放限速膜是（　　）。
A. 铝箔　　B. 卡波姆　　C. 氢化蓖麻油　　D. 乙烯-醋酸乙烯共聚物

5. 对于离子型药物，选择（　　）经皮吸收促进技术最有效。
A. 去角质层　　B. 离子导入技术　　C. 吸收促进剂　　D. 温热法

6. 透皮制剂中加入 DMSO 的目的是（　　）。
A. 增加药物的解离性　　B. 促进药物吸收
C. 增加塑性　　D. 作为稳定剂

7. 以下各种因素，不影响离子导入有效性的是（　　）。
A. 药物的解离性　　B. 温度　　C. 电流　　D. 介质 pH

8. 经皮给药制剂给药后，透过皮肤的药物不能立即到达零级反应过程，需要经过一段时间，这段时间称为（　　）。
A. 持续时间　　B. 间隔时间　　C. 时滞　　D. 给药周期

9. 在经皮吸收制剂中，压敏胶不能发挥（　　）作用。
A. 药库　　B. 胶黏　　C. 控释　　D. 背衬

10. 下列不属于透皮贴剂黏附力的指标是（　　）。
A. 初黏力　　B. 弹力　　C. 持黏力　　D. 剥离强度

11. 下列各项中，不是透皮给药系统组成的是（　　）。
A. 崩解剂　　B. 背衬层　　C. 胶黏层（压敏胶）　　D. 防黏层

12. 适于制备成经皮吸收制剂的药物是（　　）。
A. 在水中及油中的溶解度接近的药物　　B. 离子型药物
C. 熔点高的药物　　D. 每日剂量大于 10 mg 的药物

13. 下列因素中，不影响药物经皮吸收的是（　　）。
A. 皮肤因素　　B. 经皮吸收促进剂的浓度
C. 背衬层的厚度　　D. 药物分子量

14. 下列促进药物经皮吸收的几种方法中，不属于制剂学手段的是（　　）。
A. 新型脂质体，如传递体、醇质体等　　B. 纳米乳
C. 纳米粒　　D. 离子导入

（三）多项选择题

1. 经皮给药制剂以贴剂为主，也包括（　　）。
   A. 软膏剂　B. 片剂　C. 气雾剂　D. 巴布剂　E. 喷雾剂
2. 有关经皮给药制剂的特点描述正确的是（　　）。
   A. 避免口服给药可能发生的肝首过效应及胃肠灭活效应
   B. 可维持恒定的血药浓度
   C. 延长有效作用时间
   D. 使用方便，可随时中断给药
   E. 适合所有药物
3. 透皮贴剂的药物装载形式包括（　　）。
   A. 溶液型　B. 黏胶分散型　C. 乳化型　D. 贮库型　E. 基质型
4. 黏胶分散型透皮贴剂主要由背衬材料和压敏胶构成，压敏胶可以制备成（　　）。
   A. 与背衬材料混合　B. 与防黏材料混合　C. 含药黏胶层　D. 控释黏胶层　E. 条形
5. 影响药物透皮吸收的因素包括（　　）。
   A. 皮肤的生理因素　B. 药物的分子大小　C. 基质与药物的亲和作用
   D. 药物的脂溶性　E. 药物的颜色
6. 下列各药物性质中，可影响药物透皮吸收的是（　　）。
   A. 分配系数　B. 分子量　C. 熔点　D. 解离度　E. 药物的颜色
7. 属于影响药物透皮吸收的剂型因素的是（　　）。
   A. 药物浓度　B. 基质与药物的亲和作用　C. pH
   D. 基质类型　E. 基质的颜色
8. 下列各物质中可促进药物经皮吸收的是（　　）。
   A. 油酸　B. 丙二醇　C. 月桂氮䓬酮　D. 尿素　E. 三聚氰胺
9. 经皮给药制剂的质量评价包括（　　）。
   A. 外观　B. 黏附力　C. 含量均匀度　D. 释放度　E. 颜色
10. 压敏胶具有（　　）特征。
    A. 无刺激　B. 具有足够的黏附力　C. 化学性质稳定
    D. 薄　E. 不黏手
11. 适合于制备经皮给药制剂的药物是（　　）。
    A. 剂量大　B. 需频繁给药　C. 肝脏首过效应大
    D. 在胃肠道中不稳定　E. 分子量大
12. 以下方法中可促进药物透皮吸收的是（　　）。
    A. 离子导入技术　B. 超声波法　C. 无针注射　D. 电致孔法　E. 纳米技术
13. 经皮给药制剂中常用的压敏胶有（　　）。
    A. 乙烯酸类　B. 硅橡胶类　C. 水凝胶类
    D. 聚异丁烯类　E. 聚丙烯酸类
14. 下列关于经皮给药系统的质量控制，正确的为（　　）。
    A. 经皮给药制剂的生物利用度应与口服制剂接近
    B. 经皮给药制剂可不进行药物含量检查
    C. 经皮给药制剂需进行体外释放度测定
    D. 一般情况下，经皮给药制剂中药物的释放速率应小于药物的透皮速率
    E. 经皮给药制剂应进行黏附力的检查
15. TDDS的制备方法有（　　）。
    A. 骨架黏合工艺　B. 超声分散工艺　C. 逆相蒸发工艺
    D. 涂膜复合工艺　E. 充填热合工艺

（四）配对选择题

【1～3】

A. 聚合物骨架型　B. 黏胶分散型　C. 贮库型

判断经皮吸收贴剂的类型：

1.（　）是指药物分散或溶解在压敏胶内。

2.（　）是指药物均匀分散或溶解在亲水的聚合物骨架内。

3.（　）是指聚合物膜控制药库层中药物的释放。

【4～6】

A. 离子渗透法　B. 电致孔法　C. 醇脂体　D. 温热热能法　E. 脂质类药物合成　F. 前体药物合成　G. 无针注射　H. 超声波法　I. 纳米粒　J. 脂质体

对应促进药物透皮吸收新技术的类型：

4. 属于物理学方法的是（　）。

5. 属于化学方法的是（　）。

6. 属于药剂学方法的是（　）。

【7～11】

A. 药物与吸收促进剂　B. 乙烯-醋酸乙烯共聚物　C. 复合铝箔膜　D. 压敏胶　E. 塑料膜

对应以下物质在经皮贴片中的作用：

7. 用作背衬层的是（　）。

8. 用作药物贮库的是（　）。

9. 用作控释膜的是（　）。

10. 用作黏胶层的是（　）。

11. 用作防黏层的是（　）。

【12～15】

A. 聚乙烯　B. 乙烯-醋酸乙烯共聚物　C. 羟丙甲纤维素　D. 聚异丁烯　E. 硅橡胶　F. 铝箔　G. PVA　H. 卡波姆

对应各高分子材料在经皮吸收制剂中的作用：

12. 用作控释膜聚合物的是（　）。

13. 用作骨架聚合物的是（　）。

14. 用作压敏胶的是（　）。

15. 用作背衬材料的是（　）。

（五）填空题

1. 药物经皮给药系统常用的剂型为________，此外还包括________、________、________、________、________、________、________和________等。

2. 药物透过皮肤主要经过________、________两种途径吸收进入体循环，其中经过________是多数药物吸收的主要途径。

3. 药物经皮吸收的主要限速屏障是________。一般情况下，分子量________、脂溶性________的药物，该屏障作用相对较小。

4. 经皮给药制剂中常用的经皮吸收促进剂主要包括________、________、________、________、________、________、________和________等。

5. 促进药物经皮吸收的物理方法包括________、________、________、________、________和________等。

6. 经皮给药制剂可分为________和________两种类型。

7. 经皮给药制剂主要由________、________、________、________和________等数层组成。

8. 经皮给药贴剂中常用的压敏胶包括________、________和________等。

9. 经皮给药制剂的体外透过性试验常用的试验装置是________，该装置主要由________、________组成。

10. 药物的经皮吸收过程主要包括________、________及________三个阶段。

（六）是非题

1. 经皮给药既可以起局部治疗作用也可以起全身治疗作用，为一些慢性疾病和局部镇痛的治疗及预防提供了一种简单、方便和行之有效的给药方式。（　　）

2. 药物的脂溶性越大，透皮吸收的效果越好。（　　）

3. 熔点低的药物容易透过皮肤吸收。（　　）

4. 药物经皮吸收除经角质层由表皮至真皮的透过吸收途径外，也可以通过皮肤的附属器吸收。（　　）

5. 药物经表皮吸收是经皮给药制剂主要的药物吸收途径。（　　）

6. 经皮吸收制剂中基质与药物的亲和作用有利于药物的吸收。（　　）

7. 脂溶性强的药物可能在真皮和皮下组织中累积，使吸收减慢。（　　）

8. 经皮给药可以避免肝脏的首过效应。（　　）

9. 氮䓬酮可以在透皮给药系统中作为渗透促进剂。（　　）

（七）问答题

1. 简述经皮给药制剂的优缺点。

2. 哪些药物适合研制成经皮给药制剂？

3. 简述药物经皮吸收的途径。

4. 说明影响药物经皮吸收的因素。

5. 如何提高离子型药物的经皮吸收？其原理是什么？

6. 简述提高经皮药物吸收的新技术和新方法。

7. 常用经皮贴剂有哪些类型？并作比较。

8. 如何进行经皮给药制剂的体外经皮透过试验？如何计算药物透过速率？

9. 经皮贴剂中常用的材料有哪些？

10. 简述经皮贴剂质量评价的内容。

四、参考答案

（一）名词解释（中英文）

1. transdermal therapeutic system：透皮治疗系统（经皮给药制剂），指药物以一定速率透过皮肤经毛细血管吸收进入体循环产生药效的一类制剂。

2. penetration enhancer：经皮吸收促进剂，指那些能增强药物经皮透过性的一类物质，是改善药物经皮吸收的首选方法。

3. 离子导入：通过在皮肤上应用适当的直流电而增加药物分子透过皮肤进入机体的过程。

4. 超声波导入：即超声波法，是指药物分子在超声波的作用下，透过皮肤或进入软组织的过程。

5. PSA（pressure sensitive adhesive）：压敏胶，即压敏性胶黏材料，系指在轻微压力下即可实现粘贴同时又易剥离的一类胶黏材料，起着保证释药面与皮肤紧密接触以及药库、控释等作用。

6. 黏着力：表示贴剂的黏性表面与皮肤附着后对皮肤产生的黏附力。

（二）单项选择题

1. A　2. A　3. C　4. D　5. B　6. B　7. B　8. C　9. D　10. B　11. A　12. A　13. C　14. D

（三）多项选择题

1. ACDE　2. ABCD　3. BD　4. CD　5. ABCD　6. ABCD　7. ABCD　8. ABCD　9. ABCD　10. ABC　11. BCD　12. ABCD　13. BDE　14. CDE　15. ADE

（四）配对选择题

1. B　2. A　3. C　4. ABDGH　5. EF　6. CIJ　7. C　8. A　9. B　10. D　11. E　12. AB　13. CGH　14. DE　15. F

（五）填空题

1. 贴剂，软膏剂，硬膏剂，巴布剂，涂剂，气雾剂，喷雾剂，泡沫剂，微型海绵剂
2. 表皮，表皮附属器官，表皮
3. 表皮/角质层，小，强
4. 月桂氮䓬酮，油酸，肉豆蔻酸异丙酯，*N*-甲基吡咯烷酮，低级醇，薄荷醇，二甲亚砜，表面活性剂
5. 离子导入，电致孔法，超声波导入，微针，热穿孔技术，激光技术
6. 膜控释型，骨架扩散型
7. 背衬层，药物贮库，控释膜，胶黏层，保护膜
8. 丙烯酸类压敏胶，聚异丁烯类压敏胶，硅橡胶压敏胶
9. 扩散池，供给室，接收室
10. 释放，穿透，吸收进入血液循环

（六）是非题

1. √　2. ×　3. √　4. √　5. √　6. ×　7. √　8. √　9. √

（七）问答题

1. 答：(1) 优点：①避免了口服给药可能发生的肝首过效应及胃肠灭活效应，药物吸收不受胃肠道因素影响，同时皮肤之间吸收的差异比人体胃肠道吸收的差异小得多，因此减少了个体间差异和个体内差异。②在经皮给药过程中药物可长时间持续扩散进入血液循环。维持恒定的血药浓度或药理效应，增强治疗效果，减少了血药浓度波动所产生的毒副作用，以及胃肠道反应。③延长作用时间，减少用药次数，改善患者用药顺应性，适用于婴儿、老人和不宜口服的患者。④患者可以自主用药，出现不良反应也可随时终止用药，减少危险发生。

(2) 缺点：①皮肤的屏障作用限制了药物的吸收速率和程度，因此对于皮肤透过率低的水溶性药物或者剂量要求大的药物并不适合设计成经皮给药制剂；②虽然大面积给药可以增加药物的透过量，但是也可能会对皮肤产生刺激性和过敏性，此外一些本身对皮肤有刺激或过敏的药物不宜设计成经皮给药制剂；③存在皮肤的代谢与贮库作用。

2. 答：①剂量小（<10 mg/d），药理作用强；②分子量<500，熔点<200 ℃，油水分配系数对数值1～2，在液状石蜡和水中溶解度都大于1 mg/mL，饱和水溶液pH在5～9，分子中的氢键受体或供体少于2个；③药物的生物半衰期短，需要较长时间给药，特别是治疗慢性病的药物；④对皮肤无刺激，不发生过敏反应；⑤口服首过效应大或者在胃肠道中容易降解失活，对胃肠道刺激性大；⑥普通药物剂型给药副作用大或疗效不可靠。

3. 答：药物透过皮肤进入体循环的途径有两条，即经表皮途径和经附属器途径。经表皮途径是药物透过表皮角质层进入活性表皮，扩散至真皮被毛细血管吸收进入体循环，此途径是药物经皮吸收的主要途径，又分为细胞途径和细胞间质途径。经附属器途径，即药物通过毛囊、皮脂腺和汗腺吸收，该途径不是药物经皮吸收的主要途径，对于一些离子型药物或极性较强的大分子药物，由于难以通过富含类脂的角质层，因此经皮肤附属器途径就成为其透过皮肤的主要途径。

4. 答：影响药物经皮吸收的因素主要包括皮肤因素、药物理化性质因素和剂型因素。①皮肤因素：皮肤的水合作用，皮肤角质层厚度，皮肤的温度，皮肤的结合与代谢。②药物理化性质因素：剂量与浓度，分子大小及脂溶性，溶解度与油水分配系数，pH 与 pK_a，熔点。③剂型因素：剂型，基质，pH，药物浓度与给药面积，透皮吸收促进剂等。

5. 答：可通过化学方法中的离子对和物理方法中的离子导入来提高离子型药物的经皮吸收。①离子对：离子型药物难以透过角质层，通过加入与药物带有相反电荷的物质，形成离子对，使之容易分配进入角质层类脂。当它们扩散到水性的活性表皮内，解离成带有电荷的分子继续扩散的真皮。②离子导入：利用电流将离子型药物经由电极定位导入皮肤，进入局部组织或血液循环的一种生物物理方法。药物离子从基质中通过皮肤进入组织，阴离子在阳极，阳离子在阴极进入皮肤。

6. 答：提高经皮药物吸收的新技术和新方法如下。①化学方法：经皮透过促进剂、离子对。②物理方法：离子导入，电致孔，超声导入，微针，无针注射给药系统。③药剂学方法：主要借助于微米或纳米药物载体，包括微乳、脂质体、传递体、醇脂体、囊泡、纳米粒等，以改善药物透过皮肤的能力。

7. 答：经皮贴剂可分为三种，即黏胶分散型、周边黏胶骨架型和贮库型。①黏胶分散型经皮贴剂是将药物分散在压敏胶中，铺于背衬材料上，加防黏层而成，与皮肤接触的表面都可以输出药物，该系统具有生产方便、顺应性好、成本低等特点。②周边黏胶骨架型经皮贴剂是将含药的骨架周围涂上压敏胶，贴在背衬材料上，加防黏层而成，通常使用亲水性聚合物材料作骨架，如聚乙烯醇、聚乙烯吡咯酮等。药物释放速率受骨架组成和药物浓度影响。③贮库型经皮贴剂是利用高分子材料将药物和皮肤促进剂包裹成贮库，主要利用包裹材料的性质控制药物释放速率，一般由背衬膜、药物贮库、控释膜、黏胶层、保护膜组成。该类贴剂面积较大，生产工艺复杂，顺应性较差。

8. 答：体外经皮吸收研究通常是将剥离的皮肤或高分子材料膜夹在扩散池之间，药物给予皮肤角质层表面，在一定的时间间隔测定皮肤另一面接受介质中的药物浓度，解析药物经皮透过动力学，求算药物经皮透过的稳态速率、扩散系数、透过系数、时滞等参数。

药物的透过速率 J 可表示为：$J=\mathrm{d}M/\mathrm{d}t=KDC_0/h$

式中，C_0 为基质中药物的浓度；K 为药物分配系数；D 为药物在皮肤中的扩散系数；h 为角质层厚度。

9. 答：经皮贴剂中常用的材料如下。①压敏胶：是对压力敏感的胶黏剂，是一类无须借助溶剂、热或其他手段，只需施加轻度指压，即可与被黏物牢固黏合的胶黏剂。常用几类有丙烯酸类压敏胶、聚异丁烯压敏胶、硅橡胶压敏胶等。②背衬材料：多层复合铝箔、聚对苯二甲酸二乙酯、高密度聚乙烯和聚苯乙烯等。③控释膜：多孔聚丙烯膜、EVA 复合膜、聚乙烯膜、多孔聚乙烯膜等。④骨架和贮库材料：压敏胶、EVA、胶态二氧化硅月桂酸甲酯、羟丙甲纤维素、乙醇、甘油等。⑤防黏层材料：聚乙烯、聚苯乙烯、聚丙烯、聚碳酸酯、聚四氟乙烯等。

10. 答：经皮贴剂质量评价的内容包括：外观、残留溶剂含量、黏附力、释放度、含量均匀度、微生物限度。

第十九章 靶向制剂

一、本章学习要求

1. **掌握** 靶向制剂的基本概念与分类。

2. **熟悉** 被动靶向的基本原理；常见的被动靶向制剂、主动靶向制剂和物理化学靶向制剂。

3. **了解** 靶向制剂的评价方法。

二、学习导图

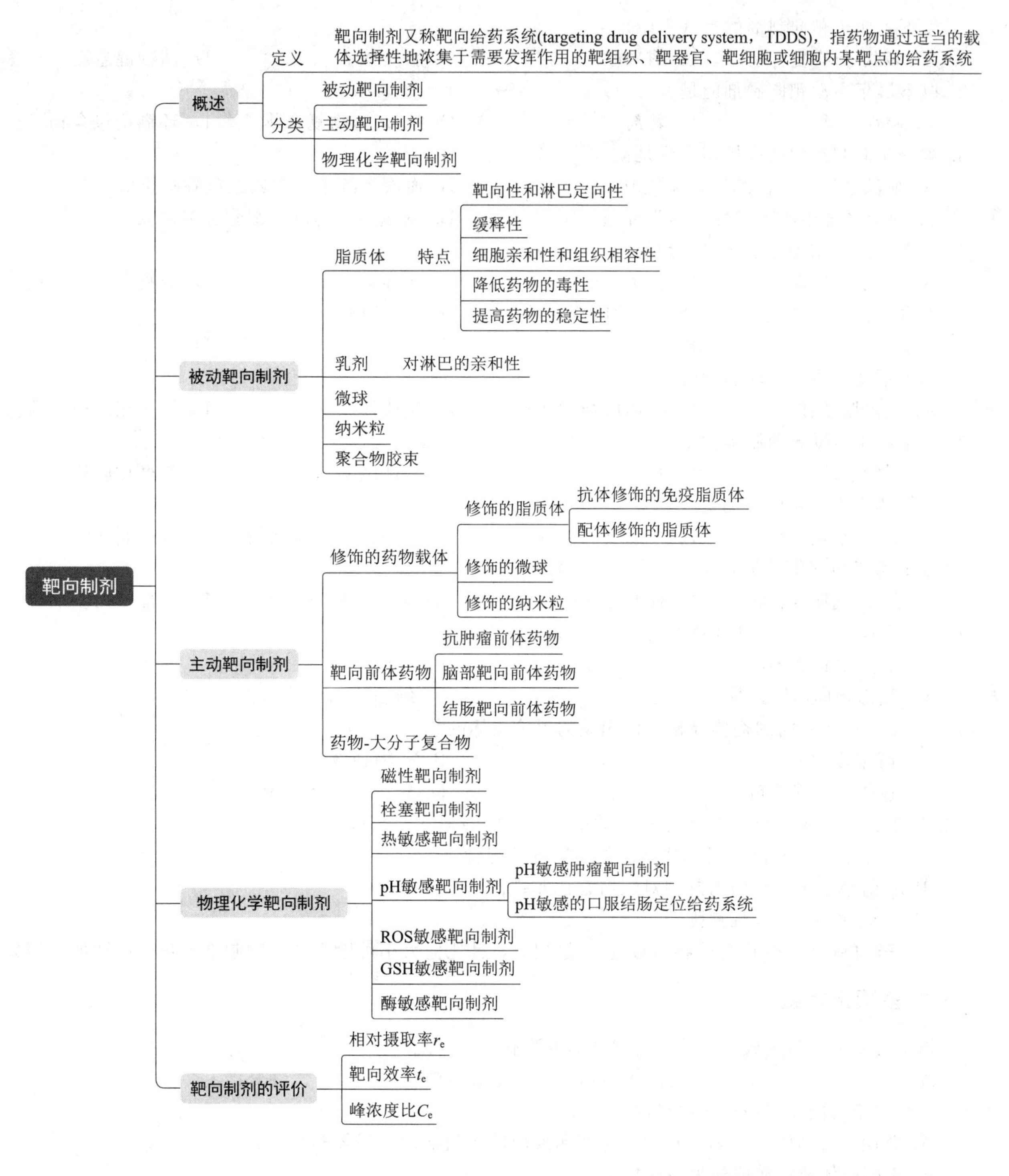

三、习题

（一）名词解释（中英文）

1. targeting drug delivery system；2. 被动靶向制剂；3. active targeting preparation；4. 物理化学靶

向制剂；5. 靶向前体药物；6. 药物-大分子复合物；7. EPR 效应；8. antibody-drug conjugates；9. 磁性靶向给药系统

（二）单项选择题

1. 以下不属于靶向制剂的是（　　）。
   A. 多肽-药物复合物　B. 纳米粒　C. 脂质体　D. 药物混悬液
2. 以下属于主动靶向制剂的是（　　）。
   A. 磁性微球　B. 乳剂　C. 抗体-药物复合物　D. 环糊精包合物
3. 被动靶向制剂的递送机制主要是被（　　）。
   A. 血液系统中的白细胞吞噬摄取　B. 血液系统中的淋巴细胞吞噬摄取
   C. 血液系统中的嗜酸性粒细胞吞噬摄取　D. 巨噬系统的巨噬细胞吞噬摄取
4. 以下不属于物理化学靶向制剂的是（　　）。
   A. pH 敏感靶向制剂　B. 栓塞制剂　C. 磁性靶向制剂　D. 单克隆偶联制剂
5. 根据药物靶向到达体内的部位，靶向制剂可以分为（　　）级。
   A. 2　B. 3　C. 4　D. 5
6. 以下不属于主动靶向制剂的是（　　）。
   A. 免疫脂质体　B. 配体修饰纳米粒　C. 脂质体　D. 结肠靶向前体药物
7. 以下属于被动靶向制剂的是（　　）。
   A. 胃定位释药系统　B. 靶向前体药物　C. 磁性纳米粒　D. 长循环脂质体
8. 用抗体修饰的靶向制剂是（　　）。
   A. 被动靶向制剂　B. 主动靶向制剂　C. 物理化学靶向制剂　D. 普通制剂
9. 以下属于物理化学靶向制剂的是（　　）。
   A. 药物-抗体复合物　B. 栓塞靶向制剂　C. 多肽-药物复合物　D. 脑部靶向制剂
10. 以下不属于靶向前体药物的是（　　）。
    A. 抗肿瘤前体药物　B. 贝伐单抗
    C. 脑部靶向前体药物　D. 结肠靶向前体药物
11. 以下不属于靶向制剂体外靶向性相关的评价指标的是（　　）。
    A. 峰浓度比 C_e　B. 药物释放
    C. 包封率与载药量　D. 粒径分布及 ζ 电位
12. 以下关于靶向制剂的靶向效率 t_e 的描述，正确的是（　　）。
    A. t_e 值表示药物制剂或药物溶液对器官的选择性
    B. t_e 值小于 1 表示药物制剂对靶器官比非靶器官有选择性
    C. t_e 值愈小，选择性愈强
    D. 药物制剂的 t_e 值与药物溶液的 t_e 值相比，其比值大小可以反映药物制剂的靶向性增加的倍数

（三）多项选择题

1. 以下可使靶向制剂成为主动靶向制剂的方法有（　　）。
   A. PEG 修饰　B. 靶向前体药物　C. 糖类修饰　D. 磁性修饰　E. 多肽修饰
2. 下列关于靶向前体药物叙述错误的是（　　）。
   A. 靶向前体药物在体内经化学反应或酶反应转化为活性的母体药物
   B. 靶向前体药物在体外为惰性物质
   C. 靶向前体药物一般为小分子药物
   D. 靶向前体药物为被动靶向制剂
   E. 母体药物在靶部位经化学反应或酶反应再生为活性的前体药物
3. 靶向制剂从作用机制上大体可分为（　　）。
   A. 被动靶向制剂　B. 主动靶向制剂　C. 结肠靶向制剂

D. 物理化学靶向制剂　　E. 前体靶向药物

4. 以下属于主动靶向的制剂是（　　）。

A. 长循环脂质体　　B. 糖基修饰脂质体　　C. 免疫纳米球

D. 药物-大分子复合物　　E. 结肠定位释药系统

5. 以下属于被动靶向的制剂是（　　）。

A. 乳剂　　B. PDC 药物　　C. 纳米粒　　D. 叶酸修饰脂质体　E. 磁性微球

6. 以下关于靶向制剂优点叙述，正确的是（　　）。

A. 减少用药剂量　　B. 提高疗效、降低毒副性　　C. 可定时释放药物

D. 增强药物对靶组织的特异性　E. 靶区内药物浓度高于正常组织

7. 靶向制剂靶向性体内评价的参数包括（　　）。

A. 相对摄取率　　B. 靶向效率　　C. 峰浓度比　　D. 血药浓度　　E. 半衰期

8. 物理化学靶向制剂从原理上分包含（　　）。

A. 采用体外磁场引导至靶部位

B. 通过插入动脉的导管将栓塞物输送到靶组织或靶器官

C. 利用温度敏感材料实现药物靶区释放

D. 利用对 pH 敏感的材料制备而成，在特定 pH 靶区释药

E. 利用疾病组织的特异性酶表达异常

9. PEG 修饰的纳米粒，可增加药物在病变部位的聚集，可能由于（　　）。

A. 延长药物在体内的循环时间 B. 减小网状内皮系统的清除作用

C. 减少肝、脾、肺中的分布　　D. 主动靶向病变部位　　E. EPR 效应

10. 肿瘤治疗中可以使用的靶向制剂有（　　）。

A. 磁性微球　　B. 结肠靶向前体药物　　C. 脂质体

D. 抗体修饰纳米粒　　E. 吉非替尼

11. 下列属于靶向制剂的有（　　）。

A. 阿霉素脂质体　　B. 紫杉醇白蛋白结合物　　C. 紫杉醇聚合物胶束

D. 吉非替尼　　E. 曲妥珠单抗抗体药物

12. 被动靶向制剂的体内分布主要受（　　）等因素的影响。

A. 表面疏水性　　B. 组织器官的血液灌流速度 C. 粒径

D. 表面电荷　　E. 血管渗透性

13. 为了增强微粒在血液中的循环时间，提高向病灶部位的被动靶向能力，通常采用（　　）分子修饰微粒表面，提高微粒表面的亲水性，增加空间位阻，防止被调理素调理而达到“隐形”的效果，从而避免单核巨噬细胞系统的识别与清除。

A. PEG　　B. 叶酸　　C. PVP　　D. 泊洛沙姆　　E. 转铁蛋白

14. 脂质体具有包封脂溶性或水溶性药物的特性，药物被包封后，其主要特点有（　　）。

A. 靶向性和淋巴定向性　　B. 细胞亲和性和组织相容性 C. 缓释性

D. 降低药物的毒性　　E. 提高药物的稳定性

15. 脂质体可通过（　　）修饰成为主动靶向脂质体。

A. 抗体　　B. 糖类　　C. 叶酸　　D. 转铁蛋白　　E. 多肽

16. 欲使前体药物在特定的靶部位再生为母体药物，基本条件是（　　）。

A. 前体药物在达到靶部位之前，尤其在血液循环系统中要保持完整

B. 使前体药物转化的反应物或酶均应仅在靶部位才存在或表现出活性

C. 酶需有足够的量以产生足够量的活性药物

D. 产生的活性药物应能在靶部位滞留，而不漏入循环系统产生毒副作用

E. 释放出母药后掉下来的修饰分子不能产生毒性

17. 磁性靶向给药系统具有的优点为（　　）。

A. 有效地减少网状内皮系统的捕获

B. 在磁场的作用下，增加靶区药物浓度，提高疗效
C. 降低药物对其他器官和正常组织的毒副作用
D. 磁性药物粒子具有一定的缓释作用，可以减少给药剂量
E. 在交变磁场的作用下会吸收磁场能量产生热量，起到热疗作用

18. 以下对靶向制剂的体内分布评价的描述中正确的是（　　）。
A. 相对摄取率 r_e 大于 1 表示药物制剂在该器官或组织有靶向性
B. r_e 等于或小于 1 表示无靶向性
C. r_e 越大靶向效果越好
D. 每个组织或器官中的峰浓度比 C_e 表明药物制剂改变药物分布的效果
E. C_e 值越小，表明改变药物分布的效果越明显

19. 脂质体的给药途径主要包括（　　）。
A. 静脉注射　　B. 肌内和皮下注射　C. 口服给药　　D. 黏膜给药　　E. 经皮给药

20. 磁性靶向制剂中的药物所必须具备的特性是（　　）。
A. 药物剂量不需要精密调节
B. 不与骨架材料和磁性材料发生化学反应
C. 半衰期短，需频繁给药
D. 剂量小，药效平稳
E. 溶解度较好

（四）配对选择题

【1～5】

A. PEG 化脂质体　　B. 抗体修饰纳米粒　　C. 磁性微球　　D. 利用相变温度控制释药的脂质体　　E. 淀粉栓塞微球

关于以下靶向制剂代表性制剂：

1. 磁性靶向制剂的代表性制剂为（　　）。
2. 长循环脂质体的代表性制剂为（　　）。
3. 栓塞靶向制剂的代表性制剂为（　　）。
4. 免疫靶向制剂的代表性制剂为（　　）。
5. 热敏感靶向制剂的代表性制剂为（　　）。

【6～10】

A. 被动靶向制剂　　B. 主动靶向制剂　　C. 物理化学靶向制剂　　D. 靶向前体药物　　E. 热敏免疫脂质体

以下靶向原理各属于哪种靶向制剂？

6. 在特定的靶部位再生为母体药物而发挥其治疗作用的是（　　）。
7. 智能响应于某些物理或化学条件而释放药物的靶向制剂是（　　）。
8. 机体对不同理化性能的微粒具有不同的滞留性而靶向富集的制剂是（　　）。
9. 利用修饰的药物载体能与靶组织产生分子特异性相互作用，因此作为“导弹”将药物主动地定向运送到靶组织并发挥药效的制剂是（　　）。
10. 同时具有物理化学靶向和主动靶向双重作用的是（　　）。

【11～15】

A. 被动靶向制剂　　B. 主动靶向制剂　　C. 物理化学靶向制剂　　D. 物理靶向制剂　　E. 化学靶向制剂

以下制剂根据靶向的作用机制属于哪类？

11. 顺磁性四氧化三铁纳米粒属于（　　）。
12. 栓塞淀粉微球属于（　　）。
13. 叶酸修饰的紫杉醇聚合物胶束属于（　　）。

14. 两性霉素B脂质体属于（　　）。

15. 丝裂霉素C纳米乳属于（　　）。

【16～20】

A. 丙烯酸树脂类 Eudradit S/L　　B. 苯硼酸酯多聚物　　C. 二硫键　　D. 基质金属蛋白酶　　E. 腙键

以上材料或连接键常用于哪些制剂中？

16. 用于pH敏感的口服结肠定位给药系统的是（　　）。

17. 用于ROS敏感靶向制剂的是（　　）。

18. 用于GSH敏感靶向制剂的是（　　）。

19. 用于酶敏感靶向制剂的是（　　）。

20. 用于pH敏感肿瘤靶向制剂的是（　　）。

（五）填空题

1. ________是指药物通过适当的载体选择性地浓集于需要发挥作用的靶组织、靶器官、靶细胞或细胞内某靶点的给药系统，也被称为靶向载体或________。

2. 根据药物靶向到达体内的部位靶向制剂可以分为三级：第一级指到达特定的________；第二级指到达特定的________；第三级指到达细胞内某些特定的________。

3. 靶向制剂的作用机制归纳起来主要有以下几个类别：________、________和________等。

4. 脂质体与细胞的作用过程分为________、________、________、________四个阶段。

5. 微球中药物的释放机制有________、________和________三种。若微球中药物均匀分布或溶解在聚合材料，其释药量常用________方程描述，其中D是________系数。

6. 纳米粒可分为骨架实体型的________和膜壳药库型的________。

7. 主动靶向制剂包括________、________和________等。

8. 物理化学靶向制剂主要有磁性靶向制剂、栓塞靶向制剂、________、________、________、________和________等。

9. 磁性靶向制剂是由________、________和________三部分组成。

10. 栓塞微球的制备方法主要有________和________。

11. 非生物降解的动脉栓塞微球基质材料主要有________和________。

12. 在________相变温度时，热敏感脂质体保持稳定，药物释放________；达到相变温度后，磷脂分子由原来排列紧密的全反式构象变成结构疏松的歪扭构象，类脂质双分子层从胶态过渡到液晶态，膜的流动性________，药物释放速率________。

13. 相对摄取率愈大，靶向效果愈________，等于或小于________表示无靶向性。靶向效率值愈大，选择性愈________；峰浓度比值愈大，表明改变药物________的效果愈明显。

14. 利用肿瘤间质液的pH值比周围正常组织显著低的特点，可以设计为________。

15. 为了使纳米靶向载体系统在体内循环过程中保持稳定、延长作用时间、降低清除速率，载体的粒径一般控制在________甚至100 nm以下。

16. 为了减小网状内皮系统的清除作用，延长药物在体内的循环时间，往往在载体系统表面修饰PEG分子，然而PEG分子在粒子表面的覆盖可能产生较大的________，影响靶向分子与靶标的相互作用，因此往往靶向功能基团连接到PEG分子的外端，靶向基团可能为靶组织标记蛋白的________或者________。

17. 靶向制剂靶向性评价的参数包括________、________和________。

18. 理想的靶向制剂应该具备________、________和________三个要素。

19. 常用的前体药物连接键有________、________和________等（任意三个）；再生方法包括________和________。

20. 脑部化学输送系统常用的两大载体包括________和________。

21. 抗体-药物复合物的开发涉及________、________、________和________四个方面。

22. 多肽-药物复合物相对抗体-药物复合物具备的优点包括________________、________________、________________。

23. 靶向制剂一般通过________评价靶向制剂的体内长循环效果。

24. 可用于评价靶向制剂的活体成像技术包括________、________、________、________、________等。

25. 被动靶向制剂在体内的分布主要受________和________影响。

26. 靶向微球的合成材料多数是生物降解材料，有________类、________类、________类等。

27. 以磷酸酯为载体的 CDS 称为________离子 CDS，以二氢吡啶为载体的 CDS 称为________离子 CDS。

28. 光学成像是目前实验研究中最常见的活体成像技术，分为________成像和________成像两种。

（六）是非题

1. 主动靶向制剂与被动靶向制剂的差别在于载体构建上没有具有特定分子特异性作用的配体、抗体等。（　　）

2. 被动靶向制剂进入体内，被巨噬细胞作为外界异物吞噬会受到制剂与巨噬细胞接触角的影响。当接触角较小时，形成覆盖微粒的肌动蛋白杯状结构所需的能量过高，无法诱导吞噬，此时吞噬效率较低。（　　）

3. 通常情况下，同一被动靶向制剂，在血液循环速度快的肝、脾和肾等组织的分布远多于血液循环速度慢的结缔组织和脂肪等组织。（　　）

4. 脑部血液快速灌注，在正常生理条件下，普通被动靶向制剂容易浓集于脑部，而在炎症等病理条件下，难以进入脑内。（　　）

5. 与带正电荷以及中性微粒相比，带负电荷的微粒更容易促进细胞内吞。（　　）

6. 脂质体可延长药物的作用时间或包封胃肠道不吸收（或不稳定）的药物，通过口服给药。（　　）

7. 乳剂粒径越大，其血液清除越快，粒径小的乳剂有利于达到长循环和淋巴靶向作用，同时，加入较多乳化剂可以使乳剂粒径小，更稳定，提高制剂的安全性。（　　）

8. 当两亲性嵌段共聚物在水中的浓度大于临界胶束浓度时，就可以形成疏水嵌段向外、亲水嵌段向内的核-壳型纳米缔合体，将疏水性药物包裹于疏水核中形成药物贮库。（　　）

9. 用聚合物将抗原或抗体吸附或交联形成的微球，称为免疫微球，除可用于抗癌药的靶向治疗外，还可用于标记和分离细胞作诊断和治疗。（　　）

10. 脑部靶向前体药物的设计思路是将活性药物与脂溶性载体化合物连接，透过 BBB 进入脑组织后再生成脂溶性原药分子，无法排出脑外，即达到"锁死"在脑内状态。而相同的转化发生在外周时，由于脂溶性增加，加速其体内消除，由此提高药物脑内分布，并降低外周的毒副作用。（　　）

11. 肿瘤靶向前体药物是利用肿瘤组织特异性微环境（如某些酶的高表达）为释药开关，活化前体药物释放出有抗肿瘤活性的母药。（　　）

12. 与 PDC 相比，ADC 保留针对肿瘤细胞的分子靶向功能，而且具有更好的稳定性、更低的免疫原性、更低的生产成本等。（　　）

13. Fe_3O_4 因制备简单、性质稳定、磁响应性强、灵敏度高等优点而被用于常用的磁性材料。（　　）

14. 在磁场作用下，磁性纳米粒的功能直径比实际粒径小得多，易在肿瘤组织微血管中引起栓塞，阻断肿瘤组织的血液供应，从而导致肿瘤细胞死亡。（　　）

15. 淀粉微球不属于生物降解栓塞微球。（　　）

16. 热敏免疫脂质体同时具有物理化学靶向与主动靶向的双重作用。（　　）

17. 药物-大分子复合物由于最终结构的分子量在 10000 以上，因此这类结构又被称为高分子靶向系统。（　　）

18. 脂质体、磁性脂质体、免疫脂质体都可用于制备被动靶向制剂。（　　）

19. 根据药物靶向到达体内的部位靶向制剂可分为三级。（　　）

20. 被动靶向制剂是指药物载体能像设定目标的“导弹”一样将药物主动、定向地运送到靶组织并发挥药效的制剂。(　　)

21. 前药与靶向前体药物的原理相似，但仍有不同，一般前药为小分子药物。(　　)

22. 制剂发挥被动靶向、主动靶向或物理化学条件响应的机制，并非孤立的和绝对的。(　　)

23. 主动靶向制剂是利用修饰的药物载体能与靶组织产生分子特异性相互作用，将药物主动地定向运送到靶区并发挥药效。(　　)

24. 抗体修饰的靶向制剂属于被动靶向制剂。(　　)

25. 应用磁性材料与药物制成磁导向制剂，属于物理化学靶向制剂。(　　)

26. 分子靶向药物如曲妥珠单抗抗体药物也是一种靶向给药系统。(　　)

27. 药物载体表面用聚乙二醇修饰后，可以降低巨噬细胞的识别，形成长循环制剂，在一定程度上有利于制剂靶向。(　　)

28. 构建优良的靶向制剂除了关注制剂材料本身及关键功能基本的选择和配比外，还应重点考虑其靶向功能和载体释药功能。(　　)

29. 制剂相对摄取率 r_e 越大，表面靶向效果越好；r_e 等于或小于 1 表示无靶向性。(　　)

30. DLS 测定的是微粒在水中分散状态下的水合粒径，可能比 TEM 或 SEM 观察到的尺寸大一些。(　　)

31. 评价 ROS 敏感靶向制剂体外药物释放时选择含 1 mmol/LGSH 的 PBS 缓冲液为释放介质。(　　)

32. 活体成像用于评价靶向制剂靶向效率时可选择荧光探针标记靶向制剂，常用的染料有 Cy5.5、ICG、Dir 等。(　　)

33. 表面修饰了聚乙二醇（PEG）等隐形分子的微粒属于主动靶向制剂。(　　)

34. 有些主动靶向作用需要以被动靶向或物理化学靶向作用为前提，不同靶向机制可以协同起效，进一步提高药物在靶点部位的释放浓度，提高药效。(　　)

35. 较大的微粒往往被机械截留在相应的作用部位，如大于 7 μm 的微粒一般分布在肝、脾组织中，小于 7 μm 的微粒一般分布于肺部毛细血管。(　　)

36. 微粒的形状也会影响巨噬细胞的吞噬效应，一般球形或类球形的载体较容易发生内吞。(　　)

37. 一般而言，微粒表面亲水性越强，越容易被血浆调理素调理而被巨噬细胞识别与吞噬，而微粒表面疏水性越强，越不容易吸附调理素，就越能在血液中长期循环。(　　)

38. 相比 TEM 或 SEM 只能提供二维成像图片，原子力显微镜（AFM）可以提供三维微粒制剂的表面形貌结构信息及表面粗糙度信息的三维表面图。(　　)

（七）问答题

1. 什么是靶向制剂？根据靶向的作用机制靶向制剂可分为哪几类？

2. 靶向制剂适用于哪些药物？

3. 简述靶向制剂的特点。

4. 被动靶向的原理是什么？

5. 何为 EPR 效应？EPR 效应尚未在人体肿瘤中验证的主要原因是什么？

6. PEG 在靶向制剂中的作用是什么？

7. 请简述主动靶向的策略。

8. 影响主动靶向制剂药效的关键因素有哪些？具体构建和优化时如何处理？

9. 简述纳米粒在抗肿瘤及抗感染药物中的作用。

10. 简述化学输送系统（chemical delivery system，CDS）在设计脑部靶向前体药物时的设计思路。

11. 请简述物理化学靶向制剂的类型及其原理。

12. 靶向性评价的指标是什么？

13. 欲将某药制备成靶向制剂增加肿瘤组织的药物分布，与原药肿瘤组织的 AUC 为 1.53 mg・h/mL 相比，制剂的 AUC 为 5.67 mg・h/mL，请问靶向制剂是否被成功制备，为什么？

14. 简述聚合物胶束的优点。

15. 免疫脂质体在药物输送方面经历了几个阶段？分别是什么？

四、参考答案

（一）名词解释（中英文）

1. targeting drug delivery system：靶向给药系统，指药物通过适当的载体选择性地浓集于需要发挥作用的靶组织、靶器官、靶细胞或细胞内某靶点的给药系统。

2. 被动靶向制剂：即自然靶向制剂，是指将药物包封或嵌入各种类型的微粒系统中，根据机体内不同组织、器官或者细胞对不同理化性能的微粒具有不同的滞留性而靶向富集的制剂。

3. active targeting preparation：主动靶向制剂，是利用修饰的药物载体能与靶组织产生分子特异性相互作用，因此作为“导弹”将药物主动地定向运送到靶组织并发挥药效的制剂。

4. 物理化学靶向制剂：又称为物理或化学刺激响应性制剂，即通过设计特定的载体材料和结构，使其能够智能响应于某些物理或化学条件而释放药物。

5. 靶向前体药物：利用体内特异性微环境，前体药物能在特定靶部位通过酶反应或化学反应再生为母体药物的制剂。

6. 药物-大分子复合物：药物直接与聚合物、抗体、配体等以共价键形成的分子复合物。

7. EPR效应：增强的渗透性和滞留（enhanced permeability and retention，EPR）效应，肿瘤等组织中血管内皮细胞的间隙较大及肿瘤组织的淋巴管缺失或功能异常，导致肿瘤组织的淋巴回流速度降低，进入肿瘤组织内部的微粒不能被有效地去除，因此被保留在肿瘤中的现象。

8. antibody-drug conjugates：抗体-药物复合物，指药物直接与抗体以共价键形成的分子复合物。

9. 磁性靶向给药系统（magnetic targeting drug delivery system，MTDDS）：将磁性材料与药物通过适当的载体制成磁导向系统，在足够强的体外磁场引导下，使药物在体内定向移动、定位浓集并释放，从而在靶区发挥诊疗作用的一种靶向制剂。

（二）单项选择题

1. D　2. C　3. D　4. D　5. B　6. C　7. D　8. B　9. B　10. B　11. A　12. D

（三）多项选择题

1. ABCE　2. CDE　3. ABD　4. ABCD　5. AC　6. ABDE　7. ABC　8. ABCDE　9. ABCDE　10. ABCD　11. ABC　12. ABCDE　13. ACD　14. ABCDE　15. ABCDE　16. ABCDE　17. ABCDE　18. ABCD　19. ABCDE　20. ABCDE

（四）配对选择题

1. C　2. A　3. E　4. B　5. D　6. D　7. C　8. A　9. B　10. E　11. C　12. C　13. B　14. A　15. A　16. A　17. B　18. C　19. D　20. E

（五）填空题

1. 靶向制剂，靶向给药系统

2. 靶组织或靶器官，细胞，靶点

3. 被动靶向制剂，主动靶向制剂，物理化学靶向制剂

4. 吸附，脂交换，内吞，融合

5. 扩散，材料的溶解，材料的降解，Higuchi，扩散

6. 纳米球（nanosphere），纳米囊（nanocapsule）

7. 经过修饰的药物载体，靶向前体药物，药物-大分子复合物

8. 热敏感靶向制剂，pH 敏感靶向制剂，活性氧（ROS）敏感靶向制剂，GSH 敏感靶向制剂，酶敏感靶向制剂

9. 磁性物质，骨架材料，药物

10. 乳化-液中干燥法，乳化-化学交联法

11. 乙基纤维素，聚乙烯醇

12. 低于，缓慢，增加，增大

13. 好，1，强，分布

14. pH 敏感肿瘤靶向制剂

15. 1000 nm

16. 空间位阻，抗体，配体分子

17. 相对摄取率，靶向效率，峰浓度比

18. 靶区富集，可控制释放，载体无毒可降解

19. 羧酸酯，氨基甲酸酯，碳酸酯，磷酸酯，硫酸酯，酰胺，肟，亚胺，二硫键，硫醚等（任意三个）；酶反应，化学反应

20. 磷酸酯，二氢吡啶

21. 药物靶点的筛选，重组抗体的制备，连接（linker）技术的开发，高效细胞毒性化合物的优化

22. 更好的稳定性，更低的免疫原性，更低的生产成本

23. 消除半衰期（$t_{1/2}$）

24. 光学成像，放射性核素成像，磁共振成像，超声成像，计算机断层扫描成像

25. 循环系统生理因素，微粒自身理化性能

26. 蛋白质、糖、合成聚酯

27. 阴，阳

28. 生物化学发光，荧光

（六）是非题

1. × 2. × 3. √ 4. × 5. × 6. √ 7. × 8. × 9. √ 10. × 11. √ 12. × 13. √ 14. × 15. × 16. √ 17. × 18. × 19. √ 20. × 21. √ 22. √ 23. √ 24. × 25. √ 26. × 27. √ 28. √ 29. √ 30. √ 31. × 32. √ 33. × 34. √ 35. × 36. √ 37. × 38. √

（七）问答题

1. 答：靶向制剂又称靶向给药系统（targeting drug delivery system，TDDS），指药物通过适当的载体选择性地浓集于需要发挥作用的靶组织、靶器官、靶细胞或细胞内某靶点的给药系统。根据靶向的作用机制，靶向制剂大体可分为被动靶向制剂、主动靶向制剂和物理化学靶向制剂三类。

2. 答：①对于治疗指数小的药物，可以提高其用药安全性。②药物稳定性差或溶解度小的药物；吸收不良或在生物微环境中不稳定（如酶的代谢等）的药物；半衰期短或分布面广而缺乏特异性的药物；存在各种生理解剖屏障或细胞屏障的药物等。

3. 答：理想的靶向制剂应该具备靶区富集、可控释放和载体无毒可降解三个要素。与普通制剂相比，靶向制剂具有高效、低毒的特点，可以提高药物的安全性、有效性、可靠性和患者的依从性。然而由于靶向制剂研发难度大、周期长、投入多、制备工艺复杂、质量要求高，所以价格相对较高，患者的医疗费用较高。

4. 答：被动靶向制剂的递送机制主要是基于体内的单核巨噬系统具有丰富的吞噬细胞（如肝脏的 Kupffer 细胞、循环系统中的单核细胞等），可以将微粒系统作为异物而吞噬，通过正常的生理过程运输至肝、脾等器官，或者基于微粒自身尺寸大于毛细血管内径而被机械地截留于某部位。

5. 答：肿瘤等组织中血管内皮细胞的间隙较大及肿瘤组织的淋巴管缺失或功能异常，导致肿瘤组织的淋巴回流速度降低，进入肿瘤组织内部的微粒不能被有效地去除，因此被保留在肿瘤中的现象被称为 EPR 效应。跨物种和肿瘤类型的血管系统异质性，以及肿瘤微环境其他参数的可变性，使得纳米粒子在

肿瘤中的积累不足和药代动力学差，导致其在临床上的效果远不如临床前的结果。所以，EPR 效应在人体肿瘤的存在与作用尚且存在争议，需要继续深入研究。

6. 答：PEG 为亲水性分子，通常采用微粒表面修饰 PEG，可增强微粒在血液中的循环时间，提高向病灶部位的被动靶向能力，提高微粒表面的亲水性，增加空间位阻，防止被调理素调理而达到“隐形”的效果，从而避免单核巨噬细胞系统的识别与清除。

7. 答：主动靶向制剂包括经过修饰的药物载体、靶向前体药物和药物-大分子复合物等。经过修饰的药物载体有修饰脂质体、修饰聚合物胶束、修饰微球、修饰纳米球等。靶向前体药物包括抗癌药及其前体药物、脑部位和结肠部位的前体药物等。

8. 答：影响靶向制剂药效的关键因素包括：①靶向功能。靶向功能基团是载体靶向分布的决定因素。为了使载体能够只针对特定分子靶向作用，往往需要在载体上装载“靶头”，而有关“靶头”的选择常常需要大量的实验，包括临床观察的支持。另外，为了进行高效的靶向输送，在靶标选择上还需要考虑：靶向基团与靶标结合后是否能快速内吞、靶标分子是否会表达下调等。靶标分子的选择，对于靶向效果具有决定性影响。此外，无论是大分子还是颗粒型载体系统，靶向基团的密度对体内靶向效果也有一定的影响，所以在一定条件下，增加分子和颗粒表面连接的靶向基团数目，以提高载体与靶标的结合效率。邻近的靶向基团还可能进行合作结合作用提供靶向作用。②载药和释药功能。药效基团的选择，以及药物的释放量和速率的设计，也是靶向制剂研究的关键内容。对于药物大分子共价结合物系统，由于药效基团是通过共价键连接在载体上的，能连接的个数有限，如药物-抗体复合物中常常只有 2～4 个药效基团，所以要求药效基团的效价非常高。此外，近年来大量的研究结果表明，药物-抗体复合物的药效基团常常是剧毒性的，所以对其与抗体的化学键在体内非靶组织中的稳定性要求极高，特别要避免被血清中的各种酶降解，使药物提前释放而产生巨大毒性。理想的情况是载体进入靶细胞内才释放药物，从而获得最具有特异性、最高的药效作用。

9. 答：对于抗肿瘤药物：纳米粒可以改变抗肿瘤药物的体内药动学特征，一方面可显著延长药物在体内的作用时间，另一方面可以改变抗肿瘤药物在体内的分布，对于肝、脾等自然靶标器官的治疗非常有利。所以，纳米粒载体可以提高药物在肿瘤部位的浓度和滞留时间，从而起到增效减毒的双重功效。

对于抗感染药物：将抗感染药物制备成纳米粒载体系统后，一方面纳米粒可以改变药物体内药动学行为，延长体内作用的时间，使药物进入炎症病灶的概率增加；另一方面纳米粒对单核巨噬细胞等炎症细胞系统具有明显的靶向性，可以增加纳米粒在感染部位的蓄积，有利于抗微生物药物发挥疗效。

10. 答：将活性药物与脂溶性载体化合物连接，透过 BBB 进入脑组织后再生成非脂溶性原药分子，无法排出脑外，即达到“锁死”在脑内状态。而相同的转化发生在外周时，由于水溶性增加，加速其体内消除，由此提高药物脑内分布，并降低外周的毒副作用。

11. 答：物理化学制剂靶向类型有：磁性靶向制剂，栓塞靶向制剂，热敏感靶向制剂，pH 敏感靶向制剂，活性氧（ROS）敏感靶向制剂，GSH 敏感靶向制剂，酶敏感靶向制剂。

原理：应用磁性材料与药物制成磁导向制剂，在足够强的体外磁场引导下定位于特定靶区；又如采用二棕榈酸磷脂和二硬脂酸磷脂按一定比例制备的热敏脂质体，在肿瘤部位微波加热到 42 ℃后，促进药物在肿瘤部位释放。体内感应型的载体，如 pH 敏感型载体、氧化还原响应型载体、活性氧（ROS）敏感型载体、酶响应型载体等，都是通过感知体内靶组织中的生理微环境而控制药物释放。另外，用栓塞制剂阻断靶区的血供和营养，起到栓塞和靶向化疗的双重作用，也可属于物理化学靶向。

12. 答：靶向制剂的评价应该根据靶向的目标来确定。如对于组织靶向的制剂，需要测定组织中药物的浓度；对于细胞靶向的制剂，需要测定特定细胞内药物的浓度；对于细胞器靶向的制剂，则需要测定细胞器中药物的浓度。根据测定的结果，可以通过计算以下三个参数来进行定量分析：

（1）相对摄取率：$r_e=(AUC_i)_p/(AUC_i)_s$。式中，AUC_i 为由浓度-时间曲线求得的第 i 个组织/细胞/细胞器的药时曲线下面积；下标 p 和 s 分别表示靶向制剂和对照的普通溶液制剂。r_e 大于 1，表示药物制剂在该器官或组织有靶向性，r_e 越大，靶向效果越好；r_e 等于或小于 1 表示无靶向性。

（2）靶向效率：$t_e=(AUC)_{靶}/(AUC)_{非靶}$。式中，t_e 表示药物制剂对靶器官的选择性。t_e 值大于 1，表示药物制剂对靶器官比某非靶器官有选择性；t_e 值越大，选择性越强；药物制剂的 t_e 值与药物溶液的 t_e 值相比，表示药物制剂靶向性增强的倍数。

(3) 峰浓度比：$C_e=(C_{max})_p/(C_{max})_s$。式中，$C_{max}$ 为峰浓度，每个组织或器官中的 C_e 值表明药物制剂改变药物分布的效果，C_e 值越大，表明改变药物分布的效果越明显。

13. 答：根据计算，靶向效率 $t_e=(AUC)_{靶}/(AUC)_{非靶}=5.67/1.53=3.7>1$，这说明该制剂在肿瘤组织有靶向性，靶向制剂能够被成功制备。

14. 答：聚合物胶束最大的特点就是可以显著提高难溶性药物的溶解度，同时还具有内核载药量高、载药范围广、粒径小、结构稳定、组织渗透性强、体内滞留时间长、能使药物有效到达作用靶点、良好的生物相容性、在体内被降解为惰性无毒的单体并能排出体外等优点。

15. 答：这大概经历了三个阶段：阶段一是直接把抗体连接到脂质体的脂膜上，但当进入体内后会很快被免疫细胞作为异物吞噬掉，不能够到达病灶；阶段二是在脂质体表面连接上一些亲水性大分子如PEG，降低抗原性，延长药物在体内的循环时间，但是由于这些大分子对脂质体表面抗体会起到屏蔽作用，也就降低了给药的靶向性；阶段三是在前一阶段的基础上，将抗体连接到PEG大分子的末端，不仅降低了脂质体被清除的可能，而且不会影响抗体的寻靶作用。

第二十章 新型药物载体

一、本章学习要求

1. 掌握 无机药物载体、聚合物类载体、核酸类载体、蛋白质类载体、细胞类载体、病毒类载体的种类及特点；智能制剂的概念、分类及特点。

2. 熟悉 羟基磷灰石和介孔二氧化硅材料的制备方法；聚合物类载体、核酸类载体、蛋白质类载体、细胞类载体、病毒类载体的靶向特性。

3. 了解 各种新型药物载体的应用。

二、学习导图

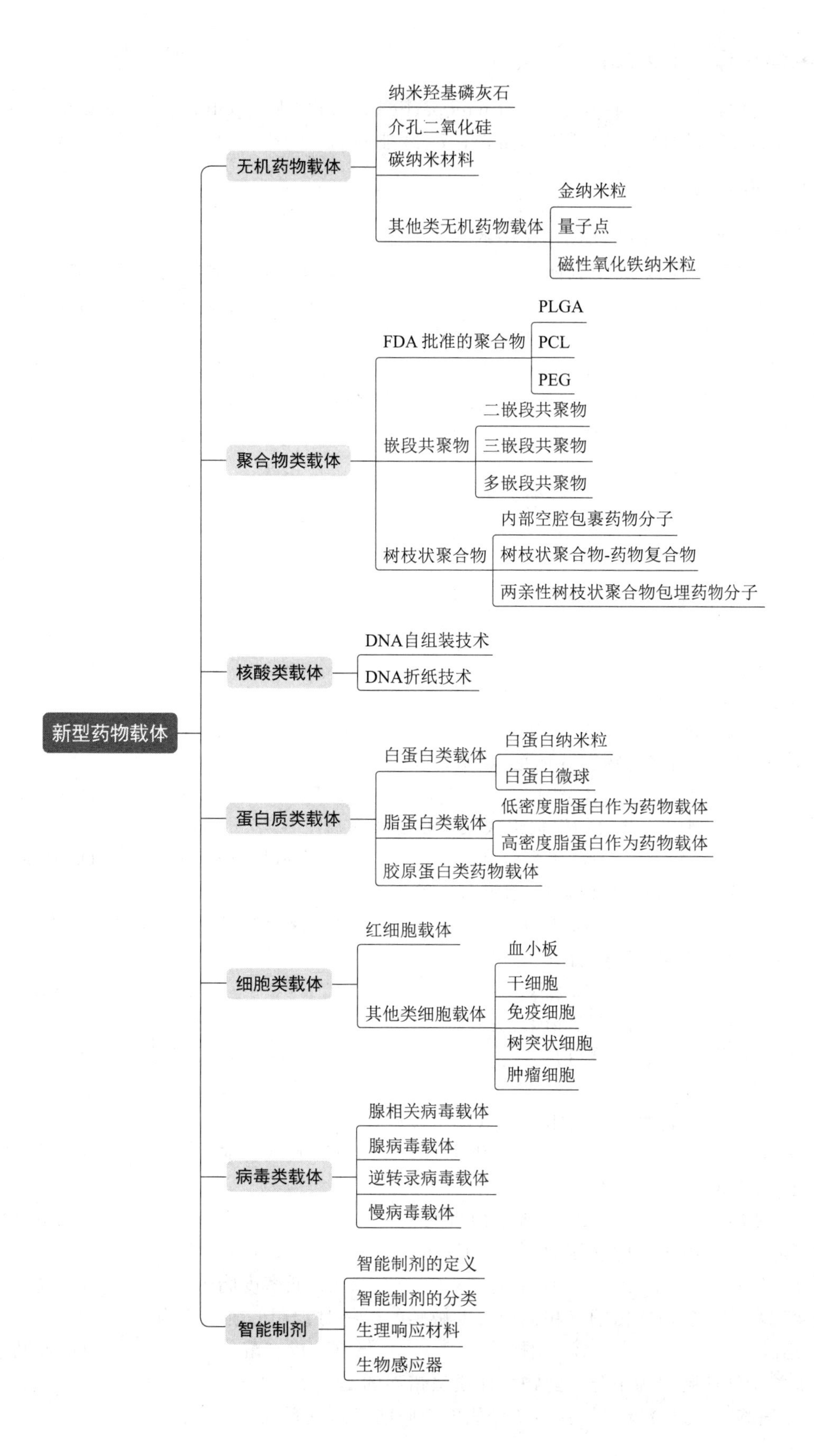

新型药物载体
无机药物载体
纳米羟基磷灰石
介孔二氧化硅
碳纳米材料
其他类无机药物载体
金纳米粒
量子点
磁性氧化铁纳米粒
聚合物类载体
FDA 批准的聚合物
PLGA
PCL
PEG
嵌段共聚物
二嵌段共聚物
三嵌段共聚物
多嵌段共聚物
树枝状聚合物
内部空腔包裹药物分子
树枝状聚合物-药物复合物
两亲性树枝状聚合物包埋药物分子
核酸类载体
DNA自组装技术
DNA折纸技术
蛋白质类载体
白蛋白类载体
白蛋白纳米粒
白蛋白微球
脂蛋白类载体
低密度脂蛋白作为药物载体
高密度脂蛋白作为药物载体
胶原蛋白类药物载体
细胞类载体
红细胞载体
其他类细胞载体
血小板
干细胞
免疫细胞
树突状细胞
肿瘤细胞
病毒类载体
腺相关病毒载体
腺病毒载体
逆转录病毒载体
慢病毒载体
智能制剂
智能制剂的定义
智能制剂的分类
生理响应材料
生物感应器

三、习题

（一）名词解释（中英文）

1. 无机多孔材料；2. mesoporous silica nanoparticle；3. block copolymer；4. critical aggregation concentration；5. DNA 纳米材料；6. 重组脂蛋白；7. 智能制剂

（二）单项选择题

1. 以下不属于纳米 HAP 在药物递送中的应用的是（　　）。
   A. 作为骨相关疾病药物的载体　　B. 作为蛋白质类药物的载体
   C. 作为基因类药物的载体　　D. 作为溶解度高的化学药物的载体
2. 以下不属于介孔二氧化硅作为药物载体的特点的是（　　）。
   A. 稳定性低　　B. 高载药量　　C. 良好的生物相容性　　D. 多功能化
3. 通常用于测试介孔二氧化硅载体的比表面积和孔径的是（　　）。
   A. 扫描电镜　　B. 透射电镜　　C. 低温氮吸附仪　　D. 小角 X 射线
4. 以下不属于碳纳米材料的是（　　）。
   A. 富勒烯　　B. 碳纳米管　　C. 石墨烯　　D. 量子点
5. 药物分子可以通过非共价作用结合到石墨烯表面，但不包括（　　）。
   A. π-π 堆积　　B. 酯键　　C. 氢键　　D. 疏水作用
6. 具有超顺磁性效应，可防止磁性纳米粒聚集并保护其表面免受氧化的磁性氧化铁纳米粒的粒径为（　　）。
   A. 10～20 nm　　B. 50～100 nm　　C. 100 ～200 nm　　D. 500～1000 nm
7. 以下不属于聚合物载体的是（　　）。
   A. 磁性氧化铁纳米粒　　B. 聚酯类　　C. 聚氨基酸类　　D. 多糖类
8. 亮丙瑞林微球采用聚合物类载体是（　　）。
   A. PLGA　　B. PCL　　C. PEG　　D. PAMAM
9. mPEG-PLGA 型嵌段共聚物根据组成聚合物种类数属于（　　）。
   A. 二嵌段共聚物　　B. 三嵌段共聚物　　C. 多嵌段共聚物　　D. 非线型共聚物
10. 不属于 ABC 型三嵌段共聚物核-冠型分子簇形态的是（　　）。
    A. 混合冠型　　B. 聚集冠型　　C. 混合核型　　D. 收缩型
11. 常用作聚合物的疏水嵌段有（　　）。
    A. PEG　　B. PEO　　C. PVP　　D. PLA
12. 具有热致凝胶化能力的聚合物不包括（　　）。
    A. PEG-聚丙二醇嵌段共聚物　　B. PEG-聚酯类嵌段共聚物
    C. PEG-PLGA　　D. PEG-聚多肽
13. 不属于树枝状聚合物制备技术的是（　　）。
    A. 发散合成法　　B. 聚合转化法　　C. 收敛合成法　　D. 发散收敛法
14. 典型的 DNA 折纸不包括（　　）。
    A. DX 结构　　B. 二维平面折纸　　C. 三维曲率折纸　　D. 不对称折纸
15. 紫杉醇白蛋白纳米粒的载体为（　　）。
    A. 白蛋白　　B. 胶原蛋白　　C. 低密度脂蛋白　　D. 高密度脂蛋白
16. 去溶剂化法制备白蛋白纳米粒包埋温度敏感的药物时常用的脱水剂为（　　）。
    A. 乙醇　　B. 丙酮　　C. 戊二醛　　D. 乙腈
17. 以下关于红细胞作为小分子药物载体说法错误的是（　　）。
    A. 红细胞可通过降低红细胞的变形能力靶向网状内皮系统

B. 利用红细胞载皮质类固醇和抗生素来实现低剂量给药以减少药物的毒副作用

C. 红细胞已被用于新的抗阿片样物质前药的封装，以延长作用时间

D. 阳离子复合物如铜（Ⅱ）复合物封装于人红细胞，其抗氧化作用受到影响

18. 氧化反应性材料不包括（　　）。

A. 甲基丙烯酸　　B. 硫缩酮　　C. 硼酸酯基　　D. 苯基硼酸

19. 已被用作结肠特异性药物的口服递药材料的生物相容性多糖不包括（　　）。

A. 壳聚糖　　B. 果胶　　C. 右旋糖酐　　D. 葡萄糖

20. 关于红细胞载体特性下列说法不正确的是（　　）。

A. 延长药物在血液中循环时间，提高药物生物利用度

B. 具有明显的固有生物响应性和生物降解性

C. 红细胞包载的纳米颗粒稳定性不好，在体外易聚集

D. 红细胞能够代谢或捕获在血液中循环的药物，并调节凝血和血栓栓化

（三）多项选择题

1. 以下属于纳米 HAP 作为药物载体的特点的是（　　）。

A. 生物相容性好　　B. 载药量高且简便　　C. 易功能化

D. 表面带有正电荷　　E. 稳定性高

2. 下列属于纳米 HAP 湿法合成的是（　　）。

A. 化学沉淀法　　B. 溶胶-凝胶法　　C. 水热法

D. 水解法　　E. 机械-化学法

3. 可根据需求制备各种类型的介孔二氧化硅纳米粒用于负载（　　）。

A. DNA　　B. RNA　　C. 蛋白质　　D. 光学成像用染料　　E. 药物

4. 介孔二氧化硅的合成原料主要为（　　）。

A. 硅源　　B. 模板剂　　C. 溶剂　　D. 染料　　E. 药物

5. 介孔二氧化硅作为药物载体的应用有（　　）。

A. 作为难溶性药物载体　　B. 控制药物释放速率　　C. 作为生物大分子药物的载体

D. 靶向作用　　E. 智能响应性释放药物

6. 纳米碳材料作为药物载体的应用有（　　）。

A. 改善难溶性药物溶解度　　B. 靶向治疗

C. 实现药物的控释与缓释，延长药物作用时间　　D. 用于基因递送

E. 为蛋白质类药物提供新的给药途径，提高生物利用度

7. 量子点具有独特的光学性质，已被用于（　　）。

A. 生物医学成像　　B. 肿瘤靶向成像　　C. 转移细胞追踪

D. 淋巴结测绘　　E. 肿瘤的诊疗一体化

8. 以下关于聚合物类载体描述正确是（　　）。

A. PLGA 是由不同比例乳酸和羟基乙酸两种单体聚合而成，体内降解产物同时也是人体代谢途径的副产物，因此作为药物载体材料应用时不会有毒副作用

B. PCL 是一种半结晶性聚合物，利用有机金属化合物进行开环反应得来，结晶性较强，降解缓慢

C. PEG 由环氧乙烷开环聚合而成，可作为体内注射的药用聚合物，以氧乙烯基为重复单元，端基为两个羟基，呈线性或支化链状结构

D. 树枝状聚合物是通过分支单体逐步反应得到的高度支化的、具有树枝状结构的大分子

E. 嵌段共聚物能将多种聚合物自身所具备的优良性质结合在一起，从而得到性能优越的功能型聚合物材料

9. 根据所组成的形状，非线型嵌段共聚物可分为（　　）。

A. 星型　　B. 梳型　　C. 树枝型　　D. 环型　　E. 交联网状

10. 嵌段共聚物合成方法包括（　　）。

A. 活性聚合法　　B. 正离子聚合转化法　　C. 缩聚反应

D. 力化学方法　　E. 特殊引发剂法

11. DNA 模块自组装技术包括（　　）。

A. Holliday 交叉结　　B. DX 结构和多交叉模块　　C. 十字模块

D. 多角形模块　　E. DNA 折纸技术

12. 多肽和蛋白质与 DNA 纳米结构偶联方式包括（　　）。

A. 酯键　　B. 酰胺反应　　C. "点击"化学

D. 生物素-亲和素连接　　E. DNA 和蛋白质直接作用

13. 白蛋白纳米粒制备技术包括（　　）。

A. 去溶剂化法　　B. 乳化固化法　　C. pH 凝聚法

D. 快速膨胀超临界溶液法　　E. 机械研磨法

14. 脂蛋白药物复合物的重组工艺一般采用（　　）。

A. 薄膜分散法　　B. 胆酸盐透析法　　C. 干片法　　D. 去脂重组法　　E. 研磨法

15. 细胞类载体包括（　　）。

A. 红细胞　　B. 血小板　　C. 血红蛋白　　D. 干细胞　　E. 肿瘤细胞

16. 红细胞作为药物载体可包载（　　）。

A. 纳米粒　　B. 微球　　C. 造影剂

D. 抗肿瘤小分子药物　　E. 核苷酸类似物

17. 智能制剂的分类包括（　　）。

A. ATP 响应型　　B. 氧化还原响应型　　C. 酶响应型

D. 葡萄糖响应型　　E. 离子响应型

18. 酶响应型自组装聚合物遇到（　　）时会降解并释放包裹药物。

A. 基质金属蛋白酶　　B. 磷脂酶 A2　　C. 组织蛋白酶 B

D. 醌-氧化还原酶 1　　E. 叶酸

19. 具有生理响应功能的智能聚合物给药系统的主要优点包括（　　）。

A. 减少给药频率　　B. 单剂量即可维持所需的治疗浓度

C. 延长合并药物的释放　　D. 易于制备

E. 减少副作用以及改善稳定性

20. DNA 纳米机器人在癌症治疗中的应用包括（　　）。

A. 通过特异性 DNA 适配体功能化，精确靶向定位肿瘤血管内皮细胞

B. 作为响应性的分子开关，在肿瘤位点释放凝血酶

C. 将治疗性凝血酶智能输送到肿瘤相关血管，具有肿瘤靶向传递

D. 识别肿瘤微环境信号、触发纳米结构变化和有效载荷暴露的特殊功能

E. 将诊断试剂装载、运输到病理位置

21. HAP 作为药物载体的优点之一是其表面吸附蛋白的能力很强，HAP 纳米粒负载蛋白质类药物释放过程受何种因素的影响（　　）。

A. 吸附时间　　B. 吸附作用力　　C. HAP 纳米粒和蛋白质比例

D. 释放环境 pH　　E. 蛋白质种类

22. 介孔二氧化硅的合成中，模板的去除方式有（　　）。

A. 煅烧法　　B. 溶剂萃取法　　C. 微波加热法

D. 助结构导向法　　E. 超临界萃取法

（四）配对选择题

【1～5】

A. 干法合成法　　B. 化学沉淀法　　C. 水热法　　D. 溶胶-凝胶法　　E. 水解法

关于上述合成纳米 HAP 的优势：

1. 具有经济便利优势的是（　　）。

2. 通过调节反应介质的 pH 和离子强度，容易控制颗粒的大小，适合制备尺寸和形貌范围广泛的纳米结构，具有这种优势的是（　　）。

3. 反应物的分子级混合改善了低温下合成的纯纳米结构和杂化纳米结构的化学均匀性，具有这种优势的是（　　）。

4. 提高了前体的溶解度，具有可控的增长动力学，具有这种优势的是（　　）。

5. 粒度控制好，粒度变化小，结晶度好，具有这种优势的是（　　）。

【6～10】

A. 溶胶-凝胶法　B. 水热合成法　C. 模板法　D. 蒸发诱导自组装法　E. 助结构导向法

关于以下介孔二氧化硅的合成方法：

6. 通过助结构导向剂的官能团与表面活性剂相互作用，使有机官能团有序、均匀地排列在孔道内表面，这种合成方法属于（　　）。

7. 将表面活性剂溶解在水或乙醇中制备成所需浓度的前体制剂，通过气溶胶发生器将其转化为单分散的液滴，然后干燥，在干燥过程中乙醇或水蒸发诱导胶束形成，形成的胶束与硅源进行界面反应共同组装成液晶中间相，这种合成方法属于（　　）。

8. 用二氧化硅球等材料形成核心模板，然后在表面涂覆所需物质，以获得基底周围的壳。随后，通过煅烧或使用适当的溶剂处理来消除模板，留下空心壳，这种合成方法属于（　　）。

9. 以表面活性剂作为模板剂，与酸或碱配成溶液，再缓慢加入无机硅源，搅拌均匀，放入高压反应釜水热处理，经过不断的水解、缩合得到二氧化硅溶胶粒子后，置于室温或较高温度（150 ℃水热）下老化一段时间，经过滤、洗涤、干燥等处理后用煅烧法除去模板剂，这种合成方法属于（　　）。

10. 硅源在溶液中进行水解、缩合反应后形成透明稳定的溶胶体系，再经过老化、干燥（100～180 ℃）形成，这种合成方法属于（　　）。

【11～15】

A. 胶原蛋白膜　B. 胶原蛋白罩　C. 胶原海绵　D. 胶原微粒和微柱　E. 胶原蛋白水凝胶

关于胶原蛋白在给药系统中的应用：

11. 与 PEG 6000 和 PVP 制成的聚合物进行避孕药物的控释，应采用（　　）作为载体。

12. 制成可注射植入的药物释放系用于释放，应采用（　　）作为载体。

13. 创伤敷料用于抗生素短期给药，应采用（　　）作为载体。

14. 载有四环素的胶原系统埋植于牙周，应采用（　　）作为载体。

15. 用于角膜药物释放如庆大霉素，应采用（　　）作为载体。

【16～20】

A. 低渗稀释法　B. 改良低渗稀释法　C. 低渗溶血法　D. 等渗渗透溶解法　E. 低渗透析法

关于红细胞载体的制备方法：

16. 最简单、最快速的方法是（　　）。

17. 通过梯度递减、缓慢降低溶液渗透压，这方法是（　　）。

18. 基于红细胞具有特殊的可逆形状变化能力，这方法是（　　）。

19. 通过物理和化学方法实现红细胞等渗溶血，这方法是（　　）。

20. 将具有半透膜性的红细胞裂解，这方法是（　　）。

【21～25】

A. 血小板　B. 干细胞　C. 肿瘤细胞　D. 树突状细胞　E. 白细胞

关于细胞载体的特殊功能：

21. 具有 P-选择素，能与 CD44 受体之间形成特异性相互作用的细胞载体是（　　）。

22. 具有炎症组织靶向聚集的细胞载体是（　　）。

23. 诱导抗原特异性免疫反应的细胞载体是（　　）。

24. 表达大量黏附因子，能够与同源肿瘤细胞相互作用的细胞载体是（　　）。

25. 具有固有的向肿瘤转化特性的细胞载体是（　　）。

【26～30】

A. 腺相关病毒　　B. 腺病毒　　C. 逆转录病毒　　D. 慢病毒　　E. 黄病毒

关于以下产品的药物载体：

26. Glybera 用于治疗家族性脂蛋白脂肪酶缺陷患者，选用（　　）作为药物载体。

27. Zolgensma 用于治疗脊髓性肌萎缩，选用（　　）作为药物载体。

28. Oncorine 用于治疗头颈部癌的溶瘤病毒，选用（　　）作为药物载体。

29. Strimvelis 用于治疗严重的联合免疫缺陷，选用（　　）作为药物载体。

30. Zynteglo 用于治疗 β-地中海贫血症患者，选用（　　）作为药物载体。

（五）填空题

1. 常用的无机药物载体包括__________、__________、__________、__________、__________和__________。

2. HAP 的每个晶胞平均含有____个钙离子、____个磷酸根离子和____个氢氧根离子。

3. 湿法制备 HAP，低温（$T<60$ ℃）合成的 HAP 纳米粒为____，当超过这个临界温度，纳米晶体变成____。

4. HAP 纳米粒可用____________和____________研究来表征其元素组成和结晶度。

5. 介孔二氧化硅具有高____________，对药物有极强的____________，可将大量药物负载于其纳米孔道内部，持续缓慢地释放药物。

6. 介孔二氧化硅的__________、____________、____________等是影响载药量和包封率及释放速率的关键因素。

7. 常利用__________、____________、____________等极性基团对富勒烯进行功能化修饰以改善富勒烯的水溶性，并使其具有良好的生物相容性。

8. 可改善石墨烯的水溶性低、生物相容性差性质的石墨烯衍生物主要有____________、____________和____________。

9. 大多数量子点由三部分组成：一个极小的____________（直径 2～10 nm），如以 CdSe 为内芯，被另一种半导体如____________包围，最后，用不同材料制成的盖子封装。

10. 目前已被美国 FDA 批注用于生物医学领域的聚合物载体包括____________、____________、____________、____________、____________等。

11. ABC 型三嵌段共聚物自组装形成的分子簇按形态可分为：①核-壳-冠收缩型，其中 A、B 均为________基团，C 为________基团；②核-壳-冠扩展型，其中 A 为疏水基团，B、C 为________基团；③核-冠型，其中 A、B 为________基团，C 为________基团。

12. 一般情况下，嵌段共聚物临界聚集浓度越________则自组装趋势越________，形成的自组装体的热力学稳定性越________。

13. 组成聚合物囊泡的两亲性嵌段聚合物，常用的疏水嵌段有__________和__________，常见的亲水嵌段有__________、__________和__________。

14. 树枝状聚合物作为药物运输载体可以三种方式结合药物：____________、____________和____________。

15. DNA 分子独特的理化性质使其可作为自组装基元用于构建分子机器类纳米结构递送____________、____________和____________等。

16. DNA 模块序列设计一般要求各个分支链序列之间的互补配对最________，避免链之间发生配对；同时，参加反应的各个链要严格按照________的量反应。

17. DNA 折纸利用________________作为支架，来引导和固定长的 DNA 单链进行反复折叠，即利用 DNA 的可编程性，在特定位置使________和________互补，从而得到预期的结构。

18. DNA 水凝胶是一类重要的 DNA 材料，是利用________________，以 DNA 为结构基元构筑的三维高分子网络。

19. 根据构建DNA水凝胶的构筑单元，将其合成方法分为________、________和________等。

20. 蛋白质类载体包括________、________和________等。

21. 白蛋白作为药物载体的载药方式主要有两种：一是________的白蛋白载药，二是________的白蛋白载药。

22. 白蛋白载体种类有________、________。

23. 脂蛋白是一类由________、________为疏水内核和________、________、________为外壳构成的球状微粒。

24. 红细胞用于包载纳米粒的方式包括红细胞膜通过________和超声技术制备具有________尺寸的________及直接将________包覆在纳米粒表面。

25. 迄今为止，临床前和临床研究中最有效的病毒载体是________、________、________和________等。

26. pH响应纳米颗粒的一种策略是利用聚合物________的变化，另一种pH响应策略是通过________将药物分子偶联到大分子链上。

27. 酯键常用于靶向________、胞内________和其他几种酯酶；酰胺类化合物已被用于构建对________敏感的材料；含有可裂解偶氮连接物的物质可以针对结肠中的________进行特异性位点药物释放。

28. 介孔二氧化硅具有良好的生物相容性，进入体内一段时间后，通过连续的________、________和________，硅骨架可以迅速溶解为硅酸，随血液和淋巴系统扩散，最终由尿液排出体外。

29. 金纳米粒是由________组成的，周围环绕着表面的________，可以很容易通过添加单层表面部分（用于主动靶向的配体）来功能化。

30. ________和________是白蛋白作为抗肿瘤药物及抗炎药物载体的必要条件。

（六）是非题

1. 羟基磷灰石是生理条件下（pH≥5.4）热力学最为稳定的钙磷酸盐，因此也是最常用的钙磷酸盐。（　）

2. 通过干法合成的粉末的特性不受工艺参数的影响，因此大多数干法不需要精确控制条件，使其适合于粉末的批量生产。（　）

3. 与干法合成相比，湿法合成温度低，导致除HAP以外的CaP相的生成以及所得粉末的结晶度升高。（　）

4. 根据孔径大小可以将多孔材料分为介孔（孔径<2 nm）、微孔（孔径2～50 nm）和大孔（孔径>50 nm）三种类型。（　）

5. 介孔二氧化硅具有良好的稳定性，可以通过共价或静电作用将糖蛋白、抗体、多肽等负载在介孔二氧化硅表面，将配体稳定递送到靶部位。（　）

6. 将二硫键交联的聚乙二醇连接到介孔二氧化硅上，在肿瘤内高谷胱甘肽的微环境下，二硫键被ROS还原为巯基断裂，释放药物，从而得到氧化还原敏感的介孔二氧化硅。（　）

7. 碳纳米管对正常组织和细胞不具有明显的毒性，生物相容性好，从而在药物载体领域的应用广泛。（　）

8. 经表面修饰的Au NPs在血液流动中的胶体稳定性较好。（　）

9. 量子点生物相容性良好，无须通过无机壳层对其表面进行功能化，可通过将量子点包裹在磷脂胶束中运用。（　）

10. 为了主动靶向肿瘤部位，可以在量子点表面嫁接各种配体，如肽、叶酸和单克隆抗体。除了可能的毒性外，使用量子点的其他缺点还有成本高、非特异性结合和聚集形成较大的尺寸等。（　）

11. 聚酯类聚合物是一类生物可降解材料，由于其结构主链是通过酯键连接，具有易降解的特点。（　）

12. PCL 亲水性较强，一般用于制备嵌段共聚物后应用于药物递送体系。(　　)

13. 亲水-疏水-亲水型和疏水-亲水-疏水型三嵌段共聚物在水中均可呈现自组装行为，形成一种疏水基团在外而亲水基团向内的核-壳型分子簇。(　　)

14. 多嵌段共聚物是一类重要的高分子材料，由于各组分间相容性良好，在纳米尺度上自组装成有序纳米结构，导致微相相分离，表现出非常独特的性能。(　　)

15. 水凝胶是疏水性聚合物材料形成的三维网状结构。(　　)

16. 通过对嵌段共聚物结构的改性修饰可实现对各类生理环境响应型释放药物。(　　)

17. 树枝状聚合物的分子结构中包括非极性核和极性外壳，内部结构呈疏水性而外表面结构呈亲水性。(　　)

18. 与传统胶束一致，树枝状聚合物具备临界胶束浓度。(　　)

19. DNA 模块自组装是将两条或两条以上的 DNA 双链在分子水平上连接成不同形状的模块，然后将模块自下而上通过“黏性末端”组装成 DNA 纳米结构。(　　)

20. 与普通的 DNA 双螺旋相比，DX 模块结构刚性大大增加，因此适用于构造具有空间结构简单的 DNA 纳米结构。(　　)

21. DNA 折纸技术只需要将长链和若干短链混合起来进行退火，就可以得到想要的组装结构，操作相对模块组装更加容易，对各组分的浓度比例要求更高。(　　)

22. 利用核酸的可控链交换反应、核酸二级结构对环境条件的响应性以及特定核酸序列与小分子、酶的特异性相互作用等特点，可实现药物转运载体在靶点受特殊条件的触发而释放药物分子。(　　)

23. DNA 四面体纳米结构是由多条 DNA 双链，经碱基互补配对形成的纳米笼结构。(　　)

24. DNA 折纸具有高度空间可寻址性和较高产率，为构建精确可调控的纳米结构提供了良好的平台。(　　)

25. 超长 DNA 水凝胶通常是利用酶法合成具有超长结构的 DNA，通过 DNA 链之间的勾连、缠结形成水凝胶网络。(　　)

26. 枝状 DNA 自组装型水凝胶是以枝状 DNA 作为“模块”构筑水凝胶骨架。(　　)

27. DNA/聚合物杂化水凝胶通常以聚合物作为凝胶网络骨架，DNA 与石纳米材料杂化形成性能优异的多功能水凝胶。(　　)

28. 白蛋白注射给药不太会引起免疫反应且稳定性良好，不容易变性。(　　)

29. Abraxane^{TM} 中紫杉醇与白蛋白通过疏水相互作用结合，以非晶态、无定形状态存在。(　　)

30. nab^{TM} 技术是以白蛋白作为基质和稳定剂，在常规表面活性剂或任何聚合物核心存在的情况下，将包含水不溶性药物的油相和含白蛋白的水相混合，通过高剪切力（如超声处理、高压均化等）制备 O/W 型乳剂的技术。(　　)

31. rHDL 作为药物载体对肝脏具有高度选择性，可以用于乙型肝炎、肝癌等肝脏相关疾病的靶向治疗。(　　)

32. 低密度脂蛋白只可用于转运胆固醇，无法用于抗肿瘤药物的递送。(　　)

33. 红细胞载体用于 L-天冬酰胺酶封装可以解决酶的半衰期短的问题。(　　)

34. 红细胞可用于胰岛素输送以改善药物代谢动力学参数并促进药物应用的递送系统。(　　)

35. 长春碱可通过介电张力法包埋于红细胞载体中。(　　)

36. 电融合包埋法可用于介导药物和基因转移至靶细胞，并用来制备细胞来源有限的杂交细胞。(　　)

37. 化学干扰法是从红细胞膜上分离的囊泡膜可将药物与细胞质分离，从而保护药物免受红细胞内环境的影响。(　　)

38. 内吞包埋法基本原理是含有药物的脂质囊泡可以直接与人红细胞融合，从而使得脂质囊泡中的药物分子直接包载入红细胞中。(　　)

39. 如今，腺相关病毒载体已经应用于离体基因治疗的临床试验，逆转录病毒和慢病毒载体是在体基因治疗的临床试验中选择的载体。(　　)

40. 腺相关病毒（adeno-associated virus，AAV）是一种单链 DNA 细小病毒。(　　)

41. 逆转录病毒（retroviral，RV）是包膜单链 DNA 病毒。（　　）

42. 酸不稳定连接键被用于合成 pH 敏感性聚合物，由 pH 改变引发快速降解，从而释放出被包裹的药物。（　　）

43. 二硫键由于在细胞外的强氧化环境中的高稳定性与在细胞内高还原环境中的不稳定性，被广泛设计应用于氧化还原响应型药物递送载体。（　　）

44. 由丙烯酸、甲基丙烯酸、马来酸酐和 N,N-二甲基氨基甲基丙烯酸乙酯聚合而成的聚合物是典型的 pH 响应材料。（　　）

45. 由聚硼烷嵌段共聚物构成的聚合物囊泡在高血糖水平时能够按需释放胰岛素。（　　）

46. 聚离子络合物胶束通过改变盐浓度以及由此产生的离子强度来改变聚离子复合物胶束的可逆形成和解离而控制药物的释放。（　　）

47. 硝基芳香衍生物在 ROS 条件下可转化为亲水的 2-氨基咪唑，具有较高的敏感性，可用于乏氧响应性载体制备。（　　）

48. ATP 控制的药物递送系统通常使用 ATP 靶向的适配体作为"生物门"，以实现按需释放药物。（　　）

49. 机械信号响应材料利用血管的收缩或阻塞导致健康血管与收缩血管之间的流体剪切力发生显著变化从而释放药物。（　　）

50. 纳米陷阱能够在病毒进入细胞致病前与病毒结合，使病毒丧失致病的能力，同样的方法期望用于捕获类似艾滋病病毒等更复杂的病毒。（　　）

51. 微/纳米马达（micro/nanomotors，MNMs）是能够在微/纳米尺度上执行指定任务的小型化机器。（　　）

52. 引导式 MNMs 可以按需控制地向目标生物组织或细胞移动，以实现精确的货物递送、运输和隔离。（　　）

53. 用固态合成法制备 HAP 纳米粒，由于离子在固相中的扩散系数较小，该方法制备的纳米粒通常较为均匀。（　　）

54. 水热法是制备 HAP 纳米粒的最常用方法之一，由于高温提高了相浓度，因此该法生成的产物结晶度高，组成均匀，化学计量比好。（　　）

55. 微波合成法合成介孔二氧化硅的合成机理与水热合成法相似，主要区别在于加热方式不同。（　　）

（七）问答题

1. 纳米羟基磷灰石载体的特点是什么？
2. 纳米介孔材料的特点是什么？
3. 简述纳米碳材料的概念及种类。
4. 聚合物类载体材料包括哪些？
5. 核酸类载体材料包括哪些？
6. 蛋白质类载体材料包括哪些？
7. 细胞类载体包括哪些？
8. 病毒类载体包括哪些？
9. 无机纳米材料在生物大分子药物递送上有什么优势？
10. 简述纳米羟基磷灰石和介孔二氧化硅材料的制备方法。
11. 简述智能制剂的分类。
12. 目前，限制 PLGA 微球控释系统发展的问题有哪些？如何克服？
13. 简述 PEG 化修饰的优点。
14. 树枝状聚合物与普通直链聚合物相比具有哪些特点？
15. DNA 纳米结构作为药物转运载体在临床应用方面进展缓慢主要原因是什么？
16. 高密度脂蛋白作为药物载体包括哪几类及其优势是什么？
17. 简述多级硅纳米载体系统的设计思路。

18. 简述 HAP 纳米粒的制备过程中所面临的问题。

19. 简述嵌段共聚物胶束作为药物载体的优势。

20. 低密度脂蛋白作为药物靶向载体有什么优点?

四、参考答案

(一) 名词解释 (中英文)

1. 无机多孔材料:具有许多细小孔道、质轻以及具有巨大的比表面积的天然或人工无机非金属材料。

2. mesoporous silica nanoparticle:介孔二氧化硅纳米粒,一类由硅前驱体与模板剂(通常为表面活性剂或两亲性嵌段共聚物)相互作用形成,具有高比表面积和高孔隙率的介孔纳米材料。

3. block copolymer:嵌段共聚物,是由两种或多种化学性质不同的大分子链段通过化学键结合的聚合物。

4. critical aggregation concentration:临界聚集浓度,为两亲性共聚物在水中聚集形成自组装体的最低浓度。

5. DNA 纳米材料:DNA 纳米技术中,DNA 不再只是作为遗传信息的载体,而是通过预先进行特定的设计,遵循碱基互补配对原则,作为自组装基元来构筑静态和动态的超分子自组装纳米材料。

6. 重组脂蛋白:是由内源性分离或体外合成的载脂蛋白与磷脂酰胆碱在体外重组形成的,保留了天然脂蛋白在胆固醇逆转运、抗炎、抗氧化及抗动脉粥样硬化等方面的功能。

7. 智能制剂:能够感知、响应和处理疾病信号,并通过响应和反馈机制控制药物的递送和释放,从而实现精确的体内药物运输以及定时、定位、定量药物释放,能够显著提高治疗效果,减少副作用,并尽可能提高患者的依从性的制剂。

(二) 单项选择题

1. D　2. A　3. C　4. D　5. B　6. A　7. A　8. A　9. A　10. D　11. D　12. C　13. B　14. A　15. A　16. B　17. D　18. A　19. D　20. C

(三) 多项选择题

1. ABCE　2. ABCD　3. ABCDE　4. ABC　5. ABCDE　6. BCDE　7. ABCDE　8. ABCDE　9. ABCDE　10. ABCDE　11. ABCD　12. ABCDE　13. ABCDE　14. ABCD　15. ABDE　16. ACDE　17. ABCDE　18. ABCD　19. ABCDE　20. ABCDE　21. ABCD　22. ABCE

(四) 配对选择题

1. A　2. B　3. D　4. C　5. E　6. E　7. D　8. C　9. B　10. A　11. E　12. D　13. C　14. A　15. B　16. A　17. B　18. C　19. D　20. E　21. A　22. E　23. D　24. C　25. B　26. A　27. A　28. B　29. C　30. D

(五) 填空题

1. 羟基磷灰石纳米粒,介孔二氧化硅,碳纳米材料,金纳米粒,磁性氧化铁纳米粒,量子点

2. 10,6,2

3. 单晶,多晶

4. 能量色散 X 射线分析,X 射线粉末衍射

5. 比表面积和孔隙率,吸附力

6. 比表面积,孔径,介孔材料表面性质

7. 氨基,羧基,羟基

8. 氧化石墨烯,还原氧化石墨烯,石墨烯量子点

9. 半导体材料核心,硫化锌

10. 丙交酯-乙交酯共聚物（PLGA），聚 ε-己内酯（PCL），聚乙二醇（PEG），聚乳酸（PLA），聚乙醇酸（PLG）

11. 疏水，亲水，亲水，疏水，亲水

12. 小，强，好

13. 聚酯类，聚氨基酸类，PEG、PVP、聚丙烯酸（PAA）、聚（N-异丙基丙烯酰胺）（PNIPAM）（任意三个）

14. 内部空腔包裹药物分子，树枝状聚合物-药物复合物，两亲性树枝状聚合物包埋药物分子

15. 小分子药物，核酸类药物，蛋白质类药物

16. 少，1∶1

17. 单链 DNA 短链，长链，短链

18. DNA 碱基互补配对

19. 超长 DNA 水凝胶，枝状 DNA 自组装制备水凝胶，DNA/聚合物杂化水凝胶

20. 白蛋白类药物载体，脂蛋白类药物载体，胶原蛋白类药物载体

21. 化学偶联，物理结合

22. 白蛋白纳米粒，白蛋白微球

23. 胆固醇酯，甘油三酯，载脂蛋白，胆固醇，磷脂

24. 膜挤压法，纳米，囊泡，红细胞膜

25. 腺相关病毒载体，腺病毒载体，逆转录病毒载体，慢病毒载体

26. 质子化状态，pH 不稳定连接键

27. 磷酸酶，酸水解酶，水解蛋白酶，细菌酶

28. 水化，水解，离子交换

29. 金原子核心，负活性基团

30. 高血管通透性，截留率

（六）是非题

1. √ 2. √ 3. × 4. × 5. √ 6. × 7. × 8. √ 9. × 10. √ 11. √ 12. × 13. × 14. × 15. × 16. √ 17. √ 18. × 19. √ 20. × 21. × 22. √ 23. × 24. √ 25. √ 26. √ 27. √ 28. × 29. √ 30. √ 31. √ 32. × 33. √ 34. √ 35. √ 36. √ 37. × 38. × 39. × 40. √ 41. × 42. √ 43. √ 44. √ 45. √ 46. √ 47. × 48. √ 49. √ 50. √ 51. √ 52. √ 53. × 54. √ 55. √

（七）问答题

1. 答：①纳米 HAP 的生物相容性好；②载药量高且简便；③纳米 HAP 易功能化；④稳定性高。

2. 答：①高稳定性；②高载药量；③良好的生物相容性；④多功能化。

3. 答：碳纳米材料是由碳元素构成的且结构中至少一个维度尺寸在 1～100 nm 的纳米材料，主要包括零维（0D）的富勒烯（fullerene）、一维（1D）的碳纳米管（carbon nanotube，CNT）和二维（2D）的石墨烯（graphene）及其衍生物等。

4. 答：通常聚合物载体可分为聚酯类、聚氨基酸类和多糖类。已被美国 FDA 批准用于生物医学领域的包括丙交酯-乙交酯共聚物［poly（lactic-c_o-glycolic acid），PLGA］、聚 ε-己内酯（polycaprolactone，PCL）、聚乙二醇（PEG）、聚乳酸（polylactic acid，PLA）、聚乙醇酸（polyglycolic acid，PLG）等。其余还包括嵌段共聚物、树枝状聚合物。

5. 答：核酸类载体材料包括 DNA 纳米载体、DNA 纳米机器、DNA 水凝胶。

6. 答：蛋白质类载体材料包括白蛋白类药物载体、脂蛋白类药物载体、胶原蛋白类药物载体。

7. 答：细胞类载体包括红细胞、血小板、干细胞、免疫细胞、树突状细胞和肿瘤细胞。

8. 答：病毒类载体包括腺相关病毒载体、腺病毒载体、逆转录病毒载体和慢病毒载体（慢病毒是逆转录病毒的一个亚型）。此外，α-病毒、黄病毒、单纯疱疹病毒、麻疹病毒、弹状病毒、痘病毒、小核糖

核酸病毒、新城疫病毒和杆状病毒，已被开发为特定疾病或细胞靶向的基因传递载体。

9. 答：具有独特的结构、功能特性、可控的药物释放行为以及优异的生物相容性。

10. 答：纳米羟基磷灰石的制备方法包括：①干法合成，如固态合成法及机械化学法；②湿法合成，如化学沉淀法、溶胶-凝胶法、水热法、水解法；③从生物来源合成。

介孔二氧化硅材料制备方法包括：溶胶-凝胶法、水热合成法、模板法、蒸发诱导自组装法、助结构导向法、微波合成法、微乳液法。

11. 答：pH 响应型、氧化还原响应型、酶响应型、葡萄糖响应型、离子响应型、ATP 响应型、双重或多重刺激响应型等递送体系以及多模态递送体系。

12. 答：问题：突释现象，疏水性更强，PLGA 溶蚀阶段产物导致微环境偏酸，易发生蛋白质水解和聚集。近年来，为克服 PLGA 的这些应用缺陷，改善药物稳定性和释药行为，对单一载体材料进行修饰，采取的措施主要包括：将 PLGA 与环糊精、壳聚糖等其他高分子材料的共混修饰，将 PLGA 通过末端基团与其他高分子材料结合的共聚修饰，通过壳核结构的设计解决突释问题，通过引入脂质体、凝胶等制备微球分散体。

13. 答：延长药物的半衰期，起长效缓释作用；提高难溶性药物的溶解性；增强药物稳定性；降低药物的免疫原性和抗原性；减少酶降解作用；增强药物的靶向作用；降低药物的毒性；提高患者依从性；降低用药成本等。

14. 答：结构规整、高度对称，分子体积、形状、功能基团种类及数目都可在合成过程中精确控制，分子量分布可达单分散性，表面功能基团密度很高，球状分子外紧内松，内部空腔可调节等。此外还具有独特的性质，如优良的溶解性、低黏度、纳米尺寸、易修饰性等。

15. 答：所使用的药物分子主要通过非共价键的 DNA-药物分子的相互作用进行连接，导致稳定性不佳，同时无法准确定量，高纯度大规模合成 DNA 纳米结构仍存在一些技术难题，制约了其在临床中的进一步应用。

16. 答：(1) 分类：天然高密度脂蛋白（HDL）或重组 HDL（reconstituted HDL，rHDL）。(2) 优势：①高密度脂蛋白的粒径极小，直径只有 5～12 nm，更容易穿过血管壁进入血管外组织，具有更大的表面积，有利于运载药物分子；②可以通过受体介导的机制运载药物进入特定的细胞或组织，从而选择性增加特定部位的药物浓度，增强药物的抗癌、抗病毒、抗真菌活性以及动脉粥样硬化斑块显影作用；③HDL 作为药物载体能够避免网状内皮系统的清除，克服药物水溶性和耐受性差、毒副作用强的缺陷，是一种潜在的高效靶向性药物载体。

17. 答：该系统由中空介孔硅颗粒（第一阶段）和夹带抗癌药物（第三阶段）的纳米颗粒（第二阶段）组成。第一阶段中空介孔硅颗粒可以保护和运输颗粒，直到它们识别并停靠在肿瘤血管系统。然后，第二阶段纳米颗粒随着多孔多阶段颗粒在生理条件下的降解而从中空介孔硅颗粒中释放出来。释放出的纳米粒能够通过血管的开孔渗出，进入肿瘤实质，从而将诊断和治疗药物集中在靶部位微环境中。

18. 答：HAP 纳米粒合成所需的材料多样、工艺复杂且昂贵、粒径分布宽、易聚集和团聚、在晶体结构中会出现各种杂质等问题。

19. 答：作为药物载体，嵌段共聚物胶束能提高疏水性药物的溶解性，亲水性链段具有保护作用，能够避免人体内生物酶等对药物的作用，延长药物在体内的循环时间，实现病变部位的药物缓释。

20. 答：①作为血浆天然成分，可以避免被体内网状内皮系统识别而迅速清除，具有相对较长的半衰期；②颗粒粒径在纳米级范围，易从血管内扩散至血管外；③可以通过 LDL 受体途径被细胞特异性识别与内吞；④大容量脂质核可作为脂溶性药物贮存的场所，可有效避免所载的药物与血浆中成分相互作用而被分解破坏。

附　录

附录 1　综合练习题及参考答案

一、综合练习题

（一）概念理解

1. 图 1 为测得的两种药物溶解度曲线，看图回答下列问题。

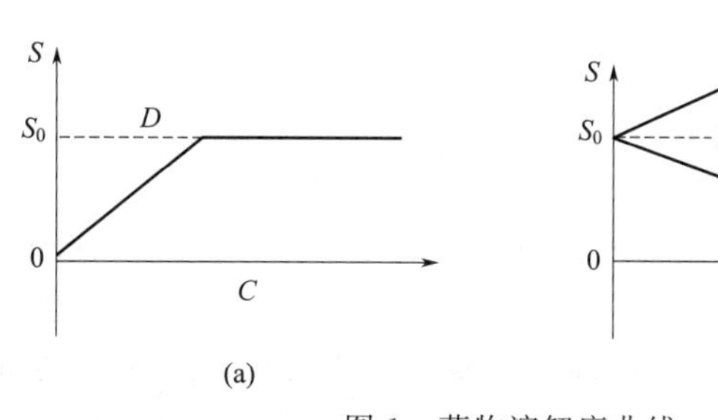

图 1　药物溶解度曲线

图 1(a) 中，C 是在固定溶剂量的情况下加入的溶质的量（mg/mL），温度为 37 ℃；图 1(b) 中，S 为溶解度，R 为药物/溶剂（mg/mL）分数，a、b、c 分别为三种不同纯度的药物所测得的溶解度曲线。

问题：

（1）图 1(a) 中 S_0 代表什么？常用的测定方法有哪些？

（2）图 1(b) 中 S_0 代表什么含义？

（3）图 1(b) 中 a、b、c 三种曲线说明了什么问题？

（4）图 1(a) 和 (b) 中 S_0 有何不同？

2. 图 2 为十二烷基硫酸钠的溶解曲线，看图回答下列问题。

（1）图 2 中 K 值代表什么？实际使用时有何意义？

（2）CMC 值代表什么？实际使用时有何意义？

（3）当十二烷基硫酸钠水溶液浓度为 12.7×10^{-2} mol/L，温度为 5 ℃时，对难溶性药物有无增溶作用？为什么？若浓度为 7.5×10^{-2} mol/L，温度为 13 ℃时，有无增溶作用？为什么？

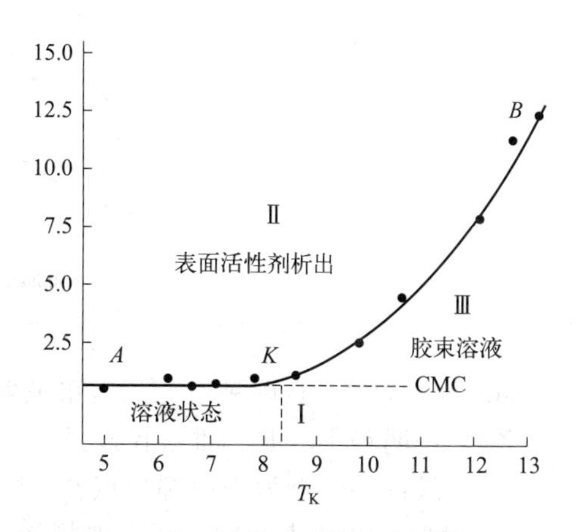

图 2　十二烷基硫酸钠的溶解曲线

3. 磷脂的结构如下：

根据图 3 磷脂的结构式，回答下列问题：

（1）为什么磷脂为两性离子表面活性剂？分别指出其结构中正电和负电基团。

（2）根据上述磷脂结构，推测影响其稳定性的敏感因素。

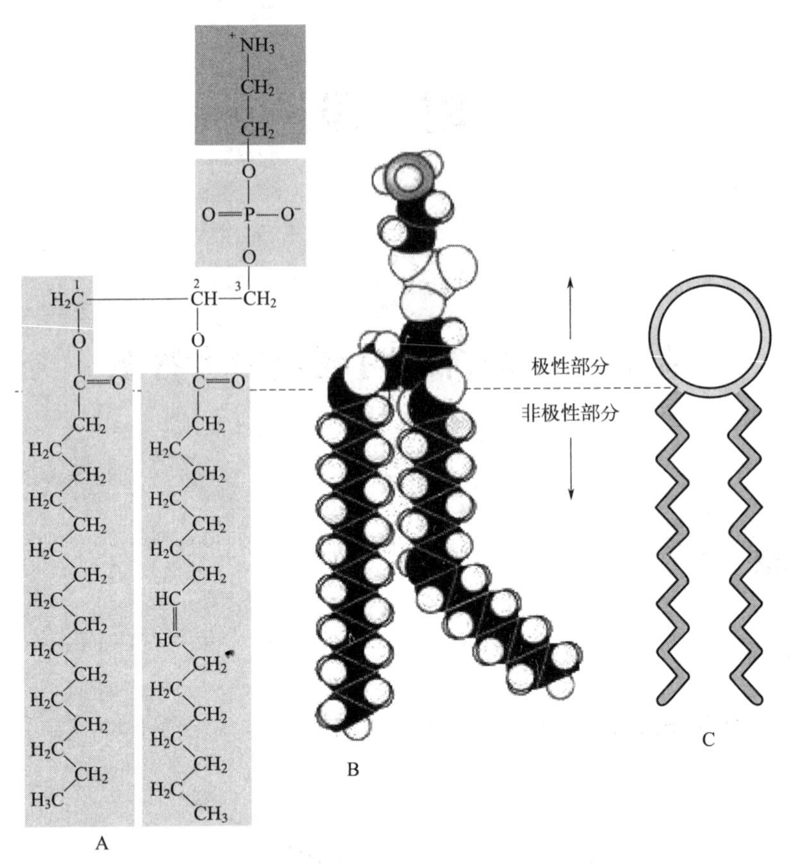

图 3　磷脂的结构

4. 两种水溶性药物的 CRH 值如下：枸橼酸 70%，蔗糖 82%。请给出枸橼酸与蔗糖以 40∶60 制备的混合物及 60∶40 制备的混合物的 CRH。

5. 图 4 为剪切速率 D 与剪切应力 S 流变曲线，判断各曲线所表示的流体类型，并用文字描述其流变学特征。

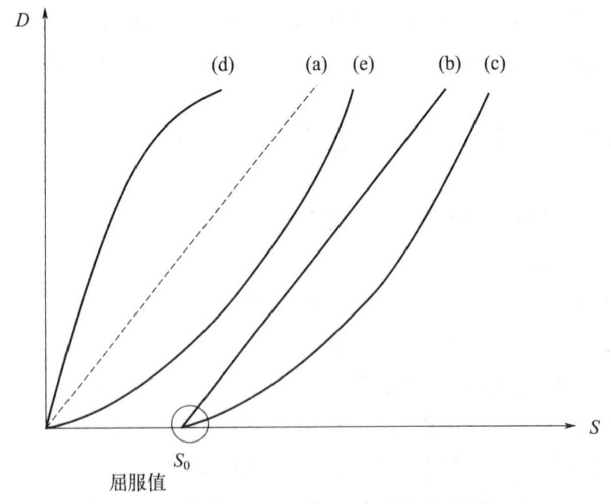

图 4　剪切速率与剪切应力流变曲线

6. 图 5 为 A、B 两种组分的简单低共熔混合物相图。

(1) 说明相Ⅰ、Ⅱ、Ⅲ、Ⅳ以及 A、B 物质的存在状态。

(2) 最低共熔点为图中哪个点？

7. 分配系数代表药物分配在油相和水相的比例，在药剂学中有重要的作用。

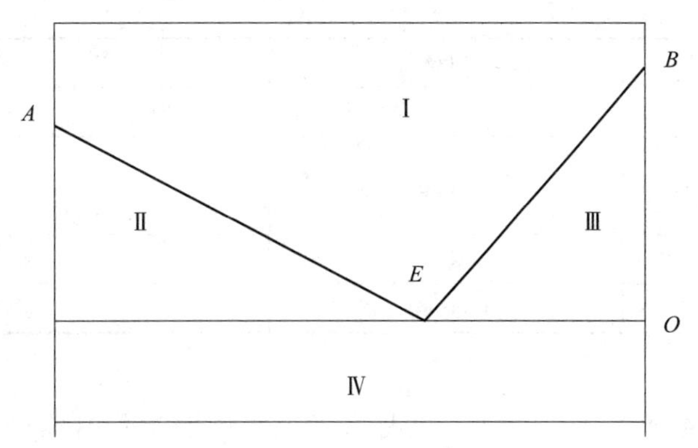

图 5　简单低共熔混合物相图

请问：(1) 其能够体现药物的什么特性？
(2) 测定分配系数时，常用的有机溶剂是什么？为什么选择该溶剂？
(3) 分配系数如何测定？
8. 粉体流动性的影响因素与改善其流动性的方法有哪些？
9. 固体分散体的速释原理是什么？
10. 冷冻干燥法的流程是什么？哪种类型药物适用于此种干燥方式？

(二) 处方及工艺分析

1. 兰索拉唑的结构及基本理化性质如下：

白色结晶粉末，易溶于二甲基甲酰胺，可溶于甲醇，难溶于无水乙醇，极难溶于乙醚，几乎不溶于水，遇酸分解。根据用药需要拟设计成肠溶胶囊，其处方和工艺如下：

【处方】(1000 粒胶囊用量)

组分	用量	处方分析
素丸处方(制成 1000 粒)		
兰索拉唑	30 g	
十二烷基硫酸钠	30 g	
甘露醇	1120 g	
磷酸氢二钠	10 g	
氢氧化钠	3 g	
交联聚维酮	6 g	
羟丙甲纤维素	2 g	
吐温 80	2 g	
水	40 mL	
隔离衣处方		
羟丙甲纤维素	30 g	
聚乙二醇	6 g	
水	1000 mL	

续表

组分	用量	处方分析
肠溶衣处方		
Eudragit L30D-55(丙烯酸树脂水分散体,含聚合物包衣材料30%)	500 g	
枸橼酸三乙酯	15 g	
水	1000 mL	

【工艺】

素丸工艺：①原辅料均粉碎过100目筛；②称取兰索拉唑与适量甘露醇以3∶4比例，球磨机研磨48 h后过100目筛，待用；③配制吐温80水溶液作黏合剂，按处方量称取球磨物与处方量固体辅料混合均匀后制软材，经0.8 mm筛网挤出，置于60 Hz频率滚圆机中滚圆，出锅，40 ℃烘干，筛选18～24目微丸，得兰索拉唑素丸。

包隔离衣：按隔离衣处方配制包衣液，置于流化床中包衣，包衣速度约6 mL/min，包衣温度30 ℃，包衣结束后，烘干2 h，得隔离衣丸。

包肠溶衣：按肠溶衣处方配制包衣液，置于流化床中包衣，包衣速度约3 mL/min，包衣温度25 ℃，包衣结束后，40 ℃老化24 h。

溶出度要求：本品在pH 1.2盐酸水溶液［盐酸9→1000，即取原装浓盐酸（约12 mol/L）9 mL，稀释至1000 mL］1000 mL中，按照溶出度测定法第一法（篮法）测定，2 h溶出度不大于标示量的10%；在pH 6.8磷酸盐缓冲液1000 mL中，1 h溶出度不少于标示量的75%。

依据兰索拉唑理化性质及上述处方工艺，回答下列问题：

(1) 在处方分析中写出各组分的作用。

(2) 用球磨机研磨兰索拉唑与甘露醇的目的是什么？怎样确定研磨的效果？

(3) 包隔离衣的目的是什么？从化学角度分析必须包隔离衣的原因。

(4) 包肠溶衣后需加热处理（40 ℃，24 h）以形成肠溶衣膜，写出Eudragit L30D-55水分散体成膜机制。

2. 木香内酯（micheliolide，MCL）是一种提取于木香等菊科植物的半萜烯内酯类小分子化合物，根据用药需要拟设计成胶囊，其处方和工艺如下：

【处方】（制成1000粒）

组分	用量	处方分析
木香挥发油(含木香内酯67%)	25 g	
β-环糊精	150 g	
水合硫酸钙($CaSO_4 \cdot 2H_2O$)	50 g	
丙烯酸树脂Ⅱ号	适量	
乙醇	适量	

【工艺】取木香挥发油加95%乙醇50 mL制成溶液；另取β-环糊精加水150 mL，高强度搅拌制成混悬液，加入木香挥发油乙醇溶液，继续搅拌一定时间，过滤，除去液体，滤饼干燥后，加入水合硫酸钙混合均匀；混合物中加入丙烯酸树脂Ⅱ号乙醇液作为黏合剂，用高速搅拌机制颗粒，湿颗粒干燥，装入2号胶囊，即得。

依据上述处方工艺，回答下面问题：

(1) 在处方分析中写出各组分的作用。

(2) 将β-环糊精更换为可溶性糊精是否可行？说明理由。

(3) 该制备工艺中木香挥发油与β-环糊精分散于水中，需要搅拌一定时间，如何判断搅拌已达到目的？

3. 尼莫地平为难溶于水的药物，今欲制成缓释片，故拟定下列处方进行制备。

【处方】（制成 1000 片）

组分	用量	处方分析
尼莫地平	30 g	
PEG 6000	150 g	
Poloxamer 188	10 g	
羟丙甲纤维素	60 g	
乳糖	20 g	
硬脂酸镁	1 g	

【工艺】①取 Poloxamer 188、PEG 6000 水浴加热至熔融，加入尼莫地平，加热形成均一透明的溶液，迅速置于冰水上冷却，同时剧烈搅拌，待完全固化后置干燥器干燥后取出，粉碎成细粉备用（80 目）。②取步骤①所制得的粉末与其余辅料混合过 80 目筛，干法直接压片即得。

依据上述处方工艺，回答下列问题：

(1) 在处方分析中写出各组分的作用。

(2) 步骤①的目的是什么？如何确认步骤①是否达到目的？

(3) 描述该片剂的释放曲线特征，并解释为什么会出现该特征。

4. 已知：红霉素难溶于水，易溶于乙醇，对胃有刺激性。根据用药需要拟制成肠溶微丸，其处方和工艺设计如下：

(Ⅰ) 含药丸芯的制备：采用转动控制法，加入空白丸芯，不断喷入黏合剂，开动转盘转动并鼓风，撒入红霉素微粉（10 μg)，不断进行上述过程。直至微丸药物含量约为 56%，取出干燥即得。

(Ⅱ) 包衣液的配制

【处方】

组分	用量	处方分析
丙烯酸树脂水分散体(Eudragit L30D-55)	160 g	
枸橼酸三乙酯(TEC)	16 g	
滑石粉	80 g	
水	744 g	

【配制】将 TEC 和 32 g 水混合并使溶解，加入 Eudragit L30D-55 搅拌约 10 h，再加入全量水搅拌均匀即得。

(Ⅲ) 肠溶微丸的制备：将（Ⅰ）所制含药丸芯置于微丸包衣设备中，通过包衣液输送系统喷入（Ⅱ）所配的包衣液，保持温度为 35 ℃。包衣结束后于烘箱中 40 ℃放置 24 h。

依据上述处方工艺，请回答下列问题：

(1)（Ⅰ）所采用转动控制法有何优点？

(2) 写出（Ⅱ）步中处方各组分的作用，并写出 2 种以上 TEC 的替代品。

(3) 包衣后为什么于 40 ℃放置 24 h？该步操作所依据的原理是什么？

5. 鬼臼毒素是从小檗科鬼臼属植物—华鬼臼（又称鸡苔素）的根和茎中提取到的木脂类抗肿瘤成分。它为白色针状结晶粉末，易溶于氯仿、丙酮、乙酸乙酯和苯，可溶于乙醇、乙醚，不溶于水。根据用药需要拟设计为脂质体，其制备及质量评价如下：

步骤 1：以电子天平精密称取鬼臼毒素 25 mg、棕榈酸胆碱（DPPC）100 mg、胆固醇 25 mg，加入 500 mL 圆底烧瓶中，以二氯甲烷溶解，置于旋转蒸发仪上，旋转蒸发仪连接循环水或真空泵。将烧瓶置于水浴中，水浴温度 45 ℃，转速 100 r/min，旋转蒸发至二氯甲烷挥发干净，瓶壁上形成薄层脂质膜，加入 pH 7.4 的 PBS 液 5mL，超声 20 min，将瓶壁上的脂膜洗脱，得到乳白色的鬼臼毒素 DPPC 脂质体混悬液，精密称取鬼臼毒素 25 mg、大豆磷脂 167 mg、胆固醇 42 mg，同法制得淡黄色的鬼臼毒素大豆磷脂脂质体混悬液。两种脂质体混悬液中鬼臼毒素的浓度相同，均为 0.5%。

步骤 2：以 100 mg 鬼臼毒素配制标准液，在荧光分光光度计上绘制出标准曲线，取 DPPC 脂质体及大豆磷脂脂质体混悬液各 0.5 mL，加入 0.5 mL 鱼精蛋白，再加入 4 mL PBS 液，3000 r/min，20 min 离心沉淀脂质体。取上清液用于测定药物含量。取少量 2 种含药脂质体，加入少量异丙酸破坏脂质体膜，加适量 PBS 液稀释至标准曲线范围，测定药物浓度。

请回答下列问题：

（1）步骤 1 采用哪种工艺制备脂质体？该工艺有何特点？

（2）从步骤 2 的实验过程中能否计算出两种脂质体的包封率？写出计算公式。

6. 水飞蓟素（silymarin）是由菊科植物水飞蓟 *Silybum Marianum* L. 果实中提取得到的水难溶性黄酮类化合物。根据用药需要拟制成片剂，其实验时处方和工艺设计如下：

【处方】（一次实验用量）

组分	用量	处方分析
水飞蓟素	0.2 g	
PVP-K_{10}	1 g	
MCC	3 g	
HPMC(K4M)	10 g	
无水乙醇	适量	
硬脂酸镁	适量	

【工艺】①按处方量称取水飞蓟素、PVP-K_{10} 溶于无水乙醇，于 80 ℃水浴中混合并持续搅拌使乙醇挥发，得到半固体状物。将所得产物置 60 ℃真空干燥箱中干燥 4 h，取出。②将上述混合物粉碎，过 100 目筛，与 HPMC、MCC 等量递增混合均匀，加入硬脂酸镁混匀，压片。

根据上述处方及工艺，回答下列问题：

（1）本处方制备的是哪种类型的片剂？

（2）分析处方中各组分的作用。

（3）药物在该片剂中存在形式是什么？

（4）该片剂中药物的释放机制有哪些？

7. 氯酯醒是一种抗阿尔兹海默病的药物，其具有较强的水溶性，但在 pH 5.0 以上不稳定，根据用药需要拟制成片剂，其处方和工艺设计如下：

【处方】

组分	用量	处方分析
	片芯	
氯酯醒	3 g	
微晶纤维素	2.5 g	
十八醇	1.5 g	
水	适量	
	包衣处方	
Eudragist NE30D	6.0 g	
滑石粉	3.0 g	
枸橼酸三乙酯	0.6 g	
水	100 g	

【工艺】将经粉碎、过 100 目筛的药物与辅料按处方量混合均匀，加入适量水制软材，经挤出、滚圆、干燥后，取适量产品置于流化床包衣机种包衣，并在 40 ℃加热过夜。

根据上述处方及工艺，回答下列问题：

（1）该制剂是哪种类型的片剂？

(2) 写出各组分的作用。

(3) 40 ℃加热过夜的目的是什么?

(4) 包衣处方中加入枸橼酸三乙酯对衣膜的形成效果有什么影响?

(5) 该处方中选用的包衣材料的成膜机制是什么?

8. 黄藤素,也称巴马汀(palmatine),是一种原小檗碱异喹啉生物碱,主要来源于传统中药紫苏、黄连和延胡索。根据用药需要拟制成片剂,其处方设计如下:

【处方】(制成 1000 片)

组分	用量	处方分析
黄藤素	400 g	
乙基纤维素	400 g	
硬脂酸镁	5 g	
95%乙醇	适量	
双醋酸纤维素	6000 g	
PEG 400	5000 mL	
邻苯二甲酸二乙酯	5000 mL	
丙酮	100000 mL	

根据上述处方,回答下列问题:

(1) 请写出各种成分的作用。

(2) 请写出简要的制备工艺过程。

(3) 请问采用桨法进行释放试验时需要注意哪些问题或细节?

(4) 所采用的溶出介质是否需要脱气?

(5) 溶出介质体积选择的依据是什么?

(三) 计算题

替尼泊苷的结构式如下:

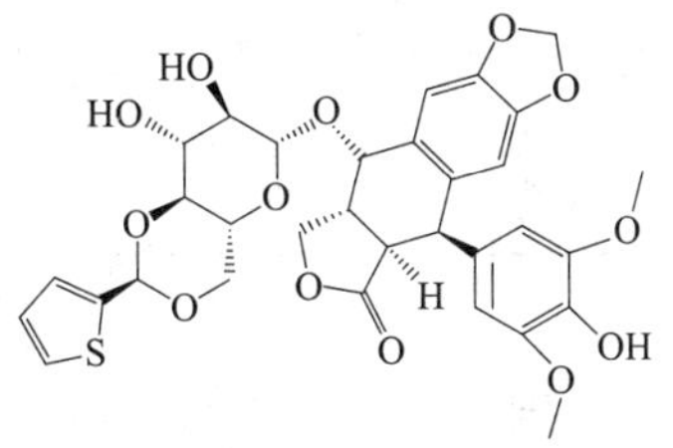

HO HO O O O O O O O O S H O O OH O

本品为白色或类白色结晶粉末,在氯仿或甲醛中极易溶解,在乙醇或水中几乎不溶。为适应临床的要求,现将其制成乳剂型注射液。由于该药在水中不稳定,经典恒温加速法试验显示,该药在乳剂型注射剂中符合一级降解动力学,80 ℃时,$t_{1/2}$ 为 120 d,活化能为 57 kJ/mol。研究证明在 40~120 ℃范围内,该药物在此体系中降解机制并不发生变化。该制剂要求含药量为标示量的 90%~110%。该制剂最终需进行灭菌,且要求 $F_0 \geqslant 8$。通过计算,分析、设计出该制剂合理的湿热灭菌温度和时间。

(四) 剂型设计

1. 硫酸庆大霉素为氨基糖苷类抗生素,易溶于水,水溶液稳定,口服几乎不吸收。临床拟推荐用于治疗胃幽门螺杆菌感染。请设计合理的剂型,并简要写出处方及制备工艺,指出处方中各成分的作用(推荐规格以庆大霉素计 100 mg/剂量,硫酸庆大霉素以庆大霉素计,含量 59%)。

2. 氨甲苯酸为防止手术大出血的促凝血药,在水中略溶,为酸碱两性化合物,在酸碱中均能溶解,每次推荐剂量为 0.1~0.3 g。根据以上信息为该化合物设计合理剂型及处方,写出制备工艺并指出制备过程中的关键控制步骤。

(五) 简答题

1. 图 6 是无味氯霉素在氮气流保护下的 DSC 曲线，仔细分析下图并回答问题。

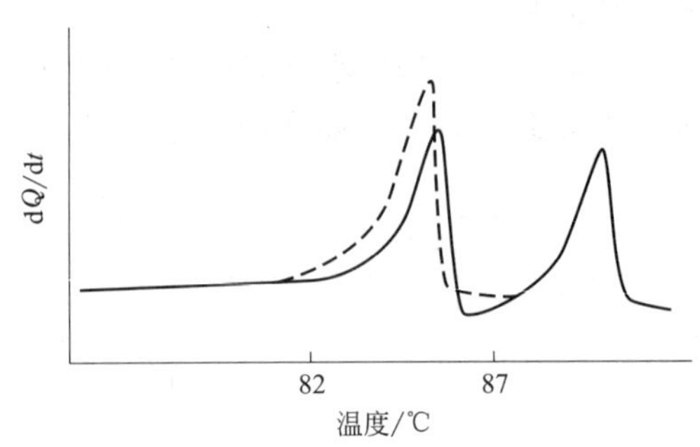

图 6 无味氯霉素的 DSC 曲线

(实线为第一次升温的曲线，虚线为第二次升温的曲线)

(1) 第一次升温时得到了双吸收峰，而再次升温时却得到了单吸收峰，出现这种现象的可能原因是什么?

(2) 根据峰位和大小能得到哪些定量信息? 这些定量信息有何用途?

2. 盐酸普鲁卡因的结构式如下所示，在探索其处方时进行了下列实验，即配制一系列 pH 值的盐酸普鲁卡因水溶液，熔封于安瓿中 100 ℃加热 12 h，测定其含量变化并观察外观（加热前含量为 100%，外观为无色澄明)，结果见表 1。

盐酸普鲁卡因结构式

表 1 盐酸普鲁卡因溶液加热试验结果

pH 值	1.5	2.5	3.5	4.0	4.5	5.0	5.5	6.5
含量变化/%	−14.5	−10.2	−3.1	−1.4	−1.4	−2.0	−2.1	−19
外观	无色澄明	无色澄明	无色澄明	无色澄明	无色澄明	无色澄明	无色澄明	淡黄棕色

请问:

(1) 该注射液制备时应该控制 pH 值范围为多少?

(2) 为什么 pH 6.5 条件下颜色加深?

(3) 请说明可能存在的降解机制，以此机制为基础设计该制剂处方或工艺时还应采取什么措施?

3. 对乙酰氨基酚略溶于水，将其制成口服片剂（规格 0.3 g）易发生裂片和溶出度不合格的问题，试分析原因，并给出可能的解决办法。

4. 以渗透压作为驱动力控制药物释放时，水渗透进入膜内的速率（dv/dt）可用下式表示：$dv/dt=(kA/h)\times(\Delta\pi-\Delta P)$。式中，$k$ 为膜的穿透系数；A 为膜的面积；h 为膜的厚度；$\Delta\pi$ 为渗透压差；ΔP 为液体静压差。

请回答下列问题:

(1) 一般而言，液体静压差远小于渗透压差，请写出水渗透进入膜内流速的简化公式。

(2) 若药物以饱和溶液的方式通过渗透泵片上的小孔释放，请给出调节药物释放速率的方法。

5. 聚氧乙烯脱水山梨醇单油酸酯（吐温 80）是一种较常见的表面活性剂，请回答下列问题:

(1) 吐温 80 是否存在氧化、水解的问题?

(2) 吐温 80 能否在液体制剂中用作增溶剂?

(3) 吐温 80 能否在乳剂型半固体制剂中作为乳化剂?

（4）吐温 80 能否增加片剂表面的亲水性，缩短崩解时间？

（5）吐温 80 能否降低生物技术药物制剂中蛋白质类药物的聚集性、吸附性？

6. 乳剂的稳定常数 $K_0=(A_0-A)/A_0$。式中，K_0 为稳定常数；A_0 为未离心乳剂稀释液的吸光度；A 为离心后乳剂稀释液的吸光度。如果某一药物在 300 nm 波长处有最大吸收，在大于 350 nm 波长区域中没有吸收，请选择测定波长。此测定值 K 是否类似于混悬剂中的沉降体积比值？为什么？

7. 关于冷冻干燥，请问：

（1）在冻干过程中，除去的是“自由水”还是“平衡水”？

（2）冻干结束后所得产品中所含的水为“结合水”吗？

（3）请说明产品中“含水量偏高”的原因。

8. 已知盐酸普鲁卡因、甘油、尿素等能迅速自由地通过细胞膜，请问：

（1）三种物质的等渗溶液是否会导致溶血？为什么？

（2）常规注射器上的针头对机体是一种伤害，能否采用无针头注射器？

（3）无针头注射器可以注射固体药物吗？

9. 关于片剂裂片，请问：

（1）快速压片与慢速压片工艺哪个更易产生裂片？为什么？

（2）一次压片与多次压片对裂片有何影响？为什么？

10. 关于栓剂，请问：

（1）栓剂置换价的定义。

（2）根据置换价的定义写出计算公式。

（3）要避免栓剂中药物进入肝脏，如何设计？

二、参考答案

（一）概念理解

1. 答：（1）平衡溶解度（表观溶解度），测定方法有分析法和定组成法。

（2）特性溶解度。

（3）a 线表明在该溶液中药物发生解离或缔合，杂质增溶；b 线表明药物纯度高，无解离与缔合，无相互作用；c 线表明存在盐析或离子效应。

（4）图 1（a）中的 S_0 是总的药物浓度，未完全排除药物解离和溶剂影响的溶解度。而图 1(b）中的 S_0 是溶液中未完全解离的药物的饱和浓度。

2. 答：（1）Krafft 点，是表面活性剂应用温度的下限。表面活性剂在实际应用中只有在温度高于 Krafft 点时才能更好地发挥作用。

（2）CMC 代表临界胶束浓度。只有表面活性剂在溶液中的浓度达到或超过 CMC，才能够形成胶束，起到增溶的作用。

（3）①无增溶作用，在此点，加入溶液中的十二烷基硫酸钠会析出，不能形成胶束；②有增溶作用，在此点十二烷基硫酸钠可形成胶束，能起到对难溶性药物的增溶作用。

3. 答：（1）磷脂结构中含有阳离子基团和阴离子基团，在不同 pH 值介质中可表现出阳离子或阴离子表面活性剂的性质。正电基团为 $(CH_2)_2—N^+(CH_3)_3$ 基团；负电基团为磷酸根基团。

（2）温度，pH。

4. 答：根据 Elder 假说，水溶性药物混合物的 CRH 约等于各成分 CRH 的乘积，而与各成分的量无关。

$CRH_{AB}=CRH_A \times CRH_B=70\% \times 82\%=57.4\%$，所以枸橼酸与蔗糖以 40∶60 制备的混合物及 60∶40 制备的混合物的 CRH 均为 57.4%。

5. 答：(a）牛顿流体。(b）塑性流动。特点为曲线不经过原点，当剪切应力达到屈服值以上时，液体在剪切应力作用下不发生流动，当应力增加至屈服值时，流体开始流动，剪切速率与剪切应力呈直线关系。(c) 假塑性流动。特点为随着剪切应力的增大其黏度下降。(d) 胀性流动曲线。特点为经过原点，且随着剪切应力的增大其黏度也随之增大。(e) 假黏性流体。

6. 答：(1) 相Ⅰ为组分A、B的熔融态；相Ⅱ表示A的结晶与A在B中的饱和溶液（熔融态）共存；相Ⅲ表示B的微晶与B在A中饱和溶液（熔融态）共存；相Ⅳ为固态低共熔混合物。

(2) E点称为三相点，即A、B共同融化的最低温度，也是溶液能够存在的最低温度，即最低共熔点，由此点析出的混合物成为低共熔混合物。

7. 答：(1) 其能够体现药物的亲脂性。

(2) 正辛醇。因其溶解度参数与生物膜相近，用其模拟生物膜。

(3) 用V_2 (mL) 的有机溶剂提取V_1 (mL) 的药物饱和溶液，测得平衡时V_2的浓度为C_2，水相中剩余药物量$M=C_1V_1-C_2V_2$，则$P=C_2V_2/M$。

8. 答：①粒子形态大小。对于黏附性的粉状粒子进行造粒，增大粒径以减少粒子间的接触点数，降低粒子间的附着力、凝聚力。②粒子形态及表面粗糙度。球形粒子的光滑表面能减少接触点，减少摩擦力；造粒尽量接近球形。③含湿量。离子表面吸附的水分增加粒子间的黏着力，适当干燥有利于降低粒子间的作用力，加入助流剂（如加入0.5%~2%滑石粉、微粉硅胶等）可以大大改善粉体的流动性；过多使用反而增加阻力。

9. 答：(1) 药物的分散状态发生改变：①增加药物的分散度，药物呈极细的胶体、微晶或分子状态分散在固体材料中；②形成高能状态，如无定形。(2) 载体材料对药物溶出的促进作用：①载体材料可提高药物的可润湿性；②载体材料对药物有抑晶作用；③载体材料保证了药物的高度分散性。

10. 答：(1) 预冻、升华干燥、再干燥。

(2) 热敏性药物、易氧化物料、易挥发成分。

(二) 处方及工艺分析

1. 答：(1) 处方分析

组分	用量	处方分析
素丸处方(制成1000粒)		
兰索拉唑	30 g	主药
十二烷基硫酸钠	30 g	释放增溶剂
甘露醇	1120 g	填充剂
磷酸氢二钠	10 g	稳定剂
氢氧化钠	3 g	稳定剂
交联聚维酮	6 g	崩解剂
羟丙甲纤维素	2 g	黏合剂
吐温80	2 g	增溶剂
水	40 mL	溶剂
隔离衣处方		
羟丙甲纤维素	30 g	隔离衣膜材料
聚乙二醇	6 g	增塑剂
水	1000 mL	溶剂
肠溶衣处方		
Eudragit L30D-55(丙烯酸树脂水分散体，含聚合物包衣材料30%)	500 g	肠溶衣材料
枸橼酸三乙酯	15 g	增塑剂
水	1000 mL	分散剂

(2) 研磨的目的是减小兰索拉唑的粒径，增加其溶解度。可通过测定粒径及粒度分布的方法来确定研

磨的效果。

（3）包隔离衣的目的是增加药物在贮存过程中的稳定性，可防止药物向衣膜表面迁移。必须包隔离衣的原因是兰索拉唑性质不稳定，遇酸分解，而肠溶材料多显酸性，包隔离衣可预防兰索拉唑在肠溶包衣过程中遇酸降解，也可以提高贮存稳定性。

（4）将水分散体包衣材料喷洒在微丸表面，包衣初期润湿阶段，聚合物粒子黏附于片剂表面，形成一个不连续膜；随后水分蒸发时这些粒子紧密接触、变形、凝聚、融化，使缝隙消失，最后形成聚合物粒子彼此相连的膜。（或聚合物粒子从不连续到连续模经历四个阶段：失水；聚合物粒子由薄的水膜分开，粒子周围的水膜的毛细管作用极大地加速了这个过程；粒子变形；微粒物质扩散形成膜。）

2. 答：（1）处方分析（制成1000粒）

组分	用量	处方分析
木香挥发油（含木香内酯67%）	25 g	主药
β-环糊精	150 g	包合材料
水合硫酸钙（$CaSO_4 \cdot 2H_2O$）	50 g	填充剂
丙烯酸树脂Ⅱ号	适量	黏合剂
乙醇	适量	溶剂

（2）不可以。实验中采用β-环糊精为包合材料将木香挥发油包合形成包合物，可利用β-环糊精降温后在水中溶解度较小的特点，将包合物分离出来。

（3）将溶液离心后取上清液，测定其中木香内酯的含量来测包含量。

3. 答：（1）处方分析（制成1000片）

组分	用量	处方分析
尼莫地平	30 g	主药
PEG 6000	150 g	致孔剂
Poloxamer 188	10 g	凝胶骨架材料
羟丙甲纤维素	60 g	凝胶骨架材料
乳糖	20 g	填充剂
硬脂酸镁	1 g	助流剂或润滑剂

（2）用研磨法制备固体分散物。可采用热分析法、粉末X射线衍射法、红外光谱法和核磁共振波谱法来鉴定。

（3）先快后慢，因是凝胶骨架片，当与水或消化液接触时，初期药物迅速释放，同时高分子材料在片剂和液体的界面迅速水化形成黏度较大的凝胶层，阻碍了药物的进一步释放。许多研究表明药物从亲水骨架中的释放特征符合Higuchi扩散控制模型。

4. 答：（1）转动控制法的优点是可制成具有一定强度的球形粒子。

（2）处方分析

组分	用量	处方分析
丙烯酸树脂水分散体（Eudragit L30D-55）	160 g	缓释包衣材料
枸橼酸三乙酯（TEC）	16 g	增塑剂
滑石粉	80 g	抗黏剂
水	744 g	溶剂

TEC的替代品有：甘油、丙二醇、聚乙二醇类、枸橼酸三乙酯、苯二甲酸二甲酯、癸二酸二丁酯、甘油三醋酸酯、蓖麻油。

（3）该步操作所依据的原理是水分散体聚合物粒子从不连续膜到连续膜经历四个阶段。第一阶段：失水。第二阶段：聚合物粒子由薄的水膜分开，粒子周围的水膜的毛细管作用极大地加速了这个过程。第三阶段：粒子变形。第四阶段：微粒物质扩散形成薄膜。这四个阶段均需加热，故而于40 ℃放置24 h。

5．答：（1）薄膜分散法。用此法制得的脂质体小而均匀，适合于包装多种物质。

（2）可以计算包封率，计算公式：包封率＝（总的药物浓度－游离药物浓度）/总的药物浓度×100％

6．答：（1）凝胶骨架片。

（2）处方分析

组分	用量	处方分析
水飞蓟素	0.2 g	主药
PVP-K_{10}	1 g	固体分散体载体
MCC	3 g	填充剂
HPMC(K4M)	10 g	缓释骨架材料
无水乙醇	适量	润湿剂
硬脂酸镁	适量	润滑剂

（3）无定形。

（4）扩散、溶蚀。

7．答：（1）胃漂浮缓释微丸。

（2）处方分析

组分	用量	处方分析
片芯		
氯酯醒	3 g	主药
微晶纤维素	2.5 g	填充剂
十八醇	1.5 g	填充剂
水	适量	润湿剂
包衣处方		
Eudragit NE30D	6.0 g	包衣材料
滑石粉	3.0 g	抗黏剂
枸橼酸三乙酯	0.6 g	增塑剂
水	100 g	溶剂

（3）老化/熟化，形成薄膜。

（4）增塑剂能改变高分子薄膜的物理机械性质，使其更具柔顺性。

（5）第一阶段：失水。第二阶段：聚合物粒子由薄的水膜分开，粒子周围的水膜的毛细管作用极大地加速了这一过程。第三阶段：粒子变形。第四阶段：微粒物质扩散形成薄膜。

8．答：（1）处方分析（1000 片）

组分	用量	处方分析
黄藤素	400 g	主药
乙基纤维素	400 g	缓释材料
硬脂酸镁	5 g	润滑剂
95％乙醇	适量	润滑剂
双醋酸纤维素	6000 g	不溶性包衣材料
PEG 400	5000 mL	致孔剂
邻苯二甲酸二乙酯	5000 mL	增塑剂
丙酮	100000 mL	溶剂

（2）将黄藤素、乙基纤维过 80 目筛，混匀，加 95％乙醇润湿，PEG 400、邻苯二甲酸二乙酯加丙酮

溶解后喷雾包衣。

(3) 采用桨法进行释放度试验时要注意片剂是否黏在桨或溶出杯壁上，避免影响数据的准确性。

(4) 需要脱气。

(5) 待溶量所需体积的3倍以上的溶出介质体积。

(三) 计算题

答：首先计算各温度下的 $t_{0.9}$，采用Arrhenius方程。

80 ℃时，$t_{1/2}$ 为120 d，则 $\lg k_2/k_1=(-E/2.303R)\times(1/T_2-1/T_1)$

$\lg k_2/(0.693/120)=(-E/2.303\times8.314)\times[1/T_2-1/(80+273)]$

根据 $F_0=\Delta t\sum 10(T-121)/10$，可计算出各温度下灭菌时间相当于121 ℃下8 min的灭菌效果。

各温度下计算结果如下表：

温度/℃	k_2/d^{-1}	$t_{0.9}$/d	相当于121 ℃下8 min的时间/min
120	0.04168	2.53	10.07
115	0.03329	3.17	31.85
110	0.02643	3.99	100.71
105	0.02086	5.05	318.49
100	0.01634	6.44	1007.14

(四) 剂型设计

1. 答：设计成胃漂浮片（处方设计成加入高密度材料也可）。

【处方1】(制成100片)

组分	用量	作用
硫酸庆大霉素	16.95 g	主药
HPMC	15 g	低密度载体、骨架材料
十八醇	15 g	低密度载体
硬脂酸镁	适量	润滑剂

【制备工艺】各组分过80目筛，将处方量的HPMC制成75%（质量分数）的水溶液，作为黏合剂。将药物与十八醇混合均匀后，加入HPMC的水溶液制软材，20目筛制粒，40～50 ℃烘干，加入硬脂酸镁混匀，用100 mm浅凹冲模压片，片剂硬度控制在5～6 kg/cm^2。

【处方2】(制成100片)

组分	用量	作用
硫酸庆大霉素	16.95 g	主药
HPMC　K4m	11 g	低密度载体、骨架材料
十八醇	15 g	低密度载体
HPMC E50	5.5 g	骨架材料
丙烯酸树脂Ⅱ	1.0 g	骨架材料
硬脂酸镁	0.25 g	润滑剂

【制备工艺】各组分过80目筛，将辅料（除十八醇外）混合均匀，取2/3与主药混匀，加入熔融的十八醇充分混合，趁热过20目筛，放冷后与剩余辅料混匀，加入黏合剂，制软材，过18目筛制粒，40～50 ℃烘

干，加入硬脂酸镁（1.5%）混匀，用10 mm浅凹冲模压片，片剂硬度控制在4～5 kg/cm^2。

2. 答：处方设计成注射剂。

【处方】（共制100支）

组分	用量	作用
氨甲苯酸	10 g	主药
1 mol/L盐酸溶液	适量	pH调节剂
焦亚硫酸钠	1.0 g	抗氧剂
注射用水	加至100 mL	溶剂

【制备工艺】在配制容器中加入配制总量80%的注射用水，通二氧化碳气体饱和，加入1.0 g焦亚硫酸钠使溶解，加入氨甲苯酸混匀，分次缓缓加入1 mol/L盐酸溶液使氨甲酸溶解，并调pH为4.0，再加二氧化碳气体饱和注射用水至全量，经过微孔滤膜过滤，溶液中通氮气，在二氧化碳气流下灌封，最后用100 ℃流通蒸汽灭菌15 min。

工艺中关键控制步骤为调节pH酸性，因为氨甲苯酸在酸性条件下比在碱性条件下稳定。

（五）简答题

1. 答：（1）无味氯霉素有两种多晶型，故第一次升温时得到了双吸收峰；熔化物冷却后所得结晶为一种晶型，故测定仅有一个吸收峰。

（2）由图可得知峰面积和峰高。由此可计算两种晶型的比率。

2. 答：（1）3.5～5.5。

（2）因为在此条件下盐酸普鲁卡因在水溶液中易发生降解，降解的过程，首先会在酯键处断开，分解成对氨基苯甲酸与二乙氨基乙醇；对氨基苯甲酸可继续发生变化，生成有色物质，同时在一定条件下又能发生脱羧反应，生成有毒的苯胺，苯胺在光线影响下氧化生成有色物质，故而pH 6.5条件下颜色加深。

（3）措施：①调节pH值，为了保持药液的pH不变，常用磷酸、枸橼酸、醋酸及其盐类组成的缓冲体系来调节。②加入抗氧剂。

3. 答：（1）裂片——药物可压性差，晶型问题。溶出度不合格——药物疏水性。

（2）解决办法：原料粉碎、加入性能良好的崩解剂、加入可压性好的可溶性稀释剂、崩解剂内外加法、加入适宜黏合剂制粒、加入表面活性剂、改善润湿性、选择适宜的压缩力压片。

4. 答：（1）水渗透进入膜内流速的简化公式：$dv/dt=(kA/h)\Delta\pi$。

（2）围绕k、A、h进行阐明，k为定值。①改变（提高/减少）膜的面积，则药物释放速率发生改变（相应提高/减少）；②改变（提高/减少）膜的厚度，则膜药物释放速率发生改变（相应减少/提高）；③改变（提高/减少）渗透压，则膜药物释放的速率发生改变（相应提高/减少）；④也可以通过改变药物的溶解度来达到调节药物释放速率的目的。

5. 答：（1）存在氧化、水解的问题。

（2）能在液体制剂中用作增溶剂。

（3）能在乳剂型半固体制剂中作为乳化剂。

（4）能增加片剂表面的亲水性，缩短崩解时间。

（5）能降低生物技术药物制剂中蛋白质药物的聚集性、吸附性。

6 答：选择大于350 nm的波长区域进行测定，原因是药物在300 nm波长处有最大吸收，干扰测定；而在350 nm波长区域中没有吸收，不干扰测定。类似于混悬剂中的沉降体积比值，因为均是评价制剂的物理稳定性指标，间接反应颗粒的沉降速率与程度。

7. 答：（1）在冻干过程中除去的是“非结合水”（包括自由水）。

（2）冻干结束后，产品中所含的水不是“结合水”，而是“平衡水”。

（3）产品中“含水量偏高”的原因包括：装入容器的药液过厚、升华干燥过程中供热不足、冷凝器温度偏高、真空度不够、支持剂选择不当。

8. 答：(1) 会导致溶血。因为盐酸普鲁卡因、甘油、尿素等进入细胞后，细胞内的渗透压提高，引入水分，当达到一定程度时，即可导致溶血。

(2) 可以采用无针头注射器。

(3) 无针头注射器可以注射固体药物。

9. 答：(1) 快速压片工艺更易产生裂片。原因是压力分布不均，物料内部空气逸出少。

(2) 多次压片可以解决一次压片工艺所产生的裂片问题。原因是多次压片工艺有利于压力分布均匀，同时物料内部空气逸出多，也有利于物料颗粒间紧密接触/结合。

10. 答：(1) 药物与同体积基质的质量之比。

(2) $DV=W/[G-(M-W)]$。

(3) 可以设计成顶空栓或空栓。

附录 2　工业药剂学期末考试样卷及评分细则

工业药剂学　期末试卷（样卷）

20××—20××学年第＊学期

专业__________班级__________考号__________姓名__________

题号	一	二	三	四	五	六	总分
得分							

核分人：

得分	评卷人

一、单项选择题（每小题 1 分，共 10 分）（从 A、B、C、D、E 五个选项中选择一个正确答案填入空格中）

1. 下列属于非均相体系的是（　　）
   A. 溶胶剂　B. 浓蔗糖溶液　C. 生理盐水
   D. 高分子溶液剂　E. 0.1%的吐温 80 溶液
2. 最适合制备缓（控）释制剂的药物半衰期为（　　）
   A. 15 h　B. 24 h　C. 48 h　D. <1 h　E. 2～8 h
3. 下列术语与表面活性剂有关的是（　　）
   A. CRH　B. CMC　C. Z 值　D. lg P　E. F_0
4. 可用于亲水性凝胶骨架片的材料为（　　）
   A. 硅橡胶　B. 蜡类　C. HPMC　D. 聚乙烯　E. 脂肪
5. 不能用作崩解剂的是（　　）
   A. 低取代羟丙甲纤维素　B. 聚维酮　C. 交联聚维酮
   D. 交联羧甲基纤维素钠　E. 预胶化淀粉
6. 下面剂型不需要增塑剂的是（　　）
   A. 胶囊　B. 包衣片　C. 膜剂　D. 微囊　E. 包衣颗粒
7. 关于肺部吸收迅速的生理原因描述错误的是（　　）
   A. 人肺活量大　B. 肺部吸收面积大　C. 肺泡、血管壁薄
   D. 血管丰富、血流量大　E. 制剂可将药物直接递送至肺部
8. 眼用散剂粒径要求是（　　）
   A. 100%通过 80 目筛　B. 95%通过 80 目筛　C. 100%通过 9 号筛
   D. 95%通过 9 号筛　E. 90%通过 9 号筛
9. 关于乳剂稳定性的叙述错误的是（　　）
   A. 乳剂分层是由于分散相与分散介质存在密度差，属于可逆过程，分层的速度与相体积分数呈负相关
   B. 絮凝是乳剂粒子呈现一定程度的合并，是破裂的前奏
   C. 乳剂的稳定性与相比例、乳化剂及界面膜强度密切相关
   D. 外加物质使乳化剂性质发生改变或加入相反性质乳化剂可引起乳剂转相。转相过程存在着一个转相临界点
   E. 乳剂分层又称乳析，是指乳剂分为油、水两相

10. 以下属于不溶性包衣材料的是 （ ）

A. 乙基纤维素　B. 干淀粉　C. 微晶纤维素

D. 羧甲基淀粉钠　E. 甲基纤维素

得分	评卷人

二、多项选择题（每小题1分，共5分）（从五个选项中选择一个以上正确答案填入到空格中）

1. 防止药物氧化的措施有 （ ）

A. 驱除氧气　B. 充入惰性气体　C. 加入抗氧剂

D. 加入金属离子络合物　E. 真空包装

2. 不稳定型的药物结晶一般具有以下特点 （ ）

A. 熵值最小　B. 稳定性好　C. 溶解度大　D. 溶出速率快　E. pH 值低

3. 制备胶囊剂或片剂的粉体时 （ ）

A. 休止角越小流动性越好

B. 松密度与孔隙率反映粉体的充填状态，紧密充填时密度大，孔隙率小

C. 含水量能影响流动性

D. 粉体越细，越容易流动

E. 粉体孔隙率影响片剂的崩解

4. 关于栓剂描述正确的是 （ ）

A. 油脂性基质栓剂测定融变时限时，3 粒应在 60 min 内全部融化、软化或触压时无硬心

B. 水溶性基质栓剂测定融变时限时，3 粒应在 60 min 内全部溶解

C. 栓剂可以起局部治疗作用，亦可以起全身治疗作用

D. 栓剂全身治疗时塞入直肠 2 cm 深可避免肝首过效应

E. 局部作用的栓剂希望其释药缓慢而持久，全身作用的栓剂则希望其迅速释药

5. 可以粉末直接压片的辅料有 （ ）

A. 喷雾干燥乳糖　B. 预胶化淀粉　C. 糖粉

D. 微晶纤维素　E. 磷酸氢钙二水合物

得分	评卷人

三、名词解释（每题4分，共20分）

1. isosmotic solution 和 isotonic solution

2. cosolvent 和 solubilization

3. half life 和 expiration date

4. sterilization 和 sterility

5. sustained release preparation 和 controlled release preparation

得分	评卷人

四、填空题（每空1分，共15分）

注：填写合理，也算正确，可酌情给分。

1. 表面活性剂是指________________，它的分子一般由________基团和________基团组成。

2. 固体分散体主要有三种类型，分别是________、________以及________。

3. 气雾剂由________、________、________、________四个部分组成。

4. 皮肤吸收途径分为________、________。

5. 环糊精系由6～12个D-葡萄糖分子以1,4-糖苷键连接的环状低聚糖化合物，空穴的开口处呈________性，空穴内部呈________性；其中以________最为常用。

得分	评卷人

五、处方分析及制备（每小题10分，共20分）

1. 盐酸左氧氟沙星滴眼液（10分）

【处方】（7分）

组分	用量	处方分析
盐酸左氧氟沙星	3 g	________
硼酸	10 g	________
硼砂	1.5 g	________
氯化钠	2 g	________
0.1 mol/L盐酸溶液	适量	________
5%苯扎溴铵溶液	2 mL	________
注射用水	加至1000 mL	________

【制备】（3分）

____

____。

2. 鞣酸乳膏（10分）

【处方】（8分）

组分	用量	处方分析
鞣酸	50 g	________
凡士林	500 g	________
羊毛脂	60 g	________
司盘80	40 g	________
焦亚硫酸钠	1 g	________
甘油	50 g	________
乙醇	适量	________
蒸馏水	加至1000 g	________

【制备】（2 分）

____

____。

得分	评卷人

六、简答题（共 30 分）

1. 简述固体分散体定义及速释和缓释原理。（6 分）

2. 根据水的三相图简述冷冻干燥的原理，并简述制备冻干制剂的工艺过程和注意事项。（8 分）

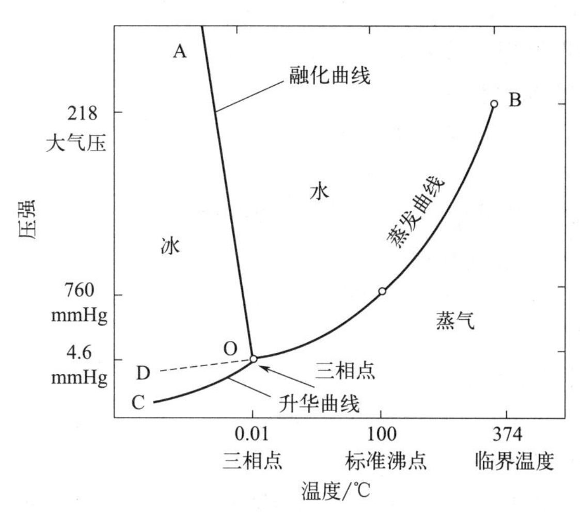

水的三相平衡图

3. 简述靶向制剂的定义、特点，并根据靶向的作用机制将其进行分类，并且每个类别各举一个例子。（8 分）

4. 某水溶性药物易氧化，请设计其制备成注射液的处方和工艺，并说明理由。（8 分）

工业药剂学　期末试卷（样卷）

20××—20××学年第 * 学期

评分细则

专业＿＿＿＿＿＿＿班级＿＿＿＿＿＿考号＿＿＿＿＿＿姓名＿＿＿＿＿＿＿

题号	一	二	三	四	五	六	总分
得分							

核分人：

得分	评卷人

一、单项选择题（每小题 1 分，共 10 分）（从 A、B、C、D、E 五个选项中选择一个正确答案填入空格中）

注：错选、多选、不选均无分。

1. 下列属于非均相体系的是　（A）

A. 溶胶剂　B. 浓蔗糖溶液　C. 生理盐水

D. 高分子溶液剂　E. 0.1%的吐温 80 溶液

2. 最适合制备缓（控）释制剂的药物半衰期为　（E）

A. 15 h　B. 24 h　C. 48 h　D. <1 h　E. 2～8 h

3. 下列术语与表面活性剂有关的是　（B）

A. CRH　B. CMC　C. Z 值　D. $\lg P$　E. F_0

4. 可用于亲水性凝胶骨架片的材料为　（C）

A. 硅橡胶　B. 蜡类　C. HPMC　D. 聚乙烯　E. 脂肪

5. 不能用作崩解剂的是　（B）

A. 低取代羟丙甲纤维素　B. 聚维酮　C. 交联聚维酮

D. 交联羧甲基纤维素钠　E. 预胶化淀粉

6. 下面剂型不需要增塑剂的是　（D）

A. 胶囊　B. 包衣片　C. 膜剂　D. 微囊　E. 包衣颗粒

7. 关于肺部吸收迅速的生理原因描述错误的是　（A）

A. 人肺活量大　B. 肺部吸收面积大　C. 肺泡、血管壁薄

D. 血管丰富、血流量大　E. 制剂可将药物直接递送至肺部

8. 眼用散剂粒径要求是　（C）

A. 100%通过 80 目筛　B. 95%通过 80 目筛　C. 100%通过 9 号筛

D. 95%通过 9 号筛　E. 90%通过 9 号筛

9. 关于乳剂稳定性的叙述错误的是　（B）

A. 乳剂分层是由于分散相与分散介质存在密度差，属于可逆过程，分层的速度与相体积分数呈负相关

B. 絮凝是乳剂粒子呈现一定程度的合并，是破裂的前奏

C. 乳剂的稳定性与相比例、乳化剂及界面膜强度密切相关

D. 外加物质使乳化剂性质发生改变或加入相反性质乳化剂可引起乳剂转相。转相过程存在着一个转相临界点

E. 乳剂分层又称乳析，是指乳剂分为油、水两相

10. 以下属于不溶性包衣材料的是　（A）

A. 乙基纤维素　B. 干淀粉　C. 微晶纤维素

D. 羧甲基淀粉钠　E. 甲基纤维素

得分	评卷人

二、多项选择题（每小题 1 分，共 5 分）

从五个选项中选择一个以上正确答案填入到空格中

注：多选、少选、不选均无分。

1. 防止药物氧化的措施有　　（ABCDE）

A. 驱除氧气　　B. 充入惰性气体　　C. 加入抗氧剂

D. 加入金属离子络合物　　E. 真空包装

2. 不稳定型的药物结晶一般具有以下特点　　（ CD ）

A. 熵值最小　　B. 稳定性好　　C. 溶解度大

D. 溶出速率快　　E. pH 值低

3. 制备胶囊剂或片剂的粉体时　　（ ABC ）

A. 休止角越小流动性越好

B. 松密度与孔隙率反映粉体的充填状态，紧密充填时密度大，孔隙率小

C. 含水量能影响流动性

D. 粉体越细，越容易流动

E. 粉体孔隙率影响片剂的崩解

4. 关于栓剂描述正确的是　　（ BCDE ）

A. 油脂性基质栓剂测定融变时限时，3 粒应在 60 min 内全部融化、软化或触压时无硬心

B. 水溶性基质栓剂测定融变时限时，3 粒应在 60 min 内全部溶解

C. 栓剂可以起局部治疗作用，亦可以起全身治疗作用

D. 栓剂全身治疗时塞入直肠 2 cm 深可避免肝首过效应

E. 局部作用的栓剂希望其释药缓慢而持久，全身作用的栓剂则希望其迅速释药

5. 可以粉末直接压片的辅料有　　（ ABDE ）

A. 喷雾干燥乳糖　　B. 预胶化淀粉　　C. 糖粉

D. 微晶纤维素　　E. 磷酸氢钙二水合物

得分	评卷人

三、名词解释（每题 4 分，共 20 分）

注：解释合理，可酌情给分。

1. isosmotic solution 和 isotonic solution

等渗溶液（isosmotic solution）：与血浆渗透压相等的溶液，属于物理化学的概念。

等张溶液（isotonic solution）：渗透压与红细胞膜张力相等的溶液，属于生物学概念。

2. cosolvent 和 solubilization

潜溶剂（cosolvent）：两种或两种以上溶剂混合达到某一比例时，形成比单一溶剂更易溶解药物的混合溶剂系统。

增溶（solubilization）：某些难溶性药物在表面活性剂的作用下，在溶剂中增加溶解度并形成溶液的过程。

3. half life 和 expiration date

半衰期（half life）：$t_{1/2}$，药物降解 50%所需要的时间。

有效期（expiration date）：即 $t_{0.9}$，药物在室温降解 10%所需要的时间。

4. sterilization 和 sterility

灭菌（sterilization）：系指用物理或化学的方法杀灭或除去所有微生物繁殖体和芽孢的手段。

无菌（sterility）：系指在一定物质、介质或环境中，不得存在任何活的微生物。

5. sustained release preparation 和 controlled release preparation

缓释制剂（sustained release preparation）：是指在规定释放介质中，按要求缓慢地非恒速释放药物，其与相应的普通制剂比较，给药频率比普通制剂减少一半或给药频率比普通制剂有所减少，且能显著提高

患者的依从性。

控释制剂（controlled release preparation）：指在规定释放介质中，按要求缓慢地恒速释放药物，其与相应的普通制剂比较，给药频率比普通制剂减少一半或给药频率比普通制剂有所减少，血药浓度比缓释制剂更加平稳，且能显著提高患者的依从性。

得分	评卷人

四、填空题（每空 1 分，共 15 分）

注：填写合理，也算正确，可酌情给分。

1. 表面活性剂是指能够显著降低溶液表面张力的一类物质，它的分子一般由亲水基团和亲油基团组成。

2. 固体分散体主要有三种类型，分别是简单低共熔混合物、固态溶液以及共沉淀物。

3. 气雾剂由药物与附加剂、抛射剂、阀门系统、耐压密封容器四个部分组成。

4. 皮肤吸收途径分为表皮途径、皮肤附属器。

5. 环糊精系由 6～12 个 D-葡萄糖分子以 1,4-糖苷键连接的环状低聚糖化合物，空穴的开口处呈亲水性，空穴内部呈疏水性；其中以β-环糊精最为常用。

得分	评卷人

五、处方分析及制备（每小题 10 分，共 20 分）

1. 盐酸左氧氟沙星滴眼液（10 分）

【处方】（7 分）

组分	用量	处方分析
盐酸左氧氟沙星	3 g	API
硼酸	10 g	等渗调节剂
硼砂	1.5 g	等渗调节剂
氯化钠	2 g	等渗调节剂
0.1 mol/L 盐酸溶液	适量	pH 调节剂
5%苯扎溴铵溶液	2 mL	防腐剂
注射用水	加至 1000 mL	溶剂

【制备】（3 分）

（1）称取硼酸、硼砂和氯化钠溶于适量注射用水中，加入盐酸左氧氟沙星，搅拌溶解。

（2）缓慢加入 5%苯扎溴铵溶液，并加入 0.1 mL 盐酸溶液调节 pH 值到 6.5～7.0。

（3）G_4 号垂熔玻璃漏斗过筛，分装于瓶内，质检、包装即可。

2. 鞣酸乳膏（10 分）

【处方】（8 分）

组分	用量	处方分析
鞣酸	50 g	API
凡士林	500 g	油相
羊毛脂	60 g	油相
司盘 80	40 g	W/O 乳化剂
焦亚硫酸钠	1 g	抗氧剂
甘油	50 g	保湿剂
乙醇	适量	药物溶剂
蒸馏水	加至 1000 g	水相

【制备】(2分)

(1) 首先取羊毛脂、凡士林加热至70 ℃左右(Ⅰ)。另取鞣酸，用少许乙醇溶解后加入已加热至70 ℃左右的甘油、司盘80、水、焦亚硫酸钠的混合物中，搅匀(温度保持在70 ℃左右)(Ⅱ)。

(2) 然后将Ⅰ缓缓倒入Ⅱ中，边加边用电动搅拌机自一个方向快速搅拌，搅拌至冷凝，分装即得。

注：答案合理，亦可酌情给分。

得分	评卷人

六、简答题(共30分)

1. 简述固体分散体定义及速释和缓释原理。(6分)

参考答案：

(1) 固体分散体定义：固体分散体(solid dispersion，SD)是指将药物以分子、无定形、微晶态等高度分散状态均匀分散在载体中形成的一种以固体形式存在的分散系统。(2分)

(2) 速释原理：①药物的高度分散状态有利于速释。②载体材料对药物溶出的促进作用：载体材料可提高药物的可润湿性、保证药物的高度分散性、对药物有抑晶作用。(2分，每点1分)

(3) 缓释原理：药物采用疏水的或脂质类载体材料制成的固体分散体均具有缓释作用。载体材料形成网状骨架结构，药物以分子或微晶状态分散于骨架内，药物的溶出必须首先通过载体材料的网状骨架扩散，故释放缓慢。(2分)

2. 根据水的三相图简述冷冻干燥的原理，并简述制备冻干制剂的工艺过程和注意事项。(8分)

参考答案：

(1) 原理：当压力低于4.597 mmHg时，不管温度如何变化，水只以固态或气态存在，此时升高温度，固态的水可以直接升华成水蒸气而使物品得以干燥。(2分)

(2) 冷冻干燥的工艺主要包括预冻、升华干燥和再干燥三个过程。①预冻。预冻方法有速冻法和慢冻法。预冻时温度应低于产品共熔点的10～20 ℃。②升华干燥。它有一次升华干燥和反复预冻升华干燥。一次升华干燥：适用于低共熔点−10～−20 ℃的制品，且溶液浓度、黏度不大，装量厚度在10～15 mm的情况。反复预冻升华干燥：适用于某些熔点较低，或结构比较复杂，黏稠，如蜂蜜、蜂王浆等产品。③再干燥。当升华干燥阶段完成后，为了尽可能除去残余的水，需要进一步干燥，再干燥的温度根据制品的性质确定。(3分，每点1分)

(3) 注意事项：①含水量不能偏高，控制在1%～4%之间；②喷瓶现象；③产品外观不饱满或萎缩情况。(3分，每点1分)

3. 简述靶向制剂的定义、特点，并根据靶向的作用机制将其进行分类，并且每个类别各举一个例子。(8分)

参考答案：

(1) 定义：靶向制剂，又称靶向给药系统(targeting drug system，TDS)，载体将药物通过局部给药或全身血液循环而选择性地使药物浓集于靶器官、靶组织、靶细胞的给药系统。(1分)

(2) 特点：①使药物具有药理活性的专一性。②增加药物对靶组织的指向性和滞留性。③降低药物对正常细胞的毒性，减少剂量。④提高药物制剂的生物利用度。⑤解决其他制剂所遇到的问题，例如：药剂学方面的稳定性低或溶解度小，生物药剂学方面的吸收小或生物不稳定性(酶、pH值等)；药物动力学方面，半衰期短和分布面广而缺乏特异性；临床方面的治疗指数(中毒剂量和治疗剂量之比)低和解剖屏障或细胞屏障等。(4分)

(3) 分类及举例如下：①被动靶向制剂，即自然靶向制剂，载药微粒被单核-巨噬细胞系统巨噬细胞(尤其是肝的Kupffer细胞)摄取，因此是通过正常生理过程送至肝、脾等器官，若要求达到其他的靶部位就有困难。如脂质体。②主动靶向制剂，用修饰的药物载体作“导弹”，将药物定向地运送到靶区浓集发挥药效。如叶酸修饰的脂质体。③物理化学靶向制剂，应用物理化学方法使靶向制剂在特定部位发挥药效，如磁敏感脂质体。(3分，每点1分)

4. 某水溶性药物易氧化，请设计其注射液的处方和工艺，并说明理由。(8分)

参考答案要点：

（1）处方中有：抗氧剂、螯合剂、pH 调节剂等，因药物易氧化（加抗氧剂），可能受到金属离子催化（加螯合剂），有最稳 pH 并尽可能符合注射剂 pH 要求（加 pH 调节剂）。（3 分，每点 1 分）

（2）工艺：注射剂的生产过程包括原辅料的准备与处理、配制、灌封、灭菌、质量检查和包装等步骤，采用注射剂工艺流程如下：（3 分）

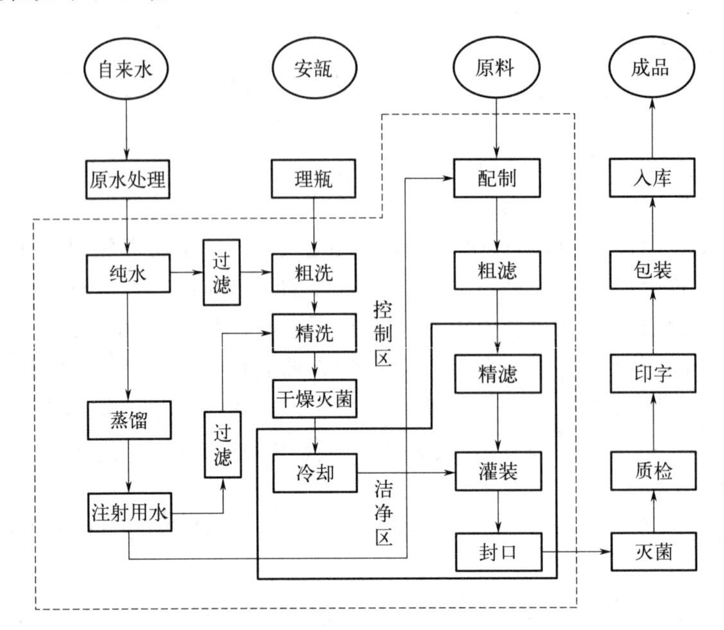

在生产工艺中，注意惰性气体使用（因药物易氧化）、除热原、灭菌（100 ℃，15 min）、避免使用金属容器和器具（预防药物氧化过程受金属离子催化）（2 分）。

注：答案合理，亦可酌情给分。